U0248630

生态农业丛书

国家出版基金项目
NATIONAL PUBLICATION FOUNDATION

生态养殖研究与展望

印遇龙 等 著

科 学 出 版 社
龙 门 书 局
北 京

内 容 简 介

本书是一部系统阐述家畜生态养殖理论与实践的学术专著。书中系统介绍了生态养殖的概念、相关技术手段、相关应用等内容，探究了畜禽与环境相互影响、相互作用、协同发展的技术体系。通过对生态养殖相关理论知识和当前研究进展的系统归纳梳理，旨在帮助读者深入具体地了解畜禽与环境的关系，学习畜禽生产环境、区域环境和社会环境的科学知识。

本书可供高等院校农学、畜牧学及相关专业的本科生、研究生，以及从事相关领域学术研究的科研人员参考。

图书在版编目（CIP）数据

生态养殖研究与展望 / 印遇龙等著. —北京：龙门书局，2024.6
（生态农业丛书）
国家出版基金项目
ISBN 978-7-5088-6413-6

Ⅰ. ①生… Ⅱ. ①印… Ⅲ. ①生态养殖－研究 Ⅳ. ①S964.1

中国国家版本馆 CIP 数据核字（2024）第 041683 号

责任编辑：吴卓晶　柳霖坡 / 责任校对：赵丽杰
责任印制：肖　兴 / 封面设计：东方人华平面设计部

科学出版社　出版
龙门书局
北京东黄城根北街 16 号
邮政编码：100717
http://www.sciencep.com
北京中科印刷有限公司印刷
科学出版社发行　各地新华书店经销

*

2024 年 6 月第 一 版　　开本：720×1000　1/16
2024 年 6 月第一次印刷　　印张：23 1/2
字数：470 000
定价：259.00 元
（如有印装质量问题，我社负责调换）
销售部电话 010-62136230　编辑部电话 010-62143239（BN12）

《生态养殖研究与展望》
编委会

生态农业丛书
序 言

　　世界农业经历了从原始的刀耕火种、自给自足的个体农业到常规的现代化农业，人们通过科学技术的进步和土地利用的集约化，在农业上取得了巨大成就，但建立在消耗大量资源和石油基础上的现代工业化农业也带来了一些严重的弊端，并引发一系列全球性问题，包括土地减少、化肥农药过量使用、荒漠化在干旱与半干旱地区的发展、环境污染、生物多样性丧失等。然而，粮食的保证、食物安全和农村贫困仍然困扰着世界上的许多国家。造成这些问题的原因是多样的，其中农业的发展方向与道路成为人们思索与考虑的焦点。因此，在不降低产量前提下螺旋上升式发展生态农业，已经迫在眉睫。低碳、绿色科技加持的现代生态农业，可以缓解生态危机、改善环境和生态系统，更高质量地促进乡村振兴。

　　现代生态农业要求把发展粮食与多种经济作物生产、发展农业与第二三产业结合起来，利用传统农业的精华和现代科技成果，通过人工干预自然生态，实现发展与环境协调、资源利用与资源保护兼顾，形成生态与经济两个良性循环，实现经济效益、生态效益和社会效益的统一。随着中国城市化进程的加速与线上网络、线下道路的快速发展，生态农业的概念和空间进一步深化。值此经济高速发展、技术手段层出不穷的时代，出版具有战略性、指导性的生态农业丛书，不仅符合当前政策，而且利国利民。为此，我们组织编写了本套生态农业丛书。

　　为了更好地明确本套丛书的撰写思路，于 2018 年 10 月召开编委会第一次会议，厘清生态农业的内涵和外延，确定丛书框架和分册组成，明确了编写要求等。2019 年 1 月召开了编委会第二次会议，进一步确定了丛书的定位；重申了丛书的内容安排比例；提出丛书的目标是总结中国近 20 年来的生态农业研究与实践，促进中国生态农业的落地实施；给出样章及版式建议；规定丛书撰写时间节点、进度要求、质量保障和控制措施。

　　生态农业丛书共 13 个分册，具体如下：《现代生态农业研究与展望》《生态农田实践与展望》《生态林业工程研究与展望》《中药生态农业研究与展望》《生态茶业研究与展望》《草地农业的理论与实践》《生态养殖研究与展望》《生态菌物研究与展望》《资源昆虫生态利用与展望》《土壤生态研究与展望》《食品生态加工研究与展望》《农林生物质废弃物生态利用研究与展望》《农业循环经济的理论与实践》。13 个分册涉及总论、农田、林业、中药、茶业、草业、养殖业、菌物、昆虫利用、土壤保护、食品加工、农林废弃物利用和农业循环经济，系统阐释了生态农业的理论研究进展、生产实践模式，并对未来发展进行了展望。

本套丛书从前期策划、编委会会议召开、组织撰写到最后出版，历经近 4 年的时间。从提纲确定到最后的定稿，自始至终都得到了 李文华 院士、沈国舫院士和刘旭院士等编委会专家的精心指导；各位参编人员在丛书的撰写中花费了大量的时间和精力；朱有勇院士和骆世明教授为本套丛书写了专家推荐意见书，在此一并表示感谢！同时，感谢国家出版基金项目（项目编号：2022S-021）对本套丛书的资助。

我国乃至全球的生态农业均处在发展过程中，许多问题有待深入探索。尤其是在新的形势下，丛书关注的一些研究领域可能有了新的发展，也可能有新的、好的生态农业的理论与实践没有收录进来。同时，由于丛书涉及领域较广，学科交叉较多，丛书的撰写及统稿历经近 4 年的时间，疏漏之处在所难免，恳请读者给予批评和指正。

生态农业丛书编委会

2022 年 7 月

前　言

　　养殖业是农业的重要组成部分，随着经济的发展和人们生活水平的提高，人们的环保意识和对畜禽养殖业环境污染、食品安全问题的重视不断加强，养殖业的生态化受到了广泛关注。区域自然条件和生存环境影响着家畜的分布和生产，养殖排泄物的农田利用是种养循环、土壤健康、农业生态环保的关键。养殖废弃物的不合理处理会制约畜牧业的可持续发展，甚至威胁生态环境和人体健康。

　　畜禽的繁殖、健康、生产、品质依赖一定的生态环境，同时也会对生态环境产生一定的影响。畜禽与环境的关系就是畜禽生态，生态养殖研究采用生态学、系统学的方法，把畜禽及其自然环境、人工环境和社会环境作为一个有机整体进行研究，既研究环境对畜禽的影响，又研究畜禽及其生产过程对环境的影响。研究现代畜禽生态，不仅要致力于服务畜禽的生长健康、生长性能、生产效率，还要致力于保护畜禽的品种资源、养殖环境、生态平衡；不仅要为畜禽遗传性能发挥、畜禽疫病防控、饲料营养高效利用提供理论基础，还要在生态系统层面为畜禽发展规划与区域布局提供科学依据；不仅要研究资源和环境因素对畜禽生产的影响及二者之间的相互关系，还要研究畜禽生产可持续发展的相关措施与策略；不仅要研究畜禽赖以发展的土地资源、环境容量，还要研究如何在满足人类畜禽产品需求的同时，合理构建一个健康、可持续的畜禽生态系统，促进畜禽生产的社会、经济、环境和谐发展。

　　生态养殖是研究探讨畜禽与环境相互作用、协同发展的技术体系，是研究畜禽生产环境、区域环境和社会环境的科学。国内外专家已经在畜禽个体生态、群落生态、营养生态、繁殖生态、生物安全生态、微生态、行为生态、资源环境生态等领域进行了长期的研究，提出了适宜的气候环境（温度、湿度、气流、光照、气压等）指标，根据不同畜禽种和不同发育阶段对营养需求的特性，采取消除病毒、细菌、寄生虫等病原微生物对人畜健康影响的防控措施，以及防控排泄物环境污染的处理利用技术，并在实际生产上进行了广泛的推广应用，以改善人畜健康和生态环境。

　　随着我国畜禽规模化养殖的迅速发展，养殖中的抗生素、激素的滥用，养殖废弃物及病死动物的不规范处理等带来的一系列生态环境问题日益突出。近年来，针对上述问题，科技工作者顺应行业发展趋势，相继开展了诸多科学研究和技术研发，在无抗添加剂、发酵饲料、微生态制剂、福利养殖、病死动物处理、废弃物肥料化能源化、粪便昆虫转化、畜产品生产全链条安全保障等生态养殖技术创新等方面取得了系列成果，为我国畜牧业的绿色发展做出了贡献。

本书由养殖业一线科研人员和从业者撰写，对生态养殖的基本知识、研究进展及发展趋势等进行了系统的归纳、梳理和展望。全书共分 8 章，内容包括：绪论，畜禽的生态营养，畜禽的行为、动物福利和生物安全，养殖微生态系统控制，病死畜禽无害化处理，种养结合模式下养殖废弃物的资源化利用，种养循环模式技术和畜产品安全与人类健康。

本书凝聚了中国科学院亚热带农业生态研究所师生的心血，著者们所在院校、企业，以及领导和教研室同仁也为本书的出版提供了大力支持和帮助，在此表示感谢。

我们希望本书能够反映生态养殖的基本内容和研究进展，满足广大科研人员和从业者的需要，但由于学科发展迅速，加之我们自身水平和经验有限，本书不足之处在所难免，竭诚希望广大读者提出宝贵意见。

《生态养殖研究与展望》编委会

2023 年 12 月

目　录

第 1 章

绪　　论

1.1　畜禽生态概述

　　畜禽是指由人类饲养驯化，可以人为控制其繁殖的动物，包括家畜、家禽，但不包括鱼类、昆虫。畜禽饲养主要是为人类提供食用、役用、毛皮、宠物、实验等功能，其常见饲养方式为舍饲、圈养、系养、放牧等。人类饲养畜禽起源于一万多年前，在漫长的畜禽饲养过程中，人们观察到畜禽与环境的关系十分密切，于是在养殖过程中通过有意无意地干预自然环境以减少其对畜禽的负效应，提高畜禽的生产性能。北魏贾思勰的《齐民要术》提出"服牛乘马，量其能力；寒温饮饲，适其天性"的畜禽生产原则，说的就是要根据畜禽与环境的关系，因畜养畜，因畜用畜，适时养畜，适畜养畜。在畜禽饲养的发展进程中，人们通过游牧来降低炎热、寒冷环境，以及草地牧草养分不足对草食家畜的负面影响；通过建立舍饲养殖场，提供饲料营养，防控畜禽疾病的发生；通过人工控制环境条件和饲养条件，提高畜禽生产性能，增加畜产品数量，提高畜产品质量；通过人为干预畜禽繁殖行为，提高畜禽繁殖性能，达到多功能生产的目的。人为调节畜禽的生存和生长环境，可以影响畜禽的生活习性、生长发育状况、生产性能和产品质量等。这种畜禽与环境的关系就是畜禽生态，调节畜禽与环境的关系就是调节畜禽生态。

　　畜禽与环境的关系包括畜禽与其他生物（如植物、微生物、媒介生物）的关系和畜禽与生存环境（自然环境、人工环境和社会环境）的关系。研究生态养殖就是研究畜禽与其生存环境相互影响、相互作用、协同发展的关系。一般来说，畜禽因世代处于人工干预的环境中，其适应恶劣环境的能力较野生动物有所衰退，但通过人为引种驯化、品种改良等方法可以使畜禽逐渐适应不同的环境条件。由于区域自然条件、畜禽品种间生态要求的差异，以及人类经济活动的变化，逐渐形成了不同区域的畜禽分布特点。例如，我国人口密度大、饲养水平高的东部、南部地区是以舍饲为主的农区畜牧业，西部与北部地广人稀的草原、荒漠与高原地区则是以放牧为主的牧区畜牧业。为了保护草地资源、提高畜产品产量和质量，牧区家畜饲养有逐渐发展为舍饲规模化饲养的趋势。

畜禽生态环境主要包括 3 个方面。一是对畜禽生产性能产生直接影响的生长环境，包括畜禽生长的自然环境、半人工环境、人工环境。例如，舍饲与放牧的家畜生长环境差异较大，其家畜生活习性、生长发育状况、生产效率、产品质量的差异也大。二是与畜禽生产相关的周边区域环境。畜禽生态环境不仅包括畜舍或放牧范围内的小环境，还包括与其生产密切相关的周边区域环境，如畜禽养殖周边区域对畜禽粪污的消纳能力、疫病风险的防控能力，以及潜在污染的防范能力等。三是与畜禽生产相关的社会环境。社会环境的影响是畜禽生态与野生动物生态的一个重大区别。温度、湿度、饲草、饮水、有害兽类、昆虫与微生物等自然环境条件都会影响畜禽的健康和生产，但由于人类的保护，畜禽被野兽捕杀的威胁大幅减小，传染病与侵袭性疾病的危害也大幅降低。舍饲畜禽受社会经济活动的影响远大于放牧畜群。例如，畜禽禁养区、限养区的划定和调整决定着畜禽饲养的区域布局和区域内的畜禽养殖品种、养殖数量和养殖密度；正在兴起的以观赏型和伴侣型为主要饲养目的的宠物养殖影响着畜禽的饲养功能，进而影响畜禽的繁殖生态和个体生态。因此，畜禽与环境的相互影响因子，既有温度、湿度、气流、光照、气压等非生物因子，也有植物、动物、微生物等生物因子，还有经济、技术、文化等社会因子，特别是人类社会的经济、技术、文化因素对畜禽及其环境的影响越来越受到重视。

畜禽生态研究主要包括 3 个层次。一是畜禽个体生态研究，主要研究不同畜禽个体与环境条件或资源之间的相互关系、相互作用，如气候环境（温度、湿度、气流、光照、气压等）对畜禽生物习性、生长发育状况、生产性能、产品质量等的影响，畜禽对生态环境的适应性（形态、生理、遗传、行为等）、畜禽应激生理反应等。二是畜禽群体生态研究，主要研究一定区域内的畜禽种群与其生活环境中的植物、动物和微生物种群之间的相互关系，包括畜禽种群的品种特性、分布规律、遗传进化、群落生态等。单一的规模化畜禽养殖场也有种群生态问题，如规模化养殖场的公母种畜饲养比例、不同生长阶段的畜群饲养管理、畜禽遗传性状的稳定与改良等。三是畜禽系统生态研究，主要研究一定空间内栖居的包括畜禽在内的所有生物（即生物群落）与环境之间的相互关系，包括畜禽与其他生物群落之间的物质循环和能量流转等，如种养生态系统、畜禽废弃物资源化利用系统。从畜禽与环境的影响关系来看，二者之间既有正面影响也有负面影响，畜禽环境问题越来越成为畜禽生态研究的重点问题。从畜禽生态的影响范围来看，畜禽生态问题既有全球性，也有明显的地域性，这主要是由于畜禽生产明显依赖于环境并受环境影响，同时产生环境效应。一定自然环境范围内的畜禽生产受相关的自然资源、气候特点、经济水平、技术进步和文化基础等因素影响。

由此可见，畜禽生态现象与客观规律随畜禽养殖的出现而出现、发展而发展。畜禽生态研究是一个动态和发展的过程。不同国家、同一国家不同区域、同一区域不同时期、同一时期不同畜种，其家畜生态的研究重点不同。

1.2　畜禽生态问题

畜禽规模化养殖的迅速发展在给人们提供丰富畜产品的同时，也带来了一系列的生态环境问题，关乎着农作物生产、畜禽养殖的可持续发展及人类的生存环境和生活质量。因此，畜禽生态问题越来越受到人们重视。

畜禽生态问题已成为妨碍畜牧业健康发展和影响人类生存环境的重要因素。畜禽粪便、尸体、废水等处置不当将导致自然环境恶化；大量病原体、高浓度恶臭气体、粉尘等将严重危害人畜健康，甚至导致动物疫病和人畜共患病流行；大量不易分解和消纳的微量元素、抗生素和动物激素经畜禽粪便不断释放到大自然中，危害公共食品安全和公共环境安全。畜禽生态问题具体表现在 6 个方面。一是对水体的影响。未经处理的畜禽粪便中的氮、磷直接排入或通过淋洗、流失进入江河、湖泊或地下水中，造成水体污染。二是对大气的影响。畜禽粪便排出体外后在微生物作用下产生的降解产物与粉尘、霉变垫料及动物呼出的二氧化碳（CO_2）等混合后，生成散发恶臭的硫化氢（H_2S）、氨（NH_3）、脂肪族的醛类、甲基吲哚、甲烷（CH_4）和硫醇类等气体，降低了空气质量，对人和动物产生不良影响，甚至引发疾病。同时，畜禽粪便产生的大量 CH_4、畜禽呼吸产生的 CO_2 都是重要的温室气体，畜禽粪便产生的氨是影响酸雨形成的因素之一。三是对土壤的影响。畜禽粪便排泄物中含有大量钙、磷等大量元素，铜、铁、锌、锰、钴等微量元素，铅、砷、汞、镉等重金属元素及激素、抗生素、兽药等残留污染物。长年过量施用这种有机肥将导致土壤重金属累积，直接危及土壤功能，降低农作物品质。四是对畜产品的影响。在畜禽体内未被分解和及时排出的抗生素、兽药等不仅会对畜禽的生产性能造成影响，而且还会污染畜产品。五是对人体健康的直接影响。一方面，消费者经常食用低剂量药物残留的畜产品，可对胃肠的正常菌群产生不良影响，进而影响人体健康。六是对人类健康的直接威胁。人类的很多传染病都直接来源于动物，如淋病来自牛、梅毒来自羊或牛、艾滋病来自猴子或猩猩。全世界 250 多种人畜共患病的病原载体主要是畜禽和畜禽粪尿排泄物。

当前，最引人关注的畜禽生态问题有 6 个方面：一是畜禽养殖废弃物排放带来的水体、土壤环境变化和人居环境变化；二是畜禽废气排放带来的全球气候变化；三是过度放牧和无序放牧对草原、林地和石漠化等生态脆弱地区的生态系统结构和功能的改变；四是畜禽规模化养殖推崇的品种一致性和良种化所造成的具有潜在经济价值和社会价值的地方畜禽品种遗传资源丢失，进而影响生物多样性；

五是畜禽病原微生物对人类健康的影响；六是畜禽产品质量安全带来的食品安全和人类健康问题。

畜禽生产引发的生态问题主要有 3 个特点。一是以面源污染为主。畜禽养殖对环境的污染是面源污染的主要因素，畜禽粪便是水生生态系统中氮污染和病原微生物污染的主要来源，无节制的家畜放牧是草原退化的重要原因之一。二是防治难度大。畜禽养殖遍及千家万户，分散饲养，监管难。规模化养殖场的畜禽养殖废弃物排放量大、污染浓度高、处理成本高、治理难度大。三是具有潜在的长期危害性。一方面，受到养殖废弃物污染的地下水通常需要 300 年才能自然恢复；另一方面，饲料添加剂及药物的广泛使用使大量金属元素、病原微生物、有机污染物通过畜禽废弃物进入土壤、水体等自然环境，并不断富集，最终通过食物链长期影响农作物安全和人畜安全。

面对畜禽生产带来的畜禽生态问题，除非把畜禽养殖对环境的压力控制在环境的最大容纳量范围之内，否则畜禽自身的生态系统和人类生存环境将持续恶化。从生态学的观点来看待当前的畜禽生态环境问题，应该认识到以下几点。第一，地球资源丰富，但适合畜禽生产的空间和资源是有限的，而且人与畜禽、畜禽与农争夺资源。只有精心把畜禽生产的发展区域规划好、养殖资源配置好、畜禽生产管理好，才能持久维护人与自然、畜禽与自然、人与畜禽、畜禽与农的和谐共存、协调发展。第二，畜禽为人类提供畜产品，但不健康、不安全、不可持续的畜禽生产方式和畜禽产品将对人类生存环境和人类生命健康构成威胁。人与动物通过食物链关系构成以人类为主体的生态整体。畜禽生产既要以满足人类食品需求和生存发展需求为目的，又要避免因盲目扩大畜禽产品供应而破坏生态环境，否则破坏的是动物和人类自身的生存环境。第三，畜禽生产暴露出来的问题表明了养殖环境具有脆弱性。发展畜禽生产必须精准掌握环境阈值。一方面，要合理规划养殖区域布局，控制畜禽养殖总量，规范养殖生产行为，严守环境阈值红线；另一方面，要充分发挥人的主观能动性，改进畜禽生产环境，尤其是养殖废弃物的收集和处理方式，推进废弃物的资源化利用，防止影响环境和造成潜在危害。

虽然畜禽生产引发的环境生态问题逐渐成为社会关注的焦点和热点，但是对待畜禽生态问题，既不能悲观失望，也不能熟视无睹。要坚持运用生态学、系统学理论，按照畜禽生产与环境保护协调发展的基本规律发展畜禽生产，这便是畜禽生态需要关注和研究的课题。

1.3　畜禽生态研究的内容

畜禽生态研究将畜禽及其自然环境、人工环境和社会环境作为一个有机整体进行研究，既研究环境对畜禽的影响，又研究畜禽及其生产过程对环境的影响。

从畜禽与环境的相互影响看，二者之间具有 4 个明显特性。一是系统性，即畜禽及其环境是一个相互作用、相互影响的生态系统。二是整体性，即影响畜禽生产的各种因子是一个整体，但它们对家畜生产的影响具有时序性，体现在生产全过程的整体效应。三是层次性，即环境因子与畜禽生态系统的相互影响涉及个体—种群—生物圈各层次。四是协同性，畜禽与环境是一个复杂多变的生态系统，只有重视畜禽生产与畜禽环境的协调性，才能实现畜牧业发展与社会、经济、环境的和谐。

具体来说，畜禽生态研究主要涉及 8 个方面的内容。

一是畜禽生产的环境与资源条件，包括畜禽与其生存环境中的生态地理、大气环境、水土资源、品种资源、草地资源、饲料资源、劳动力资源等的相互关系，如温度、湿度、空气、光照、水、土等环境因子与畜禽品种形成、生活习性、生长发育状况、生产性能、种群分布的相互影响，草地资源、饲料资源、兽药资源等养殖投入品与畜禽生产性能、产品质量的相互影响，畜舍工程、饲养管理与畜禽生产的相互影响。畜禽生产既依赖自然资源，又受制于自然资源。合理利用区域内的特有自然条件、经济条件和技术条件，保护和改善家畜生态平衡，是合理规划畜禽区域布局的前提和基础。无害化处理及资源化利用畜禽废弃物，构建区域内与畜禽、植物、微生物相匹配的复合型生态农业生产体系，是促进资源利用、畜禽生产与环境保护协同发展的重要措施。

二是畜禽个体生态，包括畜禽生产的环境适应性和畜禽引种驯化、应激生理等，如不同畜种对生态环境的适应性，不同畜种资源与畜种结构的相互关系，种群杂交、人工干预繁殖与畜禽种性遗传、种群质量的相互关系，应激刺激与畜禽生产性能、繁殖能力、泌乳水平、生长状况、产品质量的相互关系。环境条件对畜禽的影响及畜禽对环境条件的适应，是畜禽引种驯化及营造畜舍、保证最佳环境条件的依据。

三是畜禽种群生态和群落生态，包括畜禽遗传资源保护、不同畜种的种群生态和群落生态。例如，猪的种群生态和群落生态研究涉及猪的地理分布与生态环境的相互关系，猪的类型与生态环境的关系，猪的品种、类群的形成与生态环境的相互关系，等等。

四是畜禽营养生态，包括不同畜种、同一畜种的不同生理阶段与其营养动态需求的相互影响，不同饲料营养需求和日粮配方与畜禽生产性能的相互影响，日粮配合与其不能完全消化的营养物质对环境污染的相互影响。饲料原料污染物和环境污染饲料原料对畜禽的影响已越来越受到重视。

五是畜禽繁殖生态，包括畜禽种群、气象因子（光照、气温、空气湿度等）、畜舍工程、生理应激、环境干扰物、繁殖技术等生物因子和非生物因子与畜禽繁殖性能的相互影响，这对提高畜禽养殖水平、生产性能和产品品质的作用十分明显。

六是畜禽生物安全生态，包括畜禽养殖场生物安全体系与畜禽健康繁育的关系、养殖环境变化与畜禽机体功能的生态关系、生理应激与畜禽生产性能的生态关系、生境条件（温度、湿度非生物因子和病毒、细菌、寄生虫和病媒昆虫等生物因子）与畜禽健康的生态关系、环境污染物与畜禽健康的生态关系、饲料安全与畜禽健康的生态关系，等等。

七是畜禽微生态，包括畜禽生产过程中正常微生物群之间、正常微生物群与畜禽体内环境之间、畜禽内环境与外环境之间的相互关系。正常微生物群包括畜禽及其中间宿主体表与体内一切微生物的相互关系。利用正常微生物群来调节畜禽体内的微生态平衡，恢复机体正常生理功能、防治疾病、增进健康，逐渐成为畜禽微生态研究的主攻方向。

八是畜禽行为生态，包括畜禽生存环境（家禽笼养、家畜栏舍圈养、限位饲养、栓系饲养等限制性环境条件）与其采食行为、排泄行为、体温调节行为、性行为、社会行为、母性行为、异常行为的相互关系，畜禽行为表达与其生长发育、生产性能、健康状况、产品质量的相互关系。畜禽福利状况直接关系着畜禽的健康生长、生理状况、生产性能和产品质量，如何通过改善畜禽的养殖方式、生存环境和福利状况，来提高动物自身的免疫力和抗病力、减少疾病发生、提高动物生产性能已成为家畜生态养殖中亟须解决的问题。

畜禽生态具有明显的地域性。研究畜禽生态，要特别重视一定区域内畜禽与环境的相互关系，促进畜禽生产与资源利用、环境保护的协调发展，促进对畜禽遗传资源和人类生存环境的保护。畜禽与环境的相互关系是一个生态过程。研究畜禽生态，既要重视研究当前畜禽生产中的生态问题，又要重视不同生态层次的畜禽系统与环境系统之间的关系问题，增强对畜禽生产过程中可能出现问题的预见性与预防控制能力，为促进畜禽生产、环境保护和经济社会的可持续发展提供科学依据。

1.4　畜禽生态研究的主要任务

传统的畜禽生态侧重于研究畜禽品种特性与其地理分布的关系、畜禽饲养与其环境适应的关系、畜禽环境与其遗传性能的关系，这些在畜禽引种驯化、遗传育种、种性发挥、资源利用、规划布局，以及科学饲养方面起到了重要作用。但是，随着社会、人口、经济和技术的发展，加上资源和环境的压力越来越大，畜牧业的发展发生了很大变化，畜禽生态问题越来越突出。研究现代畜禽生态，不仅要致力于服务畜禽的生存健康、生长性能、生产效率，还要致力于保护畜禽的品种资源、养殖环境、生态平衡；不仅要为畜禽遗传性能发挥、畜禽疫病防控、饲料营养高效利用提供理论基础，还要在生态系统层面为畜禽发展规划与区域布局提供科学依据；不仅要研究资源和环境因素对畜禽生产的影响和相互关系，还要研究畜禽生产可持续发展的相关措施与策略；不仅要研究畜禽赖以发展的土地资源、环境容量，还要研究在满足人类畜产品需求的同时，合理构建一个健康、可持续的畜禽生态系统，促进畜禽生产的社会、经济、环境和谐发展。因此，当前畜禽生态研究的主要任务在于促进和改善畜牧生产效率，改善和保护生态环境，用生态学、系统学的观点和方法解决好当前的和未来可能出现的畜禽生态问题。

一是要以畜禽养殖场的生态化、现代化来保障畜禽生产的生态化、现代化。畜禽养殖场的环境条件直接影响畜禽的生存健康、生长发育、生产性能、生产效率和产品质量。随着畜禽养殖的集约化、规模化、专业化发展，传统粗放型养殖向现代精细化养殖转变，需要对畜禽养殖场环境进行精细化管理，包括畜禽养殖场的选址设计、周边环境、场内生态、畜舍规划、材料选择、采食饮水、舍内环境控制、废弃物收集处理等，都要求符合畜禽生产的现代化、生态化要求。可以说，畜禽养殖场的现代化水平决定着畜禽养殖的现代化水平，畜禽养殖场的生态水平决定着畜禽养殖的生态水平。随着畜牧业布局和生产方式变革、新技术应用对畜禽个体及系统健康的影响越来越明显，协调畜禽生产及畜禽养殖场环境之间的关系是今后畜禽生态亟须研究和解决的重点问题之一。

二是要以精准动态营养供应来同时满足畜禽生长营养需要和环境营养影响的生态平衡。现代畜禽营养生态应该同时满足 3 个条件：最大限度发挥畜禽生产性能的营养需要和营养安全，最大限度减少营养浪费，最大限度防止不完全消耗的营养物质造成环境污染。同时，随着耕地面积的不断减少和畜产品需求量的不断增加，畜禽饲料来源与人类粮食安全越来越成为一对矛盾关系，研究和应用非大宗饲料原料，也是畜禽营养生态需要考虑的问题。因此，当前和未来的畜禽营养生态研究需要在动物营养学理论的基础上，运用系统学和生态学原理，把环境-家畜-产品作为一个整体，通过现代生物技术、微生物技术、精准数学模拟对包括畜禽饲料来源、畜禽营养代谢、畜禽粪污环境承载力在内的畜禽营养调控进行整体研究，在尽可能短的生产周期内，生产出产量尽可能多且产品尽可能优的畜产品，获取尽可能大的经济效益，达到或维持尽可能最佳的生态平衡。

三是要以废弃物资源化利用来构建新型种养结合生态平衡体系。摄食、代谢、吸收和排泄是营养物质在畜禽体内的循环流动。废弃物进入环境，经微生物分解，被动植物利用，再直接或间接向动物提供食物来源，这是营养物质在自然环境的循环过程。实现物质、能量在畜禽体内和自然环境的全生态循环流动，是自然生态系统维持平衡的基本保障。在集约化的畜禽生态系统中，因畜禽废弃物在局部区域超过环境容量和生态承载力而造成的环境污染，已成为制约现代畜牧业发展的重大问题。突破这一瓶颈，需要重点研究畜禽废弃物管理、处理与利用方式，废弃物的有害成分及其在环境中的迁移规律、动态模型和安全评价，废弃物对土壤环境和生物多样性的影响，生物及生物工程措施治理废弃物，以及放牧地的生态保护等。需要重点解决畜禽生产系统的养分循环与平衡、生态系统健康评价、生态系统的退化性演化与生态修复等问题。需要构建健康的新型农牧生态体系，采用养殖与种植相结合的技术，实施养分的平衡管理，实现畜禽粪便、病死尸体等废弃物在该区域内的资源化利用，或者采用有效的技术或机制对畜禽粪便、病死尸体等废弃物进行有机质转化、生物质转化、能源转化，变为可贮存、可运输的能量产品，实现更大区域、更大范围的能量循环和资源化利用。

四是要以打破病原菌的生存条件来构建新型畜禽疫病生态防控体系。病毒变异快、传播快、病因复杂，是造成畜禽疫病发生和蔓延的主要原因，尤其是高致病性动物疫病、外来输入性动物疫病，对畜牧业发展构成极大威胁。从生态环境与畜禽疫病的关系看，畜禽疫病的发生、发展和消亡与其所处的环境条件有着密切关系；引发畜禽疫病的病毒、细菌、寄生虫和病媒生物的生长、繁殖、传播，也与其环境条件有着密切关系。研究非生物因素、生物因素、机体内部因素、社会因素等环境因子与畜禽疫病发生之间的关系，以及环境因子对病原菌及其媒介生物的生长、繁殖和传播的影响，可以从根源上找到畜禽疫病发生、发展、扩散的关键因子，从而控制、改造和破坏病原菌、宿主、病媒生物的生存条件，达到从根本上消除畜禽疫病的目的。这种畜禽疫病的生态防控思路，是防治畜禽疫病的新趋势。

五是要以畜禽生产全过程的生态安全来保障畜禽生产的产品安全。畜禽生产的根本目的，是满足人类安全优质畜禽的食用、劳役、毛皮、宠物、实验等功能需要。安全优质是畜禽生产的基本要求，也是保证人畜禽健康的根本需要。畜禽舍环境、饲料原料、兽药使用、疫病防控、废弃物处理等畜禽生产环境和生产过程，均可能给畜禽产品和人畜禽健康带来影响。瘦肉精、三聚氰胺、苏丹红、抗生素残留，以及人畜共患病等直接危害人畜健康，均曾引发社会公共安全事件，引起了广泛关注。可见优质安全越来越成为畜禽生产的基本要求，这就要求在畜禽养殖过程中运用生态学方法，突出环境与生态、发展与生态、安全与生态，在保证畜禽生产过程安全的同时，保证畜禽生产的产品安全。

实践证明，畜禽生产能否持续发展、能否满足人类对畜禽生产的目的需求，不完全取决于某一单个因素，而是取决于与畜禽生产密切相关的自然环境、生长环境和社会环境的共同作用。全面加强畜禽与环境的生态关系研究，科学揭示畜禽与环境的相互影响机制，切实增强畜禽生产可能出现的生态问题的预见性与防控能力，更好地让畜禽生产服务人类社会发展，是畜禽生态研究的根本任务。

1.5 畜禽生态发展的方向与目标

几千年以来，原有家畜、家禽经过人类不断风土驯化，生产力水平得到大幅提高。按照拉马克的"用进废退"生物进化学说，很多家畜、家禽已经灭绝，有些畜禽则根据环境变化调整自身器官的结构和功能，并使之与环境相适应，从而得以存活并繁衍下来，留存至今，为人类服务。人类一直致力于改造原有落后的家畜及家禽品种，试图提高其产能和效率，这就是遗传改良。除此之外，人类也顺应自然环境和社会环境，重视对畜禽良种的选育，以期释放畜禽品种的遗传潜能。在充分挖掘利用畜禽种质资源的同时，还要重视和推动畜禽种质资源保护工作，尤其是一些特色畜禽种质资源的保护，从而满足市场的多元化需求。随着基因工程技术的发展，人类也探讨和尝试使用一些高科技技术（如基因编辑技术）创造一些优良性状。但是除了基因水平，环境因素对畜禽性状的影响也很大，优良性状取决于基因和环境。一个好品种是在特定环境下形成与发展的，环境因素尤为重要。所以，我们创造新品种时先要设定环境条件。这就是畜禽生态内部的辩证关系。

新品种的创造是基于使其适应不断变化的自然环境和社会环境这一要求的。我们正在创造家畜、家禽与现代环境条件相互适应依存的关系。千百年来，过度垦荒、发展生产破坏了原有生态条件，生态是以"百年"为标准单位的，一旦被破坏则短时间难以恢复。例如，中国东北地区自改革开放以后就禁止乱砍滥伐，但野生动物仍然很少，绝大部分野生动物迁徙到周边赖以生存的环境去了。

本书讨论的畜禽生态主要指动物与人类和谐共生的自然环境、社会环境等。我们更加关注经济动物的生产效率，以及对人类生存环境造成的影响，这也是畜禽生态研究的方向。实现高效的畜牧业生产与人类美好环境的和谐与统一是我们的终极目标。

第2章
畜禽的生态营养

2.1　生态营养学的提出

　　动物营养学在畜牧业中占据重要的位置，饲料工业就是依据动物营养学的基本理论和实践发展起来的。随着畜牧业发展速度的加快，规模化、集约化养殖的畜禽数量增加，动物营养学的影响越来越深刻（吴兴利 等，2005）。饲料是畜禽粪便污染和畜产品有毒有害物质残留的根源，畜禽饲养者和饲料生产者以获取高利润为目标，却不注意饲料中有毒有害物质在畜禽体内的富集及排泄，造成饲料中抗生素、有毒有害物质通过食物链逐级富集，增强其毒性和危害。有毒有害物质向环境排出并富集在土壤中，容易造成表土层和地下水质恶化；畜禽粪便中营养物质发酵形成臭气也会污染环境（方热军和汤少勋，2003）。

　　规模化畜禽养殖业迅速发展，不同规模的养殖场不断涌现，在规模化、集约化畜牧业发展中，使用抗生素、维生素、激素、微量元素已成为畜禽防病治病、保健促长的一种常用策略。经济利益驱动和科学知识的不足使药物滥用现象普遍存在，造成畜产品的药物残留及环境污染，原本潜在的由畜禽养殖带来的环境污染问题日益显现。近年来随着人们环保意识的增强，畜禽养殖中的环境卫生和环境保护问题越来越受到重视，生态养殖理念应运而生。因此，当前在调整农村产业结构、大力发展畜牧业生产过程中，必须掌握生态平衡原理，加强畜牧业生态保护，发展生态环保型畜牧经济，为经济发展创造更大的发展空间和市场空间，提高畜产品的品质和产品的附加值，全面提高畜牧业的生态效益、社会效益和经济效益，实现生态保护、畜牧业生产、农牧民增收的协调发展。

　　生态营养学在传统配方营养的基础上，应用生态学原理，调整畜禽体内和环境中的微生物种类和数量，保持畜禽体内微生态平衡和机体健康，激发其消化吸收能力，从而广泛地、高效地利用一切可能的饲料原料（包括植物提取物、发酵饲料、抗菌肽、酶制剂等），减少抗生素和化学药物的使用，低成本地生产优质健康的畜禽产品，减少对环境的污染和对人类健康的危害（刘玉庆 等，2002）。方热军和汤少勋（2003）提出，生态营养学是建立在动物营养学理论的基础上，运用系统论和生态学观点、通过现代生物技术措施对畜禽整体营养调控的一门应用科学。它不仅能使动物最大限度地发挥饲料营养价值、降低生产成本、提高畜产品品质，而且有利于减少畜牧业生产对环境造成的污染，为人类提供全天然、无残留、营养价值高且安全卫生的畜产品。生态营养学可分为宏生态和微生态两个层次，二者相辅相成。宏生态是指对宏量饲料原料尤其是非常规饲料的利用和常规饲料的节约，目的是减少资源浪费和对环境的污染；微生态是指通过动物体内的正常菌群及其代谢产物，调理消化道的微生态环境，促进其对饲料的消化吸收，改善畜禽的健康状况。

饲料在改善畜禽生态营养方面有着重要作用，开发新型节能生态环保型饲料对我国养殖业意义重大。生态环保型饲料即利用生态营养学的理论和方法，围绕解决畜产公害和减轻畜禽粪便对环境造成的污染等问题，在使用饲料或添加剂生产过程中，应用生态营养学原理，在饲料无抗添加剂使用、安全饲料原料调配、精准配方设计等过程中进行严格的质量控制，并实施动物营养系统调控，最大限度减免饲料中的有毒有害物质残留，降低其对环境的污染和对人类健康的危害，使饲料达到低成本、高效益、低污染的效果（黄兴国 等，2003）。基于生态环保要求，畜禽养殖需要不断完善生态饲料调控技术，综合考量饲料原料、饲料添加剂、粪便排泄物等的价值评定，确保添加剂无毒、无污染，增强禽畜的生长发育与免疫机能，并且有效增强畜禽抗菌抗病毒能力，提高饲料营养价值，满足禽畜营养需要，通过资源的有效运用，来优化调控不同环节，规范生态营养饲料的调制方法，推动禽畜业健康持续发展（柏华，2020）。截至目前，畜禽生态营养主要有无抗替代技术、饲料原料发酵技术和饲料配方优化技术，下面依次详细表述。

2.2 无抗替代技术的研究现状

抗生素的发现对于人类和动物疾病的预防及治疗都具有很大的价值。20 世纪中期，抗生素作为饲料添加剂被应用到畜牧生产中。抗生素明显提高了动物的生产性能，为养殖业的发展创造了巨大的经济效益。但是随着人们对抗生素的不合理使用，导致了一些耐药菌的产生及二次感染问题的出现，甚至因为抗生素易残留在畜禽体内而对畜产品的质量和安全产生了一定的影响，抗生素也会随着畜禽的排泄物进入水体和土层，从而污染水源和土壤，破坏生态环境。残留在畜禽体内的抗生素进入人体后将导致人体内微生物耐药性的增强，引起人体内病原菌耐药性问题。基于此，动物营养学家提出了开发无污染、无残留、无耐药性的饲料添加剂的理念。营养生态领域的研究是当前动物营养学领域的研究热点。无抗饲料添加剂是指不含抗生素但具有促进动物生长和健康的作用且不易产生耐药性，无残留，符合国家法律法规且具有安全、优质、环保等特征，能应用于畜禽生产的饲料添加剂。

2.2.1 大豆异黄酮

大豆异黄酮（soybean isoflavones）是一类从大豆中分离提取出的具有多酚结构的化合物的统称。它是大豆生长过程中的一种次级代谢产物，在自然界中以游离型苷元和结合型糖苷两种形式存在，主要分布于大豆种子的子叶和胚轴中，其在子叶中的含量可占总异黄酮含量的 80%～90%（陈嘉序 等，2021）。大豆异黄酮具有雌激素双向调节作用。在医学上，大豆异黄酮具有抗肿瘤、预防骨质疏松、抗氧化、抗溶血、保护血管，以及改善肠道健康等多种生理功能（Teede et al., 2001；Watanabe et al., 2002；赵慧颖 等，2022）。在植物上，大豆异黄酮具有抗溶血、抗氧化、诱导大豆结瘤、抗病原菌生长等生理活性（Kosslak et al., 1987），可作为植物体内的保护性物质，保护植物正常生长，抵制病虫害的发生（Graham, 1991）。在畜牧生产上，早在 20 世纪 40 年代，研究者注意到澳大利亚某些牧场中的绵羊生殖能力强，这是因为牧场中富含芒柄花素的三叶草可在绵羊瘤胃中酵解生成大豆黄酮。1974 年，异黄酮类化合物首次被用作饲料添加剂，此后又陆续发现异黄酮类化合物在畜禽生产中具有明显的生物活性，如显著促进动物生长、提高生产力、提高蛋白质合成效率、减少腹脂沉积（刘燕强和韩正康，1998；屈健，2002）、改善畜禽胴体品质（王利华和王光，2006）、改善繁殖性能、提高免疫力（张荣庆等，1995a）等，被认为是一种具有广阔应用前景的新型饲料添加剂（杨玉凤 等，2005；尤明珍 等，2006；张平和王珍喜，2006）。

1. 大豆异黄酮的生理功能及其在畜禽生态养殖中的应用

1）对机体繁殖性能的影响

大豆异黄酮在结构上与哺乳动物的 17β-雌二醇相似，具有雌激素的活性基团——二酚羟基，生物活性为雌二醇的 10^{-2}～10^{-3} 倍，可与生物体内子宫或乳腺细胞的雌激素受体（estrogen receptor，ER）结合而表现为较弱的雌激素活性和抗雌激素活性的双重作用。众多学者报道了大豆异黄酮可以影响动物的繁殖机能。金福源等（2021）报道了在日粮中添加大豆异黄酮可以显著提高母羊发情率、受胎率，以及羔羊的断奶窝重和平均日增重（mean daily gain，MDG），这可能是由于大豆异黄酮促进了甲状腺激素的分泌，增加了动物的采食量（average daily feed intake，ADFI），进而促进母羊产后恢复与哺乳。大豆异黄酮对初情期日龄没有影响，但能延长发情期。根据体内雌激素浓度高低、受体数目、结合程度及使用剂量，大豆异黄酮会对机体雌激素活性呈现促进或拮抗作用（韩正康和王国杰，

1999）。一般来说，大豆异黄酮在内源性雌激素水平较低时表现出雌激素激活剂的作用，诱发发情或促进乳腺发育；但当体内内源性雌激素水平偏高时，它与 ER 结合后就表现出抗雌激素的作用（Mense et al.，2008）。

牧草中的植物异黄酮对动物的繁殖性能具有一定的负面影响。Lundh（1995）报道了过量摄食含丰富大豆异黄酮的豆科牧草对母畜的繁殖性能有危害。官丽辉等（2021）研究大豆异黄酮对坝上长尾鸡卵巢功能的影响，发现卵巢功能各指标在数值上会随着大豆异黄酮添加量的升高表现出先上升后下降的趋势。蔡娟等（2013）研究大豆异黄酮对产蛋后期蛋鸡的影响，发现产蛋率随着大豆异黄酮添加量的增加呈现先升高后降低的趋势，蛋白含量和蛋壳强度有了明显的提高。另外，张荣庆等（1995b）的研究表明，高剂量[150mg/（kg·bw）]大豆黄酮可以明显抑制大鼠的胚泡着床，导致雌性大鼠性周期紊乱，间情期显著延长。王文祥等（2015）给刚断乳的 21d 雌性小鼠摄入大豆异黄酮，结果显示，高剂量组[200mg/（kg·bw）]雌性小鼠的卵巢重量及卵巢功能指数、血清雌二醇水平均明显低于对照组。大豆异黄酮在体内也可对雄性生殖系统产生负面影响，相关报道已引起学界关注。代晓曼等（2012）的研究表明，孕期和出生后大豆异黄酮暴露可干扰子鼠雄性生殖系统的发育，随着暴露剂量的增加，雄鼠身体质量指数（body mass index，BMI）、睾丸重量和睾丸系数均降低，雌激素受体 β（estrogen receptorβ，ERβ）基因相对表达量增加，推测大豆异黄酮可能通过影响 ERβ 受体基因表达来干扰大鼠生殖器官的发育和调控精子的发生。通常情况下单胃动物不太可能接触过量的异黄酮化合物，但放牧的草食家畜如果放牧不当，采食异黄酮含量较高的青草、青贮等饲料，吸收过量的异黄酮会使垂体和卵巢之间的正常激素调节紊乱，或者抑制垂体促性腺激素的分泌，导致母畜暂时或永久性不孕。由于异黄酮在各种动物体内吸收代谢途径的差异和激素受体不同，各种动物对异黄酮的激素敏感性也不同，羊比牛要敏感，大量摄入异黄酮后，羊出现不育症状，而牛一般不易出现不育症状，猪对异黄酮的激素敏感性现在还不能确定，猪摄入大量异黄酮后是否会影响其生殖能力还有待进一步研究。

2）对机体泌乳性能的影响

乳腺发育是动物泌乳生理过程的首要环节，主要受下丘脑、神经垂体内分泌系统的调控（Tucker，1981）。研究发现，反刍动物过量采食含有大豆异黄酮的豆科牧草，促进非怀孕母羊和阉公羊的乳头增长，甚至出现泌乳现象。在奶牛的日粮中添加大豆异黄酮能够增强奶牛的免疫功能，通过影响神经内分泌系统的生长轴，并与下丘脑、垂体等处的受体进行结合，促进垂体分泌生长激素（growth hormone，GH）、催乳素（prolactin，PRL）和胰岛素样生长因子-1（insulin-like growth factor-1，IGF-1），可见大豆异黄酮具有促进乳腺发育和促进泌乳的作用（刘根桃等，1997；卢志勇 等，2013；方洛云 等，2015；赵悦 等，2019）。刘德义等（2004）

在奶牛日粮中添加 60mg/（kg·bw）的大豆异黄酮，结果极显著地提高了奶牛产奶量，这个结果与杨建英等（2005）的研究结果一致。大豆异黄酮作为饲料添加剂，也可提高母猪泌乳性能，改善乳汁成分，提高乳蛋白和乳脂的含量，提高哺乳仔猪平均日增重（Hu et al.，2015；林厦菁 等，2020）。张荣庆等（1995c）对妊娠母猪口服异黄酮的试验表明，血清及初乳中的 GH 和 PRL 含量极显著提高，GH 可以通过调节物质代谢和营养成分在组织间的分配，保证乳腺摄取丰富的营养、刺激肝脏（或其他器官）产生 IGF-1，作用于乳腺细胞的 IGF 受体促进乳腺发育和泌乳，同时 PRL 可以直接作用于乳腺的 PRL 受体，上调雌二醇和孕酮受体，诱导肝脏产生催乳素协同因子，发挥促进乳腺发育和泌乳的作用。

3）对机体产蛋性能的影响

大豆异黄酮作为一种蛋禽日粮添加剂，对蛋禽的产蛋性能具有很好的调控作用，但作用效果因蛋禽的品种和日龄不同而产生差异。研究表明，在日粮中添加大豆异黄酮可以提高蛋鸡的产蛋率、蛋重等产蛋性能，降低料蛋比（刘燕强和韩正康，1998；周振雷 等，2007；王红琴 等，2019）。朱建平等（2002）在 56 周龄肉种鸭日粮中添加不同水平的大豆黄酮，结果发现大豆黄酮能明显提高种鸭的产蛋率，促进卵泡的发育，提高种母鸭的繁殖性能；同时，大豆黄酮能明显调控营养成分的有效利用，增强机体体质和促进机体发育，对种公鸭的精液质量没有负面影响。研究发现，饲粮中添加大豆异黄酮可显著提高鸡蛋的蛋壳厚度、蛋壳强度和蛋壳重，改善蛋壳品质，并显著提高血液中的钙、磷含量，促进机体对钙的吸收，这与雌激素的活力可使血钙升高的机制是一致的（马学会 等，2004；田何芳 等，2021）。大豆异黄酮提高蛋鸡产蛋性能的机制，一方面可能与其直接调控繁殖机能有关；另一方面高剂量的大豆异黄酮可以调节钙、磷代谢，促进机体对钙、磷的吸收利用，增强骨质和体质（Shi et al.，2013）。

4）对机体生长性能的影响

目前对大豆异黄酮影响动物生长性能及胴体品质的作用效果存在不同的试验结果，这与试验所涉及的动物种类、性别、动物所处的不同生理时期、不同生长阶段，以及大豆异黄酮的添加量、饲料结构等有关。研究证明，日粮中添加大豆黄酮可提高高邮鸭的采食量、平均日增重，降低料重比（赵茹茜 等，2002）。郭晓红和赵恒寿（2004）研究发现，饲粮添加大豆异黄酮可显著增加肉公鸡的平均日增重和采食量，显著降低料重比，对肉母鸡生产性能则无显著影响。Shiralinezhad 和 Shakouri（2017）的研究表明，添加 100[mg/（kg·bw）]的大豆异黄酮可提高 1～14 日龄雏鸡的饲料利用率，但是更低剂量的大豆异黄酮对其生长性能无显著影响。韦习会等（2004）研究发现，饲粮添加大豆异黄酮使仔猪体重显著提高。陈浩瀚等（2022）的研究表明，在饲粮中添加大豆异黄酮提高了试验猪后期的平均日增重，提高程度与大豆异黄酮的添加量呈线性相关。在反刍动物方面，有关大豆异黄酮影响肉牛、肉羊生长性能的研究国内尚未见报道，仅见一些有关大豆异黄酮对瘤胃发酵的影响。陈杰等（1999）的研究表明，水牛经十二指肠瘘管灌注大豆黄酮后，血液睾酮和瘤胃中的微生物蛋白质、挥发性脂肪酸及氨氮水平显著升高，由此可以推断大豆黄酮可能通过升高血液的睾酮水平改善了瘤胃微生物的代谢活动，从而在一定程度上改善反刍动物的生长性能。大豆异黄酮一方面可能直接影响瘤胃微生物的主要消化酶活性，对瘤胃消化代谢发挥调控作用；另一方面也可能经过瘤胃内微生物的代谢作用由胃肠道进入血液循环，通过体内内分泌水平变化间接影响机体的生理机能。大豆异黄酮能促进蛋白质合成，蛋白质沉积显著增加，表现为肌纤维的营养性增粗，从而对肌肉生长有积极的促进作用（唐伊等，2018）。王利华和王光（2006）发现，虽然大豆异黄酮对肉鸡的生产性能影响不显著，但是能够明显降低肉鸡脂肪沉积和促进前期蛋白质积累，同时大豆异黄酮添加还能够显著降低肉鸡血清中的尿酸含量。

5）对机体抗氧化的影响

大豆异黄酮的抗氧化作用机制主要有两个方面：一是大豆异黄酮依靠本身的特殊结构清除动物机体的活性氧自由基，阻断自由基的链式反应和预防脂质过氧化的发生；二是大豆异黄酮可以增强机体的抗氧化酶活性，提高动物机体的自身抗氧化能力（颜瑞和王恬，2010）。庄颖等（2004）发现，高剂量大豆异黄酮对高脂饲料引起的体内脂质过氧化物含量升高具有拮抗作用，能够改善高脂造成的体内异常的过氧化状态，减轻对机体的过氧化损伤。胡胜兰等（2021）在仔猪饲粮中添加大豆异黄酮，结果表明 10～20μmol/L 大豆异黄酮对氧化应激仔猪肠黏膜上皮细胞内一氧化氮（NO）和诱导型一氧化氮合酶（inducible nitric oxide synthase，iNOS）的分泌有抑制作用，10～40μmol/L 的大豆异黄酮能减轻氧化应激对仔猪肠黏膜上皮细胞的损害，提高细胞的抗氧化能力，显著降低细胞凋亡率。张蕊（2012）在海兰褐蛋鸡饲粮中添加 20mg/kg 的大豆异黄酮，增加了血清和肝脏中的超氧化物歧化酶（superoxide dismutase，SOD）活性，减少血清和肝脏中的丙二醛（malondialdehyde，MDA）含量。Breinholt 等（1999）用大豆异黄酮对小鼠过氧化损伤模型进行干预，结果显示小鼠红细胞、肝脏和心肌的 SOD 活性及心肌和肝脏的谷胱甘肽过氧化物酶（glutathione peroxidase，GPx）活性均显著升高，同时心肌细胞的病理损伤也明显减轻。

6）对机体免疫水平的影响

Sakai 和 Kogiso（2008）探讨了大豆异黄酮与机体免疫之间的关系，结果表明大豆异黄酮不仅在体外具有刺激淋巴细胞增殖的效应，在体内也具有较强激发免疫应答的效应，并且这些效应是通过增强自然杀伤（natural killer，NK）细胞的杀伤性和 T 淋巴细胞活力，以及促进 T 淋巴细胞产生细胞因子等产生的。韩彦彬等（2010）发现，大豆异黄酮通过刺激小鼠的脾淋巴细胞增殖和转化作用，促进小鼠迟发型变态反应作用来提高小鼠抗体生成细胞数和血清溶血素水平，促进小鼠单核巨噬细胞碳廓清作用和增强小鼠腹腔的单核巨噬细胞吞噬能力，以及提高小鼠 NK 细胞活性来增强小鼠的免疫功能。陈浩瀚等（2022）为阉割公猪饲喂大豆异黄酮，结果显示饲喂 29d 后大豆异黄酮组的猪血清中球蛋白（globulin，GLB）和免疫球蛋白 A（immunoglobulin A，IgA）含量显著升高，白蛋白（albumin，ALB）和球蛋白的比值显著下降。张荣庆和韩正康（1993）发现，小鼠灌服大豆异黄酮雌激素显著提高了胸腺重量和腹腔巨噬细胞吞噬功能，提高空斑形成细胞的溶血能力和外周血 T 淋巴细胞百分率。大豆异黄酮类雌激素不仅对机体的细胞免疫、体液免疫和非特异性免疫功能有影响，还能通过直接作用于免疫器官（胸腺和脾脏）或各种免疫细胞上的 ER，调节垂体 GH 和 PRL 的分泌，通过 GH 和 PRL 促进胸脾上皮细胞合成和分泌胸腺素，间接调节免疫功能。大豆异黄酮还可以降低体内生长抑素（somatostatin，SS）水平，解除其对免疫系统的抑制作用，同时 SS 水平的降低又促进垂体 GH 的分泌，从而明显提高动物免疫机能（张蕊 等，2011）。

2. 展望

大豆异黄酮是大豆组分中一类重要的生物活性物质，也是目前自然界已知的 3 种植物雌激素（异黄酮类、木脂素类和香豆雌酚）之一，结构类似于动物体内的雌激素。目前大豆黄酮和染料木素被认为是大豆异黄酮中最主要的两个有效成分，除具有弱的雌激素活性外，还具有很强的抗氧化作用，可以作为生理调节剂诱发动物血液中 PRL、GH、IGF-1 等内源性激素水平的改变，促进动物的乳腺发育，增加产奶量，促进胎儿的发育，提高仔畜的初生窝重和育成率，加速畜禽生长，增强机体免疫等，在畜牧生产上具有广阔的应用前景。

异黄酮植物雌激素主要通过神经内分泌系统调控机体的生殖和营养过程，改善动物的生产性能，是一种具有实用价值的生理调节剂。20 世纪 90 年代以来，国内有关植物雌激素的试验研究主要集中在单胃动物，对反刍动物的研究报道不多，且多趋于对泌乳性能、常规乳成分、血清生化及酶活性等少数指标的零星描述，对瘤胃发酵、日粮养分消化代谢水平、血液流变学、血清抗氧化及性激素水平影响系统有待深入研究。

2.2.2 植物精油

植物精油（essential oil，EO）是芳香植物某一部位经过水蒸气蒸馏方法得到的一种不溶于水、有气味的挥发性油状液体，本质上属于植物提取物。EO 组分是植物自然生长过程中合成的一类次生代谢产物，成分复杂，多为几十种物质的混合物，主要包括萜类化合物、芳香族化合物、脂肪族化合物和含氮含硫化合物等基本成分。EO 具有诱食、抗氧化、抗炎、增强免疫、改善肠胃消化等作用，广泛应用于饲料替抗和改善动物健康（牛小杰和孙鲁阳，2021）。EO 在畜禽养殖中的恰当应用不仅可以减少畜禽用饲料营养成分损失，增强畜禽体内消化酶活性及机体免疫力，而且可以增强畜禽的生产性能和抗应激能力，降低畜禽生产成本损耗。因此，在提倡替抗的大环境下，EO 越来越受养殖行业的重视。

1. 植物精油的生理功能及其在畜禽生态养殖中的应用

1）对机体抗菌的影响

EO 具有良好的抗菌作用，在畜禽饲料中添加适量的 EO 可以起到抗菌、杀菌的作用。EO 及其组成成分作用于微生物细胞膜，使膜结构因遭到破坏而损伤，膜的通透性增加，细胞内的离子和内含物外泄；或是微生物的酶系统受到破坏导致细胞死亡（陈秀敏 等，2017）。研究证实，茶树精油能有效抑制变异链球菌活性，并且对变异链球菌的抑制作用呈剂量依赖效应，剂量越大抑制作用越强，相比于其他抗菌物质，EO 作用更为温和，效果也更稳定（宋玉梦 等，2020）。茶树精油的主要成分松油烯-4 醇具有极强的抗菌作用，现已证明茶树精油对沙门氏菌、表皮葡萄球菌、大肠杆菌、金黄色葡萄球菌和白色念珠菌等均有显著的抑菌作用（钟振声 等，2011；胡志峰和魏臻武，2018）。牛至精油及其主要成分香芹酚和百里香酚通过影响微生物细胞膜的功能对金黄色葡萄球菌、粪肠球菌、大肠杆菌、葡萄牙念珠菌等病原菌具有很好的抑制和杀灭作用（许璐 等，2020）。Amerah 等（2012）的研究表明，饲粮添加精油混合物（肉桂醛、百里香酚）和木聚糖酶可以提高麻花鸡的生产性能，抑制沙门氏菌的活性，降低沙门氏菌感染鸡群的横向传播风险，降低鸡的发病率，从而促进食品安全。饲粮添加百里香精油显著降低了麻花鸡十二指肠和回肠中大肠杆菌、沙门氏菌、乳酸菌的数量，表明百里香具有抑菌作用，能够改善肉鸡消化道内的微环境，促进益生菌定植，提高机体免疫系统抵抗力（朱晓磊和陈宏，2013）。田琦（2014）发现，丁香酚和茶多酚对空肠弯曲杆菌都有显著的抑制效果，丁香酚的抑菌活性稍强于茶多酚，并且抑菌效果随自身浓度的增加而增强。

2）对机体生长性能的影响

EO 中富含的芳香物质使饲料更加具有吸引力，其释放的芳香味道会促进畜禽食欲，增加采食量，也能激起畜禽更大的探索兴趣，可以根据不同的气味自主选择不同类别的 EO 来增加或减弱畜禽的采食量。Franz 等（2010）研究发现，在饲粮中添加一定比例的 EO，与对照组相比，猪的采食量变化范围为-9%～12%。同样，Zeng 等（2015a）也报道了在饲粮中添加 EO 引起畜禽采食量出现-3%～9%的变化。王改琴等（2014）发现，饲粮添加不同剂量的 EO 对生长猪的采食量和平均日增重均有显著提高。牛至精油具有抑制异常气味的优点，可用于增加饲料的适口性，从而促进动物采食。曹建国等（2004）发现，饲粮添加牛至精油显著提高了仔猪的末重和平均日增重，并降低了仔猪的腹泻率和料重比。严霞等（2018）研究发现，在饲粮中添加复合 EO 和微生态制剂混合物显著提高了竹丝肉鸡的平均日增重，降低了料重比。张文静等（2016）发现，饲喂肉仔鸡主要成分为百里香酚、香芹酚和丁香酚的复合 EO，显著提高了肉仔鸡的采食量、平均日增重和屠宰性能，胸肌率和腿肌率有不同程度提高，显著降低了料重比。刘燕娜（2017）的研究也表明，澳洲油茶树精油不仅能够显著提高肉鸡末重、采食量，降低料重比，还能够改善肉鸡的毛色和精神状况，其发病率、死亡率与抗生素组持平。

3）对机体消化吸收的影响

EO 能够刺激胃肠道，起到增加消化道黏液和胆汁酸的分泌量、提高部分消化酶的活性等作用，从而促进饲料中营养物质的消化、吸收，改善畜禽的生产性能（王林 等，2021）。以反刍动物为例，若在它们生产期间向饲料中添加 EO，可以减少瘤胃微生物发酵过程中 CH_4 和 CO_2 等气体的产生，使更多的饲料转化为挥发性脂肪酸和菌体蛋白，为反刍动物生长提供更多的营养。石宁等（2019）研究发现，饲粮添加不同 EO 对肉羊体外瘤胃发酵参数和 CH_4 产量的影响不同，且影响程度与剂量有关。其中，添加高剂量的山苍子油和茴香油显著降低了瘤胃挥发性脂肪酸的含量并影响发酵模式，降低了瘤胃体外发酵液的产气量和 CH_4 产量；添加高剂量的桉叶油显著提高了挥发性脂肪酸中丙酸的比例，降低了 CH_4 产量；添加不同剂量肉桂油对体外瘤胃发酵参数和 CH_4 产量均无显著影响。小肠是畜禽消化吸收营养物质的主要场所，小肠的长度及重量、绒毛高度和隐窝深度，以及肠道内消化酶活性均能反映小肠的消化吸收能力。Bravo 等（2011）的研究表明，EO（有效成分为香芹酚、肉桂醛）能够提高肠道绒毛高度，能有效地保护肠道黏膜，促进肠道发育，提高肠道的消化吸收能力。Khattak 等（2014）的研究发现，肉仔鸡饲粮中添加 EO 可提高绒毛高度和绒毛表面积，促进肠道对营养物质的吸收。以肉仔鸡为研究对象，饲粮中添加 EO 显著提高了粗蛋白质的表观消化率和肠道淀粉酶、蛋白酶的活性，促进肠胃对饲料的消化吸收（李晓东 等，2010）。

4）对机体抗氧化的影响

很多 EO 具有较强的抗氧化活性，能够有效清除机体内自由基，增强机体抗氧化和抗应激能力。在东北白鹅饲粮中添加牛至精油，能够提高其抗氧化系统功能，包括总抗氧化能力提高、GPx 含量增加、血清 MDA 含量降低（王芬 等，2014）。张文静等（2016）研究发现，在饲粮中添加 EO 可以显著提高抗氧化酶的活性，降低血清 MDA 含量，有效清除体内的自由基，增强机体的抗氧化能力。Li 等（2012）的研究发现，在饲粮中添加主要成分为肉桂醛和百里香酚的复合 EO，显著提高了仔猪血清的 SOD 和 GPx 含量，降低了血清 MDA 含量，提高了仔猪的总抗氧化能力。宋文静等（2020）研究表明，在大余麻鸭饲粮中添加 200mg/kg 肉桂醛可以提高其血清中的 SOD 和 GPx 活性。申书婷等（2015）的研究结果也表明，饲粮添加 400mg/kg 肉桂醛可以提高生长猪血清中的过氧化氢酶（catalase，CAT）、SOD、GPx 活性，降低血清 MDA 含量，增强机体的总抗氧化能力。

5）对机体免疫水平的影响

EO 作为一种很好的免疫激活剂，可直接参与机体生物防御的屏障系统，刺激胃肠黏膜固有层中淋巴细胞的转化，使之启动更强的体液免疫和细胞免疫程序，提高机体的免疫力。研究表明，紫苏精油可显著增强小鼠血清酸性磷酸酶（acid phosphatase，ACP）的活性，增加血清溶菌酶（lysozyme，LZM）含量，提高 NO 和免疫球蛋白 M（immunoglobulin M，IgM）水平，增强白细胞介素-2（interleukin-2，IL-2）的生物活性，通过改变血液参数达到增强小鼠体液免疫功能和非特异免疫功能的作用（周美玲 等，2014）。Zeng 等（2015b）研究发现，在饲粮中添加 EO 能改善断奶仔猪的免疫能力，增加淋巴细胞的增殖率和吞噬率，改善血清中免疫球蛋白 G（immunoglobulin G，IgG）、IgA、IgM、补体 C3（complement 3）和补体 C4 水平。Cao 等（2010）报道了百里香和肉桂醛的复合物对肉鸡肠道免疫功能的改善有积极影响，主要体现在盲肠和回肠血清中的 IgA 含量显著增加。Placha 等（2013）的研究结果显示，在饲粮中添加 EO 有利于肠道中有益菌的繁殖生长，同时能抑制有害菌（艾美虫病的病原菌、大肠杆菌、产气荚膜梭菌）的生长，进而起到稳定肠道菌群、增强免疫力的作用。Rahimi 等（2011）的研究结果显示，在饲粮中添加大蒜精油，肉鸡新城疫抗体的含量、法氏囊指数和脾的指数显著增加，同时皮下组织嗜碱性细胞的反应性也增强，间接改善了机体的免疫能力。

6）对机体胃肠道的影响

在畜禽生产阶段适量添加饲喂 EO 可对畜禽的胃肠道环境起到保护和优化作用。EO 通过改变细菌细胞膜的通透性，抑制或杀灭仔猪肠道内的有害细菌。司建河等（2014）通过在麻花肉仔鸡饲粮中添加不同比例的百里香精油，发现不同比例的百里香精油均对大肠杆菌有抑制作用。Falaki 等（2016）在饲粮中添加黄连挥发精油，发现能够显著抑制大肠杆菌的生长，但对回肠和盲肠中的乳酸菌无抑制作用。燕磊等（2017）研究发现，饲粮中添加不同的 EO 提高了 39 日龄肉鸡十二指肠绒毛高度和绒毛高/隐窝深，表明 EO 促进了肉鸡十二指肠的绒毛发育。Fang 等（2009）向仔猪的饲粮中添加刺五加精油提取物，增加了仔猪肠道中食淀粉乳杆菌、枯草芽孢杆菌、唾液乳杆菌及梭状芽孢杆菌的菌群密度，降低了金黄色葡萄球菌、鼠伤寒沙门菌及大肠杆菌的密度。邹盼盼等（2023）研究发现，在饲粮中添加主要成分为百里香酚、肉桂醛和香芹酚的复合 EO，显著促进了断奶仔猪的肠道发育，有效改善了小肠的组织结构，增加了小肠绒毛的接触面积，显著上调了十二指肠内能降解饲粮中利用粗纤维、粗蛋白质、多糖的菌属含量，以及直肠内的乳杆菌属、梭菌属、土芽孢杆菌含量，显著降低了链球菌等常见的肠道致病菌的含量，改善了肠道菌群结构。EO 还可以降低机体的腹泻率，保护肠道健康（吕勇 等，2019；王仁杰 等，2021；毛婷，2022）。因为肠道菌群代谢产物与肠道健康关系密切，所以具有抗菌作用的 EO 通过介导肠道菌群结构，进一步调节菌群代谢产物，维护畜禽肠道微生态系统平衡。EO 也可以通过调节紧密连接蛋白基因的表达，提高消化酶的活性，增强肠道屏障，并改善肠道形态（张嘉琦 等，2021）。

2. 展望

EO 作为一种新型抗生素替代品，目前在应用中仍然存在着以下问题：EO 种类繁多，成分复杂，各种精油产品的品牌众多，养殖户在实际生产中往往无所适从，难以选择；由于不同种类的畜禽生理特点有差异，同种 EO 产品在不同畜禽上的应用效果也可能存在差异，导致 EO 产品的应用缺乏针对性；EO 的挥发性会给产品质量稳定和应用效果带来不确定性，可借助现代制剂工艺（包被、包埋、缓释等）来实现精油产品的稳定性；EO 的成分多样导致其作用机理复杂，许多产品的作用机理未能得到诠释，因此 EO 的研究应用工作还须进一步深入和完善（曾浩南和江青艳，2020）。EO 特殊的芳香特性和抗氧化活性在改善畜产品品质方面可能是未来重要的应用方向。EO 在众多领域中都有着广泛的应用空间，尤其在畜禽养殖行业中，EO 作为饲料添加剂的重要一员，未来将在替抗促生长方面发挥越来越重要的作用。

2.2.3　有机酸

有机酸是分子结构中含有羧基（—COOH）的化合物，易溶于水或乙醇，呈酸性，几乎分布于各种植物中，特别是在中草药（乌梅、丁香和四季青等）的根、茎、叶和果实中广泛存在；少部分有机酸是挥发油与树脂的组成成分。有机酸功能强大且刺激性较小，是饲用酸化剂的主要应用形式，一般以几种有机酸复合制成复合酸化剂进行使用。有机酸具有抗菌、增加适口性和改善免疫功能等多种药理功能，可以显著提高畜禽的生长性能、抗氧化能力，增强免疫，改善肠道菌群结构，使畜禽更加健康，是天然的绿色无污染饲料添加剂，可以作为理想的抗生素替代品添加到饲料中，应用于畜禽生产中，提高畜禽养殖业的经济效益。

1. 有机酸的生理功能及其在畜禽生态养殖中的应用

1）对机体生长性能的影响

大量的研究结果表明，有机酸不仅可以提高畜禽的生长性能，还可以有效缓解腹泻和治疗疾病。苏军等（1999）在肉仔鸡饲粮中添加有机酸（柠檬酸）与益生素（芽孢杆菌类制剂），结果表明二者对提高肉鸡前期生长性能具有协同效应，表现出良好的抗病促生长作用。研究表明，在饲粮中添加一定量的复合有机酸，显著提高了仔猪的末重、采食量和平均日增重，改善了仔猪的生长性能（何荣香 等，2020）。徐青青等（2020）发现，在饲粮中添加乳酸型复合酸化剂（乳酸和柠檬酸）显著提高了肉鸡的平均日增重，降低了料重比。Lan 和 Kim（2018）研究发现，在母猪饲粮中添加中长链脂肪酸与有机酸混合物（富马酸、柠檬酸、苹果酸、癸酸、辛酸和高岭土）能改善其生长性能，并减少环境污染。刁蓝宇等（2020）发现，在三黄鸡饲粮中添加酸化剂与益生菌混合制剂，其采食量和平均日增重显著提高，并且胸肌和腿肌的滴水损失显著降低，改善了肉鸡的生长性能和肉品质。研究发现，酸化剂能够显著提高蛋鸡的采食量、蛋壳厚度、蛋壳强度和蛋白高度，显著降低了料蛋比（刘艳利 等，2015；樊爱芳 等，2019）。王改芳和王彦林（2022）研究发现，给肉羊饲喂经过乳酸菌制剂、有机酸盐、纤维素酶处理的全株玉米青贮能够在一定程度上改善肉羊的末重和平均日增重，降低料重比。研究发现 L-苹果酸不仅可以提高肉牛的采食量，降低料重比，还可以在不影响乳脂率、乳蛋白率等指标的前提下，提高奶牛的产奶量，改善早期泌乳奶牛能量平衡（Sniffen et al.，2006；王聪 等，2008；李文 等，2011）。有机酸对生长性能的促进作用主要通过以下两方面实现：一方面，有机酸（延胡索酸、苹果酸、柠檬酸等）能参与三羧酸循环，为机体供能，从而避免其他供能途径（如糖异生和脂肪分解）造成体组织的消耗（欧长波 等，2016）；另一方面，有机酸能降低胃肠道 pH，提高胃蛋白酶活性和促进胰腺的分泌，促进维生素和矿物质的吸收，从而改善饲料适口性，提高采食量（陈勇和甄莉，2014）。

2）对机体消化吸收的影响

动物机体内的代谢活动和酶促反应都离不开有机酸。乳酸、富马酸与苹果酸能够作为能量源参与机体的三羧酸循环，降低糖异生和脂肪分解的损失，提高营养物质的消化率（欧长波 等，2016）。有机酸可以增加肠道中的黏液层厚度和肠道表面积，降低肠道的黏度，提高营养物质的利用率和能量利用效率，促进对蛋白质和脂肪的消化和吸收，减少对有害物质的吸收，改善肠道环境。早期断奶的仔猪由于其消化系统和免疫系统发育不完善，通过外源添加酸化剂，利用其酸化作用可激活胃蛋白酶原，刺激胃蛋白酶的分泌，提高饲料胃蛋白质的消化率（饶辉，2008）。于海霞等（2022）研究发现，在基础日粮中添加 0.1%的复合有机酸能显著提高饲料中的干物质、粗脂肪、粗蛋白质和粗纤维的表观消化率。夏英姿和刘建华（2023）发现在饲粮中添加复合有机酸显著提高了仔猪对饲料总能（gross energy，GE）的消耗和粗脂肪的消化率，说明复合有机酸易于被断奶仔猪消化吸收，这与有机酸的促生长作用相互呼应。杨光兴和李刚（2021）的研究发现，在肉牛生产中使用由乳酸菌、纤维素酶青贮的全株玉米可显著提高肉牛对饲料中饲料干物质、粗蛋白质、中性洗涤纤维（neutral detergent fiber，NDF）及酸性洗涤纤维（acid detergent fiber，ADF）的消化吸收情况，且二者联合使用处理全株玉米效果更佳。一些常量和微量元素在碱性环境中易形成不溶性的盐而极难被吸收。有机酸在降低胃内容物 pH 的同时，还能与一些矿物质元素形成易于被吸收利用的螯合物，并促进其他养分消化吸收。柠檬酸等有机酸可以与钙、铜、磷等矿物质元素形成一种螯合物，从而促进它们的消化和吸收。Boling 等（2000）报道，在饲粮中添加延胡索酸后，动物对钙、磷、镁、锌吸收率提高了 30%。

3）对机体抗氧化的影响

一些有机酸（如抗坏血酸和乙酸）本身具有强抗氧化性，能够清除体内的自由基，降低细胞氧化损伤。有机酸可以通过调节氧化还原酶或非酶促反应，减少自由基的生成。有机酸也可以直接参与三羧酸循环，提供额外的能量，提高机体的自由基清除能力，从而提高机体的抗氧化能力，具体机制尚需进一步研究。在仔猪饲粮中添加复合有机酸可显著提高血清中的 SOD 和 GPx 活性，降低 MDA 含量，提高机体抗氧化能力（李泽青 等，2021）。刘正群等（2022）发现，复合有机酸显著提高了生长猪血清中的 SOD、GPx 活性和总抗氧化能力，降低了 MDA 含量。黄少文等（2015）发现，在饲粮中添加绿原酸和维生素 E 均显著提高了仔猪脐带血液和泌乳母猪血清中的 GPx、CAT 活性，提高了抗氧化能力。刘娇等（2014）发现，在饲粮中添加不同水平的代谢有机酸显著提高了肉鸡的末重，促进其生长，降低了血清 MDA 含量，提高了机体的抗氧化能力。王晓琴等（2016）通过投喂菊苣酸胶囊，提高了放牧牦牛血清总抗氧化能力和 GPx 活性，同时降低了 MDA 的含量。

4）对机体免疫水平的影响

有机酸可以促进胃肠道相关淋巴细胞反应，提高机体免疫水平。大量研究表明，在饲粮中添加单一或复合有机酸可显著提高仔猪血清中的 IgA、IgG 和 IgM 含量（李鹏和齐广海，2006；阳巧梅 等，2018；程远之 等，2021）。在饲粮中添加 0.6%复合有机酸可显著提高蛋鸡血清中 IgG 和 IgM 含量，提高蛋鸡的免疫功能（黄丽琴 等，2022）。在饲粮中添加不同剂量的柠檬酸对肉仔鸡的胸腺指数、脾脏指数、法氏囊指数，以及 IgA、IgG 和 IgM 含量均有一定程度的提高（王淑琴，2010）。李万军等（2019）在大骨鸡的饲粮中添加新型益生菌及有机酸复合制剂也显著提高了大骨鸡机体的脾脏指数、胸腺指数和法氏囊指数，大骨鸡的免疫水平得到提高。苏效双（2017）的研究发现，绿原酸可以抑制脂多糖刺激的奶牛乳腺上皮细胞炎症反应，有效降低金黄色葡萄球菌对乳腺上皮细胞的感染力，从而治疗牛乳腺炎。

5）对机体胃肠道的影响

畜禽采食饲料后，胃中释放的胃液与饲料充分接触，在接触过程中会逐步提高胃中胃液的 pH。胃蛋白酶在 pH 为 3～5 时活性最强，胃内 pH 高于 5 时，胃蛋白酶原无法被激活并无法有效释放，从而降低了畜禽对饲粮蛋白质和碳水化合物等的消化能力。有机酸呈酸性，机体摄入有机酸后胃中 pH 降低，激活胃蛋白酶原使之转化为胃蛋白酶，促进了蛋白质的分解，蛋白质的分解产物又可以刺激肠道、促进胰蛋白酶的分泌，使蛋白质吸收效率升高（马嘉瑜和朴香淑，2021）。高增兵等（2014）研究发现，在饲粮中添加 5000mg/kg 苯甲酸后，仔猪胃、回肠的 pH 显著降低，结肠食糜 pH 极显著降低。研究表明，酸化剂促使畜禽胃肠道 pH 逐渐降低，胃肠道酸性增高可以刺激十二指肠肠壁细胞分泌抑胃素来抑制胃的收缩，从而延缓胃的排空速率，使饲料在胃内停留时间延长，能够被胃蛋白酶等充分消化，提高畜禽对饲料蛋白质、碳水化合物等的消化率，减小肠道的负担，降低腹泻率（李运虎 等，2019）。有机酸可能通过降低胃肠道 pH，改变致病菌的生存环境，直接抑制或杀死致病菌。肠道内酸性环境有利于乳酸菌的生长繁殖，其代谢产生的乳酸可阻碍大肠杆菌与其受体结合，抑制大肠杆菌的生长繁殖。几种病原菌生长的适宜 pH 呈中性偏碱，如大肠杆菌、沙门氏菌、链球菌和梭状芽孢杆菌等，因此畜禽采食了含有病原菌的饲料后胃内 pH 升高，过高的 pH 不仅会使胃蛋白酶活性下降，反过来还会进一步为大肠杆菌、沙门氏菌等病原菌的生长繁殖提供适宜的环境，从而导致消化不良和仔猪腹泻（田冬冬 等，2015）。大量研究证实，在畜禽饲料中添加酸化剂可调节胃肠道微生物区系的平衡，促进有益菌生长，抑制有害微生物的繁殖，可降低畜禽腹泻率和死亡率。冷向军等（2002）研究表明，外源添加 0.25%复合酸可增加断奶仔猪结肠中的乳酸杆菌数量，减少大肠杆菌数量；添加 1.5%柠檬酸可显著减少结肠中的大肠杆菌数量。在奶牛生产中使用有机酸促消化的机制显然与单胃动物不同，有机酸能促进奶牛瘤胃内分解纤维素细菌的生长和微生物蛋白的合成，从而促进体内氮沉积，提高产奶量（王宵燕 等，2002）。Biggs 和刘宁（2009）的研究表明，在玉米-豆粕型日粮中添加葡萄糖酸和柠檬酸，显著降低了肉鸡盲肠双歧杆菌的数量；在葡萄糖-大豆蛋白型日粮中添加葡萄糖酸显著降低了盲肠乳酸菌、大肠杆菌和产气荚膜梭菌的数量。有机酸的主要抑菌作用机理包括两个方面。一方面有机酸可以抑制细菌营养物质的输送。由于细菌细胞带有一定的负电荷，非离子型的化合物能进入细胞，而离子型的化合物则不能进入细胞。在中性或碱性环境中，有机酸不能进入细菌细胞，而在酸性环境中，有机酸为非离子状态，可以进入细胞，影响解离基团的离子信息，从而使细胞膜上的转运酶失活，影响营养物质的转运（田冬冬 等，2015）。另一方面有机酸可以破坏细菌外膜。有机酸进入动物胃肠道后，一部分解离产生氢离子（H^+），降低了 pH，而另一部分以未解离的状态通过自由扩散方式进入宿主和细菌细胞内。细菌外膜的脂多糖是细菌的一道防御屏障，可以有效阻止富马酸、柠檬酸等大分子有机酸或抗生素进入细菌细胞内。甲酸、乙酸等小分子有机酸则可以通过外膜孔道蛋白进入周质空间，然后从后方与细菌外膜的脂多糖羧基、磷酸基团发生质子化反应，从而减弱细菌外膜的防御力。随着细菌外膜脂多糖和蛋白组分的逐渐解离，细菌外膜的完整性被破坏，细菌内容物外泄，从而引发细菌死亡，达到了抑菌的目的（马嘉瑜和朴香淑，2021）。

2. 展望

有机酸已经被广泛用作畜禽的饲料添加剂。目前对有机酸的研究已不仅限于单一的添加来促进畜禽生产性能。不同有机酸作为不同动物的饲料添加剂，其作用机制不同，混合使用有可能产生互补协同效应，从而增强使用效果。有机酸的抗菌效果已经被广泛证实，其抗菌机制也有许多的研究成果。随着分子生物学技术的发展，有机酸的抗菌机制还需要在更深的层次上进行研究，微生物对有机酸的耐受性还需要进一步的证实并研究其作用机制。今后，应当加强新型有机酸产品的开发研究，如有机酸经微胶囊化或包被处理，既避免了加工贮存中的损失，又可使有机酸缓慢释放，延长替抗物质的作用，增强了效果。可以预见，在未来的环保型养殖业中，有机酸将具有广阔的应用前景。

2.2.4　萜类化合物

萜类化合物（terpenoid）是自然界广泛存在的一大类异戊二烯衍生物，主要从植物、微生物及海洋生物中分离得到。萜类是由异戊二烯或异戊烷以各种方式连结而成的一类天然化合物，具有$(C_5H_8)_n$通式，最常见的有月桂烯、罗勒烯、桂花烷、藏烷、金合欢烯等。萜类主要分为单萜和倍半萜、二萜、三萜和四萜等。含有萜类的天然植物较多，其中在《饲料原料目录》中的萜类化合物和植物有皂苷、银杏、女贞子、甘草、薄荷、紫苏籽等。萜类化合物有许多生理功效，如消热、解毒、抗菌消炎、抗疟、抗癌、止咳平喘、止痛、驱虫、利尿、降血糖和引产等。萜类成分有芳香性，可作香料或调味品，某些化合物还是重要的工业原料。

1. 萜类化合物的生理功能及其在畜禽生态养殖中的应用

1）对机体生长性能的影响

大量研究发现，萜类化合物能够提高畜禽的采食量，增强其消化性能，改善机体代谢，进而促进畜禽生长，减少疾病的发生。研究发现，150mg/kg的甘草提取物（主要成分为黄酮类化合物和甘草酸）显著提高了仔猪末重、平均日增重和采食量，显著降低了腹泻指数和料重比（尤婷，2020）。王曼等（2022）发现，在饲粮中添加玉屏风和甘草提取物显著提高了白羽肉鸡的末重、平均日增重和采食量，改善了肉鸡的生长性能。在饲粮中添加发酵银杏叶或银杏叶提取物能够显著提高肉鸡的末重、平均日增重、采食量，显著降低死淘率与料重比，这与银杏叶中含多种活性成分、可以促进肉鸡生长和蛋白质的合成有关（陈强和梁军生，2013；朱永毅 等，2018）。乔国华等（2020）在羔羊奶粉中添加女贞子发现，女贞子显著提高羔羊的末重、总采食量、肩胛高度、体长和胸围等指标，显著降低了羔羊的腹泻率。研究表明，紫苏籽提取物能够提高育肥猪的末重、平均日增重，也能够提高仔猪平均日增重，降低仔猪腹泻率与料重比（潘存霞，2012；李自鹏，2019）。褚晓红等（2011）研究发现，在日粮中添加不同剂量的紫苏籽提取物能够在一定程度上提高猪平均日增重、屠宰率、系水率，以及增加猪的眼肌面积，添加比例为 350g/t 时提高了猪的肌内脂肪含量，降低了背膘厚。张文火等（2011）研究发现，紫苏籽提取物能提高育肥牛平均日增重和平均干物质采食量，提高了对磷的表观消化率。刘霞和郭春玲（2021）发现，在饲粮中添加富含 β-胡萝卜素的果渣显著提高了肉鸡的末重和平均日增重，降低了料重比，促进肉鸡的生长发育。研究发现，在饲粮中添加丝兰皂苷显著提高了犊牛的平均日增重及育肥猪的平均日增重、采食量，显著降低了料重比（Mader and Brumm, 1987）。

2）对机体生产性能的影响

研究表明，在饲粮中添加女贞子能够显著提高蛋鸡的产蛋量和产蛋率（张瑞霜 等，2011；马得莹 等，2005）。女贞子还可以显著提高山羊的产奶量，可能是女贞子中的多糖、蛋白质、氨基酸和维生素等补充和提高了饲粮的营养价值，进而提高了山羊的生产性能（劳雪芬 等，2016）。赵小伟等（2015）研究发现，在饲粮中添加女贞子粉显著提高了泌乳奶牛的产奶量和乳脂率，显著降低了血液中的甘油三酯（triglyceride，TG）和天冬氨酸转氨酶（aspartate transaminase，AST）含量，说明女贞子能够提高泌乳中期奶牛的生产性能，同时可改善奶牛机体的脂类代谢。在饲料中添加紫苏籽对蛋鸡的生理状态、繁殖性能和产品质量均有一定的改善效果。王君荣等（2010）在海兰褐蛋种鸡日粮中添加紫苏籽提取物，结果表明，紫苏籽提取物能显著提高蛋鸡的产蛋率、种蛋合格率、种蛋受精率、孵化率和单枚蛋重。也有研究报道，给肉鸡饲喂含有紫苏和月见草复合提取物的饲粮能显著提高肉鸡育成期体重，降低死淘率，提高肉鸡生产性能，提高其产蛋率和受精率，有效改善其繁殖性能（孙婷婷和徐建雄，2007）。张杨（2017）发现，在饲粮中添加 1500mg/kg 的紫苏提取物能够显著增加宁乡猪肌肉的眼肌面积和提高粗脂肪含量。在饲粮中添加紫苏籽提取物可显著提高育肥牛背最长肌肌内脂肪含量，显著降低背最长肌剪切力，改善肉品质，提升牛肉价值（张海波，2019）。Shi 等（2015）报道，在稻谷和小麦日粮基础上添加紫苏籽能显著提高鸡蛋中的 α-亚麻酸（α-linolenic acid，ALA）和亚麻酸（linolenic acid，LNA）含量，并降低 n-6/n-3 多不饱和脂肪酸（polyunsaturated fatty acid，PUFA）值，有效提高鸡蛋品质，为生产功能性鸡蛋提供了生产依据。在饲粮中添加 6%紫苏籽能够显著提升蛋黄中的二十二碳六烯酸（docosahexaenoic acid，DHA）和 ALA 含量，显著降低蛋黄中的 n-6/n-3PUFA 值，且改善了鸡蛋的哈氏单位和蛋黄重等指标（段苏虎，2019）。徐娥和夏先林（2009）用紫苏油和菜油混合油饲喂育肥牛，显著提高了肥牛肌肉中的总氨基酸、总必需氨基酸、总鲜味氨基酸及 PUFA 含量，从而改善了牛肉的营养成分。在奶牛生产中，β-胡萝卜素可以提高奶牛试验中期的产奶量、乳蛋白产量和乳脂率，改善乳品质（袁博 等，2022）。葛金山等（2011）在母猪基础饲粮中添加 100mg/kg β-胡萝卜素，发现母猪的窝产活仔数和出生窝重均显著提高。

3）对机体消化吸收的影响

Makkar 等（1998）报道皂苷树皂苷可增加体外瘤胃发酵微生物蛋白质的合成效率、降低饲料蛋白的降解率。Hussain 和 Cheeke（1995）报道丝兰皂苷可降低瘤胃氨的浓度，提高丙酸浓度并促进动物生长，提高饲料利用率，促进动物健康；当瘤胃内氨浓度高时，丝兰皂苷可与氨结合，当瘤胃内氨浓度低时可释放氨，从而为瘤胃内微生物蛋白质合成提供持续、充足的氨供给。胡明（2006）在饲粮中添加苜蓿皂苷，显著降低了绵羊瘤胃氨氮浓度、乙酸浓度和乙酸/丙酸值，增加了瘤胃菌体蛋白合成量，提高了微晶纤维素酶及内切葡聚糖酶的活性，当苜蓿皂苷添加量为 8g/d 时，中性洗涤纤维和酸性洗涤纤维在绵羊瘤胃内的表观消化率及真实消化率最高。在饲粮中添加 0.2%银杏叶提取物可以显著提高仔猪对粗蛋白质和粗脂肪的消化率，显著提高仔猪十二指肠、空肠和回肠中的胃蛋白酶、胰蛋白酶、脂肪酶、淀粉酶活性，以及血清 D-木糖的含量，增强仔猪对营养物质的消化吸收能力（黄其春 等，2017）。李世霞等（2008）研究发现，银杏叶提取物能够提高瘤胃液中的微生物蛋白质含量，提高纤维素酶和木聚糖酶的活性，促进纤维素的降解。气臌病是由似肉瘤细菌引起的，这种菌栖居在幼龄反刍动物胃肠道中，能够提高乳糖发酵速率，产生较多的气体，引起臌气。女贞子能够抑制羔羊真胃臌气的发生，降低羔羊腹泻率（乔国华 等，2020）。Qiao 等（2013）发现，添加 100g/d 女贞子提高了荷斯坦后备牛对纤维的采食量和消化率，提示女贞子可能提高了瘤胃内纤维降解菌的活性，从而提高了纤维的消化率。李宁等（2023）研究发现，β-胡萝卜素显著提高了母犏牛瘤胃中性纤维素和酸性纤维素的表观消化率，瘤胃微生物蛋白质和丙酸含量显著提高，乙酸/丙酸值显著降低，提示β-胡萝卜素可以改善瘤胃发酵模式，提高对纤维的消化能力。

4）对机体抗氧化的影响

在育肥猪饲料中添加超微粉碎银杏叶能显著提高育肥猪血清中的 GPx 和 SOD 活性，并降低血清和肝脏中的 MDA 含量，提示银杏叶可以改善育肥猪抗氧化能力，缓解氧化损失（张相伦和杨在宾，2013）。牛玉等（2016）发现，在饲粮中添加银杏叶发酵物能够显著提高肉鸡的鸡肉品质以及胸肌和腿肌的 SOD 活性，降低腿肌 MDA 含量，提高胸肌和腿肌的自由基清除能力和抗氧化能力。在日粮中添加 0.5%女贞子超微粉能够显著提高肉仔鸡血清中总抗氧化能力、GPx、SOD 的活性，降低 MDA 含量，说明女贞子超微粉能够调整肉鸡的氧化-抗氧化反应体系，提高机体的抗氧化功能（赵香菊和王留，2018）。陈志辉等（2013）研究发现，在饲粮中添加 1%女贞子原粉可通过提高肉鸡肌肉磷脂氢谷胱甘肽过氧化物酶（phospholipid hydroperoxide glutathione peroxidase 4，GPx4）的 mRNA 相对表达量，从而提高 GPx 活性，从分子水平抑制鸡肉产品腐败，同时女贞子还可以替代黄霉素，提高肉鸡的抗氧化酶活性，抑制屠宰后鲜肉挥发性盐基氮的产生，增强肉鸡肌肉的抗氧化能力，延长货架期。王彦华等（2013）发现，在饲粮中添加一定剂量的苜蓿草粉和苜蓿皂苷显著提高了育肥猪肝脏 SOD、GPx 活力和眼肌 SOD 活力，改善了育肥猪的抗氧化能力。胡海涛等（2021）研究发现，柴胡皂苷能够显著提高热诱导时奶牛乳腺上皮细胞中的 SOD 和 GPx 活性，显著提高热休克转录因子 1（heat shock transcription factor1，HSF1）和热休克蛋白（heat shock protein，HSP）的 mRNA 相对表达量，提示柴胡皂苷能够缓解热诱导的奶牛乳腺上皮细胞的氧化应激。宋幸辉（2022）研究人参皂苷 Rb1 对鸡传染性法氏囊病（infectious bursal disease，IBD）弱毒疫苗的免疫作用，结果表明，人参皂苷 Rb1 能够显著提高鸡血清中抗传染性法氏囊病病毒（infectious bursal disease virus，IBDV）特异性抗体滴度和 IL-6、IL-4、γ 干扰素（interferon-γ，IFN-γ）等细胞因子水平，显著提高了鸡淋巴细胞增殖能力，上调了鸡脾脏和法氏囊组织中分化抗原（cluster of differentiation，CD）40、CD80、CD86，以及转化生长因子-β（transforming growth factor-β，TGF-β）和肿瘤坏死因子（tumor necrosis factor，TNF）等的 mRNA 表达水平，并且显著提高了肠道中总分泌型免疫球蛋白 A（secretory immunoglobulin A，sIgA）和特异性 sIgA 含量，同时肠黏膜固有层 IgA$^+$细胞和十二指肠黏膜中肠上皮内淋巴细胞（intraepithelial lymphocyte，IEL）数目也显著增加，表明人参皂苷 Rb1 对鸡 IBD 疫苗具有免疫增强作用，提高了机体的免疫能力，人参皂苷 Rb1 具有开发为一种新型免疫佐剂的潜力。

5）对机体免疫水平的影响

研究表明，用紫苏油和菜油混合油饲喂育肥牛后显著提高了其血液中的血清总蛋白（serum total protein，TP）、球蛋白、白蛋白、IgG、红细胞和白细胞含量，进而改善肉牛的免疫机能（徐娥和夏先林，2009）。研究发现，在饲粮中添加紫苏籽提取物能提高肉仔鸡的平均日增重和存活率，降低料重比，并且肉鸡的免疫器官指数（脾脏指数、胸腺指数和法氏囊指数）、新城疫血凝抑制抗体效价、E 玫瑰花环形成细胞（E-rosette-forming cell）的百分率、淋巴细胞转化率和血清 IgG 含量等均有所提高，提示紫苏籽提取物提高了肉鸡的免疫水平（宋代军 等，2014）。王佳丽等（2014）研究了在饲粮中添加女贞子超临界 CO_2 萃取物对仔猪免疫功能的影响，结果表明，在仔猪饲粮中添加女贞子超临界 CO_2 萃取物能提高猪血清中猪瘟病毒（classical swine fever virus，CSFV）和口蹄疫病毒（foot-and-mouth disease virus，FMDV）抗体效价，尤其是对 CSFV 的免疫效果明显，添加不同剂量女贞

子超临界 CO_2 萃取物对猪各阶段血清溶菌酶活性和免疫器官指数均有提高作用，说明女贞子超临界 CO_2 萃取物能调节猪的非特异性免疫机能，并能促进免疫器官的发育，在猪饲粮中可替代抗生素作为免疫增强剂。李建平等（2011）研究发现，在饲粮中添加 1%女贞子粉可调节仔猪抵抗断奶阶段的应激能力，降低断奶仔猪的腹泻率，使其平均日增重显著提高，同时促进断奶仔猪血清总蛋白含量的升高，调节断奶仔猪的脂类代谢，降低转氨酶活性，从而提高断奶仔猪的生长性能。刘佳等（2009）将 1%女贞子原粉直接添加到肉鸡基础饲粮中，发现其可以提高肉鸡血清中的免疫球蛋白含量，增强其免疫功能，同时后期肉鸡平均日增重有显著提高。任小杰（2018）研究发现，在饲粮中添加银杏叶及其提取物显著提高了肉鸡的脾脏指数、胸腺指数和法氏囊指数，并提高了血清 IgA 和 IgM 含量，提示银杏叶可以改善机体的免疫性能。在母猪饲粮中添加 β-胡萝卜素可以显著提高初乳 IgM、IgA 和 IgG 等免疫球蛋白含量，改善出生仔猪出生窝重和个体重（Chen et al.，2021）。

6）对机体胃肠道的影响

董永军等（2012）研究发现，饲料中添加甘草多糖促进了肉仔鸡肠道有益菌双歧杆菌和乳酸杆菌的增殖，抑制了大肠杆菌和沙门氏菌的增殖。黄其春等（2018）发现，在饲粮中添加银杏叶超微粉能够显著提高仔猪直肠大肠杆菌和沙门氏菌数量，增加乳酸杆菌和双歧杆菌数量，并显著提高仔猪小肠的绒毛高度和绒毛高/隐窝深，改善仔猪肠道菌群平衡和小肠形态，保护肠道的屏障功能。银杏叶提取物能够抑制肉鸡肠道大肠杆菌的增殖，促进乳酸杆菌的增殖，并显著提高十二指肠绒毛高度和绒毛高/隐窝深，提高十二指肠黏膜上皮杯状细胞的数量，增强肉鸡的肠道屏障功能，促进消化吸收能力，改善肉鸡肠道健康（李焰 等，2009）。在饲粮中添加苜蓿皂苷显著提高了绵羊瘤胃真菌数目和 3 种纤维分解菌（产琥珀酸拟杆菌、黄色瘤胃球菌及白色瘤胃球菌）占总细菌数的相对百分比，显著降低了绵羊瘤胃原虫数，同时改变了纤毛虫种类比例，提高了具有降解纤维能力的前毛属、双毛属及头毛属纤毛虫的比例（胡明，2006）。陈旭伟（2009）的研究表明，添加不同浓度的茶皂素和丝兰皂苷能够抑制瘤胃原虫的生长，内毛虫比例下降，双毛虫比例上升。茶皂素和丝兰皂苷混合物可以增加动物瘤胃中乙酸、丙酸、丁酸及总挥发性氨基酸的浓度，降低瘤胃 pH。单独添加皂苷显著提高了动物瘤胃中产琥珀酸拟杆菌、黄色瘤胃球菌及白色瘤胃球菌的相对数量。在 70 周龄海兰褐壳蛋鸡饲料中添加 1%～2%的女贞子粉，可以显著提高蛋鸡空肠、回肠绒毛高度、绒毛高/隐窝深、十二指肠肠壁厚度，显著降低十二指肠绒毛高度，从而改善肠道的消化与吸收能力，促进营养物质的吸收利用（张耀文 等，2019）。张迪（2019）发现，在饲粮中添加不同剂量女贞子均显著提高了攻毒前和攻毒后仔猪十二指肠、回肠和空肠的绒毛高度、隐窝深度及绒毛高/隐窝深，保护了肠道的屏障功能。

2. 展望

萜类化合物种类繁多，结构新颖多样，具有潜在的生物活性，作为一种纯天然的植物代谢产物，其结构不同，产生的化学性质也不同，显示出的活性也有所区别。萜类化合物在降血糖、抗肿瘤、抗氧化和保肝、护肝等方面药效显著，应用前景非常广泛，在糖尿病、癌症等相关疾病治疗方面也提供了相当多的思路，它还为药物开发提供了一种新的先导结构（杨洪飞和闵清，2023）。萜类化合物的生物功能和药物活性使其在食品、日化、医疗等领域具有广泛的应用价值，因此，萜类化合物的高效合成具有广阔的市场前景。萜类化合物具有来源广泛、安全性高、无毒副作用、无残留等优点，其药用和营养双重功效为其在畜禽健康养殖业中的应用提供了广阔空间，可将其开发为促生长保健型产品。根据萜类化合物丰富的营养成分可将其开发为如下产品。①饲料添加剂。其可促进畜禽的生产发育，降低腹泻率，提高平均日增重，同时调节脂类代谢，增强其生产性能。②绿色抗生素。萜类化合物中的多种生物活性成分具有抗病毒、提高抗氧化酶活性和调节机体的应激能力等作用，可以代替抗生素，能够开发为单方或复方抗病毒制剂。③免疫增强剂，萜类化合物能提高畜禽血清溶菌酶活性和免疫器官指数，促进免疫器官发育，可开发为免疫增强剂和免疫佐剂，从而改善畜产品品质（黄新苹和王武朝，2016）。

2.2.5 抗菌肽

抗菌肽（antimicrobial peptide，AMP），又称为宿主防御肽，是一类由基因编码的、结构多样的短肽，是微生物促进免疫应答的非特异性靶标成分，是抵御入侵病原体的一线防御机制，在先天免疫系统中扮演重要角色。抗菌肽是短链氨基酸，通常由 10～60 个氨基酸组成，具有两亲性（亲水性和亲油性）、带正电荷的特征。这使抗菌肽很容易被整合到细胞膜中或通过细胞膜进入细胞质，从而表现出良好的抵抗外来病原体的活性（Huan et al.，2020；Lachowicz et al.，2020）。这类活性多肽多数具有强碱性、热稳定性和广谱抗菌性等特点。迄今为止，国内外研究报道已有 2000 余种抗菌肽被分离鉴定，这些抗菌肽来源广泛，其来源主要包括植物、昆虫、哺乳动物、两栖动物、水生动物、细菌等。抗菌肽具有抗细菌、抗病毒、抗真菌、抗寄生物和免疫调节等功能，是机体防止外来菌入侵的关键屏障。与传统抗生素相比，抗菌肽具有抗菌谱广、耐药性低、无残留等特性，已成为微生物学、生物医药、农学等多领域研发的热点之一，具有广泛的应用前景。抗菌肽是一类广泛存在于生物界的生物短肽，对畜禽具有促生长、保健和治疗疾病等功效，属于无毒副作用的环保型饲料添加剂，符合当今对于畜禽食品质量安全的要求，具有成为新一代绿色饲料添加剂的潜能。抗菌肽自身具有的众多优点使其成为当前科学研究的热点，对抗菌肽的实际应用也已在畜牧生产领域广泛展开（胡烨 等，2013）。

1. 抗菌肽的分类

抗菌肽的分类方法有很多种，可以根据来源、结构等进行分类。

1）按照来源分类

根据来源不同，抗菌肽通常可以分为昆虫抗菌肽、哺乳动物抗菌肽、植物抗菌肽、微生物抗菌肽、两栖动物抗菌肽、鱼类抗菌肽及水生软体动物抗菌肽等。昆虫抗菌肽是昆虫体内经诱导而产生的一类小分子碱性多肽物质，是一种水溶性好、热稳定性强、无免疫原性、抗水解的碱性多肽，具有强大的广谱抗菌、抗癌和抗病毒能力，且不损害宿主动物的正常细胞（赵梓含 等，2021）。昆虫虽不具有脊椎动物的适应性免疫系统，但可以通过有效的先天免疫系统抵御病原微生物的感染，昆虫抗菌肽在昆虫的脂肪体中合成，被释放到血液淋巴系统中，在先天免疫过程中扮演着重要角色。目前，有超过 200 种这样的抗菌肽在昆虫中被鉴定，根据氨基酸序列和抗菌活性，昆虫抗菌肽可以分为 5 类：天蚕素、防御素、富含甘氨酸抗菌肽、富含脯氨酸抗菌肽和溶菌酶（Lee et al.，1989）。哺乳动物抗菌肽主要存在于中性粒细胞及皮肤和黏膜的上皮细胞中，哺乳动物抗菌肽主要分为两大类，即防御素和 Cathelicidin（苏华锋 等，2016）。植物抗菌肽是由 20～60 个氨基酸残基组成的多肽，主要带正电荷，电荷量为+2～+9。植物抗菌肽可分为植物防御素、橡胶蛋白、硫堇、脂质转移蛋白、Knottins 和 Snakins 等。植物抗菌肽是植物防御系统的一个重要组成部分，植物抗菌肽的主要生物活性是抗细菌、抗真菌、抗病毒、抗寄生虫和抗癌。植物抗菌肽还具有酶抑制活性、重金属耐性、抵抗环境胁迫的作用。另外，一些植物抗菌肽对哺乳动物细胞有细胞毒性，也就是说对不同的肿瘤细胞具有一定的抗癌活性。微生物抗菌肽可分为细菌抗菌肽、酵母肽、放线菌抗菌肽、霉菌抗菌肽四大类，其中的放线菌抗菌肽属于较重要的药源微生物类别（贾会囡 等，2023）。微生物抗菌肽被证实具有防控动物疫病、增强机体免疫水平、提高机体抗氧化能力、提高生产性能等生物学功能。两栖动物抗菌肽由 5～60 个氨基酸组成，具有良好的水溶性、热稳定性和耐受蛋白酶的能力。两栖动物皮肤裸露和湿润的特性使之易被微生物侵袭。为了抵御病原微生物的侵袭，两栖动物在长期自然进化过程中形成了 3 套防御机制：物理屏障、先天免疫系统、获得性免疫系统，这些机制中起主要作用的是抗菌肽。两栖动物抗菌肽抗菌谱广，不仅对抗革兰氏阳性菌、革兰氏阴性菌，甚至对真菌都有抗菌的能力（王爱丽，2012）。鱼类抗菌肽是一种带正电荷的短链氨基酸，其具有合成速度快及在体内扩散迅速、灵活的特点，能够参与宿主的防御反应，当鱼体受到损伤或病原微生物侵袭时，抗菌肽能迅速预防和杀伤病原微生物。目前，对于水生软体动物抗菌肽的研究报道比较多，研究来源主要分布于扇贝、螺、牡蛎、贻贝等。这些软体动物自身缺乏特异性免疫系统，其免疫机制主要依赖于呼吸爆发机制、巨噬细胞的吞噬和淋巴中的各类抗菌肽（张宏刚 等，2015）。

2）按照结构分类

抗菌肽根据其二级结构主要分为 α-螺旋抗菌肽、β-折叠抗菌肽、线性延伸抗菌肽和环肽 4 种类型。其中抗菌肽的 α-螺旋和 β-折叠结构都具有近乎完美的水脂两亲性，即圆柱形分子的纵轴一边为带正电荷的亲水区，与水或者带负电荷的残基结合；对称面为疏水区，与脂质结合（Shai and Oren，1996）。一般含有 α-螺旋、β-折叠或两种结构都有的抗菌肽分子能在细胞膜上形成跨膜孔道，使胞质中的大量重要物质外漏而导致病原微生物细胞死亡。在自然界中，α-螺旋抗菌肽含有丰富的氨基酸残基，但不含半胱氨酸残基。昆虫的天蚕素和蜂毒素，以及来源于非洲爪蟾皮肤的滑瓜蟾素都是抗菌肽 α-螺旋结构的典型代表（Tossi et al.，2000）。β-折叠抗菌肽由反向平行的 β-片层结构组成，该类肽通常由 1 个或多个二硫键来维系其结构的稳定性，这种抗菌肽的二级结构中还会存在一些螺旋结构。β-折叠抗菌肽最典型的代表就是昆虫、植物、哺乳动物类的防御素及富含脯氨酸的抗菌肽。哺乳动物的防御素发现于吞噬细胞中，通常包含 6 个半胱氨酸残基，一些昆虫防御素已经发现含有 8 个半胱氨酸残基，通过形成 4 个分子的二硫键来稳定结构。β-折叠抗菌肽的抑菌机理可能通过形成孔洞来诱导病原微生物细胞膜泄漏，与负电荷的磷脂膜作用更加突出（Wang et al.，2008a）。线性延伸抗菌肽缺少二级结构，一级结构中含有某一种或几种氨基酸，如脯氨酸、甘氨酸等，不含半胱氨酸，通常呈线型。线性延伸抗菌肽主要包括吲哚菌素，含有较高比例的色氨酸、组氨酸和脯氨酸等氨基酸（Dwivedi et al.，2019）。环肽 C 端的 1 个分子内二硫键形成环状结构；N 端为线性结构，如牛的环状十二肽、刺肩蟾中分离的抗菌肽，以及青蛙皮肤细胞产生的 brevinins 和牛溶菌肽均属于此类。

2. 抗菌肽的生理功能及其在畜禽生态养殖中的应用

由食品和饲料安全问题而展开的饲料用抗生素替代品的研究是畜牧业研究与生产的热点问题，抗菌肽自身的天然特性使其在农牧业上具有广泛的应用前景。抗菌肽作为一种新型安全的功能性饲料添加剂，近年来在我国畜禽养殖业中得到了广泛的推广和应用。结合不同抗菌肽的功能特点，广大科研工作者开展了大量抗菌肽在畜禽生产中的试验研究与应用工作。研究表明，抗菌肽在提高畜禽生长性能、防治疾病、增强免疫功能、改善肠道微生物菌群、调节肌肉品质等方面均有较好的促进作用。

1）对机体生长性能的影响

大量研究表明，抗菌肽可以改善猪群生长性能。麻延峰等（2010）在基础饲粮中添加 2mg/kg 抗菌肽制剂饲喂金华猪，饲喂 70d 后，抗菌肽组猪的平均日增重较基础饲粮组提高了 19.41%，较抗生素组（添加 40mg/kg 杆菌肽锌和 8mg/kg 抗敌素）提高了 2.44%。孔祥书等（2012）在 30 日龄保育猪饲粮中添加 1g/kg 的天蚕素抗菌肽，饲喂 28d 后，发现天蚕素抗菌肽可显著提高保育猪的平均日增重，并降低料重比，同时在饲粮中添加天蚕素抗菌肽可在一定程度上提高仔猪的采食量、增强食欲。饲喂乳铁蛋白抗菌肽，仔猪平均日增重较饲喂常规饲料提高 29.3%，仔猪末重提高 13.3%，料重比降低 11.5%，与饲喂抗生素组（金霉素）效果相当（Tang et al., 2012）。乳铁蛋白、天蚕素、防御素、菌丝霉素 4 种抗菌肽混合饲喂断奶仔猪，仔猪平均日增重和料重比显著增加（Xiong et al., 2014）。在饲粮中添加 2000mg/kg 抗菌肽可显著提高肉仔鸡的采食量、出栏体重，并降低了料重比（杨清旺，2011）。穆洋等（2016）发现，在饲粮中添加不同的抗菌肽制剂（桑蚕昆虫肽、天蚕昆虫肽和昆虫杂合肽）均显著提高了肉仔鸡的平均日增重、屠宰率，降低了料重比。在饲粮中添加 0.2% 和 0.4% 的抗菌肽也显著提高了鹌鹑的平均日增重，降低了料重比（杜红 等，2022）。曹克涛等（2022）在饲粮中添加不同剂量的抗菌肽粗提物饲喂肉羊，发现中、高剂量抗菌肽粗提物均显著提高了肉羊的末重、平均日增重，降低了料重比，其中以中剂量抗菌肽粗提物的效果最优。李世易（2019）发现在羊饲粮中添加不同剂量的蜜蜂抗菌肽显著增加了湖羊末重、平均日增重和采食量，降低了料重比，并与饲粮中的蜜蜂抗菌肽含量呈显著正相关。虽然在饲粮中添加一定量的抗菌肽可提高畜禽的生长性能，改善料重比，但过量添加可能对畜禽的生产性能造成不利影响。例如，张彬等（2013）研究发现，与不添加抗菌肽的对照组相比，饲喂 0.1%"肽轻松"和 0.1%"肽菌素"均能不同程度地改善育肥猪的生长性，其中饲喂 0.1%"肽菌素"组和 0.1%"肽轻松"组育肥猪的末重、平均日增重均比对照组要高，饲喂 0.2%"肽菌素"组育肥猪的末重、平均日增重比对照组要低，原因可能是由于抗菌肽具有广谱的杀菌作用，高剂量的抗菌肽会抑制或杀死猪肠道内的有益菌，影响猪对营养物质的吸收，从而影响其生长性能和养分消化率。张智安等（2020）在基础饲粮中添加不同剂量的蜜蜂抗菌肽饲喂育肥湖羊，发现不同蜜蜂抗菌肽添加量对育肥湖羊平均日增重、采食量和料重比有显著影响，随着蜜蜂抗菌肽添加量的增加，平均日增重先升高后降低，料重比先降低后升高。因此，抗菌肽在畜禽养殖中的添加剂量须仔细考量。

2）对机体生产性能的影响

近年来的研究发现，在家禽饲料中添加抗菌肽可提高蛋鸡产蛋性能，提高肉鸡平均日增重及饲料转化效率。Chen 等（2020）用含有 100mg/kg 天蚕素抗菌肽的饲粮饲喂海兰褐蛋鸡，发现可显著提高蛋鸡产蛋率，降低料蛋比。刘梦雪等

（2022）的研究也表明，在饲粮中添加不同水平的抗菌肽对产蛋后期蛋鸡的料蛋比、产蛋率、平均蛋重、蛋品质和营养成分均有明显的改善作用。这可能是由于抗菌肽能够促进蛋鸡雌激素的分泌，促进卵泡吸收卵黄物质，从而加速了卵黄沉积。郭忠欣和王天奇（2021）研究发现，在肉鸡日粮中添加 0.05%和 0.10%的抗菌肽均显著提高了肉鸡的平均日增重、采食量、屠宰率、半净膛率和腿肌率，肌肉 pH 显著升高，滴水损失率、烹煮损失率显著降低，肌肉红度值显著升高。说明抗菌肽不仅能够提高肉鸡的生长性能，还能改善肉的品质。在饲粮中添加抗菌肽提高了鹌鹑的产蛋率，显著提高了蛋壳厚度，改善了蛋黄颜色（朱晓萍 等，2022）。梅宁安等（2023）发现，在饲粮中添加 5g/（头·d）的抗菌肽显著提高了奶牛的产奶量，降低了料奶比，并提高了牛奶中的乳蛋白、乳脂肪、乳糖、总胆固醇和尿素氮含量，显著降低了体细胞数。孙建祥等（2022）发现，在饲粮中添加抗菌肽显著提高了公牛末重和平均日增重，显著提高了宰前活重、头重、净肉重、净肉率、胴体产肉率、高档肉重、优质肉重和优质肉/宰前活重，提高了肌肉 pH 和粗脂肪含量，并降低了肌肉水分含量、滴水损失和剪切力等，由此可见，在饲粮中添加抗菌肽能够显著提高公牛生长性能、屠宰性能，改善肉品质。皮灿辉等（2008）用抗菌肽替代猪场使用的抗生素饲喂母猪和其所产仔猪，结果发现，试验组母猪死产率、哺乳期和保育阶段的仔猪死亡率均显著低于对照组。潘行正等（2010）的研究表明，在饲粮中添加抗菌肽能够明显降低母猪死产率、木乃伊胎比例和各阶段的仔猪成活率，其效果优于抗生素。可见抗菌肽制剂能显著降低母猪的死产率，提高仔猪成活率，改善猪只的生产性能和健康水平。抗菌肽之所以能降低母猪死产率与提高仔猪成活率，推测与其广谱的抗菌作用有关。

　　3）对机体消化吸收的影响

　　白建勇（2015）的研究表明，在饲粮中添加抗菌肽显著提高了仔猪胰腺淀粉酶、十二指肠淀粉酶、麦芽糖酶，空肠淀粉酶、胰蛋白酶、蔗糖酶、乳糖酶，以及回肠蔗糖酶等消化酶的活性。刘又铭等（2020）研究抗菌肽 CJH 对脂多糖（lipopolysaccharide，LPS）诱导的仔猪免疫应激模型的影响，结果发现，LPS 组显著提高了仔猪粪便中的饲料干物质、粗脂肪和粗蛋白质含量，表明 LPS 刺激导致仔猪消化吸收能力降低，添加抗菌肽 CJH 后发现，上述指标恢复至正常仔猪水平；LPS 组仔猪的胰腺脂肪酶、α-淀粉酶、胰蛋白酶，十二指肠、空肠脂肪酶，α-淀粉酶活性均显著降低，抗菌肽 CJH 提高了上述消化酶的活性，表明抗菌肽 CJH 对 LPS 诱导的营养物质消化吸收能力降低有明显的改善作用，改善受损消化道组织结构，进而缓解消化腺分泌消化酶的能力。张凯瑛（2021）发现，在饲粮中添加300mg/kg抗菌肽显著提高了 22～42d 肉鸡粗蛋白质和粗脂肪的表观消化率，显著提高了 21d 肉鸡血清总蛋白和白蛋白水平，显著降低了甘油三酯和胆固醇水平。王建（2019）发现，抗菌肽 Api-PR19 对肉鸡十二指肠和回肠肠道形态也有明显改善作用，并显著提高了十二指肠黏膜葡萄糖转运载体 2（glucose transporter 2，GLUT2）和氨基酸转运载体（related to $b^{0,+}$ amino acid transporter，rBAT）、L-型氨基酸转运蛋白 2（y^+ L-type amino acid transporter 2，y^+LAT2）、阳离子氨基酸转运蛋白 1（cationic amino acid transporter 1，CAT1）基因的相对表达量，提示抗菌肽 Api-PR19 改善了肉鸡肠道绒毛组织结构，增加了小肠营养物质转运载体的表达。盛宇飞（2022）发现在饲粮中添加小麦低聚肽饲喂肉羊，显著提高了肉羊对饲料干物质、粗蛋白质、酸性洗涤纤维、中性洗涤纤维，以及钙磷的表观消化率。高爽（2017）通过添加复合抗菌肽"态康利保"饲喂山羊发现，复合抗菌肽显著降低了山羊瘤胃中的氨氮浓度和血液中的尿素氮浓度，显著提高了瘤胃木聚糖酶、果胶酶和脂肪酶的活性，并增加了瘤胃乙酸、丙酸和总挥发性脂肪酸含量，提高山羊的消化吸收能力。

4）对机体抗氧化的影响

抗菌肽能够提高畜禽抗氧化能力，增强畜禽免疫水平，改善畜禽健康。但启雄等（2015）在基础饲粮中添加不同剂量复合抗菌肽饲喂断奶仔猪的结果显示，仔猪中的血清 SOD 活性和总抗氧化能力升高，MDA 含量降低，并且随抗菌肽添加量的增加，效果更显著。金海涛等（2016）发现，添加不同质量浓度的抗菌肽均能明显提高断奶仔猪脾脏、肝脏、肺脏和肾脏组织中的 SOD、GPx、CAT 活性和总抗氧化能力，降低组织 MDA 含量，且有剂量依赖效应。张海文等（2017）的研究结果表明，在饲粮中添加抗菌肽可以改善仔猪免疫器官指数，减轻肝脏病理形态和受损程度，提高 SOD、GPx 和 CAT 活性，降低 MDA 浓度及炎性因子 TNF、IL-1β、IL-6 水平，说明抗菌肽能缓解炎症，对 LPS 导致的仔猪肝脏氧化应激具有明显的改善作用。蔡兴等（2022）在饲粮中添加不同剂量的抗菌肽饲喂肉鸡发现，抗菌肽组肉鸡的末重和成活率显著提高，料重比显著降低，血清 GPx 活性和总抗氧化能力显著升高，MDA 含量降低。胡文举和孙玲利（2023）在饲粮中添加不同剂量的抗菌肽饲喂固始鸡，结果表明抗菌肽显著提高了固始鸡血清总抗氧化能力和 GPx 活性，提高了血清 IgG、IgA 和 IL-10 含量，显著降低了 MDA、TNF、IL-2 和 IL-6 的含量。杜家华（2022）研究了抗菌肽 CC34 工程菌粉对育肥羔羊的影响，结果发现抗菌肽 CC34 工程菌粉显著提高了育肥羔羊粗蛋白质、酸性洗涤纤维和钙的表观消化率，提高了瘤胃总挥发性脂肪酸、乙酸、丙酸和丁酸的含量，显著提高了血清总抗氧化能力及 SOD、GPx、CAT 活性，显著降低了 MDA 的含量。张存昊（2022）研究发现，抗菌肽 CC34 酵母培养物显著提高了羔羊血清和肝脏总抗氧化能力和 SOD、GPx、髓过氧化物酶（myeloperoxidase，MPO）的含量，显著降低了 MDA、NO 和 iNOS 含量，同时提高了空肠总抗氧化能力，降低了 MDA 和 iNOS 含量。

5）对机体免疫水平的影响

刘辉等（2020）研究发现，用鸡血抗菌肽（CBAP）饲喂保育猪 30d 后，血清补体 C3、补体 C4、IFN-γ 含量和脾淋巴细胞转化率显著提高，CBAP 显著提高了猪伪狂犬病疫苗免疫后的 IgB 抗体，猪口蹄疫 O 型、A 型二价灭活疫苗 O、A 抗体效价，对猪瘟疫苗免疫抗体效价影响不显著，但也有改善效果，说明了 CBAP 对保育猪的免疫功能具有明显的调节作用。在生长猪日粮中添加 300mg/kg 的蛙皮素抗菌肽 Dermaseptin-M 可以显著提高猪血清中的 IgG、IgM 和补体 C4 含量，即使在低能低蛋白质饲粮中添加蛙皮素抗菌肽 Dermaseptin-M 仍可显著提高血清中的 IgM 和补体 C4 含量（李登云 等，2017）。麻延峰等（2010）与张彬等（2013）研究发现，在饲料中添加抗菌肽在改善猪生产性能的同时，还能显著降低猪的腹泻率。以上研究结果表明，在仔猪和育肥猪饲料中添加抗菌肽可以提高其细胞免疫和体液免疫水平，提高猪群健康状态，降低发病率。在日粮中添加抗菌肽可在一定程度上提高蛋鸡的脾脏指数，但添加抗菌肽剂量过高时，脾脏指数有下降趋势，表明脾脏对抗菌肽有一定的耐受范围，过高剂量有可能抑制免疫器官的发育，同时血清 IgA 和 IgG 含量显著升高，提示抗菌肽能够增强蛋鸡的免疫机能（袁肖笑 等，2011）。在肉鸡饲粮中添加 400mg/kg 和 600mg/kg 抗菌肽、寡糖与有机酸复合制剂，可以显著提高肉鸡脾脏指数和胸腺指数，提高血清总 IgA 和 IgG 含量，增强肉鸡的免疫机能（张磊正 等，2023）。抗菌肽不仅能促进家禽免疫器官的发育，还可以调控机体内免疫球蛋白含量，从而使家禽机体免疫力处于较优水平，增强家禽抗感染力和健康水平。杨颜铱等（2017）研究了抗菌肽对川中黑山羊的影响，发现添加复合抗菌肽可以提高黑山羊血清中 IgA、IgG、IgM、IL-2、IL-6、IFN-γ、TNF、补体 C3、补体 C4、促肾上腺皮质激素（adrenocorticotropic hormone，ACTH）、IGF-1 和甲状腺素等指标，山羊末重和平均日增重均有显著增加，证明饲喂抗菌肽可增强山羊机体的免疫机能，改善生长性能。陈憧（2018）发现在饲粮中添加复合抗菌肽显著提高山羊外周血淋巴细胞转化率和红细胞补体受体花环百分率，降低红细胞免疫复合物花环百分率，并且显著提高了山羊血清 TNF 和 IgM 的含量。

6）对机体胃肠道的影响

研究发现，抗菌肽可以降低畜禽腹泻率，提高肠道上皮细胞紧密连接蛋白基因的表达，促进受损肠道修复，改变肠道菌群，进而改善肠道屏障。卢俊鑫等（2014）分别在基础日粮中添加 200mg/kg 天蚕素和 300mg/kg 抗菌肽 PR39 饲喂断奶仔猪，发现两种抗菌肽均显著降低了猪盲肠、直肠、结肠中的大肠杆菌数，显著提高了盲肠双歧杆菌数。李登云等（2017）研究发现，在饲粮中添加蛙皮素抗菌肽 Dermaseptin-M 可显著降低育肥猪十二指肠大肠杆菌含量，显著提高乳酸菌数量。抗菌肽 CWA（Cathelicidin-WA）可以显著降低断奶仔猪腹泻率，改善小肠形态，提高空肠紧密连接蛋白基因的表达，提高粪便中乳酸杆菌/大肠杆菌（易宏波，2016）。猪源抗菌肽 PR39 可以提高大肠杆菌感染的猪肠道上皮细胞紧密连接蛋白基因的表达，改善由于感染引起的细胞骨架紊乱排列问题，降低肠道通透性（夏溪，2015）。由此可见，在饲粮中添加抗菌肽能够促进猪肠道中的有益菌增殖，抑制有害菌增殖，促进肠道菌群平衡。不同抗菌肽种类、剂量对不同种类、不同发育阶段的畜禽机体的影响也不尽相同。刘小龙等（2017）的研究表明，在饲粮中添加 0.5% 抗菌肽饲喂 AA（arbor acre）肉鸡 21d 时，肉鸡空肠、回肠和盲肠大肠杆菌和沙门氏菌数量极显著降低，乳酸菌数量极显著升高；42d 时，空肠、回肠和盲肠沙门氏菌数量极显著降低，空肠大肠杆菌数量显著降低，回肠和盲肠大肠杆菌数量极显著降低，空肠和盲肠乳酸杆菌数量显著提高。另有研究表明，在饲料中添加 200mg/kg 天蚕素可显著提高鸡肠道乳酸菌数量，添加 500mg/kg 的天蚕素可显著减少鸡肠道中大肠杆菌、沙门氏菌数量，同时发现天蚕素添加的剂量不同对鸡肠道中菌群的影响也不同：较低剂量的天蚕素可增加有益菌数量，而高剂量会抑制乳酸菌等有益菌的数量（姚远 等，2014）。在饲料中添加适量的抗菌肽可以抑制鸡肠道中有害菌的增殖，减少有害菌对有益菌生长的竞争抑制作用，提高有益菌的含量，优化鸡肠道微生态环境，改善鸡肠道黏膜结构，增强肠道消化吸收能力，改善肠道健康。张智安等（2020）发现，在饲粮中添加蜜蜂抗菌肽对湖羊瘤胃液乙酸、丙酸比例和乙酸/丙酸有显著影响，显著增加了瘤胃运算分类单元（operational taxonomic unit，OTU）数量及基于丰度的覆盖率估计值（abundance-based coverage estimator，ACE）、Chao1 指数，增加瘤胃内微生物群落的丰度和多样性，同时抑制革兰氏阴性菌的生长与繁殖，促使瘤胃发酵模式趋于乙酸发酵，提高乙酸/丙酸。Liu 等（2017）研究表明，在幼山羊饲粮中添加复合抗菌肽可增加瘤胃内丝状杆菌属、厌氧弧菌属、解琥珀酸菌属和毛虫属微生物的数量，显著提高幼山羊体增重、平均日增重和肠道果胶酶、木聚糖酶及脂肪酶活性。盛宇飞（2022）研究发现，在饲粮中添加小麦低聚肽饲喂肉羊显著提高了拟杆菌门瘤胃微生物的相对丰度，降低蓝菌门微生物的相对丰度，显著提高了十二指肠和空肠的绒毛高度，降低了十二指肠、空肠和回肠的隐窝深度，提高了绒毛高/隐窝深，并提高了肠道黏膜中 IgA、IgG 和 IgM 的含量。这提示抗菌肽能够调节畜禽肠道微生态平衡，提高肠道屏障功能，改善畜禽肠道健康。

3. 展望

抗菌肽作为抗生素的替代物，添加到饲料中对病原体具有广泛的抑菌能力，并且不易产生耐药性，效果稳定，无毒副作用，是一类新型环保的具有潜力的饲料添加剂。研究表明，在饲粮中添加抗菌肽在提高畜禽生长性能、防治疾病、增强免疫功能、改善肠道微生物菌群等方面均有较好的作用。抗菌肽作为 21 世纪抗生素替代药物之一，绿色、高效、稳定的特点使其具有巨大的应用潜力。抗菌肽作为抗生素替代物也存在着一些问题。一是生产成本问题。通过化学合成法合成抗菌肽费用较高，利用基因工程方法表达抗菌肽产量又较低。二是抗菌肽使用的安全性问题。对于抗菌肽的毒性、稳定性、免疫原性等的研究依据还较为有限，其用药安全性、耐药性及残留性也有待进一步研究。三是与传统抗生素相比，多数抗菌肽的抗菌能力还不够理想。相信随着抗菌肽的深入研究与开发，将其作为一类新型添加剂替代抗生素用于畜禽生产，将会在实现"无抗"养殖方面产生深远而积极的影响。

2.3　饲料原料发酵技术的研究现状

2.3.1　发酵饲料

发酵饲料是指在人工可控制的条件下，利用微生物自身代谢活动，将原料中的动物性、植物性和矿物性物质中所含的抗营养因子降解或合成，使其变成易于畜禽采食、消化、吸收的高营养物质成分且无毒害的饲料原料。发酵饲料是一种绿色、环保型饲料，已经成为当今动物营养研究的热点。通过发酵处理不但可以改善饲料的营养价值水平，还可以降解原料中存在的毒素，提高食品的安全性，其显著效果引起广泛的重视，随着畜牧业生产的发展，发酵饲料在饲料行业替抗、减抗过程中受到广泛的关注。发酵饲料主要作用如下：①发酵饲料中含有大量有益微生物，可以抑制或减少有害菌生长和繁殖，调节肠道微生态平衡；②发酵过程中产生的有机酸具有酸香气味，可以改善饲料的适口性，提高畜禽采食量；③微生物发酵饲料将部分原料中的大分子蛋白质等分解为易被畜禽消化吸收的小分子物质，提高了营养物质的消化利用率；④可以抑制霉菌生长，降解饲料中的有毒有害物质，改善饲料营养价值；⑤发酵产生的一些未知生长因子可以提高动物免疫力，促进其生长。

1. 发酵饲料的菌种分类

2013 年 12 月，中华人民共和国农业部公告第 2045 号《饲料添加剂品种目录（2013）》的微生物细目中列出了乳酸菌、酵母菌、芽孢杆菌等 34 个菌种，后续又新批准丁酸梭菌、约氏乳杆菌作为新饲料添加剂，目前以下 4 类微生物在发酵饲料中应用较多。

1）乳酸菌
乳酸菌是一类无芽孢、革兰氏染色阳性的异养厌氧型原核细菌，其细胞形态为球状、杆状，在自然界中广泛存在。乳酸菌常见菌种有乳酸杆菌、链球菌、双歧杆菌、片球菌等。乳酸菌发酵饲料主要作用于畜禽肠道，具有助消化、改善肠道健康、抑制有害菌、促进机体生长等作用，因此属于益生菌。其抑菌促生长的原理是乳酸菌产生的乳酸通过与金属离子螯合来改变细菌细胞膜的通透性，加之乳酸呈酸性，能够降低机体的 pH，引起的酸化环境对有害菌的生长繁殖有显著的抑制作用。据报道，利用乳酸菌制备的发酵秸秆饲料中，秸秆的干物质、中性洗涤纤维和酸性洗涤纤维的体外消化率分别比不添加乳酸菌的对照提高了 13.94%、22.56% 和 21.12%（刘晶晶 等，2014）。乳酸菌添加在饲料中的有益作用已被诸多试验证实。张铮等（2018）研究发现，乳酸菌发酵饲料能够提高断奶仔猪平均日增重，改善仔猪肠道形态，促进仔猪肠道健康。此外，有研究证实，乳酸菌还能够改善饲料品质和饲养环境。魏爱彬（2012）通过利用乳酸菌发酵豆粕试验发现，乳酸菌能够显著降低豆粕中的黄曲霉素 B1 含量，有利于保证饲喂动物的机体健康。乳酸菌通过抑制肠道内有害菌，减少有害物质（如氨、生物胺等）的产生，降低了畜禽舍内的氨和 H_2S 的浓度，对减少环境污染、改善饲养环境具有积极作用。

2）酵母菌

酵母菌是一类单细胞真核微生物，含有丰富的蛋白质、糖类、维生素、酶及生长因子等物质，能将糖发酵，生成乙醇和 CO_2，酵母菌环境适应性强，在畜牧养殖业中应用广泛。酵母发酵饲料是指以酵母为菌种，通过微生物发酵技术生产出更易被畜禽消化、无毒害作用的生物饲料，具有改善饲料品质、降解大分子物质、调节肠道菌群平衡、减少环境污染等作用。耿爽等（2020）的研究表明，育肥猪饲粮中添加酵母培养物可显著改善肠道健康，影响肉中脂肪酸及氨基酸的组成及含量，提高肉的风味。张政（2017）研究筛选出的活性酵母 BY、SC18 及 BC 株的发酵饲料能够显著提高营养物质的消化率。肖曼（2013）在研究饲粮中添加酵母培养物对肉仔鸡影响的试验中发现，酵母发酵饲料能够明显改善肉仔鸡的生产性能和肠道黏膜组织结构，提高肉仔鸡对饲料中营养物质的利用率，该结论在王卫正（2016）的奶牛试验中也得到了证实。此外，酵母菌适口性好，能有效刺激动物采食，加之价格低廉，经济价值高，属性天然，其市场应用前景非常广阔。

3）芽孢杆菌

芽孢杆菌是一类好氧或兼性厌氧、革兰氏染色阳性、能够产生芽孢的杆状细菌。其抗外界环境压力的能力较强，芽孢杆菌菌群中有很多具有特殊功能的菌株，在农业上具有较大的应用价值。在畜禽饲料中应用较为广泛的品种为枯草芽孢杆菌，它具有能够产生抗生素类物质、提高营养物质利用率、增强机体免疫力，以及提高抗氧化性能等作用。Jayaraman 等（2013）的研究表明，枯草芽孢杆菌对产气荚膜梭菌引起的肉仔鸡坏死性肠炎有抑制作用，进而促进肉仔鸡肠道健康。孙焕林（2015）研究发现，在饲粮中添加枯草芽孢杆菌发酵棉籽粕，在提升其自身营养价值的同时，在饲料的代谢利用率、肉鸡的生长性能、生化免疫指标及肌肉品质等方面均具有显著的改善作用。此外，张煜（2017）研究发现，新型枯草芽孢杆菌 BS12 能够降低豆粕中的纤维含量，显著增加各氨基酸含量，在饲粮中添加经其发酵的豆粕后，提高了仔猪的采食量和平均日增重。

4）霉菌

霉菌是丝状类真菌的统称，喜温暖潮湿环境。霉菌肉眼可见，菌落呈绒毛状、絮状和蛛网状，霉菌在发酵过程中能够产生丰富的酶系，其通常用固体发酵法生产，在饲料业中添加霉菌有助于提高饲养动物的消化吸收能力。《饲料添加剂品种目录（2013）》中规定可以使用的霉菌品种有黑曲霉和米曲霉，关于这两个菌种的使用效果已有报道。刘金海（2012）以黑曲霉为发酵菌种制成发酵饲料，分别开展肉鸡和猪饲喂试验，结果发现，该发酵饲料在这两种动物上均具有良好效果，不仅能够促进饲喂动物的生长，在增强机体免疫力及抗病力方面也具有积极作用。马剑青（2017）对肉仔鸡进行高产固态发酵物饲喂试验发现，在日粮中添加米曲霉发酵物有助于提高肉仔鸡的生产性能。

2. 发酵饲料在生态养殖中的应用

发酵饲料中含有大量的有益微生物，如乳酸菌、芽孢杆菌、酵母菌、拟杆菌和曲霉菌等。目前，发酵饲料的常用菌种是乳酸菌、酵母菌和芽孢杆菌。这些微生物在动物体内能够通过自身及其代谢产物对致病菌产生非特异性的拮抗作用，抑制或减少有害菌的滋生，调节畜禽肠道微生态平衡。发酵饲料可抑制饲料中的有毒有害物质，如豆粕中含有的大豆抗原蛋白、胰蛋白抑制因子、植物凝集素、脲酶等抗营养因子，通过微生物发酵能改善畜禽对营养物质的消化吸收，减少腹泻的发生，提高机体健康水平。用枯草芽孢杆菌和米曲霉发酵后的豆粕中大分子物质分别从 40% 降低到 2% 和 8%，胰蛋白酶抑制因子分别减少 96% 和 82%；仅用枯草芽孢杆菌发酵的豆粕也得出了类似的结论，发酵豆粕中的胰蛋白酶抑制因子显著下降，大豆的营养价值有所提高。此外，微生物发酵能降低或消除棉籽粕中含有的棉酚、环丙烯脂肪酸、植酸及植酸盐、非淀粉多糖等，降低饲料中的有害物质，增加动物的采食量，维护机体健康，提高动物机体免疫力。还可以利用有益微生物对一些杂粮、杂粕和农副产品的下脚料等非常规原料进行发酵，这不仅能降低饲料的成本，还可以增加产品的收益。厌氧发酵饲料可以使饲料中的纤维物质软化，芽孢杆菌、酵母菌等好氧微生物的存在为乳酸菌的厌氧发酵提供了良好的条件，使乳酸菌产生大量的乳酸，降低饲料的 pH，使发酵饲料产生特有的酸香味，改善适口性，提高动物采食量。利用乳酸菌对饲料进行发酵，产生的酸性物质可杀灭和抑制杂菌的生长，其浓郁的酸香味对改善动物产品风味和饲料的适口性具有良好的效果。

1）在家禽养殖方面的应用

发酵饲料在家禽生产中应用较为广泛，对饲喂肉鸡的研究主要集中在其生产性能、肉品质和肠道菌群等方面。饲料经过发酵后，大分子物质被分解成易消化利用的小分子物质，从而可以提高饲料的营养价值和转化率，促进家禽的生长（孟宇 等，2022）。张晓羊等（2016）研究发酵棉粕对黄羽肉鸡生长性能及屠宰性能的影响，结果显示，棉粕发酵可提高肉鸡的平均日增重、采食量、屠宰率、半净膛率、全净膛率、胸肌率和腿肌率，降低腹脂率。熊罗英等（2016）在健康 AA 肉仔鸡的基础日粮中添加发酵构树叶，发现肉鸡的皮脂厚度、肌间脂肪宽度显著降低。魏莲清等（2019）研究发现，发酵棉粕在肉鸡日粮中的添加比例可达 15%，不仅可以降低饲料的成本，还可以改善肉鸡的肠道微生物区系，提高鸡群的生产性能、屠宰性能及免疫功能，降低肉鸡血清中的甘油三酯和胆固醇含量，提高白蛋白和血清总蛋白的含量，影响机体的蛋白质代谢和脂质代谢。杨卫兵等（2012）将基础日粮中的豆粕替换为发酵豆粕饲喂肉鸭，结果表明，发酵豆粕可在一定程度上改善肉鸭的生产性能、提高其对蛋白质的消化率、增加肉鸭蛋白的沉积量。黄笑筠等（2016）的研究表明，在肉鸽养殖中添加 5%的发酵饲料对肉鸽的生长具有明显的促进作用，其中肉鸽的平均日增重明显提高，料重比显著下降，鸽群的精神状态和整体健康水平有明显的提升。刘长忠等（2015）的研究表明，发酵饲料可以提高生长鹅的平均日增重，降低腹泻率和料重比，显著提高生长鹅十二指肠内容物和胰脏组织的胰蛋白酶、脂肪酶和淀粉酶的活性。

发酵饲料在肉鸡生产中应用广泛，在蛋鸡的生产中也有显著的效果。发酵饲料可以提高蛋鸡的生产性能，改善蛋的品质。发酵饲料对禽类产蛋质量的影响主要体现在对蛋黄的影响，微生态制剂通过发酵可以充分降低饲料中的胆固醇含量和脂肪含量，而且随着发酵饲料添加比例增大，鸡蛋内胆固醇含量逐渐降低，说明饲料中胆固醇含量的降低与鸡蛋内胆固醇含量的降低有一定的相关性。朱凤华等（2015）在蛋鸡饲料中添加发酵饲料，试验组的产蛋率及蛋白哈氏单位均显著提高，料重比下降。任跃昌等（2022）研究在饲粮中添加不同剂量发酵饲料对蛋鸡的生产性能的影响，结果显示，饲喂发酵饲料后，破畸蛋率呈下降趋势，与对照组相比，添加 40g/kg 和 60g/kg 发酵饲料组鸡蛋的蛋黄颜色等级和鸡蛋干物质、粗蛋白质含量显著提高。赵春全（2014）研究发酵饲料对蛋鸡生产性能和蛋品质的影响，结果表明，在日粮中添加发酵饲料有助于提高蛋清的黏稠度，蛋黄的高度、直径及蛋黄指数，添加 10%的发酵饲料可极显著提高蛋黄等级，增加鸡蛋的商品价值。李泳宁等（2015）研究了一种富含红曲色素微生物发酵饲料在蛋鸡养殖中的应用，结果表明，该发酵饲料的添加显著提高了蛋鸡的产蛋率，降低了破畸蛋率和料蛋比，并有效提高了平均蛋重和平均蛋黄质量，降低了蛋黄中的胆固醇含量，改善了蛋黄的着色度。魏尊和张谦（2017）研究了棉粕源复合发酵饲料对产蛋鸡消化率和蛋品质的影响，结果表明，复合发酵饲料可以提高蛋壳品质，提高蛋白哈氏单位和蛋黄颜色等级，提高粗蛋白质、钙和磷的表观消化率，降低蛋黄中的胆固醇含量。吴红翔等（2013）的研究表明，添加苹果渣发酵饲料可降低鹌鹑蛋中的蛋黄水分含量和蛋白质含量，提高熟蛋率和蛋黄率，说明发酵饲料可以显著提高鹌鹑蛋的品质。

发酵饲料中的每一种微生物本身都是一种抗原，能激发免疫功能，提高机体的抗病能力。例如，乳酸杆菌可以作为某种免疫调节因子起作用，刺激肠道某种局部型免疫反应，此外还可通过巨噬细胞的抗原呈递作用，对免疫系统发挥作用。使用微生物发酵饲料可以使蛋鸡抗体水平上升速度加快，高峰期维持时间延长，下降速度变慢，有效抵抗病毒的攻击，减少蛋鸡的应激反应，降低成本，促进生产。袁汝喜等（2022）研究湿态发酵饲料对三黄鸡雏鸡的影响，结果显示，随着湿态发酵饲料添加比例的提高，雏鸡法氏囊指数、胸腺指数、脾脏指数和免疫球蛋白含量显著提高。邓继辉和周大薇（2014）研究了发酵饲料对矮小型鸡抗氧化的影响，结果表明，试验组鸡血清中的 SOD、GPx 活性和总抗氧化能力较对照组极显著提高。许丽惠等（2013）研究发酵豆粕对黄羽肉鸡的影响，结果显示，试验组的血清碱性磷酸酶（alkaline phosphatase，ALP）、白蛋白和血清总蛋白含量都有不同程度的提高，血清尿酸含量下降明显。廖云琼等（2022）研究复合微生物发酵饲料对白羽肉鸡免疫性能的影响，结果显示，各试验组 IgA、IgG 和 IgM 含量均高于对照组，且随着发酵饲料比例的增加而升高。李锦等（2019）研究发现，乳酸菌发酵饲料可能是通过激活磷脂酰肌醇-3-激酶/蛋白激酶（PI3K/AKT）信号通路来提高无特定病原（specific pathogen free，SPF）雏鸡的免疫功能。

益生菌发酵可有效提高饲料中的有益微生物菌群数量，通过竞争性抑制作用产生抗黏附物质来限制致病菌在肠道黏膜上皮细胞的黏附和生长，从而减少肠道内有害菌的数量，维护肠道生态平衡并降低动物的腹泻率。另外，益生菌可以调节肠道绒毛的生长，扩大小肠吸收面积，影响肠壁的厚度和通透性，增强肠道的屏障作用，从而维护肠道健康。李宁和冷云伟（2021）研究了发酵饲料对肉鸭肠道菌群的影响，发现添加发酵饲料能够显著提高肉鸭肠道内的有益菌数量，降低肉鸭肠道内的致病菌数量，维持肉鸭肠道菌群平衡，减少腹泻和用药。吕月琴等（2012）研究发现，微生物发酵饲料提高了蛋鸡肠道乳酸杆菌数量，降低了大肠杆菌数量，明显改善了蛋鸡的肠道微生态平衡，降低了氮、磷排泄率。罗利龙（2020）研究发酵饲料对育肥期文昌鸡肠道菌群的影响，结果表明，发酵饲料能够增加厚壁菌门微生物的相对丰度，增加鸡肠道中瘤胃球菌属和毛螺菌属等有益菌群的比例，降低大肠杆菌等有害菌的比例，但差异不显著。叶成智（2020）研究发现，在饲粮中添加生物发酵饲料可提高肉鸡小肠绒毛高度和绒毛高/隐窝深，提高肠道部分挥发性氨基酸的浓度，改善盲肠菌群结构，增加有益菌的丰度，从而改善肉鸡的肠道健康。

2）在生猪养殖方面的应用

饲料发酵过程中会产生多种消化酶，从而使饲料中的抗营养因子和大分子营养物质被降解为多肽、氨基酸、多糖和有机酸等，改善饲料营养价值，提高动物对营养物质的利用率。发酵饲料具有稳定的微生态系统，产物中的乳酸、多糖类等具有芳香气味，能改善饲料适口性，增加动物采食量，从而促进其生长和提高生产性能。刘辉等（2022）研究复合乳酸菌发酵饲料对生长猪生长性能的影响，发现与对照组相比，复合乳酸菌发酵饲料组猪的平均日增重显著增加，料重比显著降低。徐博成等（2018）研究发酵饲料对育肥猪生产性能的影响，结果显示，发酵饲料能显著提高猪的平均日增重和采食量，并显著降低断奶仔猪腹泻率和料重比。解佑志（2018）的研究表明，发酵稻壳粉可显著提高母猪的产仔数，并缩短母猪的产程，增加仔猪断奶窝重，改善妊娠期母猪体况，降低哺乳期母猪减重，提高母猪哺乳期产奶量和初乳中的各种营养成分含量。孙文娟（2018）的研究表明，在妊娠期和哺乳期的母猪日粮中全程添加生物发酵饲料能够增加母猪总采食量，改善母猪机体的免疫机能和促进生长相关激素的分泌。Wang 等（2021）的研究表明，枯草芽孢杆菌和粪肠球菌发酵复合饲料能够提高哺乳母猪的采食量，降低背膘损失及便秘率，同时提高母猪产奶量和乳蛋白含量，降低哺乳仔猪腹泻率。Ahmed 等（2016）研究发现，发酵中草药饲料可降低生长育肥猪中的胆固醇含量及脂质过氧化值，增加背最长肌瘦肉率。

随着人们生活消费水平的提高，原生态、无添加的绿色安全食品越来越受到消费者的欢迎。发酵饲料的作用来源于微生物的生长及其产生的次级代谢产物，能替代抗生素发挥防病、抗病作用，符合绿色健康养殖的发展方向。范春国等（2018）的研究表明，饲喂菌草发酵饲料组猪肉的肉色、大理石花纹、系水力、pH、肌内脂肪指标均优于对照组。任向蕾等（2022）研究饲粮中添加湿发酵饲料对育肥猪肉品质的影响，结果显示，与对照组相比，添加 10%湿发酵饲料组猪肉的滴水损失显著降低了 29.80%，臀肉红度值与黄度值显著升高，色泽更加饱满鲜艳。余宁和何伟先（2018）用酵母菌和乳酸菌混合发酵饲料饲喂育肥猪，发现猪肉肌内脂肪含量和风味氨基酸含量均显著高于对照组。明雷等（2019）用玉米皮发酵饲料替代基础日粮饲喂肉猪，结果发现猪肉的瘦肉率、大理石花纹和肉嫩度均呈提高的趋势，滴水损失呈降低的趋势，改善了肉的品质。胡文平等（2022）研究了微生物发酵饲料对生长育肥期莱芜黑猪肉品质的影响，发现微生物发酵处理组黑猪肌肉的大理石花纹含量和肌内脂肪含量分别比对照组增加了 4.26%和 4.20%。

发酵饲料中的优势益生菌可以作为一种非特异性免疫调节因子，激活宿主免疫细胞，提高吞噬细胞的活力，从而提高机体免疫力。沈学怀等（2021）研究复方中药发酵饲料对母猪血清生化指标的影响，结果发现，与对照组相比，试验组母猪血清 SOD、GPx 和 CAT 含量在 15d 和 30d 均升高；血清 MDA、谷丙转氨酶（alanine aminotransferase，ALT）、AST 含量在 15d 和 30d 均显著降低。Zhu
等（2017）在饲料中添加 10%和 15%的发酵豆粕显著提高了仔猪血清中的 IgG、
IgA、IgM 含量。Zhang 等（2018）的研究表明，枯草芽孢杆菌发酵豆粕显著降低
仔猪空肠和回肠炎症因子 *IL-4* 和 *IL-6* 基因 mRNA 的相对表达量，提高炎症因子
IL-10 基因 mRNA 的相对表达。王娟娟等（2011）研究在饲粮中添加发酵饲料、
抗生素对仔猪和抗氧化功能的影响，结果表明，发酵饲料中添加多种益生素可显
著提高仔猪血液白细胞数量、淋巴细胞转化率、IgA 含量和 SOD 活性，进而刺激
仔猪机体的非特异性免疫反应和体液免疫反应，最终增强仔猪机体的免疫功能和
抗应激能力。黄杏秀等（2020）研究断奶仔猪饲粮中添加不同水平的微生物发酵
饲料对其血液生化指标及免疫力的影响，发现添加微生物发酵饲料可以显著提高
仔猪血清总蛋白含量，饲喂 5%和 10%的微生物发酵饲料可以显著提高仔猪血清
中的 ALP 活性和血糖含量，显著降低血尿素氮的含量，显著提高白细胞数量和淋
巴细胞转化率。林标声等（2010）在研究微生物发酵饲料对断奶仔猪免疫功能的
影响中发现，添加微生物发酵饲料能显著提高仔猪血清中的 IgA、IgG 和 IgM 含
量，进而增强断奶仔猪体液免疫功能。

发酵饲料中的有益菌在代谢过程中产生的丁酸能降低肠道 pH，抑制有害菌的
生长繁殖，同时发酵饲料中产生的抗菌物质（乳酸菌素、溶菌酶、过氧化氢等）
能直接杀灭或抑制病原菌。张铮等（2019）的研究表明，采食 20%复合菌发酵饲
料的育肥猪，其结肠内容物中的丁酸水平显著升高，发酵饲料显著影响育肥猪结
肠黏膜内容物中的细菌群落。崔艳红等（2018）采用微生物活菌发酵饲料饲喂猪
的结果显示，发酵饲料具有促进有益菌在宿主肠道定植、改善肠道形态结构、促
进肠道发育、提高生产性能的效果。李旋亮（2017）研究表明，发酵饲料可改善
断奶仔猪肠道菌群结构，十二指肠、空肠、回肠、盲肠和结肠中的乳酸杆菌数量
显著提高，回肠、盲肠和结肠中的大肠杆菌数量显著降低，有助于减少仔猪腹泻
和增强仔猪对营养物质的消化吸收能力。段格艳等（2022）研究表明，在低蛋白
质饲粮中添加构树全株发酵饲料显著降低了猪结肠中脂肪生成相关基因的 mRNA
表达量，显著增加了结肠中的拟杆菌门微生物相对丰度，显著降低了结肠中的厚壁
菌门微生物相对丰度，同时显著降低了结肠中的尸胺和粪臭素浓度。吴东等（2021）
研究益生菌发酵饲料对仔猪肠道菌群的影响，发现与抗生素组相比，益生菌发酵
饲料组仔猪肠道中的乳酸菌含量提高了 5.13%，大肠杆菌含量下降了 15.48%。

3）在反刍动物养殖方面的应用

目前微生物发酵饲料对反刍动物采食量和采食速率影响的研究结果并不一
致。尽管如此，多数研究还是表明微生物发酵饲料可以有效提高反刍动物的采食
量和采食速率。Tuoxunjiang 等（2017）用发酵的番茄渣替代 10%精料饲喂肉牛，
发现发酵番茄渣提高了奶牛的总采食量和采食速率，这可能是由发酵饲料改善了

动物肠道的微生物区系,增加了肠道中有益菌的数量所致,但其对饲料干物质和营养物质的消化率没有太大影响,可能是影响营养物质消化率的因素比较多,产生了某种抵消效应。薛晨(2021)研究复合菌培养物和微生物发酵饲料对肉牛生长性能的影响,研究发现,饲喂发酵饲料组和含有复合菌培养物组的肉牛平均末重比对照组分别提高了 4.17%和 4.65%,采食量分别提高了 13.9%和 9.27%。王红梅等(2016)通过用不同配伍酶制剂发酵的玉米秸秆饲喂肉羊,结果发现,与对照组相比,不同试验组肉羊的平均日增重均有提高,料重比均降低,各营养物质表观消化率均高于对照组。孔雪旺等(2020)用发酵饲料和全混合日粮饲喂肉牛,研究其对肉牛瘤胃体外发酵及其对生长性能的影响,结果显示,试验组肉牛平均日增重和饲料转化率分别较对照组提高了 18.92%和 33.33%。曲强(2018)的研究表明,利用平菇菌糠发酵饲料饲喂肉羊能够显著提高肉羊的食欲、采食量和平均日增重,对促进肉羊生长有明显效果。邱玉朗等(2019)研究发现,饲喂秸秆与玉米浆混合微生物发酵饲料使肉羊平均日增重提高、料重比降低,血清总蛋白、白蛋白和血尿素氮含量均显著提高。孔义川(2018)的研究表明,在断奶荷斯坦犊牛饲粮中添加酿酒酵母培养物可以显著提高犊牛平均日增重,提高血清总蛋白和葡萄糖含量,提高瘤胃液中的乙酸、丙酸、总挥发性氨基酸、铵态氮和微生物蛋白质浓度,促进瘤胃发酵,增强瘤胃内羧甲基纤维素酶活性,促进犊牛生长。

在反刍动物养殖中,肉品质和产奶量是核心指标。Kim 等(2018)的研究表明,用发酵的全混合日粮饲喂肉牛可以提高牛肉中的大理石花纹评分和肌肉内的脂肪酸含量,但是降低了棕榈酸含量,提高了肉牛的胴体品质,改善了牛肉的风味和品质。朱春刚等(2021)研究甘蔗尾叶发酵饲料对肉羊产肉性能及肉质的影响,结果发现,饲喂 20%发酵饲料组肉羊胴体重显著高于其他组,屠宰率和眼肌面积显著高于对照组,羊肉屠宰后 24h 的 pH 显著高于对照组,20%发酵饲料组和40%发酵饲料组的羊肉剪切力均显著低于对照组,20%发酵饲料组羊肉的滴水损失显著低于对照组。王莉梅等(2019)的研究表明,饲喂土豆渣发酵饲料能显著提高小尾寒羊熟肉率和肉中的肌红蛋白含量,提升肉色,降低羊肉的剪切力,提升肉的嫩度;在肌肉营养价值方面,试验组肌肉粗蛋白质和粗脂肪含量均有所提高。微生物发酵饲料中的酵母菌和乳酸杆菌等有益菌群能够促进特定瘤胃菌群在反刍动物体内的生长繁殖,有利于瘤胃微生物对氨的利用,提高氨的利用效率,从而促进菌体蛋白的合成,提高产奶量和乳蛋白含量。滕乐帮(2022)研究微生态发酵饲料对奶牛产奶量、乳品质的影响,发现与对照组相比,用 1kg 和 2kg 微生态发酵饲料替代全混合日粮组的奶牛产奶量分别提高了 3.84%和 5.78%,乳脂率分别提高了 5.86%和 9.88%,乳蛋白率分别增加了 1.26%和 3.56%,乳糖含量分别提高了 1.78%和 3.47%,体细胞数分别降低了 21.27%和 31.77%。吴小燕等(2014)的研究表明,微生物发酵饲料能够提高泌乳奶牛的产奶量,改善乳品质。卢慧

（2017）的研究表明，饲喂微生物发酵饲料可提高奶牛对饲料中的干物质、粗蛋白质及半纤维素的消化率，从而显著提高奶牛乳脂肪和乳蛋白含量，奶牛平均日产标准乳提高了 11.5%，改善了乳品质。王树杰等（2009）在奶牛精料补充料中使用奶牛微生物发酵饲料，发现其对恢复奶牛体况、减缓泌乳中后期产奶下降幅度、增加产奶量有较好的效果。

发酵饲料中的益生菌及发酵过程中菌种的次生代谢产物可以提高动物的健康水平。王略宇等（2021）研究发酵饲料及菌粉对羔羊脏器系数、胃肠道系数及血清生化指标的影响，发现试验组羔羊的十二指肠系数与空肠系数显著高于对照组，血清 ALP 显著低于对照组，GPx 活性显著高于对照组。余淼等（2013）的研究表明，在肉牛日粮中添加经过乳酸菌、酵母菌、芽孢杆菌等有益菌混合发酵制成的微生物发酵饲料能够提高肉牛血清总蛋白、白蛋白、IgA、IgG、IgM 含量，降低 MDA 浓度和 ALT、AST 活性，提高 SOD 活性和总抗氧化能力，进而增强肉牛的抗病能力。蒋微等（2021）研究发酵饲料对肉牛血清生化指标的影响，发现饲喂发酵饲料的试验组牛肉血清总蛋白含量、AST 活性、葡萄糖含量显著高于对照组，胆固醇、血尿素氮和肌酸酐含量显著低于对照组。陈光吉等（2015）研究发现，用发酵酒糟饲喂舍饲牦牛可以显著提高瘤胃液中铵态氮、总挥发性脂肪酸、乙酸和丙酸含量，以及纤维素酶活性，同时还能通过改善瘤胃微生物菌群结构，让产纤维素酶细菌成为优势菌，进而提高内源酶活性，促进机体健康。武俊达等（2020）发现饲粮中添加 13% 或 16% 的刺梨渣发酵饲料均可显著提高水牛血清中的 SOD、GPx 活性，IgM、IgG 含量，以及总抗氧化能力，显著降低 MDA 含量。陈帅（2017）研究发现，饲喂膨化秸秆生物发酵饲料显著提高了辽育白牛血液中的血糖含量，降低了总胆固醇含量，并能显著提高血清中的 IgG、IgA 含量。

益生菌在进入动物胃肠道后会直接或间接地影响致病菌的生长，竞争消化道内致病菌的营养物质；与此同时，有益菌在繁殖过程中消耗氧气，形成厌氧环境，破坏致病菌的生存环境。黄海玲（2020）在育肥湖羊日粮中添加经微生物发酵处理的花生秸秆，利用宏基因组学测序结合 α 多样性分析等手段研究其对湖羊各项生理指标的影响，发现饲喂发酵花生秸秆可以降低湖羊肠道菌群的丰度，但不会对肠道菌群的多样性产生显著影响；β 多样性分析发现饲喂发酵花生秸秆可以显著改变湖羊肠道菌群结构。杨淑华等（2018）对辽育白牛肠道菌群的高通量分析结果表明，添加微生物发酵饲料组白牛肠道中厚壁菌门和梭菌属微生物数量较对照组显著增加，其中厚壁菌门微生物主要分解纤维素，梭菌属微生物代谢过程中主要产生丁酸，表明添加微生物发酵饲料能够丰富肠道微生物多样性。符运勤（2012）以地衣芽孢杆菌、枯草芽孢杆菌与植物乳酸杆菌的复合益生菌饲喂 8 周龄哺乳期犊牛，发现复合益生菌促进了纤维分解菌在瘤胃中的繁衍和定植。Li 等（2016）用酵母菌发酵玉米秸秆饲料饲喂奶牛，发现其可增加奶牛肠道和消化道微生物数量，降低发病率，提高机体免疫力。Pilajun 和 Wanapat（2016）的试验表明，酵母菌发酵木薯渣饲料可提高肉牛瘤胃 pH、氨氮含量、总挥发性脂肪酸含量、细菌和真菌数量，改善瘤胃微生态环境。

4）在水产动物养殖方面的应用

微生物发酵饲料比传统饲料更具有环保性，在渔业生产中具有广泛应用。黄世金等（2011）用发酵饲料饲喂罗非鱼，发现微生物发酵饲料可以显著促进罗非鱼的生长、提高成活率、降低料重并提高经济效益。葛玲瑞等（2021）研究了酵母菌和芽孢杆菌发酵饲料对草金鱼体色、消化道及肠道菌群组成的影响，结果发现，试验组草金鱼亮度值和红度值显著提高，鳍条中的总类胡萝卜素含量显著高于对照组，试验组草金鱼中肠道蛋白酶和淀粉酶活性显著提高。熊钢等（2010）用微生物发酵后的鱼饲料饲喂鱼，结果表明，发酵饲料在改善饲料营养、提高饲料利用率、促进鱼生长、增强机体抗病性能，以及改善养殖生态环境方面有显著效果，对节粮养鱼有很大的经济价值，适于在养鱼业推广应用。发酵饲料在水产中还应用于虾的养殖，用微生物发酵的饲料代替水产动物饲料中的鱼粉，可以有效地提高经济价值。郭坤等（2020）研究了生物发酵饲料对池塘养殖条件下克氏原螯虾生长性能、肌肉品质及免疫机能的影响，结果显示，生物发酵饲料显著提高了克氏原螯虾增重率和相对增长率，生物发酵饲料对虾的含肉率和蒸煮损失有显著影响，对 pH 和滴水损失无显著影响，试验组对虾血清中的溶菌酶、ALP、ACP 和肝脏、胰腺中的 SOD 和 CAT 活性显著高于对照组，肝脏、胰腺中的 MDA 含量显著低于对照组。王军和孙瑞健（2015）在凡纳滨对虾的养殖过程中投喂经过复合微生物发酵的饲料，发现养殖过程中持续投喂适宜比例的发酵饲料，能显著促进幼虾的生长，提高虾苗成活率及饲料利用效率，改善虾苗体色，缩短摄食时间。

3. 展望

1）相关政策文件的支持使发酵饲料的发展更加迅速

我国饲料资源紧缺，合理开发和高效利用饲料原料对我国畜牧业发展具有重要作用。非常规饲料原料自身存在的一些不足（如抗营养因子多、高毒素、适口性差和消化率低等）限制了其在畜禽生产中的应用。为了改善动物的生长性能，饲料中通常加入功能性物质抗生素，达到显著提高畜禽增重、提高畜禽生长速度和饲料转化效率的目的，但抗生素的不合理使用带来的负面作用（如病原菌产生耐药性、药物残留和致病菌交叉感染等）对人类食品安全构成严重威胁。根据农业农村部第 194 号公告《兽药管理条例》《饲料和饲料添加剂管理条例》有关规定，按照《遏制细菌耐药国家行动计划（2016—2020 年）》和《全国遏制动物源细菌耐药行动计划（2017—2020 年）》部署，为维护我国动物源性食品安全和公共卫生安全，自 2020 年 7 月 1 日起，饲料生产企业停止生产含有促生长类药物饲料添加剂（中药类除外）的商品饲料。发酵饲料的发展和应用在一定程度上解决了这些问题，作为一种新型无抗饲料，发酵饲料原料来源广泛，饲料经过发酵后产生特有的酸香味，能改善饲料适口性，提高动物采食量和饲料的消化利用率，且能抑制有害菌生长，增强机体免疫机能。我国对生物发酵饲料的监督力度也逐步加大，2018 年 1 月 1 日发布了我国生物饲料领域第 1 份团体标准《生物饲料产品分类》（T/CSWSL 001—2018），随后于 2018 年 9 月 7 日又发布了《发酵饲料技术通则》（T/CSWSL 002—2018）、《饲料原料 酿酒酵母培养物》（T/CSWSL 003—2018）、《饲料原料 酿酒酵母发酵白酒糟》（T/CSWSL 004—2018）和《饲料添加剂 植物乳杆菌》（T/CSWSL 005—2018）4 个团体标准，确保发酵饲料可持续健康发展。

2）特色功能菌株的筛选使发酵饲料的种类更加多元

菌种是发酵的关键所在。目前，我国允许使用的微生物发酵菌种主要包括乳酸菌、芽孢杆菌、丁酸梭菌、酵母菌等，这些菌种在实际应用中均存在不稳定、耐受性低等问题。由于菌种不稳定而提高添加量势必会提高发酵饲料生产成本。未来功能菌株的筛选仍然是生物饲料研究的核心，即针对饼粕类原料中存在的抗营养因子、玉米深加工副产物中的霉菌毒素和含硫物质，筛选高效降解菌；针对不同畜种的肠道特点及同一畜种不同发育时期的肠道特点等，筛选适应性好、定植能力强的菌株；针对其他特定功能性代谢产物，筛选高效表达菌株。随着科研工作者对发酵饲料技术的不断探索，发酵饲料菌株的筛选也日益多元化，筛选出来的功能菌株也越来越丰富，从高产蛋白酶、纤维素酶、脂肪酶、淀粉酶菌株到降解棉酚、硫苷等毒素的菌株和抗菌抗病毒菌株的筛选，研究者们正致力于筛选高性能、高耐受性和高稳定性的菌株。

3）菌株的优化组合效果使发酵饲料的优势更加显著

目前很多生物饲料的菌种应用组合比较粗糙，多停留在种的层面，甚至是属的层面。不同菌种按照不同的比例组合发酵出来的饲料，其质量也不相同，有的混合菌发酵效果表现优于单个菌株，有的却不如单个菌株。进行发酵前，要充分了解原料特点、菌种的生存条件、代谢途径、发酵产物和混合菌种之间可能存在的相互关系，并根据发酵目的，结合菌种发酵效果，选用适宜的菌种种类和添加比例。

4）效果评价方法标准化使发酵饲料的功能更加明确

21 世纪初，生物发酵饲料、生物蛋白和发酵豆粕兴起，不少发酵饲料企业一味地炒作自身的发酵饲料，但是其发酵批次不一致，所以发酵品质也参差不齐。现有的发酵饲料营养价值主要是通过测定其粗蛋白质、氨基酸、小肽、钙、磷等的含量进行评价，很少有企业去测定发酵饲料中不同菌种和菌种蛋白的含量。发酵饲料含有的活菌数、营养成分等很容易受到发酵时间、温度和 pH 的影响。发酵饲料相比于传统饲料具有特殊性，用传统饲料的评价标准无法判定发酵饲料的优劣。为了加快发酵饲料在市场上的推广与应用，须进一步明确未来生物发酵饲料的功能，进一步量化原料的预消化程度、饲料利用率的提高程度、其对畜体肠道健康的改善程度、对畜产品品质的改善效果，甚至对畜禽粪污资源化利用中限制因子的去除程度，以及对畜禽舍内氨的去除程度等都建立统一的标准进行效果评价。

5）质量安全的动态预警使发酵饲料的应用更加安全

传统的发酵饲料生产缺乏专业的发酵设备或设备投入经费过少，缺乏专业的技术人员，发酵中饲料的数据监控不足，生产出来的发酵饲料品质参差不齐，甚至原本品质较好的饲料在发酵过程中因受霉菌污染而无法在生产中使用，造成资源的严重浪费。有些发酵饲料的生产采用的是纯手工发酵，发酵人员未经过培训，发酵后的饲料产品还无法辨别其品质差异就直接在生产中使用，造成动物疾病的产生，影响畜禽生长健康。

要保证生物发酵饲料的质量安全性要注重以下两个方面。一方面，要依据《饲料卫生标准》（GB 13078—2017），对发酵饲料微生物安全性进行监测。检测内容应包括所用菌种是否合法合规，遵循"法无许可即禁止"的原则，严格禁止《饲料添加剂品种目录（2013）》规定以外的菌种使用。此外，还包括因发酵工艺等控制不严而导致的有害菌，甚至是致病菌的污染，也应对其进行监测。另一方面，可以利用新一代测序技术，通过宏基因组测序等手段，对生物饲料的全部微生物组成进行监测。生物饲料往往还具有动态变化的性质，所以生物饲料质量安全监测也应是一个动态监测的过程。

6）生物信息平台的开发使发酵饲料的生产更加稳定

（1）生物发酵饲料资源功能评估体系的开发。针对生物饲料产品的特性要求，开展相关微生物和基因的筛选、分离和功能验证，尤其要注重特殊环境微生物和未培养微生物中的基因资源。利用最新发展起来的分子生物学技术手段，建立基因资源直接分离的高通量技术方法及有效的快速功能评估系统，获得一批有自主知识产权、有应用价值的新基因资源，建立生物饲料产品相关基因资源的高通量筛选技术和快速功能评估体系。

（2）生物发酵饲料基因工程技术平台的建立。利用现代分子生物学技术，如基因打靶技术、易错（error-prone）PCR技术、DNA混编（shuffling）技术、DNA微突变高通量快速筛选技术、基因敲除技术、基因删除技术等各种不断更新的基因工程技术，构建高效生物反应器技术平台和多功能菌株改良技术平台，提高工程菌的应用效率，降低生产成本，以期规模化生产。

（3）生物发酵饲料蛋白质工程技术平台的建立。根据蛋白质的精细结构与功能之间的关系，利用蛋白质工程手段，按照人类自身的需要，根据对蛋白质分子预先设计的方案，通过对天然蛋白质的编码基因进行改造，来实现对它所编码的蛋白质进行改造，达到定向改造天然蛋白质，甚至创造新的、自然界本不存在的、具有优良特性的蛋白质分子的目的。蛋白质工程技术的运用可以提高重组蛋白质的活性，改善制品的稳定性等。

（4）生物发酵饲料发酵工程技术平台的建立。针对多种饲用安全重组生物反应器，建立高效的高密度发酵技术平台，开发高效稳定的产品加工技术，提高生物饲料产品的稳定性、实用性和应用的高效性，加快生物饲料产业化和实际应用的步伐。

（5）生物发酵饲料生产与多种技术的系统集成。生物发酵饲料的系统集成是生物饲料工程化研究的重点之一，一种生物饲料产品的研发往往需要应用几种生物技术，需要进行集成创新和重点突破，研究其使用方法和标准。此外，也应当研究生物饲料产品应用和其他饲养技术的系统集成，建立相应的配套应用技术体系，促进重大生物饲料产品的研发、产业化和推广应用。

2.3.2　饲用酶制剂

酶制剂也称为生物催化剂，是一种具有高度催化活性的微生态制剂，由微生物（细菌和真菌）发酵而成。饲用酶制剂主要包括蛋白酶、木聚糖酶、纤维素酶、半纤维素酶、植酸酶、液化型淀粉酶、糖化淀粉酶、α-淀粉酶、α-半乳糖苷酶和β-葡聚糖酶等。这些酶绝大多数是由微生物中的某些酵母、曲霉菌和某些细菌生产合成的（汪银锋 等，2008）。

20 世纪 80 年代后期，国外开始广泛使用饲用酶制剂，至 90 年代，美国和芬兰的一些饲用酶制剂先后进入中国市场，从此我国开始了酶制剂的研究与应用。80 年代以来的大量研究和实践表明，在畜禽饲粮中添加酶制剂不仅不会破坏内源酶，还能快速有效地消化三大营养物质（糖类、脂肪和蛋白质），促进动物体对饲料的吸收利用，降低成本，提高效益。因此，在我国饲料原料紧缺的条件下，使用酶制剂提高饲料消化、吸收的研究日益受到重视，酶制剂的开发利用已成为令人瞩目的研究领域。随着生物工程的发展，越来越多的酶能够被廉价地生产出来并在饲料工业中广泛应用。酶的种类也越来越多，具有经济价值的酶制剂已近百种，仅饲用酶就达 30 种。不同的酶制剂由于作用的底物不同、作用的机理不同，在实际生产中所起的作用也不尽相同（关轩承 等，2020）。

1. 饲用酶制剂的种类

根据产品组成情况,酶制剂可分为单一酶,如蛋白酶、淀粉酶、纤维素酶、β-葡聚糖酶、木聚糖酶、果胶酶、植酸酶等,以及两种及以上单一酶组成的复合酶。根据产品在肠道中的作用特点,酶制剂可分为消化酶和非消化酶:蛋白酶、淀粉酶和脂肪酶等属于消化酶,主要在动物胃肠等消化道内发挥作用,产品成分也比较单一;纤维素酶、半纤维素酶、果胶酶和β-葡聚糖酶等属于非消化酶,能够使饲料中的营养成分得到有效释放和吸收利用。根据畜禽消化道的产酶能力,可分为内源性酶和外源性酶。内源性酶是指畜禽消化道分泌的消化酶(如淀粉酶、蛋白酶、脂肪酶等),它们功能相似,能够消化水解饲料中的相关营养成分。外源性酶是指畜禽消化道无法分泌产生的酶,如纤维素酶、果胶酶、半乳糖苷酶、β-葡聚糖酶、戊聚糖酶和植酸酶等,它们主要通过作用于饲料的一些抗营养因子间接促进营养成分的消化吸收。目前畜禽生产中主要应用的酶制剂有以下几种:淀粉酶、植酸酶、蛋白酶和复合酶制剂。

1) 淀粉酶

淀粉酶多用枯草杆菌或米曲霉菌发酵制取,是一种能将淀粉分解为葡萄糖的水解酶,包括α-淀粉酶和β-淀粉酶、γ-淀粉酶(糖化酶)和异淀粉酶。α-淀粉酶既能分解直链淀粉,也能分解支链淀粉,通过作用于α-1,4-糖苷键将淀粉水解为双糖、寡糖和糊精。β-淀粉酶属于外切型淀粉酶,其可以在淀粉分子上的非还原性末端水解α-1,4-糖苷键,同时还可以继续顺次切掉一个麦芽糖单元,产物是大分子的β-极限糊精和β-麦芽糖。糖化酶也是外切型淀粉酶的一种,其可以在淀粉分子上的非还原性末端顺次切掉一个葡萄糖单元,产物是β-极限糊精和β-葡萄糖。异淀粉酶能够水解支链淀粉或糖原的α-1,6-糖苷键,生成长短不一的直链淀粉(郑昆和杨红,2019)。

单胃动物自身能够分泌淀粉酶和蛋白酶,但幼禽幼畜消化机能尚未健全,淀粉酶、蛋白酶分泌量不足,在其饲粮中添加外源淀粉酶、蛋白酶,不但能补充体内内源酶的不足,还能激活内源酶的分泌,有利于畜禽这一阶段对淀粉和蛋白质的消化分解和吸收利用。支链淀粉酶可降解在饲料加工中形成的结晶化淀粉,提高淀粉的消化率。此外,淀粉酶还可以消除饲粮中内源消化酶的抑制因子,从而提高畜禽消化酶的活性。例如,鸡分泌的淀粉酶可将食入的淀粉完全消化,淀粉酶中的β-硫代葡萄糖苷酶可分解抗营养物质β-硫代葡萄糖苷,从而促进生长。由此可见,增强幼禽幼畜消化道酶活性和消除消化酶的抑制因子,提高内源酶活水平,促进日粮养分的消化吸收,是饲用酶制剂提高畜禽生产性能的作用方式之一。

2）植酸酶

植酸是畜禽植物性饲料中磷存在的主要形式，是一种广谱性的抗营养因子，绝大多数单胃动物因消化道内缺乏分解植酸的酶，对植物性饲料中植酸的利用率很低（李晰亮　等，2015）。植酸易与二价或三价阳离子结合，形成不溶性盐，阻碍动物小肠对矿物质元素的吸收；并且植酸会与蛋白质形成络合物，影响蛋白质的吸收。微生物植酸酶可以专一水解植酸，催化植酸分解为磷酸和肌醇，消除植酸的抗营养作用，提高畜禽对植酸的利用率，减少磷的排放，同时提高畜禽对矿物质元素和蛋白质的利用率。过去由于微生物植酸酶产量低，成本较高，一直未在畜禽日粮中得到广泛应用。近年来，生物技术的发展和发酵工艺的不断完善克服了这些不利因素，也极大地促进了植酸酶在畜禽日粮中的应用。添加植酸酶在畜禽生产中主要有以下几点好处：能充分利用饲料本身含有的磷元素，节约昂贵的无机磷资源；减少粪便中的磷含量，减少磷对环境的污染；由于植酸酶作为抗营养因子能螯合饲料中的一些锌、铜、铁、锰等微量元素及蛋白质，添加植酸酶后，植酸酶使螯合的微量元素及蛋白质被释放，从而提高这些养分的利用率；避免饲料中添加过量氟或磷酸氢钙等对畜禽机体造成危害。

植酸盐非常稳定，由于单胃动物自身不分泌能分解植酸盐的植酸酶，植酸盐中的磷基本上不能被单胃动物利用。添加的植酸酶可催化植酸盐的水解反应，使其中的磷以无机磷的形式游离出来，从而被单胃动物吸收利用。随着今后植酸酶生产技术的进步和植酸酶价格的进一步下调，饲粮中添加植酸酶可望比添加无机磷盐更便宜。

3）蛋白酶

蛋白酶是催化蛋白质水解的酶类，是工业酶制剂中最重要的一类酶，在农业中应用广泛。蛋白酶用发酵米曲霉菌生产，畜禽养殖中主要使用酸性蛋白酶，较少用中性蛋白酶，不用碱性蛋白酶。在饲料中添加蛋白酶主要用来补充畜禽胃蛋白酶和胰蛋白酶分泌的不足，提高动物对饲料蛋白质的消化、吸收和利用效率。它能通过降解蛋白质的肽链将饲料中的蛋白质水解为可利用的氨基酸。根据作用的最适 pH 不同，蛋白酶可分为酸性蛋白酶、中性蛋白酶和碱性蛋白酶。一般动物胃体系内的环境偏酸性，因此起主导作用的是酸性蛋白酶，中性蛋白酶起的作用较小，碱性蛋白酶不起作用。因此，在选择生产饲用蛋白酶菌种时，应选择能产生酸性蛋白酶的菌种。蛋白酶除了直接提高畜禽蛋白质消化率之外，还可以降解饲料中与蛋白质相关的一些抗营养因子，如植物凝集素、胰蛋白酶抑制剂，以及豆粕中的大豆球蛋白和 β-伴球蛋白，从侧面帮助畜禽改善饲料转化吸收效率（任远志，2013）。

综上所述，饲粮中添加外源性消化酶（淀粉酶、蛋白酶和脂肪酶等）可加快畜禽十二指肠和回肠前部对淀粉、蛋白质的消化吸收，将饲料中的大分子物质水解为易吸收的小分子物质，从而减少肠道微生物对营养物质的消耗。同时还可以激活内源性消化酶的分泌，增强动物对饲料养分的消化吸收能力，从而提高畜禽的生产性能和饲料利用率。

4）复合酶制剂

酶广泛存在于生物体内，参与机体的多种生理功能，但是通常一种酶只能对某一类微生物有水解作用，因此需要复合酶才能达到理想的效果。目前用于畜牧生产中的复合酶制剂主要是以纤维素酶、半纤维素酶、蛋白酶、淀粉酶、糖化酶、β-葡聚糖酶、果胶酶为主的饲用复合酶（周财源，2020）。其中，β-葡聚糖酶的主要功能是消除饲料中的β-葡聚糖等抗营养因子，提高饲料的利用率；蛋白酶、淀粉酶主要用于补充动物内源性酶的不足；纤维素酶、半纤维素酶、果胶酶的主要作用是破坏植物细胞壁，使细胞中的营养物质释放出来，增加饲料的营养价值，并能降低胃肠道内容物的黏稠度，促进动物消化吸收；糖化酶的主要功能是将淀粉和纤维素分解为可被动物直接吸收的糖类，增强饲料的营养价值。饲用复合酶是根据动物生理特点和饲料的不同性质将蛋白酶、淀粉酶、脂肪酶、植酸酶、纤维素酶、半纤维素酶、果胶酶等按比例科学配制而成。反刍动物以草食为主，它们所用的复合酶中含较多纤维素酶、半纤维素酶和果胶酶，猪、鸡所用的复合酶则以淀粉酶、糖化酶和蛋白酶为主。饲料中添加的高效复合酶功能主要有：消除饲料中的限制因子（抗营养因子）；复合酶的联合催化作用；补充内源性酶的不足，促进饲料消化吸收，促进畜禽食欲和生长，提高饲料利用率；提高畜禽激素水平和免疫力水平，调节畜禽肠道微生物菌群。

2. 饲用酶制剂的作用

饲用酶制剂的主要作用概括为以下几个方面：补充畜禽体内内源性酶的不足，促进内源性酶的分泌；消除饲料抗营养因子，降低消化道内容物黏度，提高动物对饲料的消化吸收；直接分解饲料中的营养物质，提高饲料的转化效率和利用效率；增强畜禽机体的免疫力；参与畜禽内分泌调节，提高动物体内的激素代谢（关轩承 等，2020）。

1）促进分泌内源性酶

畜禽消化器官分泌的消化酶主要有脂肪酶、胃蛋白酶、二肽酶、氨基肽酶、胰蛋白酶和葡萄糖淀粉酶等，可对饲料中的营养物质进行消化。幼龄、老龄畜禽有时内源性酶分泌不足，可能导致消化不良和腹泻，如断奶仔猪腹泻等；当畜禽发病后或处于高温、寒冷、免疫、转群等各种应激条件下，容易出现消化机能紊乱，体内消化酶分泌减少，不能满足饲料消化需要，同样影响新陈代谢和生长发育（王道坤和侯天燕，2017）。因此，在这些特殊阶段，就需要有针对性地添加淀粉酶、蛋白酶等内源性酶来改善畜禽的消化能力，减少应激条件下生产性能的下降。周华杰（2010）在基础饲粮中添加不同剂量复合酶制剂饲喂断奶仔猪，发现复合酶制剂显著提高了仔猪十二指肠和回肠淀粉酶、脂肪酶、胰蛋白酶及空肠淀粉酶、胰蛋白酶的活性。许梓荣等（1999）在含 35%麦麸的饲粮中添加 30mg/kg 的木聚糖酶、β-葡聚糖酶和纤维素酶组成的复合酶制剂，使仔猪十二指肠内容物总蛋白酶和 α-淀粉酶活性分别提高 20.96%和 5.66%。

2）消除饲料抗营养因子

阻碍饲料中的养分消化、吸收和利用的一类物质称作抗营养因子。饲料中的抗营养因子很多，如半纤维素、果胶、消化酶抑制剂、木质素、单宁、植酸及植酸盐等，此外还有植物凝集素、生物碱和硫代葡萄糖苷。植物细胞壁很难被完全破坏，包围在其中的淀粉、蛋白质等营养成分，由于无法接触消化液而不能被消化。植物细胞壁的成分包括木聚糖、β-葡聚糖、纤维素、半纤维素等，属于非淀粉多糖（non-starch polysaccharide，NSP）。植物性饲料原料中常含有 NSP、果胶和纤维素等聚合物，尤其是具有较强的抗营养作用的水溶性非淀粉多糖（soluble non-starch polysaccharide，SNSP），溶于水后产生较强的黏性和持水性，能够提高动物机体消化道食糜黏度、降低饲料养分的消化利用率（董滢和董军涛，2014；唐德富 等，2020）。NSP 酶为各种半纤维素酶（木聚糖酶、β-葡聚糖酶、甘露聚糖酶）、纤维素酶及果胶酶的统称。在饲料中添加 NSP 酶，可以降解饲料中的 SNSP 多聚体，将其分解为小分子物质，降低 NSP 的抗营养性和食糜黏度，提高饲料利用率及动物对饲料营养的消化和吸收，改善动物消化机能，从而提高其生长性能。畜禽体内并不能产生 NSP 酶，必须从外源补充。NSP 酶制剂使一些非常规饲料原料在饲料工业中大量应用成为可能，很大程度上降低了饲料生产成本。杨丽杰和霍贵成（1998）发现，在 4 周龄断奶仔猪饲粮中添加细菌来源的蛋白酶对仔猪生长和饲料利用率有积极作用，减弱了大豆抗营养因子的负作用。张慎忠等（2007）发现，木聚糖酶对豆粕、菜籽粕和棉籽粕 3 种蛋白质饲料的总木聚糖均有显著的降解作用，对水溶性木聚糖有一定的降解作用，其中对菜籽粕的总木聚糖和水溶性木聚糖的降解作用较大。

3）增强畜禽免疫水平

饲料中 NSP 的大量存在增加了畜禽肠道内容物的黏度，为病原微生物的定植和繁殖提供了有利条件，从而危害肠道健康，容易诱发腹泻等消化道疾病。饲料中添加的 NSP 酶可以降解饲料中的 NSP，在 NSP 被降解的过程中还会产生低聚木糖（xylo-oligosaccharide，XOS）等寡聚糖。研究表明，低聚木糖一方面可以减少大肠杆菌、沙门氏菌、链球菌等有害菌在动物肠道内的定植，从而减轻病原菌对动物机体的危害；另一方面能促进动物肠道内有益菌的增殖，保持良好的肠道内环境（王春雨 等，2015；庞业惠和字向东，2020）。同时，低聚木糖还能促进免疫器官的发育，提高免疫细胞的活性。胡向东等（2014）研究在小麦替代玉米饲粮添加木聚糖酶对生长猪的影响，结果发现木聚糖酶有明显的益生作用，能刺激猪肠道有益菌增殖，结肠乳酸杆菌数量显著增加，抑制有害菌增殖，减少氮的排放。饲粮中添加酶制剂可以提高机体的免疫功能，降低畜禽病死率。赵莉等（2021）发现，酶联微生态制剂和酸化剂可以显著提高肉鸡血清中的 IgA、IgG 和 IgM 含量。刘正旭等（2019）的研究表明，饲粮中加入 NSP 酶可以有效降低猪的死亡率，优化肠道内的微生物区系，增强抵抗应激能力。

4）解离金属元素

磷是饲料工业中继能量、蛋白质之后第三大昂贵的饲料资源，其添加量相对较大。其实，饲料原料中并不缺少磷，尤其是油料作物籽实和豆科作物籽实中磷占干物质的比例可达 1%～5%，糠麸类饲料原料中的磷也比较多。植物总磷中40%～70%的磷以植酸磷的结构形式存在，畜禽不能直接利用，且植酸磷与金属离子（钙离子、亚铁离子、锌离子、铜离子等）经过络合作用会形成稳定的植酸盐，使其更加难以被吸收（杨彧渊和马永喜，2015）。植酸酶能够将植酸降解为肌醇和无机磷，同时释放出与植酸结合的其他金属离子，提高动物机体对金属元素的利用率，减少粪便中金属元素的排放，减少环境污染。方桂友等（2012）的研究表明，在低蛋白、低磷饲粮中添加氨基酸和植酸酶饲喂育肥猪，粪氮排出量分别比对照组降低 17.03%和 28.33%，粪磷排出量分别比对照组降低 23.23%和21.10%。熊国平等（2000）用添加 500IU/kg 的植酸酶替代饲粮 75%的磷酸氢钙饲喂断奶仔猪，可提高仔猪总增重，降低饲料消耗，降低铜、锌、铁、钙、磷等有害微量元素的排放量，其中磷的排放量与对照组差异极显著。

3. 饲用酶制剂在生态养殖中的应用

1）在生猪养殖方面的应用

饲用酶制剂最早应用于早期断奶仔猪。仔猪消化生理特点如下：4～5 周龄前肠胃内蛋白酶、淀粉酶含量较低，以后逐渐增高，但消化机能仍未完善，不能分泌足量的消化酶对食物进行有效消化，加之断奶应激使仔猪小肠绒毛受损，消化酶分泌减少。研究表明，在饲料中添加酶制剂可有效降低断奶应激，提高饲料消化率和日增重。在基础饲料中添加含有蛋白酶 3000U、淀粉酶 300U、脂肪酶 20U的酶制剂，添加量为 0.06%，从仔猪 21 日龄开始直到 65 日龄，结果发现，试验组仔猪比对照组增重提高 20%左右，饲料利用率提高 80%～110%，而且添加酶制剂对仔猪腹泻有防治作用（王振来，2005）。在猪饲粮中加入 NSP 酶可以有效降低猪的死亡率，消化酶水解 NSP 产生的阿拉伯木聚糖起到益生元（prebiotics）的作用，可以调节肠道内的微生物区系，增强抵抗力（刘正旭 等，2019）。胡迎利和郭建来（2007）在三元杂交仔猪饲粮中添加 5000U/g 的植酸酶 100g/t 替代 50%磷酸氢钙，与对照组相比，试验组仔猪的平均日增重、采食量和饲料转化率分别提高了 8.85%、3.42%和 5.08%，钙和磷表观消化率分别提高了 14.29%和 18.83%，对粗蛋白质的表观消化率影响不大，粪中钙和磷排出量分别减少了 21.05%和 17.91%。李洪龙等（2006）在育肥猪饲粮中分别添加 0.05%和 0.1%的蛋白酶制剂，育肥猪的平均日增重分别比对照组提高了 38.83%和 16.50%，提高了猪眼肌面积、里脊重、胴体重、屠宰率和猪肉中豆蔻酸、花生酸、十七碳酸、棕榈油酸、油酸的含量，降低了棕榈酸、总饱和脂肪酸的含量。

2）在家禽养殖方面的应用

家禽消化道较短，日粮中添加酶制剂在家禽养殖领域应用较为广泛。添加酶制剂有利于家禽肠道健康，可以提高各肠段的有益菌数量，增加其肠绒毛高度，降低隐窝深度，从而提高营养成分的消化吸收利用率。在肉鸡的饲粮中添加纤维素酶可以显著提高饲料的转化率，改善肉鸡的产肉性能。此外，当纤维素酶的添加量约为 0.3%时，料肉比最佳（陈晓春和陈代文，2005）。在雏鹅的饲粮中添加纤维素酶对饲粮中的酸性洗涤纤维、干物质等的表观利用率都有明显改善，纤维素酶添加量为 2000U/g 时效果最显著（杨桂芹 等，2005）。在小麦替代玉米的蛋鸡饲粮中适度添加木聚糖酶可以提高蛋鸡的产蛋性能（唐茂妍和陈旭东，2010）。蛋鸡很难全部消化吸收饲料中的蛋白质，饲料添加外源蛋白酶可以有效改善蛋鸡对蛋白质的消化吸收，改善蛋鸡的采食量、蛋重、产蛋率等指标（谭权和孙得发，2018）。在产蛋后期的饲粮中添加外源蛋白酶，可以显著减少蛋鸡死亡率和生软蛋等现象，增加经济效益（赵必迁和李学海，2015）。在肉鸡日粮中添加复合酶制剂可以降低产气荚膜梭菌感染肉鸡的风险，提高肉鸡的抗病力和抗氧化能力（孙秋娟 等，2019）。段俊辉（2019）的研究表明，饲料添加酶制剂能够有效调整肉鸡肠道菌群，提高各段肠道中的乳酸杆菌和双歧杆菌数量，降低大肠杆菌数量。

3）在反刍动物养殖方面的应用

牛羊饲料中常用的酶制剂有纤维素酶和淀粉酶。纤维素酶能使纤维素类物质分解为易被复胃家畜消化吸收的小分子物质。在牛羊饲料中添加纤维素酶，能使饲料利用率明显提高，产奶量及产肉量也显著提高，尤其在犊牛或羔羊的前胃发育过程中添加纤维素酶效果更佳。大量试验证明酶制剂在一定程度上能够提高奶牛的饲养效益。欧四海等（2021）的研究表明，在生产母牛的日粮中添加酶制剂能够有效提高其采食量，减少产后疾病的发生，保证产奶量稳定。在奶牛的日粮中添加一定剂量的纤维素酶可提高其产奶量。在饲粮中添加 0.2%复合酶的试验组奶牛比对照组产奶量提高 13.7%，平均乳脂率比对照组提高 3.28%，每头牛每天多盈利 4.64 元，增收效益明显（刘云波 等，2002）。在犊牛的饲粮中添加较高浓度的反刍动物专用复合酶制剂可以有效降低犊牛的发病率（时发亿 等，2019）。Wang 等（2019）研究了纤维素酶和木聚糖酶对奶牛瘤胃发酵的影响，结果表明，添加两种酶制剂的试验组奶牛瘤胃液的 pH 下降，挥发性脂肪酸含量增加，瘤胃发酵类型由乙酸向丙酸转变，这更有利于能量的利用和奶牛的增重。在高精料、低精料的饲粮中分别添加 3.4g/kg 的纤维素酶，结果发现，奶牛的粗蛋白质、干物质和中性洗涤纤维消化率都有明显提高。奶牛饲粮中添加纤维素酶可以提高饲料中养分的消化率，可能是因为纤维素酶破坏了饲料中的细胞结构，使被细胞壁束缚的养分释放出来，从而提高了饲料的利用率（庞业惠和字向东，2020）。

4）在其他动物养殖方面的应用

近年来，酶制剂因具有绿色环保、安全高效、作用条件温和、反应可控等优点，在宠物养殖行业中也开始受到关注，主要应用于宠物诱食剂、宠物食品、食品配料等。研究表明，添加复合酶制剂能够有效提高贵宾犬幼犬的生长性能、被毛品质和日粮的表观消化率，增强其免疫功能，降低发病率（邢蕾 等，2020）。Gado 等（2016）研究日粮中添加不同水平（1kg/t、3kg/t、5kg/t）的复合酶制剂对母兔的生育状况、产奶量、病死率和体温调节的影响，结果表明，在日粮中添加复合酶制剂可降低母兔的病死率，提高受精率和产奶量。武静龙（2006）研究了不同剂量复合酶制剂对獭兔的影响，结果表明复合酶制剂在一定程度上提高了獭兔的生产性能和血清中的 ALP 活性，降低了血清中的尿素含量，饲料中添加 130g/t 复合酶制剂时效果最佳。近年来，饲用酶制剂在水貂和蓝狐等毛皮动物生产养殖中也得到了初步应用研究。在育成期水貂饲粮中添加复合酶制剂，能获得较高的平均日增重和较小的料重比，当添加的复合酶比例为 1.5% 时，水貂的平均日增重可达 17.92g，料重比为 6.31（宣立峰 等，2011）。胡锐等（2000）研究发现，添加复合酶 818A 可明显提高蓝狐平均日增重和体周长增长值，降低料重比，缩短换毛时间。隋仲敏等（2017）的研究表明，饲喂 NSP 酶可提高大菱鲆幼鱼的干物质消化率，显著提高大菱鲆幼鱼的生长性能、鱼体肥满度，以及肠道和胃的淀粉酶活性，降低饲料系数。

4. 展望

饲用酶制剂除了在动物生产中广泛应用，还可用作饲料防腐剂、保鲜剂、保藏剂等，在畜禽中应用的研究报道越来越多，在饲料业、养殖业、环保等方面具有重大意义。饲用酶制剂作为高效、绿色的外源添加剂，能提高动物的生产性能，给养殖者带来更好的经济效益。选择酶制剂产品时应注意以下几点：保证酶制剂足够的酶活性，能够在复杂的消化道环境中发挥应有的作用；酶制剂要安全可靠，无残留，而且不破坏饲料其他营养成分或降低添加剂的效能；酶制剂有耐高温制粒的保护措施，保证在饲料高温加热及动物采食等过程中不被破坏。饲用酶制剂也有稳定性差、成本高、作用机制尚未明确，以及容易受外界环境因素影响而失去活性等缺点。未来应该加大对饲用酶制剂的研发力度，降低酶制剂成本，明确其作用机制，使其广泛应用到饲料中，促进畜牧业的发展。

2.3.3　菌酶协同发酵饲料

2018 年，生物饲料领域第 1 个团体标准——《生物饲料产品分类》（T/ CSWSL 001—2018）发布。该标准将生物饲料分为发酵饲料、酶解饲料、菌酶协同发酵饲料和生物饲料添加剂 4 个主类，第 1 次明晰了菌酶协同发酵饲料的概念和技术理念（李爽 等，2020）。菌酶协同发酵饲料是指使用《饲料原料目录》和《饲料添加剂品种目录（2013）》等允许使用的饲料原料、酶制剂和微生物，通过发酵工程和酶工程技术协同作用生产的单一饲料和混合饲料。菌酶协同发酵饲料结合微生物发酵饲料和酶解饲料的工艺特点，在改善饲料营养价值、提高饲料利用率、增加饲用效果、改变动物肠道微环境，以及增强动物机体抗病力等方面发挥了菌制剂和酶制剂 "1+1>2" 的协同效应（孙智媛 等，2021）。

1. 菌酶协同发酵饲料的种类

1）按照基质种类差异

菌酶协同发酵饲料按照基质种类差异可分为菌酶协同发酵蛋白质饲料、菌酶协同发酵能量饲料和菌酶协同发酵粗饲料。菌酶协同发酵蛋白质饲料的基质主要为豆粕、大豆蛋白、菜籽粕和棉籽粕等。所用菌种为植物乳杆菌、枯草芽孢杆菌和酿酒酵母等，具有清除植物饲料中抗营养因子的重要作用（Mukherjee et al.，2016）。所用的酶以蛋白酶为主，用以分解蛋白质基质中的大分子蛋白质，提高其消化率或提高特定功能肽含量。菌酶协同发酵能量饲料的基质包括谷物副产物、马铃薯渣等能量饲料。目前报道的菌种有假丝酵母、酿酒酵母、乳杆菌等，可提高饲料中的蛋白质含量，降低粗纤维含量，增加饲料的适口性（刘陇生 等，2011）。所用的酶类包括淀粉酶、纤维素酶等，用来降解饲料原料，将饲料中难降解组分转化为容易被吸收的小分子物质，从而提高饲料的吸收利用率（王菲 等，2015）。菌酶协同发酵粗饲料的基质包括玉米青贮饲料、玉米芯、玉米秸秆、棉花秸秆等。可用菌种包括地衣芽孢杆菌、植物乳杆菌和酵母菌，用来去除木质素，使纤维组织松散。所用酶类以纤维素酶和木聚糖酶为主，用来酶解木质纤维，提高酶解率和木聚糖产量（Atuhaire et al.，2016）。

2）按照饲料原料数目差异

菌酶协同发酵饲料按照饲料原料数目差异可分为菌酶协同发酵单一饲料和菌酶协同发酵混合饲料。菌酶协同发酵单一饲料是仅以一种主要饲料原料为底物，接种微生物进行发酵获得的饲料产品，常见菌酶协同发酵单一饲料有发酵豆粕、发酵玉米、发酵酒糟和发酵秸秆等（何小丽 等，2016）。菌酶协同发酵混合饲料是指以多种饲料原料为底物进行发酵得到的发酵饲料，基料的选择需要考虑动物所需营养物质的种类及其含量，同时应创建发酵体系中微生物生长所适宜的环境

（林芝，2016）。相比于发酵单一饲料，发酵混合饲料营养更均衡、适口性更好，更接近全价配合饲料的营养组成。

3）按照微生物需氧程度

菌酶协同发酵饲料还可按照微生物需氧程度分为好氧性菌酶协同发酵饲料、厌氧性菌酶协同发酵饲料和兼性厌氧菌酶协同发酵饲料。其中，好氧性菌酶协同发酵适用于单一饲料的发酵，常用的发酵菌种为曲霉菌、芽孢杆菌、酵母菌等好氧或兼性厌氧菌（吴逸飞 等，2016）。厌氧性菌酶协同发酵常用的发酵菌种为乳酸菌、芽孢杆菌和酵母菌，适用于单一或混合饲料的发酵。兼性厌氧菌酶协同发酵目前尚处于研发阶段。

2. 菌酶协同发酵机制

菌酶协同作用是微生物参与的生命活动过程和酶参与的生物化学过程的有机结合，在协同过程中涉及多种基质、菌株和酶，菌株类型和发酵参数的改变均会对酶活性产生影响。龚剑明等（2015）利用黄孢原毛平革菌、香菇菌、虫拟蜡菌、枫生射脉菌 4 种真菌分别接种油菜秸秆，发现香菇菌处理组锰过氧化物酶活性显著高于其他 3 组。研究发现，采用纤维素酶和酵母菌分别在不同温度下同步糖化发酵法制备饮料时，34℃条件下纤维素酶活性最高，对纤维素分解的促进作用最强，饮料中酒精浓度最高（Li and Papageorgiou，2019）。此外，菌种与酶之间还存在着双向影响关系，如菌种影响酶发挥最大活性时的 pH，酶又可以通过改变 pH 影响菌种发酵。研究发现，木霉菌生产的壳聚糖酶在 pH 为 5.0 时表现出最大活性，而康氏木霉菌所产的壳聚糖酶在 pH 为 5.5 时活性最大（Da Silva et al.，2012）。Nadeau 等（2000）发现纤维素酶能够加快可溶性碳水化合物的转化速率，减少发酵体系 pH 降低的时间，进而促进乳酸菌发酵，提高青贮饲料的发酵效率。由此可见，要想实现发酵效率最大化，必须充分考虑微生物和功能酶的合理配伍问题，并不断筛选发酵体系中的菌株和酶，找到最佳配比，并不断优化发酵条件。在用枯草芽孢杆菌和胃蛋白酶协同发酵制备低抗原性豆粕过程中，得到最佳的发酵条件为发酵时间 17.52h、酶解时间 88.2min、酶添加量 0.825%，此时豆粕中大豆球蛋白和 β-伴大豆球蛋白抗原性在 6～12h 的降解速率最高，这可能与枯草芽孢杆菌的生长曲线有关（刘显琦，2020）。值得注意的是，发酵菌株的选择和酶的种类差异对菌酶协同体系中最终酶解工艺的选择有直接影响。

3. 菌酶协同发酵饲料在畜牧养殖上的应用

1）在生猪养殖方面的应用

菌酶协同发酵饲料能够将饲料原料中的大分子物质充分降解，有效去除原料中的抗原蛋白或者毒性因子，更易于被消化和吸收，被广泛应用于养猪生产中。

复合益生菌和霉菌毒素降解酶协同固态发酵饲料对猪空肠黏膜上皮细胞的活力有协同促进作用，减缓霉菌毒素对肠黏膜上皮细胞的毒性，促进紧密连接蛋白 Claudin 和 B 淋巴细胞瘤-2（B-cell lymphoma-2，Bcl-2）基因的表达，抑制肠黏膜上皮细胞的凋亡（Huang et al., 2019）。饲喂菌酶协同发酵饲料能促进生长育肥猪对营养物质的利用，增加其总采食量和平均日增重，获得类似抗生素的提高生长性能作用和抗腹泻功能，显著提高猪的生产性能，改善养殖环境并减少饲料成本，增加养殖效益（周相超 等，2020）。补饲 20%的发酵稻壳粉后，母猪的妊娠期增重高于补饲普通稻壳粉，发酵稻壳粉显著改善了妊娠母猪的生产性能，加快了母猪对饲料的消化吸收，窝总产仔数、窝产活仔数、断奶活仔数和 21 日龄窝重较饲喂普通稻壳粉均有显著提高（芦春莲 等，2020）。在饲粮中添加发酵苜蓿可提高哺乳母猪的生产性能，表现为仔猪成活率和健仔数提高，死胎数、弱仔数和胎儿宫内发育迟缓率降低，改善了仔猪窝重均匀度（苏莹莹 等，2022）。通过中性蛋白酶和枯草芽孢杆菌生长时分泌的酶系协同发酵的方式处理豆粕，消除了豆粕所含的抗营养因子，肽含量从 13.35mg/g 提高至 199.65mg/g，提高了豆粕的饲用价值，提高仔猪对豆粕的吸收利用率和仔猪日增重（周爽 等，2016）。与对照组和抗生素组相比，饲喂菌酶协同发酵饲料组仔猪的平均日增重显著提高，料重比和腹泻率显著降低，饲料总能、干物质、粗脂肪、粗蛋白质、灰分，以及总磷的消化率显著提高，十二指肠的隐窝深度显著加深，仔猪的生长性能、肠道健康得到有效改善（冯江鑫 等，2020）。饲喂菌酶协同发酵饲料可以使仔猪腹泻频率比对照组显著降低 7.45%，平均日增重提高 6.8%，促进小肠黏膜上皮细胞的发育，使血清中的 IgG 含量提高 38.9%，IgM 含量提高 50.0%（刘庆雨 等，2018；张煜 等，2018）。

2）在家禽养殖方面的应用

菌酶协同发酵饲料在肉鸡养殖中的研究主要集中在对其生长性能、肠道微生态环境、肠道形态结构及免疫功能等方面。发酵饲料能够有效地促进肉鸡的生长，明显提升肉鸡的免疫指标及健康程度，提高肉鸡的生长性能（岳常华 等，2017）。在肉鸡日粮中添加 10%和 15%的发酵全价饲料能提高肉鸡的平均日增重、养分消化率和盲肠中的乳酸杆菌和双歧杆菌数量，降低料肉比和盲肠中的大肠杆菌和沙门氏菌数量（李龙 等，2019）。在肉鸡饲粮中添加 5%的发酵米糠粕可降低肉鸡胆固醇、高密度脂蛋白（high-density lipoprotein，HDL）和甘油三酯的含量；在肉鸡日粮中添加 20%的发酵木薯渣可显著降低肉鸡腹脂含量，提高其十二指肠绒毛高度（雷春龙 等，2021）。添加 1%～3%的茶叶渣菌酶协同发酵饲料可改善青脚麻鸡的生长性能和肌肉风味，且能达到添加 5%的菌酶协同发酵饲料的饲喂效果（巫梦佳 等，2022）。在蛋鸡日粮中添加发酵饲料可以改善蛋鸡的生产性能、蛋品质，提高蛋鸡的产蛋率，降低蛋黄中的胆固醇含量（黄竹 等，2019；王雅敏 等，

2021）。发酵饲料可以提高蛋鸡血清中的 IgG、IgA 和 IgM 水平，改善蛋鸡体液免疫状态，参与诱导蛋鸡 T 细胞增殖，促进辅助性 T 细胞 1（T helper cell 1，Th1）和辅助性 T 细胞 2（Th2）的产生，提高蛋鸡的免疫功能（Zhu et al., 2020）。

3）在反刍动物养殖方面的应用

菌酶协同发酵饲料在牛、羊等反刍动物饲养方面的应用研究较少。有研究发现，应用发酵饲料能显著改善反刍动物的采食速率及采食量等生产指标。饲喂秸秆与玉米浆混合微生物发酵饲料，肉羊的平均日增重比对照提高了 7.91%，料重比降低了 28.61%（邱玉朗 等，2019）。拉加（2018）的研究表明，用多酶益生素喷洒青稞秸秆，发酵 2～3d 后饲喂羔羊，能够改善羔羊总采食量、料重比和平均日增重等生长性能，对降低饲料成本有一定的作用。李秀丽（2022）以肉牛为研究对象开展研究也得到了相似结论，10g/d 的菌酶混合型添加剂的饲料能够显著提高肉牛的平均日增重、营养物质表观消化率和经济效益。刘兴琳等（2022）研究发现，与对照组相比，饲喂经菌酶协同处理的饲粮能够显著提高荷斯坦犊牛的末重和平均日增重，显著降低鲜粪粗蛋白质含量及干粪的有机物、碳水化合物含量。微生物发酵玉米秸秆可以通过提高山羊血清中的 IgG、IgM 含量，总抗氧化能力、GPx 和 CAT 活性，提高山羊的免疫力和抗氧化性能（陈柯 等，2018）。添加复合菌培养物可显著提高肉羊血清中的 IgG、IgM、IL-6 含量及 GPx 活性，提高肉羊免疫功能（崔莹 等，2019）。犊牛饲粮中添加发酵玉米蛋白粉，可显著提高血清总蛋白、IgA 和 IgG 含量，提高犊牛的 CAT 和 SOD 活性、总抗氧化能力、免疫能力（姜鑫 等，2019）。在延边黄牛育肥后期饲粮中添加玉米粉和糖蜜等经酵母菌发酵的饲料，提高了肌肉中的粗脂肪、油酸和谷氨酸含量（张转弟 等，2022）。饲喂发酵饲料可以改善肉牛的肌间脂肪含量，提高肉牛肉质品质，在一定程度上提高大理石花纹评分（Kim et al., 2018）。

4）在其他动物养殖方面的应用

菌酶协同发酵饲料应用于水产养殖中，可以提高水产动物饲料转化率，提高生产性能，改善水产品品质，增强机体免疫功能；同时发酵饲料还可在一定程度上减轻水产养殖业污染，优化水质环境和净化水体（雷春龙 等，2021）。对鱼类拌喂复合丁酸梭菌发酵饲料后，其肠道增粗，肠道的韧性增加，细菌性肠炎的发病率显著降低。对南美白对虾等虾类拌喂复合丁酸梭菌发酵饲料后，其肠道粗壮，早期白便、断肠、肝脏发红等消化道问题也能得到有效解决。生物发酵饲料可以明显提高克氏原螯虾的生长性能、肌肉品质、抗氧化能力和免疫机能（郭坤 等，2020）。长期或定期拌喂复合丁酸梭菌发酵饲料可有效预防水产动物肠道疾病。发酵饲料可以提高鲤鱼幼鱼的饲料利用率，提高其消化功能和非特异性免疫机能，并且不会对肌肉品质造成不良影响（钟小群 等，2018）。复合丁酸梭菌发酵饲料中富含氨基酸、小肽、无机盐等营养物质，且丁酸梭菌可在池塘淤泥中生长繁殖，分解淤泥中的有机物，将其转化为营养盐，为水体有益藻类和细菌的生长提供营养，加速池塘的物质循环，改善养殖水环境，培养有益浮游植物，增加水体溶解氧，减少残饵粪便蓄积，稳定水质（徐亚飞和钱希逸，2022）。菌酶协同发酵饲料中的益生菌在代谢过程中可以形成氨基氧化酶、氨基转移酶和硫化物降解酶等中间物质，可对水体中的有害物质进行一定程度的分解。生物发酵饲料可以通过各类益生菌的硝化、氧化、氨化及固氮等作用有效降解养殖水体中的有机物，从而达到优化水质环境和净化水体等效果（于梦楠 等，2021）。

4. 展望

菌酶协同生物饲料已成为我国饲料产业结构中的重要组成部分，市场前景非常广阔。目前，我国对菌酶协同发酵饲料技术研究主要集中在各类菌种的筛选、发酵过程变化控制和发酵工艺优化 3 个方面，但具体机理研究依旧停留在初级阶段，缺乏深层次系统性研究。未来生物饲料的研究将以功能菌株和酶制剂的筛选为核心，针对同一畜种不同发育时期的肠道特点及不同畜种的肠道特点筛选定植能力强、适应性好的菌株和酶制剂。根据其他特定功能性代谢产物，筛选高效表达菌株。对生产中的菌种和酶制剂的工业加工条件进行改进优化，减少生产中高温高压高湿、重金属离子等不良环境的影响。随着菌株和酶制剂筛选及功能研究的不断深入，菌酶协同的功能不断明确，菌酶之间的组合研究更加深入，并实现与肠道微生物组学、代谢组学等前沿研究的同步发展。

2.4　饲料配方优化技术的研究现状

2.4.1　精准营养

精准营养是近年养猪界比较热门的话题，2014 年英国养猪委员会（British Pig Executive，BPEX）创新大会上，理查德·霍普（Richard Hopper）和菲尔·斯蒂芬森（Phil Stephenson）提出通过个性化定制精准饲料满足母猪和育肥猪的精确营养需求，提供个性化、定制化精准配料能够降低每头猪的饲料成本、降低劳动密度、减少饲料浪费（Hauschild et al., 2010）。生产实际中，通常按群体中的个体的较高需要量供给营养，结果多数畜禽营养摄入量高于其实际需要量，饲粮中的营养物质利用率低，排泄增加，不利于养殖的可持续发展，在此基础上提出了"精准营养"的概念。"精准营养"是基于群体内动物的年龄、体重和生产潜能等方面的不同，以个体对营养物质的不同需求为依据，在恰当的时期给群体中的每个个体供给成分适当、数量适宜的饲粮的饲养技术。具体是指畜禽处于正常的生理代谢前提下，通过改变饲粮组成，充分挖掘饲料中的潜在营养成分，使其被畜禽最大化吸收利用，从而降低养分流失，节约饲养成本，减轻养殖的环境污染。精准营养在保障动物正常生产性能的发挥、提高动物的生产水平、减少饲料浪费、提高养殖效益、减少动物粪污排泄带来的环境污染、提高畜禽产品的质量等方面都起到了重要的作用。

1. 精准营养产生的背景

（1）饲料原料的短缺。我国能量原料、蛋白原料供应极度紧张。2021年全国工业饲料总产量为29 344万t。饲粮进口方面，2021年我国进口高粱942万t、大麦1248万t、玉米2835万t、大豆9652万t、菜油籽185万t。大量饲料依赖进口，严重影响了我国饲料的供应及稳定。因此，提高利用效率、减少原料特别是蛋白原料的使用量已经迫在眉睫，使用精准营养技术能够提高原料的利用效率，减少原料的总体使用量。

（2）饲料禁抗。随着2020年7月1日国家"禁抗令"的实施，所有的饲料中不得再添加任何抗生素类药物。养殖业中存在幼龄畜禽免疫能力弱、抗病力差等问题，采用精准营养技术能够精准供给幼龄畜禽生长发育所需要的营养，提高动物的免疫力，同时不给动物造成负担，减少动物出现腹泻等疾病的概率。

（3）环保压力。我国畜禽养殖每年产生约38亿t粪污，折合纯养分3200万t，相当于我国化肥总养分投入量的50%，但目前畜禽粪便的资源化利用率不到40%，畜禽排泄物给环境带来很大的压力，采用精准营养技术能够提高饲料的消化率，减少废弃物的排泄，减轻环保的压力。

2. 精准营养应满足的条件

精准营养是在不影响甚至提升畜禽生产性能的前提下，减少多余营养物质摄入，减少饲料浪费，提高生产效益的最有效方法。以生猪养殖为例，在养猪过程中，因为猪的日龄、体重、健康状况等的差异，以个体营养代替群体营养而进行的精准营养必须要满足以下条件。

（1）准确评定饲料的营养价值。饲料中的氨基酸、矿物质和维生素等是动物维持机体功能、生长、繁殖及泌乳的必需物质。畜禽的这些生命活动主要是依靠饲料供给。例如，目前常用的根据净能（net energy，NE）、标准回肠可消化氨基酸、有效磷等这些更接近畜禽真实需要量的养分水平来配制饲粮。饲料的产地、收获季节、处理方式等的不同导致原料之间的差异非常明显，因此实际生产中大多采用平均指标，最终原料提供的营养价值跟实际相差较大。饲料原料的营养价值不仅取决于原料的营养组成，还取决于这些营养成分在动物体内的最终代谢产物（Noblet and Van Milgen，2004）。原料的前处理、膨化、粉碎、发酵等工艺的处理也会影响营养物质的最终利用效率。另外，原料中营养物质的协同、拮抗等作用也影响营养物质的最终利用效率。

（2）准确评定畜禽营养需要量。营养需要量是指为了达到畜禽理想的生长速率、蛋白质沉积、脂肪沉积、产奶等特定生产目的所需要的营养物质量。营养需要量可看作是：当所有的其他营养物质都足够量给予时，能阻止营养缺乏症的出现，并保证动物能以正常的方式执行其必需功能时所需要的最小量。营养需要量受动物特征（品种、年龄、体重和性别）、饲料特性（消化率和抗营养因子）及环境（温度和空间容量）等相关因素影响（Noblet and Quiniou，1999）。在实际生产中，常常是在某一生理阶段或某一体重阶段用同一种饲料饲养所有畜禽，在这个阶段，营养需要量也是一个动态过程。准确评估动物的营养需要量是进行精准营养的前提，这样才能做到既保证了动物的良好生长，又避免了饲料的浪费。

（3）根据饲料原料的动态变化及动物营养需要量的动态变化及时调整饲料的营养浓度及饲喂模式。在动物生产体系中，配制全价配合饲料就是以动物的营养需要量为依据，通过合理地混合各种饲料原料，在数量和比例上提供满足动物生产需要的各种营养素，保证其最佳的生产性能，同时这种饲料必须符合动物生理消化特点。一般认为，猪采食饲料须满足维持生长或者生产的需要。畜禽的营养需要量每天都在变化，饲料原料每天也在变化，调整饲料配方操作起来显然并不容易。因此，采用阶段饲养是最常见的解决方案，即将猪的生产阶段分解为不同的阶段，理论上分解的阶段越多，越靠近猪的实际营养需要量。根据畜禽营养需要量的动态变化及原料营养物质的动态变化及时调整畜禽的饲喂模式（特别是母猪）及营养浓度，以期达到最佳的生产性能、最大的营养物质利用效率、最低的营养物质浪费的目的。

生产中常见的生猪饲养阶段包括种猪饲养阶段和生长育肥猪阶段。

种猪饲养阶段的划分：后备种公猪、配种种公猪、后备前期母猪、后备后期母猪、妊娠前期母猪、妊娠中期母猪、妊娠后期母猪、哺乳母猪、空怀母猪。

生长育肥猪阶段的划分：哺乳仔猪（3～6kg）、保育前期仔猪（6～10kg）、保育后期仔猪（10～25kg）、生长前期育肥猪（25～50kg）、生长中期育肥猪（50～75kg）、生长后期育肥猪（75～100kg）、育肥猪（100kg 至出栏）。同时由于猪的品种及养殖规模，生产育肥猪的阶段更少或者更多。

（4）做好环境控制、饲养管理等措施。猪的生长受外界环境的影响较大，为了达到最佳的生产性能，必须给猪提供舒适的环境，做到科学的饲养管理。猪场在建设之前，就需要从选址、布局、疾病防控、基础设施配置、粪污处理等方面做好科学合理的设计方案。传统的猪场也应该进行技术改造，为生猪的生长、生产提供适宜的环境。同时在饲养过程中做好饲养管理，为发挥生猪的生长潜能提供最佳的生产环境。舒适的环境及良好的饲养管理是实施精准营养的基础。

2.4.2 功能性氨基酸

氨基酸是动物生长发育必需的重要营养物质。我们通常把氨基酸分为必需氨基酸和非必需氨基酸，这主要是按照氨基酸在蛋白质的合成过程中及其对产肉、产奶、产毛和产蛋的影响来定义的，这是传统营养学上氨基酸的一个特点。然而，由于不同动物在不同阶段对特异性氨基酸的需要量不同，特定氨基酸的特殊生理和生物化学功能也同样非常重要，尤其是功能性氨基酸及其代谢物独特的特点更是动物营养学营养调控的一个关键靶点。

1. 功能性氨基酸的定义和分类

氨基酸是构成蛋白质的基本结构单位，常见的氨基酸有 20 多种，可分为必需氨基酸和非必需氨基酸。必需氨基酸是人类和其他脊椎动物不能从代谢中间物合成或者合成速度不能满足最佳生命活动需要的氨基酸。因为人类和其他脊椎动物体内缺乏合成这些氨基酸所需的代谢途径，这些氨基酸必须从外源性饮食中获取。一般认为有 9 种必需氨基酸，包括苯丙氨酸、缬氨酸、色氨酸、苏氨酸、异亮氨酸、蛋氨酸、组氨酸、亮氨酸和赖氨酸（Reeds，2000）。非必需氨基酸是指那些可以由动物机体重新合成以满足其维持生长发育和维持健康所需的氨基酸，不需要从饮食中获取（Hou et al.，2015）。每种氨基酸都有 L 型和 D 型两种异构体（甘氨酸除外），从蛋白质水解得到的氨基酸均为 L 型氨基酸，动物体内的酶系统只能直接利用 L 型氨基酸，除蛋氨酸外，D 型氨基酸利用率很低（黄志坚，2006）。

根据运输系统的亲和性，氨基酸可以分为带负电荷的氨基酸、带正电荷的氨基酸和不带电荷的氨基酸；根据在畜禽营养中的必需性，氨基酸可以分为必需氨基酸和非必需氨基酸；根据氨基酸碳骨架的代谢特点，氨基酸可以分为生糖氨基酸、生酮氨基酸及生糖兼生酮氨基酸（王平，2007）。此外，也可以根据氨基酸的结构特点来分类，亮氨酸、异亮氨酸和缬氨酸被认为是支链氨基酸，苯丙氨酸和酪氨酸被认为是芳香族氨基酸。同时，氨基酸结构类似物和异构体同样在动物营养中起着重要作用。

功能性氨基酸是指除了合成蛋白质功能外还具有其他特殊功能的氨基酸，也包括对动物的繁殖、肠道健康、免疫机能和肉品质等有重要作用的氨基酸及其衍生物和小肽类物质。目前我国已经进入无抗养殖时代，无抗饲料配方中各种氨基酸需要量的确定是保障畜禽动物机体健康的关键营养调控因子。功能性氨基酸是合成机体多种生物活性物质的前体，也是动物正常生长和维持健康所必需的物质。功能性氨基酸的合理添加和配置可以最大化地提高饲料的转化效率，增强动物的生产性能，改善畜禽类产品的品质。

2. 功能性氨基酸的生理功能

目前功能性氨基酸及衍生物主要包括精氨酸、谷氨酸、谷氨酰胺、支链氨基酸、色氨酸、甘氨酸、丝氨酸、天冬氨酸、天冬酰胺、鸟氨酸、瓜氨酸、脯氨酸、组氨酸、含硫氨基酸、牛磺酸，氨基酸衍生物（如 N-氨甲酰谷氨酸、α-酮戊二酸、多胺、谷胱甘肽等），以及小肽（二肽、三肽等）。这些氨基酸及其衍生物因其各自特殊的生理和生物化学功能不同在维持畜禽不同阶段的营养需求和健康方面发挥着重要的调控作用，如促进胎儿和新生畜禽生长发育、细胞内蛋白质周转、细胞信号转导、抗氧化反应、参与神经调控和调节免疫反应等功能。

1）氨基酸的分子信号转导作用

对氨基酸的生化和分子作用的研究逐渐引起人们的重视。氨基酸被吸收后可以促进肌肉蛋白质合成，部分原因是蛋白质合成的底物浓度增加。也有人提出少数氨基酸可以充当信号分子调节 mRNA 翻译。例如，甲酰甲硫氨酰-tRNA 与 40S 核糖体亚基结合，参与原核生物蛋白质合成的起始；亮氨酸可以作为信号分子通过提高真核起始因子的可用性来促进肌肉蛋白质的合成，是唯一可以促进蛋白质合成的支链氨基酸。其他哺乳动物雷帕霉素靶蛋白（mammalian target of rapamycin，mTOR）和一般性调控阻遏蛋白激酶 2（general control non-derepressible 2 kinase，GCN2）广泛参与机体细胞和组织对氨基酸的感应，并介导机体氨基酸代谢。当细胞环境中氨基酸充足时，以 mTOR 为中心环节的营养感受信号能够准确感知细胞所处环境中氨基酸营养及三磷酸腺苷（adenosine triphosphate，ATP）的状况，并将氨基酸信号传递给下游的靶蛋白；同时，mTOR 又可以被丙酮酸脱氢酶激酶系统激活，感受氨基酸信号，促进蛋白质的合成（Chotechuang et al., 2009）。GCN2 主要在氨基酸缺乏或不足时被激活，通过抑制 mRNA 的翻译，降低机体蛋白质合成速率，保证其他功能对氨基酸的需求（Deval et al., 2008）。另外，氨基酸还可以广泛调节 mRNA 的翻译，从而影响某些特定蛋白家族的合成和累积（Kimball and Jefferson，2006）。

2）氨基酸合成生物活性分子的作用

氨基酸是构建众多生物活性分子的重要前体，是构成细胞、修复组织的基础物质。它被用于合成抗体、血红蛋白、酶、维生素和激素以维持和调节机体新陈代谢。不管哪类氨基酸，都涉及很多代谢途径，生成许多重要的生物活性分子。例如，谷氨酸被认为是非常"独特"的氨基酸，其可以转化为谷氨酰胺，用于嘌呤和嘧啶的合成；还可以用于谷胱甘肽的合成，谷胱甘肽是机体重要的抗氧化剂；谷氨酸还是神经递质 γ-氨基丁酸（γ-aminobutyric acid，GABA）的前体物质（王蜀金 等，2014）。半胱氨酸作为一种含硫氨基酸，它参与体内蛋白质合成，同时也是合成 GSH 及 H_2S 的重要前体物（Wu，2009）。一些氨基酸也是合成神经递质和激素的前体，由氨基酸合成的神经递质和激素主要有 GABA、5-羟色胺、多巴胺、去甲肾上腺素（norepinephrine，NA）和 CO。3 种生物胺的产生和代谢途径现已经被确定（Bradford，1976）。例如，色氨酸可以转为多巴胺，精氨酸用于生成 CO，酪氨酸是肾上腺素和甲状腺素的重要前体。

3）氨基酸的免疫调节作用

氨基酸是构成机体免疫系统的基本物质，氨基酸及其代谢产物在调节机体免疫代谢相关过程中起着不可替代的作用。半胱氨酸是巨噬细胞和淋巴细胞之间的一种重要免疫调节信号因子。已有报道指出，巨噬细胞释放的半胱氨酸可以增加淋巴细胞内半胱氨酸三肽和谷胱甘肽含量，对 T 细胞的激活非常重要（Wu，2009）。精氨酸能够间接活化巨噬细胞、中性粒细胞，激活免疫系统，可增加胸腺内淋巴细胞的含量。研究表明，在日粮中添加 0.83% 的精氨酸能够加强怀孕母猪和仔猪的免疫力，降低疾病发生率和死亡率（Kim et al.，2006）。谷氨酰胺作为淋巴细胞的主要能源底物参与淋巴细胞的增殖，同时谷氨酰胺还能增强巨噬细胞活性，促进细胞因子、T 淋巴细胞、B 淋巴细胞和抗体产生（Parry-Billings et al.，1990）。亮氨酸提供的乙酰辅酶 A 也可以乙酰化并激活 mTORC1（mechanistic target of rapamycin complex 1）信号通路。在肿瘤细胞内，激活的 mTORC1 可促进肿瘤的发生、发展；在免疫细胞中，亮氨酸激活的 mTORC1 可激活调节性 T 细胞（regulatory T cell）的功能，以及肿瘤浸润性 CD8$^+$ T 的抗肿瘤作用（Shi et al.，2019）。苏氨酸是禽类免疫球蛋白分子合成的第一限制性氨基酸，苏氨酸缺乏会抑制免疫球蛋白、T 淋巴细胞、B 淋巴细胞和抗体的产生。

3. 功能性氨基酸在生态养殖中的应用

1）在生猪养殖方面的应用

迫于减氮排放和饲料成本压力，养猪行业广泛采用低蛋白饲粮技术。该技术的实施可显著减少含氮污染物的排放，极大限度地改善养殖场造成的环境污染。但是降低蛋白质水平，就需要补充必需氨基酸才能保持较好的生长性能。Wu 等（2018）研究发现，降低饲粮蛋白质水平仅补充必需氨基酸会造成非必需氨基酸的不平衡，使必需氨基酸在肝脏中转化为非必需氨基酸，从而造成必需氨基酸的浪费。因此，一些功能性氨基酸的添加变得尤为重要，不仅可以发挥其所特有的功能，同时也能调节必需氨基酸和非必需氨基酸之间的平衡。在断奶仔猪阶段，精氨酸、谷氨酸、谷氨酰胺、赖氨酸、丝氨酸、甘氨酸、脯氨酸、牛磺酸、缬氨酸等都发挥着重要作用。例如，精氨酸在促进肌肉内蛋白质合成、增强机体的免疫力、细胞分裂和激素分泌等各种生理过程中有重要的作用。在猪生产中，新生仔猪对精氨酸的需求很高，而母乳中的精氨酸含量很难满足仔猪生长需要，低出生体重仔猪补充精氨酸显著促进了肠道发育，改善了生长性能，其作用机制可能是通过合成 NO 信号分子激活机体代谢而实现的（Zheng et al., 2018）。刘军等（2020）研究发现，仔猪哺乳阶段补饲精氨酸能够促进断奶仔猪肝脏发育，提高肝脏中的高密度脂蛋白胆固醇（high density lipoprotein cholesterol，HDL-Ch）含量，提高肝脏中脂蛋白脂肪酶基因的表达水平，进而促进断奶仔猪肝脏发育。石秋锋（2013）研究发现，饲喂 18.5%的粗蛋白质饲粮，补充适量的精氨酸，能提高断奶仔猪的平均日增重和采食量，降低料重比，保护小肠形态和微生态平衡，降低仔猪腹泻率。谷氨酸、谷氨酰胺和天冬氨酸是哺乳动物肠道细胞代谢的主要能源底物，参与小肠黏膜代谢，能够维护动物肠道屏障的完整性。He 等（2016）发现饲粮中添加 1%的谷氨酰胺可以有效提高 21 日龄断奶仔猪的平均日增重和采食量，降低腹泻率，改善肠道功能。秦颖超等（2020）通过在断奶仔猪饲粮中添加谷氨酸，发现添加 1%的谷氨酸可通过上调断奶仔猪回肠组织中蛋白酪氨酸激酶 2/信号转导和转录激活因子 3 信号通路，促进回肠黏膜上皮细胞的增殖，进而保护其结构的完整性，增强肠道的屏障功能。赖氨酸是猪生产中的第一限制性氨基酸，在配方中必须要补充一定的赖氨酸来满足猪生长代谢的需要，但过量添加赖氨酸对猪生长健康具有不利影响。赖氨酸水平的提高可以促进其他氨基酸的吸收和利用，提高猪的平均日增重和饲料转化率，从而改善猪的生长性能。Yin 等（2017）在全程饲喂试验中发现，低赖氨酸饲粮促进猪采食的作用只发生在仔猪和生长猪前期阶段，在生长猪后期和育肥猪试验中没有影响。丝氨酸能有效缓解仔猪断奶引起的氧化应激和炎症反应，并改善断奶仔猪的肠道功能。Zhou（2018a）等的研究表明，在 21 日龄断奶仔猪饲粮中添加 0.2%的丝氨酸可显著提高断奶仔猪平均日增重，降低腹泻发生率。甘氨酸可促进新生仔猪小肠绒毛发育，促进肠道对甘氨酸的转运，提高血浆中的甘氨酸含量，改善仔猪的生长性能。脯氨酸是动物体内一种重要的中性氨基酸，是胶原蛋白的重要组成成分，不仅参与机体蛋白质沉积，还能借助多种生物酶参与机体代谢。牛磺酸具有促进脂类消化吸收、调节腺体分泌、保护细胞、提高动物机体免疫等多种生物学功能。缬氨酸可以通过调节神经和内分泌系统相关因子的基因表达调控采食量，也可以通过改变血浆氨基酸代谢调整血清、肝脏和肌肉中相关代谢产物的含量，从而提高仔猪的平均日增重和采食量，促进猪的生长。

在生长猪阶段，精氨酸、赖氨酸、丝氨酸等功能性氨基酸也发挥着重要作用。张迁（2018）的研究发现，给生长猪提供 15.0%粗蛋白质+0.5%精氨酸或 12.0%粗蛋白质+1.0%精氨酸的饲粮，均可显著降低猪粪血尿素氮排放量和料重比，提高猪的免疫能力和抗氧化能力。Zhou 等（2018b）研究发现，饲粮中的丝氨酸和甘氨酸比例为 1∶2 时可促进脂肪在育肥猪背最长肌的沉积并提高氧化型肌纤维的数量，调控脂肪酸氧化相关基因启动子甲基化水平，从而影响脂肪代谢，促进肌纤维转化，表明丝氨酸可在不影响生长性能的前提下改善育肥猪的肉品质。添加功能性氨基酸可以在一定程度上缓解炎症对动物机体的损伤。Wang 等（2006）用大肠杆菌对仔猪攻毒，并提高其苏氨酸采食量，结果表明，仔猪体内抗体的产生量、血清 IgG 水平和小肠黏膜中的 IgG 和 IgA 浓度增加，同时 IL-6 含量降低。何流琴等（2020）研究发现，妊娠后期和哺乳期的母猪日粮添加不同水平的丝氨酸可有效改善母猪繁殖性能和哺乳仔猪的生长性能。

在育肥猪阶段，许庆庆（2017）研究发现，在低蛋白饲粮平衡 4 种氨基酸的基础上添加 0.87%的谷氨酸，使育肥猪的蛋白质利用效率增加，同时猪每增加 1kg 体重需要消耗的蛋白质量较对照组减少，并且不影响育肥猪的生长性能。研究表明，饲粮添加谷氨酸可以解除低蛋白饲粮对猪的生长限制作用，一方面是由于谷氨酸能在门静脉回流组织中大量代谢供能，降低了对其他可能限制生长的氨基酸的消耗；另一方面则是谷氨酸是绝大多数氨基酸的中转站，当其他氨基酸不足时，谷氨酸可以通过转氨基作用补充（甄吉福 等，2018）。支链氨基酸（亮氨酸、异亮氨酸和缬氨酸）作为功能性氨基酸的重要组成部分，主要分布在肌肉组织中，其含量占肌肉蛋白质中必需氨基酸含量的 35%，支链氨基酸在生猪养殖上的研究主要集中在肉品质方面。罗燕红等（2017）用低蛋白饲粮补充亮氨酸显著提高了育肥猪眼肌面积、滴水损失率和肌间脂肪含量，在改善猪肉品质方面具有潜在效果，但是亮氨酸、异亮氨酸和缬氨酸这 3 种支链氨基酸均存在一定的拮抗作用，因此合理配比 3 种支链氨基酸含量对维持猪正常需要也尤为关键。Zhang 等（2016）研究发现，10%粗蛋白质低蛋白饲粮中添加 0.4%的亮氨酸，能显著增加育肥猪背最长肌面积，减少滴水损失及肌内脂肪含量。缬氨酸作为一种生糖氨基酸，在代谢过程中通过转氨作用消耗丙酮酸，同时代谢产物 α-酮异戊酸竞争性地抑制丙酮酸脱氢酶的活性，从而抑制丙酮酸生成乙酰辅酶 A，抑制脂肪酸的合成，在一定程度上提高瘦肉率。

综上所述，日粮中补充功能性氨基酸（尤其是在低蛋白饲粮的基础之上）不仅可以提高饲粮中的氮营养素的利用效率，平衡必需氨基酸和非必需氨基酸，也可以缓解断奶阶段仔猪面临的应激，在一定程度上改善动物肠道健康，影响肠道菌群的分布和有益菌的定植。还可以缓解育肥猪背最长肌中的氧化应激和炎症反应，提高肌肉的抗氧化能力，改善育肥猪胴体性状和肉品质。

2）在家禽养殖方面的应用

功能性氨基酸不仅可以维持禽类的正常生长，同时也能合成机体所必需的多种活性物质，从而参与机体调控的关键代谢，提高禽类免疫力，增强抗氧化应激能力，改善肉质。家禽体内缺乏合成精氨酸前体物质所必需的氨甲酰磷酸合成酶和二氢吡咯-5-羧酸合成酶等关键酶，不能合成精氨酸，只能由饲粮提供（Tamir and Ratner，1963）。精氨酸作为家禽必需的氨基酸，在饲料中必须有充足的含量来支持蛋白质合成、生长、羽化和其他关键的生物学功能。精氨酸也是产生 NO 的底物，NO 在免疫系统内发挥多种作用，能够抵抗和清除病毒、细菌或寄生虫等病原，并在调节心肺血流和血压方面发挥作用，可以防止肺动脉高压的发生（Khajali and Wideman，2010；桑军亮和田科雄，2010；Khajali et al.，2014）。精氨酸在哺乳动物和家禽体内的吸收部位是有区别的，哺乳动物主要靠小肠中段吸收，而家禽主要由小肠前段、后段和胃吸收，在特定条件下嗉囊也可以吸收精氨酸（石现瑞和王恬，2003）。研究表明，添加 0.25%膳食 L-精氨酸可以通过调节肉鸡的脂质代谢来降低腹部脂肪含量，通过降低肝脏 3-羟基-3-甲基戊二酰辅酶 A 还原酶基因的表达来降低血清总胆固醇浓度，也可以通过抑制肝脂肪酸合酶（fatty acid synthase，FAS）基因的表达和增强肉鸡心脏中的肉碱棕榈酰基转移酶 1（carnitine palmitoyltransferase 1，CPT1）、3-羟酰基辅酶 A 脱氢酶（3-hydroxyacyl-CoA dehydrogenase，3HADH）基因的表达来降低血清总的甘油三酯和腹部脂肪含量（Fouad et al.，2013）。补充 L-精氨酸的饲粮可以减少肉鸭胴体脂肪沉积和腹部脂肪细胞的大小（直径和体积），增强乳房肌肉的肌内脂肪，以及增加肌肉和蛋白质的含量（Wu et al.，2011）。

谷氨酰胺能够改善禽类免疫功能，增强抵抗力，保护肠道功能和缓解应激。在饲粮中补充谷氨酰胺可显著改善 LPS 诱导的肉鸡免疫应激，显著提高肉仔鸡的平均日增重和采食量，降低料重比，显著提高肉仔鸡的免疫水平（杨乾，2021）。谷氨酰胺可以显著提高 1～3 周龄肉仔鸡胸腺和脾脏指数。陈祥等（2014）研究指出，在饲粮中添加 0.4%～0.8%的谷氨酰胺能够促进肉鸭胸腺和法氏囊的发育，且 0.6%的添加量效果最好。杨小军等（2011）研究谷氨酰胺对肉仔鸡淋巴细胞增殖活性的调控作用，结果表明，谷氨酰胺浓度为 100μg/mL 时对肉仔鸡肠道淋巴细胞增殖活性的抑制效果最为明显，且增加了 IgA 的合成量，更好地维持免疫系统的平衡。

苏氨酸能促进免疫器官的发育，对免疫器官指数也有一定的影响。王红梅等（2005）研究表明，日粮中添加苏氨酸有助于 0～3 周和 4～6 周龄肉仔鸡免疫器官的发育，显著提高了肉仔鸡 0～3 周龄法氏囊指数和 4～6 周龄脾指数。Azzam 等（2011）指出，饲粮中添加 0.3%的苏氨酸时蛋鸡血清中的 IgG 和总免疫球蛋白含量显著增加。聂伟等（2011）的研究表明，苏氨酸含量为 0.55%时，能分别增强蛋鸡 T 淋巴细胞和 B 淋巴细胞的转化率和转化增殖能力。

色氨酸是动物体内唯一能够与白蛋白结合的氨基酸。饲粮中色氨酸缺乏会影响血清免疫球蛋白的合成，降低机体的免疫能力，适当地在饲粮中补充色氨酸能增强机体的免疫能力（谭玲芳 等，2013）。魏宗友等（2012）研究指出，色氨酸缺乏能导致扬州鹅淋巴细胞的凋亡，适当补充色氨酸，凋亡状况可得到改善；在饲粮中添加色氨酸有助于脾脏的发育和体液免疫能力的提高。Dong 等（2012）研究指出，饲粮中补充 0.4g/kg 的 L-色氨酸能提高白蛋白的质量浓度和血清 IgM 的质量浓度，夏季湿热条件下蛋鸡饲粮中的色氨酸适宜质量浓度是 0.2～0.4g/kg。刘肖挺等（2012）提出，饲粮中色氨酸的添加量为 0.04%时能显著提高蛋雏鸭的采食量，促进免疫器官的发育。

综上所述，某些特定功能性氨基酸在提高禽类抗氧化应激能力、增强免疫力、改善肠道功能、增加肌肉和肌内脂肪沉积、改善肉质等方面具有至关重要的作用。研究证实，越来越多的功能性氨基酸在禽类代谢调控中发挥着重要的作用，其在畜禽饲粮中的应用也愈发广泛。

3）在反刍动物养殖方面的应用

越来越多的证据表明，功能性氨基酸通过调节代谢和细胞信号通路在调节生长、繁殖和免疫等方面发挥作用。特定的功能性氨基酸还有可能影响生殖生理，提高动物生殖效益。然而，由于反刍动物具有特殊性，未受保护的氨基酸会在瘤胃中被微生物蛋白酶和脱氨酶降解成可溶于瘤胃液相的氨基酸（Chalupa，1975）。研究人员用来防止氨基酸瘤胃降解的一种方法是施用氨基酸，或绕过瘤胃直接施用到皱胃中（Lassala et al.，2011；Mccoard et al.，2013）。这两种方法都不需要复杂或昂贵的封装来保护氨基酸，研究人员能够评估氨基酸或氨基酸组合对反刍动物的直接影响。

据报道，母羊补充瘤胃保护型精氨酸可增加黄体的数量，并与双胎率增加有关；补充瘤胃保护型精氨酸还可以增加母羊卵巢血流量（Al-Dabbas et al.，2008）。然而，当精氨酸连续输注皱胃时，不会影响泌乳山羊和奶牛的内源性生长激素水平（Oldham et al.，1978；Gow et al.，1979；Vicini et al.，1988），但会增加生长中的羔羊和小母牛的生长激素水平（Davenport et al.，1990）。最近的研究表明，氨基酸及其类似物可以作为药理剂来改善瘤胃动物的生产效果。蛋氨酸和赖氨酸一直是许多反刍动物研究的重点，已经测试证明了几种氨基酸类似物具有增加血浆浓度和调节绵羊表型的能力（Reis and Gillespie，1985；Lobley et al.，2006）。羟甲基赖氨酸——一种合成的赖氨酸类似物已在萨福克母羊身上进行了验证，结果显示其能够增加血清赖氨酸浓度，并且增加幅度与羟基赖氨酸的添加量呈线性关系（Elwakeel et al.，2012）。瘤胃保护型氨基酸可以通过提高机体的抗病能力和免疫力来改善奶牛的体况，从而提高奶牛的生产性能。郭俊清等（2010）发现，在饲粮中添加各种水平的瘤胃保护型亮氨酸可以增强内蒙古绒山羊的血清溶菌酶活性，提高 IgM 和 IgG 含量，降低血清可溶性 CD4 和 CD8 含量。王波等（2015）的研究表明，低蛋白饲粮会降低绵羊的采食量，从而降低其生长能力，在饲粮中补充瘤胃保护型氨基酸可以增加小肠中的氨基酸含量，弥补粗蛋白质含量过少引起的生长机能受损。Sales 等（2014）的研究表明，母体大小、营养状况和胎体数量不同，足月胎儿肌肉中的游离氨基酸浓度也会有所不同。马志远（2021）的研究表明，补饲瘤胃保护型氨基酸提高了牦牛生长性能，同时改善了牦牛肉的肉色、滴水损失及剪切力等肉品质指标。刘丽丽等（2007）研究在饲粮中添加瘤胃保护型氨基酸对绒山羊平均日增重的影响效果，发现试验组山羊的平均日增重比对照组显著提高。丁洪涛和吕荣创（2011）研究添加瘤胃保护型赖氨酸对肉牛生长性能的影响，对照组饲喂基础日粮，试验 1 组、试验 2 组和试验 3 组在基础日粮中分别添加 30g 瘤胃保护型赖氨酸、30g 瘤胃保护型蛋氨酸和 30g 瘤胃保护型赖氨酸+蛋氨酸的复合物。结果发现试验 1 组、试验 2 组、试验 3 组夏洛莱牛的平均日增重分别比对照组增加了 6%、9% 和 10%。郑海英等（2018）在生长育肥牛饲粮中添加瘤胃保护型蛋氨酸和瘤胃保护型赖氨酸，发现添加瘤胃保护型氨基酸可以提高育肥牛的增长速率。高岩等（2016）的研究表明，给荷斯坦奶牛饲喂瘤胃保护型赖氨酸和瘤胃保护型蛋氨酸后会改善奶牛的生产性能，增加奶牛的宰前活重、胴体重、净肉重、屠宰率、胴体产肉率和肉骨比。在基础饲粮中添加瘤胃保护型氨基酸还可以增加奶牛的产奶量。张晨和张桂国（2016）研究发现，在奶牛饲粮中添加瘤胃保护型赖氨酸和瘤胃保护型蛋氨酸可以提高奶牛产奶量、乳蛋白率，改善乳品质。王纪亭等（2003）给试验组奶牛每天每头增加 55g 瘤胃保护型氨基酸，发现试验组每头牛的平均产奶量比对照组高 3.59kg。Bernard 等（2014）在哺乳期间向荷斯坦奶牛饲喂 L-赖氨酸盐，发现与对照组相比，试验组奶牛乳汁中的乳蛋白含量高，乳脂率和产奶量增加。云伏雨等（2011）研究瘤胃保护型赖氨酸对奶牛产奶量和牛奶成分的影响，发现与对照组相比，试验组奶牛所产牛奶中的乳蛋白含量明显增加，其他乳质成分指数也均有提高。

综上所述，添加特定的功能性氨基酸可以增加反刍动物小肠内的氨基酸数量，使氨基酸代谢平衡，提高饲粮粗蛋白质代谢效率。瘤胃保护型氨基酸可以满足反刍动物本身对氨基酸的需要量，降低饲粮成本（刘环宇 等，2021）。在动物饲粮中添加特定的瘤胃保护型功能性氨基酸是满足动物本身对氨基酸需求最有效的方法，在反刍动物的生长过程中加入瘤胃保护型氨基酸可以改善其机体免疫力，增强抗应激能力，提高生产效率，进而提高养殖经济效益。

4. 展望

功能性氨基酸及其代谢产物作为一个重要的调控位点可通过提高动物机体抗氧化功能，调节免疫系统，改善肠道功能来促进禽类、生猪、反刍动物健康生长，改善其肉质。这些成果表明了功能性氨基酸有潜力作为一种新型饲料添加剂应用到畜禽养殖生产实践中。但目前关于功能性氨基酸及其代谢产物在畜禽各组织器官的代谢、外源性添加功能性氨基酸对畜禽组织内氨基酸代谢的影响、功能性氨基酸与其他物质（维生素、微量元素、中草药等）的协同作用效果及机制，以及畜禽健康高效功能性氨基酸营养供给和调控技术研发等问题还需要我们进一步研究。

2.4.3　微量元素

微量元素指体内含量小于 0.01% 的元素，主要包括锌、铁、铜、锰、硒、铬等，是畜禽生长和发育过程中必需的营养素，也是养殖生态系统中关键的循环因子。微量元素广泛参与畜禽机体的酶促反应、能量代谢、蛋白质合成和免疫防御等重要的生命活动，具有极其重要的生物学功能（Zaichick and Zaichick，2018）。微量元素的缺乏会引发幼龄畜禽的发育障碍、免疫功能低下等问题（Sacri et al.，2021），因此，为提高畜禽养殖效益和畜禽产品的营养价值，饲粮中需要添加足量、高效的微量元素，保障动物的生长、发育需求。

微量元素主要以无机和有机两种形式添加，无机盐形式添加较为普遍。传统无机微量元素主要以无机盐氧化物［硫酸铜（CuSO₄）、硫酸锌（ZnSO₄）等］形式添加在动物饲粮中，无机盐价格低廉、经济效益明显，深受养殖企业青睐（田晓晓 等，2018）。动物机体对微量元素吸收利用率低，微量元素过量添加也会导致一些共性问题。例如，微量元素无机盐容易吸潮，解离出的金属离子会与其他营养成分产生氧化还原反应，并且会残留少量的重金属等物质；微量元素之间的拮抗、协同作用导致目标微量元素利用率低或对畜禽生产造成不利影响，如过量的锌添加会影响铜的吸收利用；硫酸盐形式添加使用后的残酸会影响畜禽生长发育等。其他有机微量元素添加剂一般有络合物和螯合物两种形式，其与无机盐添加剂形式相比具有稳定性好、抗干扰、易被吸收、生物学效价高、毒性低、利于环保等优点。但同样存在一些共性问题：络合物形式稳定性差，影响微量元素生物学功能及其利用率；螯合物形式虽然稳定，但市场认知度有限，价格差异大，鱼龙混杂；吸收机制研究并非十分明确，有些有机形式（植酸盐、草酸盐）可能会对畜禽机体产生一定的副作用（范振港和肖定福，2019）。

1. 微量元素的生理作用

微量元素能促进畜禽的肠道健康和生长发育，适量补充微量元素具有缓解机体氧化应激、促进肠道绒毛损伤修复、增强黏膜屏障功能、调节肠道菌群和机体免疫的作用。铁是动物机体中占比最高的微量元素，主要参与造血、氧气运输、物质代谢和免疫防御等生理活动。铁元素参与体内载体组成，参与体内物质代谢，对预防新生动物腹泻具有重要意义。铁与糖、脂代谢密切相关，铁通过两种代谢途径参与糖、脂代谢：铁与胰岛素共同调控脂质代谢的一些酶和转运体（脂肪酸结合蛋白等），可能直接影响肝脏脂质负荷、肝内代谢途径和肝脏脂质分泌；铁还可能通过诱导氧化应激和炎症反应间接影响糖、脂代谢。通常糖、脂代谢紊乱是指铁稳态失衡导致自由基过度产生，引起氧化应激，进而影响糖、脂代谢（Vieyra-Reyes et al.，2017）。锌是体内多种功能蛋白质的组成成分，参与细胞的增殖与分化、基因转录和翻译等生命活动，与动物生长发育、免疫应答、能量代谢、内分泌调节和繁殖等都有密切关系（Prasad，2013）。锌元素能够参与动物体内酶的组成，维持激素的正常作用和生物膜的正常结构和功能，促进畜禽生长，提高其采食量，维持肠道健康，提高生产性能。铜主要以辅酶因子的形式参与各种生化反应，包括能量代谢、铁代谢、氧化和抗氧化等。微量元素铜主要以硫酸铜、碱式氯化铜两种形式添加在畜禽饲料中。动物体内锰含量低，主要沉积在骨的无机物中，有机基质中含量较少。锰能促进动物性腺发育，提高内分泌功能。

微量元素缺乏比较隐蔽，实际生产中较难发现，但一旦缺乏或过量即累及动物健康，产生不良后果。锌缺乏常导致畜禽出现生长受阻、腹泻、皮肤角质化和免疫功能降低等不良后果（Willoughby and Bowen，2014）。但是当饲料中的锌超量供应时，会降低畜禽食欲，诱发铜缺乏症。畜禽饲料锌超标是环境重金属锌污染的主要来源（姚丽贤 等，2013）。铜、锰缺乏均会导致畜禽营养代谢疾病的发生而影响生长发育（Roshanzamir et al.，2020）。缺铜会造成贫血和免疫功能下降，阻碍动物生长发育，并且还会导致神经系统功能异常（Scheiber et al.，2013）。由于铜具有良好的抗菌特性和促生长效果，在饲粮中普遍添加过量铜，但铜过量积累的慢性毒性会造成畜禽的生产性能降低（Pohanka，2019；田文静 等，2020）。锰元素添加过量引起动物生长受阻、贫血和胃肠道损伤。大多数植物饲料中锰元素含量一般可满足畜禽生产需求，因此在畜牧生产过程中，应注意锰元素添加的剂量。同时建议使用蛋氨酸锰，减少无机锰元素添加排放对环境造成的影响（刘雨田和郭小权，2000）。缺铁可导致脂质代谢中的细胞因子上调，增加机体中循环的脂质因子。过量的铁同样不利于健康，铁过量常伴随着组织损失、氧化毒性和炎性反应等问题（Camaschella et al.，2020）。

2. 微量元素在畜禽体内的代谢途径

饲料中的微量元素主要通过胃肠道吸收进入体内参与代谢，以蛋白质结合形式发挥其特有的生物学活性。动物机体中存在一定的调节机制维持微量元素的稳态，肝脏是主要的微量元素储存和代谢调节器官（Himoto and Masaki，2020）。微量元素锌、铁、铜、锰等主要在小肠被吸收。

锌转运主要依赖 SLC39A（solute-linked carrier family 39A）/ZIP（Zrt- and Irtlike protein）和 SLC30A/ZnT（zinc transporter）两个锌转运蛋白来实现。ZIP 家族有 14 个成员，主要负责 Zn^{2+}向胞质的转入；ZnT 家族有 10 个成员，负责将 Zn^{2+}转出胞质（于昱和王福俤，2010）。位于肠黏膜上皮细胞顶端膜的 ZIP4 是 Zn^{2+}进入肠黏膜上皮细胞的主要转运载体，此外二价金属离子转运体（divalent metal-ion transporter 1，DMT1）也能转运 Zn^{2+}（Huang et al., 2016；Zhang et al., 2020）。进入胞质的 Zn^{2+}与金属硫蛋白结合。游离 Zn^{2+}通过肠黏膜上皮细胞基底膜上的 ZnT-1 转出进入血液，以白蛋白结合锌的形式运输，完成肠道锌的吸收（Wang et al., 2020）。

饲粮铁吸收主要发生在十二指肠，肠腔中 Fe^{3+}在肠黏膜上皮细胞刷状缘被细胞色素氧化酶还原成 Fe^{2+}，通过 DMT1 进入胞质，随后 Fe^{2+}被氧化成 Fe^{3+}，与铁蛋白结合储存，剩余的胞内 Fe^{2+}经肠黏膜上皮细胞基底膜上的铁转运蛋白（ferroportin，FPN）转运进入血液，完成铁元素的吸收。进入血液的 Fe^{2+}再次被氧化成 Fe^{3+}，以铜蓝蛋白和转铁蛋白螯合的形式运至全身各处，肝脏是主要的储铁器官（Fuqua et al., 2012）。

铜主要在小肠被吸收，但其吸收机制还存在争议。位于肠黏膜上皮细胞顶端膜的铜转运蛋白（copper transport protein 1，CTR1）介导了铜的吸收。肠黏膜上皮细胞中的 Cu^{2+}经铜转运蛋白 ATP7A（ATPase 7A）转运进入血液，与白蛋白结合完成铜的吸收（Tadini-Buoninsegni and Smeazzetto，2017）。机体铜稳态是通过调节小肠对铜的吸收速率和肝脏胆汁的外排来实现的。饮食中铜增加会导致肠细胞基底膜 ATP7A 增加，促进铜经门静脉进入肝脏。部分铜以肝铜蛋白的形式储存，过量的铜通过高尔基体膜上铜转运蛋白 ATP7B 形成铜蓝蛋白进入血液或通过胆汁外排，ATP7B 的表达同样受机体铜水平的影响（Yu et al., 2017）。机体通过肝脏与肠黏膜上皮细胞的调节机制共同维持铜水平的相对稳态。

除上述 3 种占比较大的微量元素之外，锰、硒、碘等也是动物必需的微量元素。锰能促进骨骼发育，畜禽缺锰影响神经系统和生殖能力。锰主要通过 DMT1、ZIP8 和 ZIP14 进入小肠黏膜上皮细胞，经 FPN1 和 ZnT-10 从肠黏膜上皮细胞基底膜转出进入血液。锰的转运载体很多，与多种微量元素共用转运载体完成吸收（Horning et al., 2015）。硒具有抗毒和抗衰老的作用，肝脏是硒重要的储存器官，并且通过排泄来调节全身硒水平。吸收的硒在体内主要以硒结合蛋白的形式积累，过量的硒在肝脏细胞内生成含硒的排泄代谢物随尿液和粪便排出（Burk and Hill，2015）。碘元素是动物甲状腺激素的重要组成成分，饲料中常添加适量碘以满足畜禽的生长需求。与氨基酸结合的有机碘在肠道内可直接吸收，剩余碘以无机碘的形式吸收进入血液循环。血液中的碘被甲状腺直接摄取，并在甲状腺囊泡上皮细胞中与过氧化氢反应生成活性碘（郭鎏 等，2022）。

3. 有机微量元素在畜禽生态养殖中的作用

1）提升饲料的品质和稳定性

无机铜、铁、锰和锌等金属离子可能影响饲料中的营养物质稳定性，导致维生素、酶制剂、抗氧化剂等失活。研究表明，饲料中的金属离子对饲料的总抗氧化能力和过氧化值影响显著，其中铜离子浓度与饲料的过氧化值呈显著正相关（段俊红和王之盛，2009）。与无机微量元素添加剂相比，氨基酸螯合微量元素可以显著提高饲料中的维生素 A、维生素 K_3、维生素 B_1、维生素 B_6 和维生素 B_{12} 稳定性，添加寡糖微量元素络合物极显著地提高了育肥猪肝脏维生素 A 的储备（朱政奇，2021）。预混料中用复合氨基酸微量元素可以使储存 120d 后的预混料中的维生素损耗降低 40%～50%，尤其是提高了维生素 A、维生素 B_1、维生素 K_3、维生素 B_{12} 的稳定性（周俊华和李雅青，2018）。尽管有机微量元素添加剂在维持酶制剂、抗氧化剂活性，改善饲料稳定性方面的作用还有待进一步研究证明，但有机微量元素的整体添加量比无机微量元素更低，可以缓解饲料中的营养物质氧化速度、保障饲料的新鲜度，这不仅保障了畜禽健康，也助力了无抗养殖和生态养殖。

2）改善动物健康和机体抗氧化能力

有机微量元素在维持畜禽肠道更新和生长能量需要，促进肠道免疫球蛋白合成，促进肠道发育和损伤修复，促进免疫器官发育，促进胸腺 T 细胞成熟，诱导 B 细胞产生抗体，增强畜禽抗病能力、抗氧化能力和抗应激能力等方面具有重要的作用。研究表明，采用甘氨酸亚铁可以改善仔猪的肠道发育，增强肠道屏障功能，包括促进肠道紧密连接蛋白基因的表达、促进杯状细胞黏液产生和先天性免疫防御，同时可以显著改善回肠微生物多样性和丰度，促进动物健康（王静静，2020；董正林，2021）。相比无机微量元素，采用羟基蛋氨酸系列复合有机微量元素显著改善了仔猪的肠道屏障功能，显著降低了仔猪的腹泻率（Liu et al.，2022），促进胎儿体内组蛋白乙酰化和编程，进而调控仔猪出生和断奶时肠道健康和骨骼肌发育，促进仔猪生长发育（Jang et al.，2020）。畜禽饲粮中添加锌元素可缓解断奶仔猪肠道氧化应激并增强肠道黏膜屏障功能（Pearce et al.，2015；Zhang et al.，2020），调节畜禽的肠道菌群，维持肠道微环境的稳态，锌还能通过激活各种肠道免疫细胞分化和免疫信号通路影响肠道免疫功能（Dierichs et al.，2018；Pei et al.，2019）。羟基蛋氨酸锌单独使用或羟基蛋氨酸锌与硫酸锌混合使用，均可显著改善仔猪应激条件下的抗氧化活性，改善仔猪的健康水平（刘粉粉 等，2018；郭洁平，2020）。蛋白螯合锌显著提高生长育肥猪空肠上皮内淋巴细胞、杯状细胞数量，降低空肠炎性因子 IL-6 水平（周丽华，2009）。总之，高质量的有机铁、有机锌、有机铜、有机锰是抗病相关营养物质的重要组成部分，它们一方面可以降低微量元素的添加量，减少有害菌增殖；另一方面可以改善畜禽免疫功能，从营养角度助力饲料无抗养殖和生态养殖事业。

3）改善动物的外观性状和生长繁殖性能

有机铁和有机锌搭配使用可以显著改善动物的皮毛外观性状。与无机铁相比，甘氨酸亚铁能改善猪红细胞数量，提高血红蛋白浓度，改善仔猪的皮毛指数（鲍宏云 等，2012；王继萍 等，2021）。锌是皮肤胶原蛋白的结构成分之一，生长猪饲料中采用羟基蛋氨酸锌与甘氨酸亚铁搭配，生长猪的毛色评分高于两倍剂量的无机盐组（朱年华和肖俊武，2014）。铁对幼畜和妊娠期母畜极其重要，妊娠期缺铁是导致死胎、木乃伊胎、弱仔等不良妊娠结果的重要原因，妊娠后期补充氨基酸螯合铁可以提高母猪的繁殖性能，显著提高产仔数、出生窝重和断奶窝重，降低仔猪的死胎、木乃伊胎的发生率，改善母猪的繁殖性能（Wan et al.，2018；Chen et al.，2019）。哺乳仔猪补饲甘氨酸亚铁也可以改善仔猪的生长性能和肠道健康水平（Dong et al.，2022）。母猪饲粮中采用全有机微量元素可以提高母猪的窝产仔数，降低仔猪的死淘率，改善母猪的肢蹄病（谭会泽 等，2005；何博 等，2020）。在母猪和仔猪日粮中添加赖氨酸铁，仔猪初生重和21日龄断奶窝重显著提高（华卫东 等，2006）。

4）改善畜产品品质

有机锌、有机铁和有机锰改善蛋壳品质已有大量报道。在蛋鸡饲粮中添加有机锌可以提高碳酸酐酶活性，促进蛋壳黏多糖合成，显著改善产蛋后期蛋鸡的蛋壳强度、蛋壳重和蛋壳比例（朱年华和肖俊武，2014）。有机铁、有机锰和有机铬对改善猪肉品质也非常重要。生长育肥猪饲粮中添加有机铬有助于氨基酸转化为蛋白质，形成肌肉，抑制脂肪沉积，促进猪的生长和提高猪的瘦肉率（许甲平 等，2013）。

5）提高饲料微量元素利用效率，减少养殖环境中的矿物质元素排放

日粮中的微量元素经消化道吸收进入体内，剩余的微量元素随粪便排出，测定粪便中的微量元素含量可以间接反映微量元素的生物利用效率。铜、锌、锰和各种重金属元素的排放对环境造成污染，如改变环境中的菌群组成，影响作物生长，甚至随生物链富集造成人和动物金属元素的慢性中毒等。近年来，针对不同阶段动物的有机微量元素的适宜添加量开展了大量的研究。孙秋娟等（2011）使用羟基蛋氨酸系列有机微量元素替代硫酸盐，发现可以减少20%~40%的微量元素使用，降低了肉鸡粪样中的微量元素含量。大量研究表明，采用有机微量元素替代无机微量元素可以减少约50%的微量元素使用，显著降低了猪粪样中的微量元素含量（金成龙 等，2015；郭洁平，2020；张一鸣，2021）。相比硫酸铜，氨

基酸螯合铜作为新型添加剂已经被用于畜牧生产中，具有较高的生物利用率（许梓荣和吴新民，1999），低剂量氨基酸螯合铜可以产生高剂量硫酸铜的促生长效应，并且可以减少铜的排泄，降低对环境造成的污染。

4. 展望

目前，畜禽养殖业用的微量元素添加剂仍以微量元素无机盐为主。基于上述有机微量元素的作用，目前有机微量元素在畜禽生态养殖中也逐渐得到推广应用。经过全球 30 多年生产应用，验证了有机微量元素的有效性和生态安全性，有机微量元素替代微量元素无机盐具有较为广阔的应用前景，但也存在一定的技术瓶颈。有机微量元素吸收与作用机理有待进一步明确，亟须建立准确的有机微量元素评估方法、开发低排高效的有机微量元素新产品，同时针对畜禽的生理特点和不同有机微量元素的理化特性和作用机理，优化复合微量元素配比，完善生产工艺。同时，为顺应无抗养殖的发展，开展有机微量元素与植物精油、益生素、酶制剂等添加剂配伍的应用研究，不断提高有机微量元素的使用效果，促进环保型饲料添加剂和配合饲料在畜牧生产中推广应用，保护生态环境，助力饲料无抗和生态养殖事业的发展。

第3章

畜禽行为、动物福利和生物安全

3.1 畜 禽 行 为

以畜禽为对象的行为学研究兴起始于 20 世纪 60 年代。1978 年，第一届国际家畜行为学会议在西班牙马德里召开，从此推动了以畜、禽为主要对象的家畜行为学的发展。畜禽行为是指畜禽对外在或内在环境变化的反应或畜禽与其所在环境相互作用而构成的某种生活方式的反应。

根据不同的依据，畜禽行为有不同的分类方式。根据获得方式，畜禽行为可以分为先天性行为和后天性行为，其中先天性行为包括向性、趋性、反射、本能，后天性行为包括学习和推理。根据行为的功能，畜禽行为可以分为采食行为、排泄行为、繁殖行为、攻击行为、防疫行为、节律行为、社会群体行为等。根据行为是否超出正常范围，畜禽行为又可以分为正常行为和异常行为。正常行为包括采食行为、饮水行为、排泄行为、社会行为、母性行为、探究行为、学习效仿行为等。

在现行管理条件下，畜禽被约束而导致了一些行为的缺失，甚至产生了异常行为，如母畜母性行为的缺失、笼养蛋鸡做窝行为的缺失、圈养猪咬尾行为的发生、母猪食子癖的发生等。对畜禽行为的研究有助于创造适宜畜禽习性的生活条件，满足健康养殖和动物福利的需求，提高畜禽生产性能和发挥最大遗传潜力，及早规避和干预异常行为带来的经济损失。

3.1.1 采食和排泄

1. 采食行为

采食是动物获取自身营养物质的重要过程，采食行为又称摄食行为，是动物利用器官获取并处理固态或液体营养物质的一种活动，包括觅食、识别、定位感知、食入、咀嚼和吞咽等一系列过程，是动物的一种本能（谢云怡 等，2016）。不同畜禽的采食方式不同，但唇、舌、齿是各种动物采食的主要器官。例如，牛是利用舌头卷食草料，而羊则是依靠嘴唇将草料送入口中。

食入是畜禽通过嘴捕获食物，并将食物送入口腔的过程。咀嚼是在颌部、颊部肌肉和舌肌的配合运动下，用上下臼齿将食物机械磨碎，并混合唾液的过程，是消化过程的第一步。咀嚼的次数和时间与饲料的性状有关，一般湿的饲料比干的饲料咀嚼次数少，咀嚼时间也比较短。咀嚼时，咀嚼肌活动增强，消耗大量能量，因此，有必要对饲料进行预先加工，以提高饲料转化率。

吞咽是由口腔、舌、咽和食管肌肉共同参与的一系列复杂的反射性协调活动，是食团从口腔进入胃的过程。吞咽动作可分为由口腔到咽、由咽到食管上端和由食管上端下行至胃 3 个顺次发生的时期。食物经咀嚼形成食团后，在来自大脑皮层的冲动影响下，由舌压迫食团向后移送。食团到达咽部时，刺激该部的感受器，引起一系列的肌肉反射性收缩（图 3-1）。

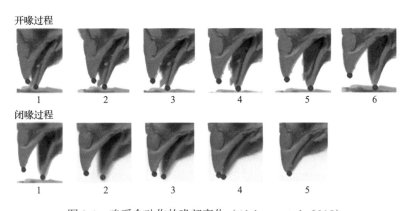

图 3-1　鸡采食动作的喙部变化（Abdanan et al., 2015）

采食行为受神经、内分泌系统的影响，通过下丘脑的摄食中枢和饱中枢进行调节。摄食中枢位于下丘脑的腹外侧区，摄食中枢受刺激会导致动物对食物的摄入量增加而过度进食。饱中枢位于下丘脑腹内侧核区，饱中枢可以抑制摄食中枢的活动，饱中枢受刺激可以引起动物的饱腹感，减少或停止采食活动。动物胃肠道内广泛分布有机械、容积、化学、温度、渗透压等感受器，采食后食物和食糜刺激这些感受器，通过传入神经影响摄食中枢的活动状态。例如，饲喂粗饲料后，胃容积扩张，从而刺激胃壁的牵张感受器，引起反射性的采食抑制。食物在消化过程中产生的单糖、双糖、氨基酸和脂肪酸等，会使胃肠内食糜的渗透压升高，通过反射参与采食的负反馈调节。反刍动物对血糖浓度不敏感，挥发性脂肪酸是其反射性调节的主要影响因素。反刍动物瘤胃内的挥发性脂肪酸能刺激瘤胃壁化学感受器，通过传入神经影响摄食中枢的活动状态，当其中挥发性脂肪酸达到一定浓度时，能抑制采食活动。

饲料的口味和理化特性、饲喂频率、饲养工艺、畜禽的生理阶段、应激反应、疾病及外部环境条件等因素都会影响畜禽的采食行为（Wall and Smith，1987；付瑶 等，2015）。以猪为例，猪偏好甜食，与粉料和干料相比，猪更喜欢采食颗粒料和湿料。群饲猪比单饲猪吃得多、吃得快，增重也高。Labroue 等（1999）的研究表明，猪在白天的采食频次高于夜间，白天的采食量约占全天采食量的 70%，每天至少去食槽处 30 次，有的甚至 170 多次，每次采食时间持续 10～20min，限饲时少于 10min（崔卫国和宋艳芬，2002；洪奇华和陈安国，2003）。

2. 排泄行为

排泄是指畜禽把一些代谢产物、过多的水分及某些有毒物质排出体外的过程，在行为学上主要指粪尿的排泄。一切家畜都是排粪与排尿分别进行的，所以，家畜的排泄行为包含排粪与排尿两种不同的生理活动，禽类则是粪尿合一的（李如治和颜培实，2011）。

排泄是一种反射性活动。当粪便进入直肠后，刺激直肠壁的机械感受器，冲动沿盆神经和腹下神经传到脊髓的排便中枢，再上传至大脑皮层。中枢的传出冲动再沿盆神经和腹下神经传到直肠和肛门内括约肌，其中盆神经兴奋时，直肠收缩、肛门内括约肌舒张，促进排便；腹下神经兴奋时，直肠舒张、肛门内括约肌收缩，抑制排便。肛门外括约肌由阴部神经支配，并受大脑皮层控制。此外，在排粪时通过腹肌、膈肌的收缩增加腹内压，促进排便（刘敏雄和王柱三，1984）。

家畜的排泄行为与其野生祖先的生态有密切关系。马、牛、羊、鹿等家畜原是逐水草而游牧的动物，只有临时的休息场所，无所谓窝巢，所以它们都是随地排泄，并不在乎对处所的污染。牛随时随地都能排泄，并且不怕在有粪尿的地方行走或俯卧，牛在行走或俯卧中也能排粪，但排泄多发生在站立时或由俯卧起立之后。公牛采用正常站立姿势排尿，在行走中也能排尿；母牛则不能，只能偶尔在俯卧中排尿。正常的牛一天平均排尿 9 次，排粪 11～13 次。排泄次数与数量因饲料种类、环境温度、湿度、产奶量和个体的不同而不同。吃青草比吃干草排粪次数多，产奶牛比干奶牛排泄次数多，在高湿环境中，排尿次数明显增加。鸡、鸭等走禽的排泄无固定场所，也是随地排泄。

猪不在吃睡的地方排粪尿，是祖先遗留下来的本性，因为野猪不在窝边排泄，以避免被敌兽发现。在良好的管理条件下，猪能保持其睡窝床干洁，能在猪栏内远离窝床的固定地点进行排泄。生长猪在采食过程中不排粪，采食后饮水或起卧时是猪排粪、排尿的高峰期，一般饱食后约 5min 开始排泄，排泄地点多选择阴暗潮湿或污浊的角落，且易受邻近猪的影响。猪早晨的排泄量最大，夜间排泄活动时间仅占昼夜总时间的 1.2%～1.6%（崔卫国和宋艳芬，2002）。

除了遗传因素外，圈栏形状、外部环境条件、应激等都会影响畜禽的排泄行为。研究表明，猪对排泄地点的选择受光照、温度和气流影响。仔猪喜欢在有亮光、凉快、通风良好的地点排泄，如果改变通风方向和温度，猪将明显出现重新分配躺卧区和排泄区的行为。圈栏形状（长宽比例）和隔栏方式（开敞和封闭）

等对猪排泄行为的影响结论尚不统一，但普遍认为将圈栏设计为长窄型比较符合猪的排泄行为（李以翠 等，2008）。此外，应激能增加排泄次数和数量。例如，运输会造成活畜约 3% 的减重，由于大部分排泄发生在装车后 1h 之内，所以短途运输也无法避免减重损失。

排泄行为与舍饲管理密切相关。合理的设施设计应充分利用家畜的本能行为来保持舍内卫生，使清粪作业更易于进行。例如，根据牛站立排泄的特点，在卧床上方设置限制物体，使牛只能在过道口排泄，便于清粪作业；根据牛随地排便、随地践踏的特点，在牛舍采用漏缝地板的工艺更利于粪便清除；根据猪喜欢在低湿角落里排泄的行为规律，把猪圈划分为休息与便所两个部分，设计"猪厕所"，便所部分略低于床面，并把饮水器设在其中，诱使猪群只在该区排便。

3.1.2　社会行为

畜禽是群居动物，畜禽个体与个体之间存在着一种相互联系、相互交往的行为，这种行为称为社会行为。畜禽的社会行为主要包括交流行为、斗争行为和游戏行为。交流行为是社会行为的基础，信号发出者将信息传递给接收者，诱发特定的个体或集团按信息的暗示做出相应的反应。畜禽之间交流的形式包括模仿、注视、接触、个体识别、等级识别、地位信号、求食与给食、修饰活动、警告、威胁及屈服等。

社会行为的表现具有空间依赖性，当空间达到一定范围后才能表现出对应的社会行为。Nicol（1987）的研究表明，蛋鸡最少需要 $600m^2$ 的面积才能表现出展翅、抖羽等行为，而行走、觅食和沙浴等行为随饲养密度的增大而减少。同时，空间的压缩会增加圈养畜禽相互侵犯的发生率。因此，对家养畜禽空间需求与社会行为的研究密不可分，是动物福利研究的关键内容。

畜禽的生活空间由静态空间、活动空间和互动空间 3 部分组成。静态空间是畜禽肢体所占据的空间，活动空间是畜禽在不同功能区内走动及与之相关的行为所需的空间，互动空间是畜禽正常社会行为所需的空间。

畜禽的空间需要有数量需要和质量需要两种。数量需要与空间占有、群体距离、跳跃距离和实际区域有关。质量需要与采食、躯体料理、窥视、运动和群体行为等空间依赖性活动有关，这两种类型的需要同时存在。

对畜禽所需生活空间受环境温度、时间、群落大小和饲养方式等因素的影响还没有进行系统研究，这是畜禽所需生活空间存在争议的原因之一。大群饲养时，畜禽之间的交流更为复杂，其所需的互动空间有所不同。目前，群落大小对畜禽所需活动空间影响的研究极为有限。研究表明，饲养密度相同时，大群饲养的猪和蛋鸡的攻击行为比小群饲养的低（D'Eath and Lawrencea，2004；Samarakone and Gonyouh，2009）。

3.1.3 母性行为

母性行为指幼畜出生前后母畜所表现出来的与分娩和育幼有关的行为。母性行为包括对生育地点的选择、筑巢、产仔、清理仔畜、对仔畜的辨别、哺乳及保护仔畜等一系列行为（汪善锋和陈明，2006）。母仔之间是通过嗅觉、听觉和视觉来相互识别和相互联系的。猪的叫声是一种联络信息。例如，哺乳母猪和仔猪的叫声，根据其发声的部位（喉音或鼻音）和声音的不同可分为嗯嗯之声（母仔亲热时母猪叫声）、尖叫声（仔猪的惊恐声）和鼻喉混声（母猪护仔的警告声和攻击声）3 种类型，以此不同的叫声，母仔互相传递信息。

暂时性神经内分泌过程是母性行为的生理调控基础。雌二醇浓度、雌二醇与孕酮的比值都与母性行为相关，妊娠期卵巢类固醇激素（雌二醇和孕酮）变化对母性行为的产生具有诱导作用。研究发现，母羊分娩时，大脑中枢释放催产素，进而诱导体内谷氨酸、GABA、NA、NO 等神经递质的释放，启动母性行为的表达，如舔舐、梳理羔羊毛发和哺乳等。催产素神经元的激活作用引起大脑嗅神经传递介质的释放和调整，这对形成嗅觉记忆，以及促进母畜对幼崽的识别和母子关系的建立十分重要（王兰萍 等，2012；王慧 等，2019）。母牛舔舐犊牛的行为随着犊牛的成长逐渐消退，犊牛身体变干后或其出生后的 6h 后，这种舔舐行为不再发生（Edwards and Broom，1982）（图 3-2）。从最初的近距离嗅觉刺激到后来的视觉刺激和听觉刺激，母性行为通过密切的母子联系、频繁的相互吸吮和识别幼崽等表现出来。

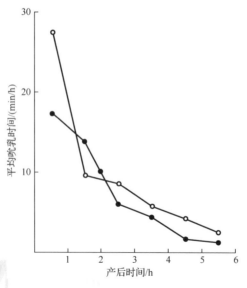

图 3-2　母牛在分娩后最初 6h 内舔舐犊牛行为的变化（Edwards and Broom，1982）

母性行为受遗传因素、品种、年龄、经验、环境条件、母畜营养状况和幼崽表现等因素的影响。以绵羊为例，一般来说，山区、丘陵地带和很多原始品种较少受人类的干扰，通常表现出更高的母性关怀水平，而受高强度选择和饲养的动物则在母性行为方面表现出较大的变异，表现出低质量的母性关怀。初产母羊通常比经产母羊缺乏经验，更易表现出恐惧行为，面对羔羊时表现出退却，甚至出现攻击性行为，导致羔羊死亡率较高。妊娠期营养不良的母羊分娩时雌二醇与孕酮的比值较低，可能导致产生不良的母性行为和遗弃后代行为（王兰萍 等，2012）。

　　任何导致初生仔畜死亡或受伤的母性行为都属于异常母性行为，环境、遗传、营养等因素是引起异常母性行为的原因。异常母性行为包括遗弃或拒绝接受仔畜、延迟母性照顾开始时间、窃占别窝仔畜，以及攻击或杀死自己的仔畜等（王志昌和邱献义，2012）。家畜的异常母性行为归纳起来可分为 3 类。①缺乏母性。例如，兔子在产前不做窝，不拔毛，不在窝内分娩，产后不授乳，这些行为有的是妊娠期间或分娩后受到各种应激因素刺激引起的，有的是因为初产没有经验。②母性过强。有的母绵羊在产前过早出现母性行为，窃夺别的母羊所产羊羔，造成羊羔过多，成活率下降。③食仔。应激或营养不良的情况下，母畜在产后几天内有时会攻击并且杀死自己的新生幼畜。

　　现代畜牧生产中，分娩期实行集约化管理使母畜的母性行为逐渐减弱。研究表明，母猪挤压是仔猪断奶前死亡的主要因素，占 20%～60%，其很大程度上与母性行为异常有关。母性较强的母猪非常注意保护自己的仔猪，在行走、躺卧时十分谨慎，不踩伤、压伤仔猪，当母猪躺卧时，选择靠栏三角地，不断用嘴将其仔猪排出卧位，慢慢地依栏躺下，以防压住仔猪，一旦遇到仔猪被压，只要听到仔猪的尖叫声，马上站起，防压动作再重复一遍，直到不压住仔猪为止。通过遗传育种及生产环境的改变加强母性行为的表达，提高幼崽成活率是未来畜牧工作的重要方向。

3.1.4　其他行为

1. 饮水行为

　　水对于任何畜禽的生理活动都是必不可少的，缺水会导致畜禽的生理机能衰退，甚至死亡，饮水是水分摄入的重要途径，不同生长阶段的畜禽所需的水量有70%～95%是通过饮水获得的。饮水行为可以通过饮水时间、饮水频次、饮水速度等参数评价。

　　不同畜禽有不同的饮水习性和需求。在多数情况下，猪饮水与采食同时进行，采食干料的猪每次采食后需要立即饮水，自由采食的猪通常采食与饮水交替进行，限制饲喂的猪则在吃完料后才饮水（闫红军和张选民，2022）。类似地，产蛋前母鸡饮水伴随采食的发生而发生且饮水量随采食量的增加而增加。可见，饮水与采食密切相关，因此饮水行为有时也被归入到采食行为中。不同动物的饮水习性不同，饮水器类型也不同，例如，猪常采用的是乳头饮水器，牛采用的是饮水碗或饮水槽。

饮水行为受气候条件、饮水器类型、供水速度、养殖方式、生理阶段、饲料理化特性等的影响。高温条件下，畜禽会增加饮水量。32℃时，奶牛用于维持生长所需的饮水量是 2～10℃时的 2～4 倍。栓系饲养的奶牛平均每天饮水 14±5.6 次，散放式饲养的奶牛每天饮水 6.6 次。当奶牛饲粮中粗纤维含量低时每日饮水次数少于粗纤维含量高时。使用饮水碗时饮水的频率比使用饮水槽时高（Visconi 和罗宝京，2006）。

2. 繁殖行为

繁殖行为是生物为延续种族所进行的产生后代的生理过程，即生物产生新的个体的过程。繁殖行为包括识别、占有空间、求偶、交配、孵卵、对后代的哺育等一系列复杂行为。发情行为是发情鉴定的重要依据，畜禽发情时通常表现为活动量增加、爬跨或踩背行为（图 3-3）。母牛发情时，首先表现为兴奋，不停地走动、哞叫，与其他公牛在运动场互相追逐，接受其他公牛的亲近、爬跨，发情结束后则逃脱其他公牛的爬跨。牛发情持续平均时间为 18h，变化范围为 6～30h（李方来，1988）。公猪的求偶行为有明显的阶段区分，即嗅闻，头对头接触，拱母猪，追随母猪，爬压母猪，爬跨及交配。在接近发情期时，母猪食欲降低，活动量增加，可表现为爬跨行为。在发情时，母猪会表现出站立反应，即静立不动，弓腰，竖耳。发情开始时出现站立反应需要的刺激可能更多，但随后则减少，因此有人将母猪的发情期分为第一公猪期（公猪可以刺激母猪产生站立反应，但输精人员则不能）、输精员期（即输精员压背时可以引起母猪产生站立反应）及第二公猪期，说明母猪的性接受行为先增加，达到最大后又降低。

图 3-3　畜禽发情时的爬跨行为及踩背行为

3.2　动　物　福　利

3.2.1　概述

　　人与动物的关系一直是伦理学研究的热点。动物福利的理念是建立在人类文明道德伦理的基础上的。达尔文曾在《人与动物情感》一书中写道："动物具有思维能力，其感受反应、喜怒哀乐与人无差异，仅是量的不同而非质的差别！"同时，动物福利也是一个涉及生物学、伦理学、经济学及公共政治学等多个学科的交叉主题，自然科学是动物福利科学研究的基础，其中生理学、兽医学、动物行为学及比较心理学是其重要的研究领域，自然科学研究只是动物福利主题研究的第一步，经济学、心理学、政治学及哲学等学科则从不同的视角对动物福利问题进行解读。

1.　动物福利的概念

　　动物福利的对象包括农场动物、实验动物、伴侣动物、工作动物、娱乐动物和野生动物，不包括蚊子、蟑螂、跳蚤等害虫。动物福利评判标准的可测量化是 20 世纪 90 年代动物福利发展的一大进步，使动物福利逐渐被认可成为一门自然科学。

　　动物福利的概念广泛，包括动物生理上和精神上的康乐，其定义尚不统一。1993 年，英国农场动物福利委员会（Farm Animal Welfare Council，FAWC）描述了农场动物福利的五大自由，分别为免受饥渴的自由，免受不适生活环境的自由，免受疼痛、疾病和伤害的自由，免受精神上的恐惧和压抑的自由，表达自然行为的自由。为了明确动物福利的定义，Broom（1991）提出了福利的几个维度的内涵如下：①福利是动物生而有之的一种特质，不是人为给予或是剥夺的；②福利有很差与很好两个极端，而中间有很多种情况；③福利可以通过科学的方式进行度量，这个度量过程并不会涉及道德上的考虑；④对于动物是否成功适应了环境，以及适应环境的程度的测量将对动物所处福利状态的评估提供极为重要的信息；⑤对动物生理参数的研究通常可以为什么样的条件能够使动物处于良好福利状态这一问题提供重要信息；⑥动物在对环境做出反应时会使用一系列的方式，而不能成功适应环境的表现也有很多种，不能以某一种表现有没有失常来判定其动物福利状态的好坏。

2. 农场动物福利

近代科学的发展为动物福利科学的发展提供了大量的实践证据，使近 30 年来动物福利科学得到了快速发展。20 世纪末期，发展中国家人口增长迅速，粮食和生活资源缺乏有效保障，工厂化畜牧业成为解决粮食需求和膳食多样化的途径。工厂化畜牧业采用工程技术手段创造畜禽生长发育所需环境，以最小投入寻求最大化的畜产品产出，饲养规模大、密度高，有特定的饲养品种，生产周期也相对较短，可以实现常年持续生产。舍内高密度饲养、动物活动空间的限制，以及短周期快速生产既是当前工厂化畜牧业的标志性特征，也是公众对农场动物福利的主要关注对象和研究热点。

畜禽生产性能的最大化是发展工厂化畜牧业的核心内容（图 3-4），但同时也对畜禽的健康和福利，甚至对人的健康带来了严重威胁，这主要表现在畜禽遗传多样性的缺失、疾病与损伤及死淘率的增加、行为的缺失与异常等几个方面。因此也有人认为动物福利是根据工厂化养殖中常出现的问题而提出的。

图 3-4　工厂化养殖条件下的猪舍和鸡舍内景

1）选种与遗传多样性的缺失

利用在某个生产性能方面表现突出的品种代替当地品种是工厂化畜牧业获得高产出的获利手段和畜禽品种选育的发展方向。农场动物的选育主要根据高产和快速生长两个方面选择，这种单向的选育使畜禽遗传多样性缺失、适应性降低，从而影响畜禽的福利。例如，个体大小是肉鸡育种的重要指标，根据一个国际研究小组对世界范围内商用肉鸡遗传品系的分析，现今商用肉鸡大约出自 3 个品系，与本地鸡和非商用鸡品种相比，商用品系在一些情况下已丢失高达 90% 的等位基因。90% 的商品肉鸡都存在不同程度的跛行现象，跛行的发生在很大程度上是由于肉鸡选育中大个体和快速生长的单向选择造成的。单向选择使它们在尚未发育成熟的骨骼和关节上承受了较高负荷，从而导致跛行发生。

2）畜禽个体疾病、损伤及死淘率增加

大规模高密度的饲养工艺满足了人们对畜禽产品不断增长的数量需求，但同时也增加了养殖风险，降低了畜禽健康与福利程度。饲养密度增加会提升畜禽某些疾病的发生率。例如，高密度（17.25 只/m²）饲养时，肉仔鸡胸囊肿发生率显著大于低密度（10.98 只/m²）饲养时的发病率（赵芙蓉 等，2006）。高密度养殖不仅增加了动物的发病率，同时也增加了人的疾病感染率。当猪和肉牛的饲养密度增加 1 倍时，周边区域内人群耐甲氧西林金黄色葡萄球菌（methicillin-resistant staphylococcus aureus，MRSA）的携带率将分别增加 24.7% 和 24.1%（Fitzgerald，2012）。此外，高密度饲养增加了动物的打斗行为，也增加了动物的肢体损伤风险。

短周期快速生长对肉鸡的影响最为显著。我国的白羽肉鸡品种几乎全部靠国外进口。以科宝 500（Cobb 500）为例，其平均日增重为 45～50g，45d 左右即可达到 2.14kg 的出栏体重（王重一，1993）。快速生长大幅增加了肉鸡跛脚病的发生率，约 90% 的肉鸡在行走时有不同程度的异常行为发生，主要是由于骨骼的生长速率跟不上肌肉的生长速率，双腿难以支撑快速增加的重量，从而导致肉鸡跛脚病发生。对于舍饲肉鸡比较常见的疾病是心肺衰竭，肉鸡快速生长，机体代谢旺盛，在缺氧因素作用下，鸡的肺部首先受到损害，心肺功能和发育速度不协调，容易出现代偿性心肌肥大和心力衰竭，继而引起腹水症的发生，这些也是工厂化养殖的肉鸡生长速率过快所带来的问题（吴宝顺，2018）。为了减少肉牛育肥时间或提高奶牛产奶量，工厂化畜牧业常饲喂奶牛或肉牛高谷物含量的精料，这使奶牛或肉牛更容易发生瘤胃胀气、瘤胃酸中毒等消化代谢疾病。

母猪限位饲养工艺是 20 世纪七八十年代兴起的工厂化养猪的产物，也是工厂化畜牧业对动物活动空间限制的典型代表。限位饲养虽然方便母猪的管理并提高了饲养密度，但却使母猪的健康状况与生产性能下降，利用年限缩短，死淘率升高。由于缺乏运动，母猪的心肺功能受到损伤，同时容易造成虚弱的后肢与多种肢蹄病。Dewey 等（1993）的调查表明，猪场中因肢蹄病淘汰的母猪约占 20%，有的养殖场甚至高达 45%。

工厂化养殖工艺中的一些措施（如家禽强制换羽、断喙，仔猪断尾，犊牛去角、打耳号等）也人为地造成肢体损伤（图 3-5），导致痛苦发生。强制换羽可通过断食或限制饲粮中的某些养分（蛋白质或矿物质、水等）供给来实现，在需要降低后备母鸡饲养成本、市场不景气或是鸡蛋价格较高时用来增加盈利或延长产蛋期限。强制换羽需要人为刺激，使蛋鸡停产，体脂减少，对蛋鸡来讲会有较大的应激发生。断喙是防止鸡啄羽，避免同类相残的常用方法，但鸡断喙后自行采食能力下降，可能还会导致慢性疼痛。在工厂化养殖工艺中，犊牛一般需要在出生后 7～10d 进行去角和打耳号处理，犊牛去角伴随较大的疼痛，而去角和打耳号也是畜禽养殖过程中主要的外伤性应激源。

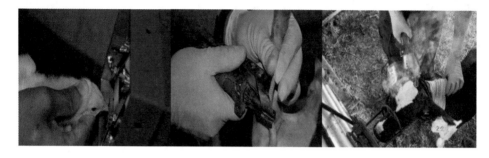

图 3-5　农场动物断喙、断尾、去角生产场景

3）集约化养殖导致行为缺失或异常

当生存环境发生变化时，畜禽可以通过行为调节在一定程度上缓解环境变化对个体造成生理或心理的压力。当环境改变超出一定限度，畜禽的正常行为反应无法适应这一环境，其行为常常会表现出异常。生活在限制环境里的畜禽经常面临贫瘠环境的刺激，维持需要行为的表达被严重抑制，从而产生行为规癖（崔卫国和包军，2004）。例如，长期营养缺乏的畜禽会出现大量与采食行为有关的口部行为规癖；被囚禁的畜禽因为活动空间不足，其领域行为不能得到满足，从而表现出与运动行为相关的踱步规癖。工厂化饲养的畜禽通常饲养在环境比较单一的舍内，活动空间的限制和环境的单调性会影响畜禽对活动区域的自由选择，畜禽会出现很多异常行为的表达，如仔猪咬尾、蛋鸡啄羽、母猪咬栏等。对此，社会普遍指责圈养猪和笼养鸡会使畜禽发生行为缺失和行为规癖。

出于公共卫生安全的考虑，各国相继出台了一些畜禽动物福利保护相关的法律条文。英国是最早进行动物福利立法的国家，也是到目前为止动物福利标准最高的国家之一。我国目前仍缺乏真正意义上的动物福利保护法，但动物福利的理念影响范围正逐渐扩大。例如，2004 年 12 月蒙牛集团斥资 2 亿元，建起了占地 8848 亩（1 亩≈666.67m^2）的蒙牛澳亚示范牧场，植入"动物福利"思想，如挤奶厅里的机器全天服务，奶牛随时自愿来挤奶，同时辅以音乐和补饲，奶牛心情好、奶水多。2007 年 12 月 16 日，"中国人道屠宰计划启动仪式"在河南举行。2008 年开始，全国范围内开始人道屠宰培训，并起草了中国的人道屠宰草案。2018 年发布并实施的《实验动物　福利伦理审查指南》（GB/T 35892—2018），进一步从人员资质、设施条件、动物来源、饲养、使用、运输和职业健康与安全的角度对动物福利伦理提出了规范要求。2021 年发布的《实验动物　安乐死指南》（GB/T 39760—2021）对不同品种不同年龄的动物应用安乐死的方法和剂量进行了规定，但未提及执行安乐死的条件判断方法及评估细节，在判断是否需要执行安乐死方面缺乏可操作性。此外，2020 年两会期间有委员提交《关于建立动物福利保护法律体系的提案》，但目前我国除《中华人民共和国野生动物保护法》外，其他动物的福利和保护相关的法律仍十分缺乏（王贵平和周正宇，2023）。

3.2.2　养殖福利

养殖过程中的动物福利受饲养工艺模式、饲养设施、饲养环境、饲养空间、畜禽群体结构、饲养人员与畜禽良好关系等的影响。

饲养工艺模式是决定动物福利状况的基础条件，传统的规模养殖多采用限位饲养工艺，如猪的限位饲养、蛋鸡笼养等养殖技术，以减少消耗和方便管理为出发点，严格限制畜禽的活动空间。畜禽活动和自然行为表达严重受限，导致畜禽机体健康水平显著降低，引发畜禽环境耐受能力与疾病抵抗力大幅下降。

新型养殖方式十分注重动物福利的提升和栖居环境的改善，近年来研发并逐渐推广应用猪的舍饲散养系统、厚垫料系统、蛋鸡层架式/栖架式养殖系统等新型生产工艺模式，倡导加强畜禽运动，提高自身健康水平与抵抗力，从而改善畜禽产品的品质。研究开发我国特色的畜禽福利化养殖工艺与技术，是提高我国畜禽生产水平、产品质量安全，拉近与发达国家养殖水平之间的差距，提升我国畜禽产品国际竞争力的当务之急。

1. 圈栏内铺设垫料

大量研究表明，垫料的铺设可以引发畜禽的探究行为，减少咬尾等异常行为的发生，改善圈舍的清洁度、躺卧的舒适度，并减少氨、温室气体等有毒有害气体的排放。与传统水泥地面养猪相比，在厚垫料养殖工艺下，育肥猪的平均日增重、饲料转化率和仔猪成活率显著增高，走动、相互交流的频率增加（Morrison et al.，2007；尹国安，2010）。对于妊娠母猪，垫料的铺设虽然有助于母猪的产前筑巢和其他母性行为的表达，但也有研究认为垫料的使用反而会降低妊娠初期的母猪福利，影响其生产性能。Karlen 等（2007）对比了妊娠母猪限位饲养和厚垫料饲养条件下的繁殖和福利状况，研究数据显示，厚垫料饲养虽然可以减少妊娠母猪的跛行率，但母猪身体划痕数量增多、返情率和妊娠早期皮质醇浓度更高，且每 100 头受孕母猪生产的断奶仔猪数量要比限位饲养的母猪少 39 头。

2. 取消定位饲养

对于妊娠母猪，采用小群或大群饲养的模式，可以增加母猪的活动量、降低死胎率和难产率，增加母猪的使用年限。有研究认为，母猪群饲难以控制每天猪的采食量，还会因争食、返情等造成母猪流产，实际上这些问题可以通过设备的改进加以解决。以母猪精准饲喂系统为例，该系统可以实现在母猪大群饲养条件下的精确饲喂，母猪可以在空间内自由活动，并且能 24h 自动监测和分离发情的母猪，实现智能化养殖并提高母猪的养殖福利。数据显示，采用自动化母猪精准饲喂系统对母猪进行大群饲养可以将年产胎次增加到 2.4 胎，年生产能力提高 26.8 头，并使母猪利用年限延长 1.5 年（李常营 等，2021）。为满足欧盟委员会（European Commission，EC）（简称欧盟）禁止采用限位栏饲养的立法要求，荷兰、丹麦等部分经过改造并使用自动化母猪精准饲喂系统的养猪场，每头母猪每年可以生产高达 32 头断奶仔猪。但也有部分研究认为，母猪精准饲喂系统虽然解决了母猪精准饲喂的问题，但由于其并不能对躺卧区、排泄区等进行自动功能分区，影响环境条件，从而对母猪福利产生影响。

3. 增加环境丰富度

增加环境丰富度是指在不改变饲养场所主要设施的情况下，通过增加富集材料（设置玩具、垫草、拱土、蹭痒、啃咬等设施）及改善社会环境满足畜禽个体玩耍、探求、社会交流及必要的本能需求，改善畜禽的福利及生存环境。研究证明，增加环境丰富度可以有效改善畜禽的福利，促进其自然行为表达，提高产品质量。在肉鸡饲养环境中布置细绳和沙盘可以增加肉鸡在饲养过程中的觅食行为，有利于减少肉鸡的腿病；在羊舍内增加富集材料后可以提高小尾寒羊肢体的清洁度，并增加其游走时间和采食时间，减少争斗；为猪提供打结尼龙绳、链子，悬挂金属棒等可以减少猪在混群后 3 周内争斗行为的发生；为仔猪提供无毒咀嚼棒和音乐可以增加仔猪的躺卧时间并减少唾液中皮质醇的含量（白水莉，2009；张明，2009；李柱，2011）。猪舍福利玩具见图 3-6。

图 3-6　猪舍福利玩具

不同动物对富集材料具有不同的偏向性。鸡对富集材料的颜色存在偏好，蛋鸡喜欢白色和黄色，不喜欢蓝色和橙色，单纯的白色比黄白组合或其他混合色对蛋鸡更具有吸引力；而在白色的绳子上缀上闪光的小珠子能降低鸡的啄癖。Weerd

等（2003）观察了猪在 5d 内对 74 种不同物体的关注度以研究其对富集材料的偏好。结果显示，猪更喜欢有气味、可变形、非附着型、可咀嚼的物体。

4. 应用新型养殖生产系统

猪的限位饲养工艺严重限制了猪的活动空间、周边环境与福利条件。为提高母猪福利并减少禁止母猪传统限位饲养所带来的冲击，欧美各国在开发新型福利化母猪养殖系统方面进行了诸多尝试。荷兰 Nedap 公司在 21 世纪初开发了 Nedap Velos 智能化母猪饲养管理系统，推行待配母猪、妊娠母猪的混合群养，设置精准饲喂器、分离器、母猪发情鉴定系统等核心设备，实现了母猪精准饲喂和自动分离管理。对于该系统，配备 1 个采食器和 1 个分离器，可以饲养母猪 50 头。在粪便清理上，Nedap Velos 智能化母猪饲养管理系统在猪舍内设置漏缝地板，下方建造深粪坑（图 3-7）。Nedap Velos 智能化母猪饲养管理系统目前在荷兰等国家进行了一定规模的试点应用，并在我国市场进行推广。

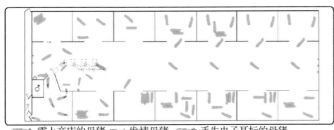

◁▭▷ 需上产床的母猪　◁▭▷ 发情母猪　◁▭▷ 丢失电子耳标的母猪

图 3-7　荷兰 Nedap Velos 智能化母猪饲养管理系统（左）和分离器（右）

具有产蛋箱、栖架、垫料区等设施的富集型鸡笼在欧洲得到推广，富集型鸡笼增加了蛋鸡的饲养空间，避免了拥挤效应，可显著增加觅食、梳羽、栖息等正常行为的表达，减少竞争行为。栖木能改善鸡的骨质强度和尾羽的状况，大量研究表明，富集型鸡笼可以提高鸡的骨骼强度。由于富集环境提供了更多的刺激，减少了饲料的浪费，提高了鸡的成活率。数据显示，富集笼养殖可以降低鸡 1% 的死亡率和平均每天 2～3g 的饲料消耗率（陈冬华 等，2010）。除了富集型鸡笼外，蛋鸡栖架饲养等非笼养系统也是传统笼养工艺的一种良好替代模式，可以提供鸡足够的活动空间和表达自然行为的条件，提高鸡的健康水平与福利状况，达到提高产品质量的目标。此外，欧洲一些国家和地区也在探索新型蛋鸡养殖系统。例如，荷兰 Kipster 蛋鸡场（图 3-8）集成了蛋鸡养殖、鸡蛋包装与运输、技术参观等功能，采用多次栖架式养殖，设置栖木、产蛋箱、料线与水线，将集约化养殖的人工控光改为自然光照，设有舍内及舍外运动场，提高了环境富集度和养殖福利。

图 3-8　荷兰 Kipster 蛋鸡场俯视及内景图

3.2.3　运输和屠宰福利

运输和屠宰是最容易产生应激的过程，运输环节中的装载、卸载、不当的驾驶、恶劣的道路环境、太热太冷的气候、通风不当、运输噪声、装载密度过高、陌生的畜禽混群、水和饲料的缺乏等都会增加应激，削弱畜禽福利，当畜禽一卸载就立刻屠宰时，苍白松软渗水（pale soft exudative，PSE）肉和黑硬干（dark firm dry，DFD）肉的发生率最高，肉品品质降低。

1. 运输中的动物福利

运输是工厂化养殖中无法避免的过程，包括公路运输、铁路运输、海上运输和空中运输等运输方式。运输对畜禽的应激主要发生在装载、卸载和运输途中这 3 个过程，运输中影响动物福利和屠宰后产品品质的因素包括装载密度、运输时间和距离、环境温度、运输工具、装卸方式等。

1）装载密度

装载密度是运输过程中影响动物福利的重要因素，对宰后肉品质的影响较小。卡车上单个动物所需的占地面积取决于运输的距离和运输时间，动物的运输距离和运输时间增加时，其对空间的需求也相对增加。装载密度较大时，运输过程中运输车的震动会引起猪体晃动，进而造成较多的皮肤损伤。周道雷等（2007）研究发现，运输密度为 11.4 头/m^2 和 6.8 头/m^2 时运输断奶仔猪，体重损失分别为 3.6% 和 4.1%。当猪的平均重量为 120kg 时，最合理的运输密度为 $0.48m^2$/头（Gade and Christensen，1998）。

2）运输时间和距离

对运输影响的研究大部分集中在对肉品质的影响。运输对肉品质的影响主要是通过影响肌肉中的糖原储存来实现的，一般情况下，短距离运输易出现 PSE 肉，而长距离运输则容易出现 DFD 肉（图 3-9）。长时间运输对畜禽的影响大于短时间运输。

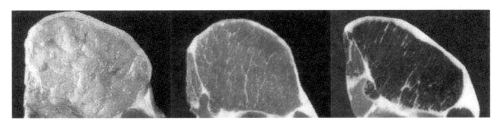

图 3-9 PSE 肉（左）、正常肉（中）及 DFD 肉（右）

研究表明，3h 的运输时间就能导致猪肌肉疲劳和肌酸激酶含量升高，长时间运输更会加重猪的疲劳。与短途运输相比，长途运输的动物更易发生疲劳、脱水、饥饿、甚生免疫抑制，进而增加动物疾病的传染（Lambooy，1988）。Vecerek 等（2006）对超过 400 万头猪的屠宰记录进行了分析，其研究结果表明，随着农场与屠宰场之间距离的增加，死亡率几乎也呈线性增加。距离小于 50km 时（约等同于 1h 的运输时间）死亡率为 0.06%；距离大于 300km 时（6h 以上），死亡率增加 6 倍，高达 0.34%。在炎热天气条件下经过 8h、16h 和 24h 运输后猪的活体损失率分别为 2.7%、4.3% 和 6.8%，即使在待宰圈停留，这种损失也不能完全补偿（Mota-Rojas et al.，2006）。也有研究表明，极短时间（小于 1h）运输和较长时间运输对动物的危害最大。德国对猪的流行病学研究结果表明，小于 1h 运输和超过 8h 运输中，猪的死亡率、血液循环问题和骨折等的发生率相差不大。Pérez 等（2002）的研究结果表明，与 3h 行车时间相比，15min 行车时间内猪的福利更易受到损害。

3）环境温度

热应激是运输过程中造成畜禽死亡的一个重要原因。猪没有汗腺，所以对热应激表现得异常敏感，同时运输途中的高温会引起动物脱水，在缺乏饲料和饮水补给的条件下，高温大幅增加运输应激。研究表明，当温度高于 20℃ 时，猪的死亡率随着温度的升高而升高（Sutherland et al.，2009）。当环境温度从 5℃ 升高到 22℃ 时，猪的运输死亡率从 0.04% 上升到 0.16%（Warriss and Brown，1994）。温度过低时，动物为了减少身体热量的散失而聚集在一起，但这种拥挤会增加动物间的争斗和运输途中的身体损伤。因此，在猪的运输过程中应避免极端温度（>30℃ 或<5℃）。夏季运输时，可以通过喷洒冷水来降低猪的体表温度，或选择在较清凉的早晨、晚上出行；冬季运输时，可以把敞开式运输卡车改为封闭式或在卡车地面铺些厚厚的稻草（张俊玲和包军，2013）。

4）运输工具

运输工具的设计是影响运输中动物福利的首要因素，如果运输工具设计不当，以至于装载困难，会导致畜禽个体产生较强的应激，可能在开始运输时就处于应激状态。以猪为例，运输猪的卡车从小型单层车到大型三层车各异（图3-10）。一般情况下，三层卡车运输时猪的死亡率和疲劳发生率比两层车或一层运输车都要高（Kephart et al., 2010）。大量研究表明，卡车内最易引起死亡的位置是卡车的下层和前室（Marchant-Forde, 2009）。运输工具的通风设计、车内是否设置饮水和饲喂设备也会影响运输过程中的动物福利。此外，短途运输的单层卡车运输带有氟烷基因的猪，其死亡率较高（Correa et al., 2010）。运输车内隔栏的设置可以减少猪相互混群后的争斗现象，提高运输过程中的动物福利。运输卡车多使用异型金属作为地板，可以在地面上铺加一层轻质的垫料（如锯末或刨花），以起到保温隔热的作用，同时还可以减少装卸过程中产生的噪声。

图3-10　动物运输工具：双层运牛车（左）和三层运猪车（右）

冬季运输时，关闭通风窗可以最大限度地减少或者防止空气流动，保持车内温度，减少冷应激。在我国典型运输模式下，禁食禁水是运输过程中重要的应激源。邓红雨（2013）的研究表明，肉牛禁食禁水、长途运输33h可导致其出现代谢水平增高、生长受阻、肝脏受损、离子平衡失调等问题，运输72h后代谢虽有所恢复，但仍未恢复到运输前状态。

5）装卸方式

装卸过程中的应激程度受动物的饲养环境、转群经验、驱赶方式及装卸方法影响。Geverink等（1999）和Beattie等（2000）的研究表明，饲养在富集型圈舍中的猪比在单一环境中的猪生长速率高，屠宰后肉品质更好，并且在装载时花的时间更少。畜禽以前的转群经验和畜禽的驱赶方式涉及饲养员和畜禽间的互作，如果饲养员在赶猪时采用负向行为（如电棒电击）或者是畜禽以前经历过暴力驱赶等，应激反应就越发强烈，出现儿茶酚胺、乳酸、皮质醇等激素分泌量增加，心跳加快等问题（Marchant-Forde, 2009）。

养殖业中最常见的装卸方式是采用装猪台或装牛台（图3-11）。装猪台或装牛台通常是一个斜坡，其平台部分高度与卡车底部甲板高度一致，畜禽可以从装猪台或装牛台上移到运输卡车。装卸会影响动物福利是因为将畜禽从地面移到车上或从车上移到地面时，需要强迫其在陡峭的斜坡上走动，体力消耗很大，并且装卸载时，畜禽会对陌生人和陌生环境产生恐惧心理（Broom，2005）。研究表明，在我国典型装卸方式下，分别使用 20° 坡角的坡道和 1.4m 高的平台进行肉牛装卸时，坡道组牛的应激更为强烈，表现为体温升高，出现攻击、逃跑、哞叫等行为（邓红雨，2013）。因此，装载时，卡车需要配置防滑斜面，便于畜禽攀爬和防止摔倒，斜面角度最好不超过 20°。

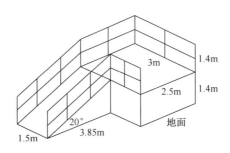

图 3-11　装牛台示意图（邓红雨，2013）

2. 屠宰中的动物福利

屠宰过程造成动物福利问题的主要原因如下：①畜禽在到达屠宰场时状态不好；②畜禽从待宰栏到屠宰车间的路上存在阻碍其正常前行的干扰物；③屠宰的方法和设备不当使动物应激反应太大；④屠宰人员缺乏经验。因此，屠宰过程中的动物福利水平受屠宰前处理、待宰设施、屠宰方式等影响（Grandin，1996）。

1）屠宰前处理

屠宰前处理包括屠宰前的休息（即待宰时间）和屠宰前的淋浴。畜禽在运输过程中由于环境的改变或是受到惊吓等外界因素的刺激会产生一定的应激反应，如果畜禽卸载后就立刻屠宰，肉品质将受到严重影响，因此需要在屠宰前进行休息，使畜禽得到恢复（尹红轩 等，2009）。不同的待宰时间影响动物屠宰后的肉品质，研究表明，短时间运输和短时间的宰前休息时，猪的 PSE 肉产生率为 22%，DFD 肉产生率为 9%；长途运输配合长时间宰前静养时，PSE 肉的产生率可以降到 9%，而 DFD 肉的产生率却上升到 11%（Aziz，2004）。由于各地区的运输条件不同，目前研究给出的待宰时间最短、最长和平均值分别为 3h、32h 和 5h，变化范围很大，但大多数研究推荐的最佳待宰时间约为 3h。

先世雄（2006）研究了屠宰前不淋浴、淋浴后马上屠宰和淋浴后 5min 屠宰对猪肉肉色和肉品质的影响，发现屠宰前不淋浴和淋浴后马上屠宰均会引起轻度的DFD 肉，pH 也较高，为次鲜肉；而屠宰前不淋浴猪的猪肉菌落总数显著高于淋浴猪的猪肉菌落总数。屠宰前淋浴可以改善肉品质和提高福利是因为淋浴可以降低体温，缓解畜禽在运输途中因不适环境所发生的各种应激反应，使畜禽更加安静，减少打斗行为，便于击晕操作。淋浴还可以清洁畜禽体表，减少气味及屠体在加工过程中的污染，并保证良好的放血效果。淋浴时间以 3～5min 为佳，水温最好控制在 20℃左右，淋浴后应休息 5～10min，这样有利于宰杀放血和提高肉产品质量（丁松林和易洪斌，2008）。

2）待宰设施

地面、通道、待宰圈、击晕间等的布局和构造是宰前处置过程中使畜禽所受应激最小的关键因素，是提高动物福利和保障肉品质的重要设备。畜禽在陌生地面上行走会感到不安，例如，饲养于漏缝地板上的猪会对水泥地面产生警觉。通道上如果有干扰畜禽注意力的因素时会阻碍动物前行。Grandin（1996）对 33 个屠宰场中会导致阻碍猪前行的外界干扰因素进行了调查（表 3-1），其中有 24%的屠宰场出现猪因为突如其来的响声而表现出恐惧的情况。待宰圈的环境影响圈内动物发生争斗的次数。待宰圈内给猪提供玩具，如装满玉米的塑料球，可以降低猪的皮质醇和乳酸水平，降低应激反应，减少肩关节损伤（Peeters and Geers，2006）。

表 3-1   外界干扰因素对猪在通道中的行为表现（Grandin，1996）   单位：%

干扰因素的种类	可接受，在通道中快速前进	不可接受，在通道中行动缓慢
照明问题（太亮或太暗）	85	15
有气流迎面吹向动物	91	9
有物体移动或有物体反光	76	24
电机或排风扇的噪声	76	24

3）屠宰方式

为保障动物福利和肉品质，放血前通常需要将畜禽击晕。畜禽屠宰需要经历击晕和放血两个过程。最早使用的致晕方法是用斧头或锤子击打畜禽的头部使其昏迷，但由于力量不足和低准确性，很多猪不能在放血之前失去知觉，故后来被手枪型机械式致昏器所取代。目前常用的致晕方法有电击致晕和 CO_2 致晕两种。

电击致晕方法快速、致昏程度深。已有的研究表明，50Hz、500Hz 和 800Hz 的频率在电击后 0.3s 内都会起效，但是更高频率的电击（2000～3000Hz）则无法有效地使猪昏迷（Troeger and Nitsch，1998）。电击的位置也会影响击晕的效果，将电极置于畜禽头部两侧的方式可以诱导其出现暂时的麻痹，但如果不进行快速放血，畜禽可能很快就恢复知觉。适当的电流通过畜禽脑部造成实验性癫痫状态，引起畜禽心跳加剧，全身肌肉发生高度痉挛和抽搐，可达到良好的放血效果。电流不足则达不到麻痹感觉神经的目的，使应激反应加剧。

CO_2 致晕法需要畜禽与气体接触足够长的时间才能完全昏迷，接触时间取决于气体的浓度，存在一定的福利问题。暴露在高浓度的 CO_2（80%～90%）时，猪在失去意识之前就出现了严重的呼吸窘迫综合征，当 CO_2 浓度下降（20%～70%）后这种情况仍然会存在（Marchant-Forde，2009），且 CO_2 致晕会有放血后动物恢复意识的现象发生。生产上使用 CO_2 与氩气（Ar）或空气与 Ar 的混合气体，可以减轻单纯由 CO_2 击晕引起的应激，同时缩短击晕所需时间。混合气体击晕法不仅效果好，对畜禽的应激小，而且还可以改善肉品质，是比高浓度 CO_2 更人道的击晕方法（姚春雨，2007）。

一般情况下，畜禽击晕后应在 15s 内进行放血，为保证动物福利，放血与击晕之间的时间间隔应当尽量短，避免出现放血后动物因恢复知觉而挣扎的情况。畜禽放血的方法有切断颈动脉血管法、刺杀心脏法和切断三管（血管、食管、气管）法。选择哪一种放血方法应根据畜禽状况而定（李卫华 等，2005）。

3.3　生物安全

依靠生物安全措施，保障养殖动物健康，也被认为是动物福利的组成部分。"生物安全"（biosafety）一词最初是在 1973 年人类历史上第 1 次基因重组实验成功后提出来的，针对的是可能由基因工程技术及其产品所引起的安全性问题；随着技术的进步，人们对生物安全的认识不断提高，其含义逐渐转变为涵盖生物多样性、生物入侵、转基因生物、传染性疾（疫）病等内容的综合安全问题（张旭，2017）。随着养殖业的快速发展，畜禽疾病也呈现出多样性，新病不断出现，老病频发，尤其是病毒毒株不断变异，给疫病防控加大了难度。对此不管是临床兽医还是养殖场都从各方面加大了防控力度，并把生物安全体系建设作为疾病防控的主要措施（张炜和王敏，2021）。猪场生物安全管理是生猪养殖安全管理的重要环节，是猪场动物疫病预防和控制的基础。我国自发生非洲猪瘟疫情后，生猪产业受到了极大影响，而生猪养殖生物安全水平薄弱是疫情快速蔓延的主要原因之一（翟海华 等，2020）。

生物安全措施是指通过有效方法将可传播的传染病、寄生虫病等疾病排除在外的安全措施。在实际生产过程中，单纯的环境控制已经不足以满足生产中有效防控各种疾病的需要，更不能代表生物安全体系的建设，实际上，生物安全是一种系统化的管理手段，生物安全体系建设更是一个庞大的工程（罗志楠，2020）。

1. 制定生物安全计划和制度

养殖场须请兽医或相关专家制定适应本场的生物安全计划。在制定有效的生物安全计划前，要了解畜禽疾病的流行情况、传播途径、控制方法及疫情传入和暴发的潜在风险等。生物安全计划定好后，还要根据本场畜禽的健康状况进行适时调整。建立完善各项制度（如人员进出制度、人员消毒制度、车辆消毒制度、安全生产管理制度、物质进出和消毒制度等），做到以制度管人，奖惩分明、人人平等、以理服人，采取绩效管理。

2. 场址的选择与建设

养殖场从规划选址开始就要考虑生物安全的重要性，考虑场区位置、朝向对日后健康养殖的重要作用，这关系到日后能否顺利实施生物安全水平设施建设。养殖场的规划应选择符合生物安全，远离居民区，水、电、路方便，与交通要道保持一定距离的位置，且在能自行封闭的地点建设养殖场。养殖场布局要合理，各功能区区分明显，能自行封闭、独立成区（罗宏明，2022）。

（1）养殖场的选址与布局应充分利用自然条件和社会条件，合理利用养殖场原有的自然地形、地势和水、电、路等公共资源。采用多点式饲养模式，对场内办公区、生活区、生产区、隔离区及无害化处理区进行科学布局，保持合理朝向和各区间距，提升生物安全等级。

（2）生产区全封闭，生产区内的配种、怀孕、哺乳、保育、育成、育肥各阶段的饲养区既能独立成区，又能相互联系，布局从怀孕、哺乳、保育、育成、育肥依次排列，各区人员、工具等各自独立，互不交叉。

（3）整个养殖场与外界严格隔离，养殖场边界采用砖头围墙或建立围栏，围墙或围栏高度应达 1.8m，严禁其他畜禽和无关人员进入养殖场，养殖场内生活区与生产区严格分离，各自封闭。

3. 严格执行卫生消毒措施

消毒可以大幅降低养殖场内外环境中的病原微生物含量，降低畜禽疾病发生概率，也会降低因为疫病防控而产生的医药费用。卫生消毒是任何养殖场都要重视执行也是最容易出现漏洞的环节。常见的消毒有人员消毒、车辆消毒和饲养畜禽消毒等（张炜和王敏，2021）。

（1）在养殖场门口设立人员消毒室是非常必要的。所有进入养殖场的人员要经过彻底消毒后才可以进入。非养殖场工作人员尽量不要进场，如须参观或者其他行为要严格执行淋浴消毒、换衣靴及提前隔离等制度，进入场区如非必要也尽量不直接进入饲舍，可以通过办公区的监控（有条件的养殖场）参观，或者走参观通道。

（2）外来的车辆（如饲料车等）需要彻底消毒后才能进入场区，需要注意的是，车辆消毒不单是外表和轮胎，对驾驶室内也要进行严格检查消毒。同时车上随行人员也必须经过独立消毒后才能进入场区。

（3）养殖场内消毒的区域包括舍内外、笼具、墙壁、舍顶、地面、料线、水线及饲喂器械等。畜禽出栏后，必须将前面所提到的全部进行消杀处理，然后进行适时地空栏，为下一批进入做准备。

（4）除了必要的消毒，养殖场内的消毒液需要准备充足，一是数量上充足，不能让消毒液在生产中出现断档。二是品种充足，最少准备两种以上，以做到经常更换消毒液（如碘制剂、氯制剂和季铵盐类等）。有的养殖场内的消毒池流于形式，放入消毒液后，水不干不换，或者周边没有疫情发生不更换，这样根本达不到消毒的目的。

（5）货物进入养殖场要在指定区域进行消毒处理，养殖场人员所需的所有生活用品由养殖场统一购买，消毒处理后分发到所需员工。生产区所需原料、兽药也都应经过指定区域进行熏蒸、紫外线、臭氧等消毒处理。

4. 强化人员管理制度

（1）养殖场根据工作需要选聘适合本职岗位、责任心强、爱岗敬业的饲养员、兽医技术员及管理人员。设岗定人，职责分工明确，员工相对长期稳定，不能随意更换和选聘新人员，用高薪、舒适的工作环境留住人员。

（2）养殖场内人员固定，生活区与生产区分工清楚，不得混杂。设立两个场长：生活区场长负责生产以外的事情，生产区场长只负责生产有关的事情。严禁非生产区人员进入生产区，同时生产区内各功能区人员严禁串岗，用穿不同颜色场服区分不同功能区的员工。

（3）养殖场设置场外办事人员，负责场外相关事情的处理，以及养殖场与相关业务单位的接洽，场外办事人员不得进入养殖场，所有与养殖场的业务联系都采用电话、微信、视频开展。

5. 建立疾病检测体系

建立健全疫病诊断和疫情检测体系，防患于未然。到指定有资质的第三方病原学实验室进行病畜病禽的检测，以及新录用人员和年休假回场人员的检测。定期开展场内饲料、水样、物品、环境样品的检测。养殖场须做好本场的疫苗免疫计划，安排合理的免疫程序。免疫程序制定要遵循的 3 个原则如下。①要参考当地近年疫情的发生情况。例如，常见的传染性喉气管炎，如果周边从来没有发生过该疫情，那么养殖场也可以不接种传染性喉气管炎疫苗。②要根据饲养的品种、饲养周期而定。③疫苗的选择及妥善保管也是重中之重，一是要选择国家认证的有资质的生产企业生产的疫苗；二是规范保管疫苗，冷藏苗和冷冻苗要区别开。三是使用时要仔细检查疫苗的名称、性状、生产日期、有效期、疫苗瓶是否破损等，防止用错疫苗或者使用过保护期的疫苗。有条件的规模养殖场应自行建设动物病原学实验室，开展检测工作，以便缩短检测时间和扩大检测数量，关口前移，提高重大动物疫病防控水平和能力。

6. 引种隔离制度

引种时应对供种场进行资质和畜禽健康状态评估，应到具有《种畜禽生产经营许可证》、检疫合格、系谱完整、畜禽健康的养殖场进行引种。按照就近原则进行引种，刚引进的种畜禽须到指定的隔离舍进行临床表现隔离观察和病原学检测，应为隔离畜禽提供干净、干燥、舒适的生活环境，防止其与任何其他畜禽和野生动物直接接触。隔离舍应有自己的粪便处理设施，避免通过粪便储存和排放造成疫病传播；隔离舍应有清洁的饮水，应有独立的空间、水源和饲料；隔离舍要有专人看管，且该人只能在隔离舍工作，其使用的工具不能带出隔离区；隔离畜禽要全进全出，混群前要对其进行清洗、消毒；畜禽转移后，要对隔离舍进行全面清洗（包括清理饲料）、消毒，并至少晾干 6h。隔离期结束后，确认引进种畜禽健康，病原学检测阴性才能并群使用（罗志楠，2020）。

7. 严格生物媒介控制

（1）啮齿动物：要检查建筑物和饲料储存区是否存在啮齿动物粪便和巢穴；确定并切断其食物来源，捣毁巢穴、堵住漏洞，防止其反复进场；使用相距 3～6m 的陷阱或诱饵站捕捉啮齿动物；对死亡啮齿动物不得徒手触摸，须妥善处理；保持清洁和定期检查隔离设施，防止更多啮齿动物进入养殖场。

（2）鸟类：为减少畜禽与鸟类及其粪便的接触，首先要评估当前养殖场中野鸟的相关情况。评估内容包括：确定养殖场内野鸟种类及其筑巢、洗澡和栖息的地方，检查养殖场是否有大量鸟粪，观察野鸟类是否停留在养殖畜禽身上，观察鸟是否在养殖水槽中洗澡。根据评估结果采取相应防控措施，包括：安装防鸟屏障，防止鸟类进入谷仓；确保给料机等设备封闭；及时清理水槽及食槽；对室外饲养的养殖畜禽，确保其远离鸟类聚集的水域；捣毁场内的鸟巢和鸟蛋，及时清理洒落的饲料，播放鸟类驱离声音，安装反光镜，等等。

（3）寄生虫：按季度监测畜禽粪便，以确定畜禽体内是否存在寄生虫感染，根据检查结果完善驱虫程序，同时实施有效的杀灭蚊蝇计划（翟海华 等，2020）。

综上所述，生物安全建设涉及养殖的各个方面，每个层面都要注重细节，都要执行到位，只有把每一个点都做好了，连点成线，汇线成面，生物安全体系才构筑完成，养殖场才能够健康稳定地发展下去，畜禽健康是动物福利的基本前提。

第4章

养殖微生态系统控制

4.1 畜禽微生态概念、组织和动力学

4.1.1 畜禽微生态的概念

1866 年，德国生物学家恩斯特·黑克尔（Ernst Haeckel）首先提出"生态学"（ecology）这一概念，并将生态学定义为动物与有机环境和无机环境的全部关系。从现代观点来看，生态学是研究生物与其周围生物环境（biotic environment）和非生物环境（abiotic environment）之间相互关系的一门科学，这是较为全面和科学的生态学定义。其中，非生物环境包括非生命物质，如土壤、岩石、水质、空气、温度、湿度、光照和 pH 等。生物环境包括微生物、动物和植物，这些生物之间存在着生物种内和种间关系。生态学是研究生命系统与环境系统之间相互作用规律及其机理的科学，它是一门多学科性的科学，也有人把生态学称为环境生物学（environmental biology）。

微生态学（microecology）是近几十年发展起来的一门新兴学科，是多学科发展扩散，相互交叉、渗透形成的以微生态平衡、失衡和调节为核心的交叉学科，属于生态学的一个分支（张鸿雁 等，2010）。微生态学的概念最早由德国人海纳尔（Haenal）与洛曼（Lohmann）等于 1964 年提出。1977 年，德国的福尔克尔·鲁西（Volker Rush）正式定义了"微生态学"的概念，并建立了第一个微生态研究所，该所的主要研究工作是将活菌制剂（生理性细菌制剂）用于生态调整或生态疗法，如大肠杆菌、双歧杆菌、乳杆菌等制成的活菌制剂用于调节畜禽肠道微生态平衡。由于研究的对象是正常微生物群的生态规律，很自然地就形成了一个微观生态的概念。1985 年，鲁西重新定义了微生态学的概念：微生态学是细胞水平或分子水平的生态学，即生态学的微观层次。按目前学术界的观点，微生态学应当是研究正常微生物群与其宿主之间相互关系的生命科学的分支，是生态学的微观层次。微生态学作为一门新兴边缘学科，经过几十年的发展，在理论及应用上都取得了不少成就，在世界范围内也带来了一系列的观念性变革。

随着科学的进步和微生态学的发展，微生态学与其他学科一样逐渐形成许多

分支。按研究领域和应用目的不同微生态学可分为人类微生态学、动物微生态学和植物微生态学。各分支学科间的相互联系、相互促进，使整个微生态学得以全面纵深发展。

畜禽微生态学是在细胞水平和分子水平上研究正常微生物与畜禽内、外环境之间相互依赖、相互制约的微生态科学，具有独特的理论体系和方法学。畜禽微生态学的内涵主要体现在 3 个方面。

（1）研究正常微生物群与畜禽体内环境之间的相互关系。畜禽体内存在的数量和种类繁多的正常微生物与动物的免疫、营养、生物屏障、生物拮抗、急性感染和慢性感染等都有着非常密切的关系。正常微生物在畜禽体内经过长期进化而形成，是机体不可缺少的因素。例如，反刍动物需要的能量 70%以上可以由瘤胃中分解纤维素的微生物产生。

（2）研究微生物与微生物之间在健康畜禽体表、体内之间的关系。正常情况下它们都保持相对稳定的平衡状态，相互之间主要表现为栖生、互生、偏生、竞争（拮抗共生）、吞噬、寄生等关系。当从自然界或畜禽体内分离、鉴定的有益微生物进入动物体内后，它们一方面与宿主体内原有微生物在新的情况下建立相对稳定的平衡状态，另一方面在畜禽的免疫、营养、急性感染和慢性感染，以及环境净化等方面都发挥着强大且有针对性的作用。

（3）研究畜禽与外界环境之间的关系，主要指畜禽生存环境周围的空气、水质、粪尿、土壤、各种用具、饲料中的微生物及各种药物等对畜禽的影响。例如，空气中的微生物与畜禽呼吸道正常菌群有关，饲料、饮水及粪尿中的微生物与畜禽消化道正常菌群有关，饲料中的有毒有害成分与畜禽肉、蛋、奶的品质及药物残留密切相关。综上表明，微生物、畜禽、外界环境三者之间关系极为密切。

4.1.2　畜禽微生态的发展历史

畜禽生态学是微生态学的分支，主要研究正常微生物与畜禽内、外环境的相互关系。畜禽微生态学作为一门独立学科的历史并不长，但有关理论与实践的报道却早已广泛出现于各类文献中。微生态学的发展体现了畜禽生态学的形成过程。微生态学的萌芽具有悠久的历史，其起源至少是与微生物（细菌学）同时期。微生态学的发展史大体可分为启蒙时期、停滞时期、复兴时期和发展时期 4 个阶段。

1）启蒙时期（史前时期～19 世纪初）

至少在 5000 年以前，我国先民就已经学会了利用微生物酿酒。公元 5 世纪的《齐民要术》详细地叙述了制曲和酿酒技术。利用有益微生物生产酱油、食醋和腐乳等发酵调味品在我国也有着悠久的历史。在医学方面，六神曲等微生物菌剂也很早地被应用于疾病治疗。但是由于科技水平的限制，当时的人们并不能看到微生物的个体，直到 1676 年荷兰人安东尼·范·列文虎克（Antony Van Leeuwenhoek）（1632—1723）用自制的世界上第一台显微镜观察到细菌。他利用该显微镜以直接制片法（悬滴）在暗视野下观察到了动物、植物和人类标本的正常微生物群。不仅发现了微生物的形态，还发现了微生物生态，即微生物在自然环境内的种类、数量、分布及相互关系。因此，从某种意义上讲，可以认为列文虎克是微生态学的开创者。此后，科学家们除了继续进行各种微生物观察外，还对微生物进行了培养。当时的培养方法主要是液体混合培养，尽管混合培养不能建立微生物种群的概念，但对于生态学的研究影响深远——事实上，在自然条件下微生物本来就是混合而非单独存在的。在纯培养技术出现之前，法国的路易斯·巴斯德（Louis Pasteur）（1822—1895）就以液体混合培养解决了法国酿酒业的酸败问题，同时也解决了乳酸、乙酸和丁酸发酵的问题，这些发酵技术和理论都是建立在初步的微生物生态学知识基础之上的。纯培养技术的创建是微生物学发展的里程碑。德国细菌学家罗伯特·科赫（Robert Koch）（1843—1910）发明的固体培养基是纯培养技术的核心，以琼脂为基础制作固体培养基迄今已延续了 100 多年。有了纯培养技术，才能进行科学的微生物学与分类学的研究，这把微生物学推向了新的高度，也解决了微生态学中的微群落、微种群定性、定量与定位研究等关键问题。1676～1900 年，人们根据直接制片、混合培养及纯培养技术所获得的信息，对正常微生物群有了初步的认知。不同科学家从不同角度对正常菌群提出新的证据和看法。巴斯德从他所从事的发酵工业所取得的知识出发，认为正常菌群是有益的，人或畜禽必须具有正常菌群。人或畜禽在消化食物时，需要通过细菌和真菌的发酵将淀粉、多糖降解为单糖才能将其利用。巴斯德是一个卓越的细菌学家和化学家，他的理论得到很多人的支持，但也有反对者。有的学者甚至提出"正常菌群有害说"，认为肠道菌群，特别是大肠杆菌，具有腐败作用，这些细菌使未消化的食物分解产生大量腐败产物，如靛基质、H_2S、胺类等，使机体慢性中毒，引起动脉硬化，加快衰老。

2）停滞时期（1910～1944 年）

进入 20 世纪，世界各地人们的交往更加频繁，促进了传染病的大流行。霍乱、鼠疫、天花、流感、肠伤寒、斑疹伤寒、回归热等都曾发生大规模流行甚至席卷全球，夺去了亿万人的生命，严酷的现实迫使人们再次把注意力集中到病原微生物的研究上。从 19 世纪末到 20 世纪初，在巴斯德和科赫等成功经验的激励下，国际上出现了研究病原菌的热潮，大部分传染病的病原体先后被发现，以至于使人们形成了微生物有害的片面观点。观念错误在很大程度上阻碍了人们对正常菌群的研究，时至今日，仍有不少人以病原微生物的观点来看待正常微生物群，这对于微生态学的发展无疑是一种阻力。造成正常微生物群研究停滞的另一个原因是方法学的缺陷。自列文虎克发现微生物以来，研究发现人的粪便中存在着大量的微生物，但其中只有少数微生物能够被培养，因此长期以来粪便中的细菌都被认为是死菌。德国柏林自由大学的海纳尔在 1957 年利用厌氧培养法发现这些细菌90%以上都是活的。方法学的缺陷导致 20 世纪 50 年代之前人们在正常菌群方面知识的贫乏。尽管这一时期面临种种困难和阻力，但在技术、理论和知识上的积累酝酿着微生态学新的发展。

3）复兴时期（1945～1969 年）

这一时期的 3 件大事对微生态学的发展起到了极大的推动作用。

一是抗生素的出现。1929 年英国的亚历山大·弗莱明（Alexander Fleming）（1881—1955）发现了抗生素。1945 年，抗生素在美国投入工业生产，从此开创了抗生素工业时代。抗生素在与传染病的斗争中起到了不可磨灭的作用，挽救了亿万人的生命。但抗生素在使用过程中也出现了一些问题：引起菌群失调，破坏正常微生物群的生态平衡，出现二重感染或定位转移等问题；在抗生素的"压力"下，细菌经自然选择保留下的耐药性质粒在种内、种间甚至属内传递，造成耐药菌的增加，使临床治疗更加棘手，等等。

二是无菌动物的饲养。从 19 世纪末到 20 世纪 40 年代，经过 70 多年的探索，人们终于获得了无菌动物饲养的成功经验。无菌动物对正常微生物群的生理、营养、生物拮抗及其与宿主关系的研究，都是一个不可缺少的实验模型。之后，人们又研制了悉生动物，把无菌动物与一种、两种、三种或更多微生物相联系，分析单一的或联合的微生物作用。这项技术是微生态学的重要方法学之一。

三是厌氧培养技术的发展。厌氧培养技术的进步使过去只能在光镜或电镜下看见而不能培养的厌氧菌得以被人工培养，从而有力地促进了微生态学的发展。

4）发展时期（1970 年至今）

自 1970 年以来，微生态学已进入现代化时期。微生态学的重大理论意义和实际意义使它在生命奥秘的探索、健康长寿等方面受到了极大关注。微生态学的现代化特征包括以下几个方面。

一是与现代生命科学分支的融合。微生态学与细胞学、分子生物学、基因工程学、免疫学、系统论、信息科学、自动控制（计算机）等学科互相渗透、互为基础、互为联系。

二是电镜技术的应用。电镜技术使原位观察微生物与微环境及更细微的结构成为可能。病毒与细胞或亚细胞结构也可由电镜观察到。

三是悉生生物学作为一门方法学被引入微生态学。1945 年，雷尼耶（Reynier）提出了"悉生生物学"（gnotobiology）这一概念，概括了无菌技术和由无菌技术取得的科学信息，其主要研究内容是正常微生物群与其宿主在细胞水平或分子水平上的相互关系。

四是微生物分类学（microbial taxonomy）的新发展。现代分类技术包括原核细胞分类、数值分类、核酸分类、遗传学分类，以及血清学与化学分类，这些分类法为微生物分类学的发展提供了前所未有的研究条件。

五是用微生态学观点解释微生物和环境间的诸多现象。美国哈佛大学的杜博斯（Dubos）等基于双歧杆菌的研究提出了假说——正常微生物群在固有生境内不致病，只有转移到外生境才能致病，前者称为原籍菌群，后者称为外籍菌群。微生物学上的同一种菌因生境改变而成为两类菌，这只能用微生态学的观点来解释。自此，大量的生态学观点和术语被引到正常微生物群的研究领域中。

20 世纪 70 年代后期，四川农学院致力于畜禽下痢的研究，针对畜禽服用抗生素导致菌群失调、耐药菌增多等弊端，用筛选出的无病原性大肠杆菌 SY-30 菌株，制成大肠杆菌活菌剂预防仔猪黄痢并获得了良好效果。与此同时，江苏农学院研制的 Ny-10 制剂预防仔猪黄痢也获得了良好效果。20 世纪 80 年代初，何明清（1994）根据对下痢仔猪与健康仔猪 12 种肠道菌群的定量结果分析，提出了仔猪下痢主要是因为肠内菌群比例失调的新理论，为研究和应用微生态制剂提出了新的理论根据。此后国内外多家研究单位相继发表大量类似的研究文章。在该理论指导下，成功研制了一些有助于保护畜禽肠道生态平衡和恢复正常菌群的微生态制剂。20 世纪 90 年代的文献资料统计结果显示，用微生态制剂中的饲用微生物添加剂替代抗生素作为替代配合饲料的添加剂，在对畜禽的平均总效应方面有明显改善，如使断奶仔猪成活率提高 4%～5%，降低鸡白痢发病率并提高鸡的成活率，降低仔猪腹泻率及雏鸡肠道疾病发生率等（刘定发 等，1999）。进入 21 世纪，随着抗生素的滥用，畜禽肠道菌群失调、耐药细菌增加、食品药物残留超标等状况越来越受人们的重视。全球数据表明，抗生素滥用导致了机体严重的耐药性，预计到 2050 年因为抗生素耐药性死亡的动物数量将达到 1000 万。为此，欧盟从 2006 年就开始全面禁止促生长抗生素在饲料中的添加。与此同时，功能性抗生素替代产品（有机酸、中链脂肪酸、植物提取物及酵母提取物等）在饲料中广泛使用，以调节畜禽肠道内环境的平衡。

4.1.3 畜禽微生态空间及组织

1. 畜禽微生态空间

空间一般认为是环境的同义词，微生态空间层次与动物体的生态层次相互联系。一定动物体的生态层次有一定的生态空间，反之，一定微生态空间也被一定层次的动物体占据。正常微生物群的生态空间是动物体的个体、系统、器官、组织和细胞，并以这些部位作为生态环境。这个生态环境包括有生命因子和无生命因子。有生命因子包括细菌、真菌、病毒、衣原体、螺旋体、原生动物等。无生命因子包括微生物与其动物体的代谢产物、细胞裂解物，以及微小环境的温度，生物化学与生物物理学的特性、营养、水分、气体、pH 及氧化还原电势等条件。这些有生命因子和无生命因子在动物体内构成正常微生物群的外环境，各种因子间相互联系、相互影响，并与各个相应层次的正常微生物综合构成一个生物与环境统一的联合体。畜禽的微生态空间一般可分为以下 5 个层次。

（1）畜禽个体。动物体个体相当于宏观生态学中的地球。地球与生物圈是一个最大的生态系，在动物微生态学中的个体与其携带的所有正常微生物群也构成一个最大的生态系，即总生态系。因此，动物体个体是微生态学中最大的生态空间，包括生态区、生境、生态点和生态位。

（2）生态区。动物体内有许多区域环境相近，但又含有许多性质相异的系统或器官，称为生态区。例如，动物体各解剖系统（呼吸系统、消化系统、泌尿系统、生殖系统）和皮肤等器官，从整体来看具有统一性，但每个系统都有各自复杂的内部结构，这些在不同的内部结构中定居的微生物种类和数量各不相同。猪、马、兔、犬等属于单胃动物，在胃这个生境里定居的正常微生物群很少；牛、羊、骆驼等属于反刍动物，在胃这个生境中又分为瘤胃、网胃、瓣胃和真胃 4 个生态点。其中瘤胃内部含有相当多的分解纤维素的微生物，反刍动物所需的能量约 70%靠这些分解纤维素的微生物将瘤胃中的草料分解后得到，由此表明生态区是一个含有许多不同性质的微生物定居的生态空间。生态区定居的正常微生物群是由许多生态系构成的综合生态系统。

生态区的划分是相对的，具体划分要根据生物物理、生物化学性质及定居的微生物种类与数量来确定。以动物的消化道为例，如果说整个消化道是一个生态区，其结构就可分为口腔、胃、十二指肠、空肠、回肠、盲肠、结肠和直肠生境。实际上，对有些动物来说这些结构仍然有其亚结构，例如，反刍动物的胃含有瘤胃、网胃、瓣胃和真胃。因此，消化道是一个生态区，其亚结构胃也是一个生态区。如果舌是一个生态区，舌面、舌背、舌尖、舌根又可是其亚结构。所以，凡含有许多生境且其性质基本相似的宿主解剖系统、器官和局部都可称为生态区。生态区的上面层次是个体，下面层次是生境。

生态区除宏观结构外，还有微观结构。例如，肠道微观结构包括一般结构和特殊结构。一般结构有胃肠道黏膜外的平滑肌（即黏膜肌）、黏膜肌与外层肌之间的黏膜下层。黏膜下层有许多血管、神经、淋巴管及淋巴结。肠道黏膜表面为特殊结构——绒毛。普通动物的肠绒毛较长，无菌动物的肠绒毛较短。绒毛由吸收细胞与杯状细胞构成，绒毛的凹陷部为隐窝。

（3）生境。生境或称栖境、栖息地，在宏观生态学中也是一个相对的概念，每个生态组织都是一个对立的统一体，即每个生态组织的层次都存在于相应的生境内，这就决定了生境的相对必然性。生境是生物在进化过程中一定生态组织层次与环境相互适应、相互影响的统一体的空间侧面。生境的内容包括物理、化学和生物因素各个方面。以上即为宏观生态学中广义的生境概念。在动物微生态学中，这种广义的概念不适用于动物体内生态空间的实际情况，体内的生态空间分类更为细微。

动物的微生境有其特异性，对一些微生物是原籍生境（autochthonous habitat），对另一些微生物可能就是外籍生境（allochthonous habitat）。例如，肠道对大肠杆菌来说是原籍生境，但对唾液链球菌来说则是外籍生境；口腔对唾液链球菌来说是原籍生境，但对大肠杆菌来说是外籍生境。因此，生境的特异性是生物与环境共同进化过程中形成的，各级生态组织都可以是原籍生境或外籍生境。

（4）生态点。生态点是微生态空间的第 4 个单位，是狭义生境的亚结构。例如，舌面是一个生境，而舌尖部、舌根部、舌中心部及舌缘部却是不同的生态点，这些生态点尽管都属于舌面生境，但其正常微生物群结构并不相同。回肠黏膜是一个生境，而回上、回下及回末，即使同一段黏膜嵴部与黏膜皱褶底部也都是不同的生态点。

在电镜下，黏膜上的李氏隐窝底部与肠绒毛顶部的微生物都有特异的分布状态和定位，借助于光镜或电镜便能看到。如果出现外籍生物感染，表明这种局面遭到破坏。

（5）生态位。生态位是微生态学中的第 5 个空间单位，是生物与环境统一的一个层次。在生态位内，当对物种生存的决定因素是一个时就是单维生态位；两个时就是二维生态位；三个时就是三维生态位；如果是多个时就是多维生态位。畜禽的微生态主要是多维生态位，这就决定了微生态学中的生态位是非常复杂的。目前主要根据光镜或电镜的观察结果来判定或评价生态位的意义。

生态位是有机体的功能和作用在时间和空间上的位置。在生态位内，相异物种可以共同存在，相似物种产生强烈的竞争。因此，完全相近的异种物种不能共存于同一个生态位内，这就是高斯原理（Gause principle）或称为竞争排斥原理（principle of competitive exclusion）。透射电镜可显示出明显的图像。

2. 畜禽微生态组织

1）微生态组织的概念

生态组织是指超机体（super-organism）的组织机构。其按层次不同分为宏观生态组织与微观生态组织。个体以上属于宏观，个体以下属于微观，细胞以下属于超微观。微观生态组织同样具有高度的复杂性，其复杂程度甚至不亚于宏观生态组织。

2）微生态组织的层次

微观生态组织分为总微生态系、大微生态系、微生态系、微群落、微种群 5 个层次。

（1）总微生态系。总微生态系由整个家畜个体所包容的全部正常微生物群及少数过路的来自外环境或其他宿主的微生物群组成。总微生态系与相应微生态空间中的不同层次相结合。

（2）大微生态系。大微生态系也称综合微生态系，包括许多个微生态系，如肠道大微生态系、呼吸道大微生态系、泌尿道大微生态系等。大微生态系与相应微生态空间中的生态区层次相结合。

（3）微生态系。微生态系是大微生态系的亚结构。例如，消化道大微生态系的亚结构为口腔、胃、十二指肠等微生态系。微生态系与相应微生态空间中的生境层次相结合。

（4）微群落。微群落是指畜禽特定生态中的亚结构，它具有特异的空间位置（生境）、特殊的结构和功能，与其他生态系统有联系但一般不受侵犯，能保持其独立性。例如，不同肠道内的正常微生物群尽管经常发生密切联系，但彼此保持着各自的独立性和特点。微群落间是否具有相似性与环境关系密切：环境越接近，其微群落越相似；环境相距越远，其微群落越不相似。微群落与生态空间的关系受生态遗传学的规律控制。

（5）微种群。微种群是指在一定空间内同种个体数量的集合体，种群的下一层次是个体，但种群不是个体的简单相加，而是有机的组合。微生态学中的微种群是指一定数量同种微生物个体与其所占据的二维或多维空间的生态位所构成的统一体。从个体到群体是个飞跃，它具有独立的统一特性，也具有种群内部的组成特性。种群数量受极其复杂因素的控制。例如，在灭菌的培养基内若培养基充足的条件下，大肠杆菌可以无限繁殖；但在正常情况下，动物肠道内的微生物不会超出肠道内所有细菌与真菌总数的 1%，一般认为这与厌氧菌的优势繁殖有关。

4.1.4　畜禽微生态动力学

群落的发展或演替是群落的一个重要的动态特征，因为群落组成的动态是必然的，而静止是相对的。生态群落由于一定原因而随时间有顺序地变动，由一个自然组合转变为另一个自然组合，形成动态平衡。

1. 微生态演替

演替（succession）是指群落在一定的发展历史阶段及物理环境条件改变的情况下所产生的一种群落类型转变成另一种群落类型的顺序过程，或者说在一定区域内群落类型的替代过程。在这个过程中，群落中的有机体与环境反复相互作用，发生时间、空间上的不可逆变化。演替是生态学中的重要现象之一。对演替的研究有利于人们认识与了解生态学的运动规律。

畜禽微生态演替是指正常微生物群受自然或人为因素的影响，在其机体微生态空间中发生、发展和消亡的过程。

微生态演替过程按演替程序可分为 3 个阶段。

（1）初级演替。机体从无微生物定植到有微生物定植的演替过程称为初级演替。机体尚未定居微生物的生境中时，第一批定居到该生境的微生物称为先驱者。新生动物降生时，肠道是无菌的，出生后 1～2h 即出现细菌，开始数量很少，随后逐渐增多，直到达到第一次高峰阶段。对新生动物大便的检查可证明这一点。

（2）次级演替。一个生态系或群落受自然因素或社会因素影响，其首批定居的微生物被全部或部分排除，新的微生物进入而出现生态系或群落的重建过程，称为次级演替。次级演替主要包括自然次级演替和社会次级演替两种情况。自然次级演替是指恶劣自然环境（畜舍条件差、长途运输、气候突变及患病等）条件所引起的畜禽体内正常微生物群的生态失调和这种失调的恢复过程。社会次级演替是指引起演替的原因主要是社会因素（各种抗生素、激素、同位素的施用，外科手术等），这种生态演替也称为人工次级演替。

（3）生理性演替。各种生理性变化都会引起正常微生物群发生变化，这种变化称为生理性演替。生理性演替是研究病理性演替的基础，动物的生理性变化包括年龄、营养、食物类型、生殖及老龄化等。微生物在宿主体内的某一特定环境中，适应这一微环境的理化条件（含氧情况、pH、氧化还原电势、营养来源和性质，以及胃肠黏膜表面的分泌和组织学特性等），各自形成特定的微生态系，如瘤胃和网胃的微生物群、食草动物盲肠的微生物群、杂食动物的肠道微生物群等。这些特定的微生物群与宿主一起长期进化，共同协作。但随着生理性的变化，动物体内也会发生相应的菌群变化。例如，瘤胃微生物群与宿主保持着一定的生态平衡，随季节的变化，反刍动物的食物由干草转变为青草，瘤胃内微生物群也会随着做出适当的调整，一些新的菌型会代替上一种菌型，但这种调整不会超过生理范围，瘤胃正常菌群仍保持生态平衡。但若牛、羊偷吃大量谷类饲料或服用广谱抗菌药物，就可能会导致肠道菌群生态失调。影响生理性演替的因素除哺乳方式、换食、年龄因素外，其他因素（出牙、换牙、妊娠、掉牙等生理性变化）都会使胃肠道生态系发生一定变化，使小肠菌群和大肠菌群表现出一定的生理性演替。

2. 宿主转换

宿主转换也称为移主，是指微生物群由甲宿主转移并定植到乙宿主体内的现象，是正常微生物群的重要动态表现。宿主是有种属特异性的，不同种属宿主都有各自独特的正常微生物群，即某微生物群对甲种属是正常微生物群，对乙种属就不是，甚至是致病的。例如，鸟类的乳杆菌与哺乳动物的乳杆菌不能交叉定植。从鸟类（如鸡、鹌鹑、鸽子、鸭及火鸡等）分离的乳杆菌，可定植在其嗉囊的上皮细胞，但从哺乳动物分离的乳杆菌却不能。这一种属的特异性与上皮细胞上的特异性受体有密切联系。

1）转换方向

从进化观点来看，微生物从两个方向进行宿主转换。一个是从外环境向正常微生物群、宿主方向转换，另一个是从正常微生物、宿主向外界环境转换。前者是主要的、经常发生的，后者是次要的、偶尔发生的。宿主对正常微生物群的影响是直接的、主要的和相互的，环境对正常微生物群的影响是间接的、次要的和单方面的。

动物的正常微生物群组成中，除了自身的、特异的正常微生物外，还包含一部分由人类或植物正常微生物群转移过来的微生物；反过来，人类的正常微生物群组成中也包含一部分由动物和植物正常微生物群转移过来的微生物。由于食物链的关系，外环境微生物转移到植物，植物转移到草食动物，草食动物转移到肉食动物，或者通过节肢动物，在植物与动物之间、在不同种属动物之间，都存在着正常微生物宿主转换现象。

2）转换方式

正常微生物群更换宿主与其宿主和其他宿主的密切程度有关，前后宿主越密切，转换的概率越大，同时，由于宿主的近缘性，其正常发挥功能的可能性也越大。反刍动物自身之间、反刍动物与非反刍动物之间相比较，前者更容易发生宿主转换。微生物群宿主转换的方式主要有以下几种。

（1）虫媒方式。节肢动物有许多共生体、含菌细胞和含菌体。这些都是在昆虫体内的生物群落或解剖结构中的正常微生物群。这些微生物对其宿主的生长、繁殖、发育和繁衍都是必要的。这些昆虫如果叮咬其他动物，就会把正常微生物群传递给它们，从而出现宿主转换现象。昆虫传播微生物一直受人们重视，因为昆虫不仅传播正常的微生物，还会传播一些对人畜有害的微生物。例如，苍蝇会传播一些胃肠道致病细菌（痢疾杆菌、霍乱杆菌、伤寒杆菌等）。

（2）经口方式。草食动物吃植物，肉食动物吃草食动物，人吃动植物，总之，通过口可使其他宿主的正常微生物转换宿主。已知现在已有大量经口的人畜共患病的病原，如人畜共犯的肠杆菌科细菌、螺旋体、病毒与原生动物（原虫）等。这些微生物都有一定程度的宿主特异性，但却可在近缘的动物种属中传播。

（3）其他方式。除了上述两种宿主转换方式外，直接接触、间接接触及呼吸、排泄等方式也会使不同正常微生物群在不同宿主间转换。生物是传播微生物的一个重要因子。

3. 定位转移

定位转移是指微生物群离开原籍，游动到其他生态系、生境且能定植下来，或者说是微生物群由原籍生境转移到外籍生境或本来无微生物生存的位置的一种现象。在一个生态区域里，有外籍菌群定植，就意味着此生态区域生态失调。

正常微生物群在动物和人的不同部位具有不同形态，在定性和定量上都各有特点。这种定位在正常情况下是不容易改变的。但在临床长期大量应用抗生素的白痢仔猪上，常常看到耐药性的大肠杆菌从肠胃向呼吸道转移而引起肺炎或肺部感染。在抗生素的影响下，大肠杆菌可定植于呼吸道引起肺炎，也可定植于泌尿道引起肾盂肾炎、膀胱炎，或定植于阴道引起阴道炎等。其他菌群成员（如葡萄球菌、白色念珠菌或链球菌等）也有"背井离乡"到处定植的例子，定植的结果总会引起一些麻烦。在微生态学中，这种定位转移并不是轻而易举的，多半是在宿主与正常微生物群之间的生态平衡遭到破坏的情况下才会发生。定位转移的诱因有以下几个方面。

1）宿主方面

微生物群定位转移发生与宿主自身状况和微生物群特性密切相关，从宿主方面来说，主要诱发微生物群定位转移的因素有3个方面。

（1）物理因素。物理因素有畜禽解剖结构的畸形与变态、外科手术、外伤等，这些因素改变了生态空间的结构，引起包括微生物群定位转移在内的生态失调。一切可能破坏正常生理结构的措施都可能会造成微生境的破坏。肠道的各种手术干预和截除，如结肠切除和胃切除、整形、插管，以及一切不利于宿主生理解剖结构的方法和措施，都可导致微生态失调。在这些影响因素中，手术干预对定位转移有重要的影响。

（2）化学因素。化学因素（胆汁分泌、胃酸分泌、胰液分泌）异常也常诱发微生物群的定位转移。胆汁分泌异常（数量和质量下降）可引起下消化道菌群上行至上消化道定植，引起小肠上部细菌过度生长形成小肠淤积综合征等。正常情况下，小肠上部只有数量较少的微生物，而下消化道正常微生物种类和数量较多，由于定居和胆汁作用、肠蠕动作用、消化道内的冲刷作用等，下消化道菌群很难上行；然而在异常情况下，下消化道菌群上行至上消化道，细菌数量骤增，引起一系列临床症状，这种表现被称为小肠淤积综合征。任何导致胃酸减少和破坏胆汁酸生理机制的因素都可导致该病的发生。

（3）免疫力下降。宿主免疫功能下降也是诱发微生物群发生定位转移的重要原因。造成免疫功能下降的因素很多，如应用激素、同位素、免疫抑制剂，以及衰老、慢性病等。在宿主免疫力下降的情况下，很容易发生定位转移。

2）微生物方面

从微生物方面来说，诱发其发生群定位转移的因素有 2 个。

（1）抗生素的使用。抗生素的使用消灭了敏感的正常菌群成员，其生境被耐药性成员占领，表现出定位转移现象。例如，肠杆菌科各成员的原籍生境为肠道，当肠道某些菌群繁殖过剩而呼吸道正常微生物群又受到抗生素抑制后，便可转移到呼吸道，引起呼吸道感染。

抗生素促进了某些少数的过路菌或外籍菌的生长繁殖，并使其成为优势菌。优势菌很容易向外籍生境传播，如全身性白色念珠菌、绿脓杆菌或肺炎杆菌的感染，多数是与这些菌的高度耐药性有关。

（2）遗传性的改变。在抗生素、外环境、食物等因素影响下，微生物体内质粒可在正常微生物群中传递，造成严重的遗传性改变，如耐药因子、产毒素因子、黏附因子等都可发生改变。耐药因子的改变可引起某些疾病暴发流行。例如，仔猪大肠杆菌病广泛流行就是由于耐药性基因通过质粒在大肠杆菌之间相互传递，使没有耐药性的菌株具有了耐药性所致。微生物遗传特性改变后，也改变了其定位转移的性能，使本来不能定位转移的种群转变为能定位转移的种群。

4.2　畜禽微生态制剂

随着养殖业的发展，传统的家庭小作坊养殖方式已经逐渐被规模化养殖和集约化养殖取代。随着规模化养殖和集约化养殖的提速，养殖业的暴利时代已经结束，养殖场低利润将是未来的发展趋势。为了降低饲养成本以追求更高的经济效益，养殖行业中抗生素的使用明显增多，抗生素滥用问题变得日益严重。

我国是养殖业大国，也是抗生素的生产和使用大国。抗生素在养殖业的发展中起到了非常重要的作用，除了我国，全世界还有许多国家和地区也在使用抗生素。在合理范围内使用抗生素，可以有效防治畜禽疾病，降低养殖成本，提高养殖业经济效益。但当前还存在畜禽养殖市场秩序不够规范，饲料的加工、生产过程中盲目添加抗生素药物，养殖过程中不合理使用抗生素，不严格执行休药期规定，盲目使用甚至是滥用抗生素等问题。药物的滥用容易造成畜禽抵抗力下降，致病菌耐药性增强，畜禽肉、蛋、奶产品中药物残留超标，严重危害食品安全，同时也严重制约我国养殖业的发展。值得注意的是，随着欧美发达国家对抗生素使用的限制越来越严格，清除畜禽肉、蛋产品中的抗生素残留成为世界肉类和蛋产品贸易中主要的技术壁垒，国际上对我国出口的畜禽肉、蛋产品中的药物残留也提出了更高的要求。与此同时，伴随着生活水平的提高，人们对食品安全问题更为关心，已经对抗生素的使用提出了质疑。自欧盟禁用抗生素以来，许多国家相继出台抗生素减量禁用计划。我国自 2020 初就已经全面禁止在饲料中添加抗生素，力图达到饲料端"禁抗"、养殖端"限抗"的目的。因此，养殖业目前迫切需要开发绿色饲料添加剂替代抗生素，促使当前的养殖发展方向从"有抗"养殖向"无抗"养殖转变，畜禽微生态制剂的开发与利用能够很好地解决上述问题。

4.2.1 微生态制剂的概念

微生态制剂，过去也称作益生素、促生素，是指根据微生态学理论、以有益微生物或能够促进有益微生物生长的物质研制而成的一类对机体有益的活性微生物及其代谢产物和促生长物质。通常将能促进正常微生物群生长繁殖或能抑制病原微生物生长繁殖的物质都叫作微生态制剂。微生态制剂通过促进畜禽肠道中的有益菌生长、抑制有害菌繁殖，帮助畜禽调节或者改善肠道功能，使肠道微生态保持在一个相对平衡的状态。微生态制剂对畜禽没有毒副作用，也不会产生耐药性，使用之后在畜禽肉、蛋产品中不会有药物残留，却同样能起到预防畜禽疾病和促进畜禽生长的作用。微生物类的微生态制剂还能产生一些免疫调节因子、干扰素等免疫活性物质，刺激畜禽肠道局部免疫系统的发育，增强畜禽机体免疫力。微生态制剂的应用解决了畜禽养殖业中长期使用或者滥用抗生素带来的不利影响，可作为新型绿色环保的饲料添加剂，具有广阔的发展应用前景，有望替代激素和抗生素。

4.2.2 畜禽微生态制剂的作用机理

大量的研究表明，畜禽微生态制剂作为一种绿色环保的添加剂，能够改善饲料适口性，提高饲料转化吸收率，促进动物生长，增强机体免疫力，从而起到防病治病和促生长的作用。畜禽微生态制剂的使用还可以减少甚至完全取代畜禽养殖场抗生素和化学消毒剂的使用，从而减少环境污染，同时能够生产出无激素、无抗生素残留的绿色畜禽产品，有利于人们的身体健康。

1. 畜禽微生态制剂的要求、标准

畜禽微生态制剂必须对畜禽没有毒副作用且使用安全，还要具有良好的肠道微生态调节能力或其他保健功能。畜禽微生态制剂含有一种或数种具有活性的微生物或益生性成分；性质比较稳定，比较耐热，对酸碱、胆盐有较强的抵抗力；具有较长的保质期；同时产品可以进行规模化工业生产，成本低廉，原料容易获取。

2. 畜禽微生态制剂的作用机理

使用畜禽微生态制剂解决了过去因抗生素使用对畜禽造成的毒副作用、肠道菌群失调、细菌耐药菌株的增加，以及畜禽肉、蛋产品中药物残留等问题。研

表明，使用畜禽微生态制剂可以改善畜禽健康状况，提高其健康水平。畜禽微生态制剂通常通过调节畜禽肠道微生态平衡来发挥作用，通过微生物之间的相互作用，如共生、互生、拮抗作用，以及某些微生物产生的特定的益生物质（如有机酸、蛋白酶、脂肪酶等），发挥其抑菌、促进畜禽生长、改善畜禽生态环境等作用。微生态制剂的作用机理比较复杂，目前认为主要有以下几方面。

1）调节肠道菌群平衡作用

经过长期的进化，畜禽的肠道正常微生物菌群已经形成，并处于一个相对稳定的微生态平衡状态。畜禽肠道正常菌群状态相对稳定，有利于畜禽的生长发育和抵抗外界病原微生物。畜禽肠道正常菌群由优势种群和其他少数菌群组成，优势种群主要是拟杆菌、乳酸杆菌、双歧杆菌等厌氧菌，其数量占整个肠道菌群数量的99%左右，畜禽肠道菌群的其他菌群主要是好氧菌和兼性厌氧菌，不过占比较少，仅为1%左右。畜禽消化道内的有益微生物可以维持畜禽消化道菌群平衡、促进饲料消化吸收，从而促进动物生长。畜禽肠道内优势种群改变，可打破畜禽肠道微生物原有的微生态平衡，使厌氧菌减少，好氧菌和兼性厌氧菌增加。畜禽肠道正常菌群一旦失衡，会引起畜禽机体消化功能紊乱、正常生长发育受阻，情况严重的还可引发疾病。微生态制剂的使用可以促进厌氧菌的生长，有利于微生物优势种群的生长和恢复，恢复肠道微生态平衡，抑制病原菌生长，使畜禽恢复健康。

2）生物夺氧作用

畜禽肠道内的有益微生物多为厌氧菌，如果肠道内氧气含量升高，则会使好氧菌和兼性厌氧菌大量繁殖，不利于肠道微生态平衡的维持。有的微生态制剂具有微生物夺氧作用。例如，使用微生态制剂枯草芽孢杆菌或蜡样芽孢杆菌饲喂畜禽后，它们进入畜禽肠道内可以迅速繁殖并快速消耗畜禽肠道内的氧气，降低氧气浓度，形成厌氧环境，有助于肠道优势菌群厌氧微生物的生长，恢复肠道微生物菌群平衡，起到防病促生长的作用。

3）生物拮抗作用

微生态制剂的拮抗作用是指微生态制剂能够通过与病原微生物竞争生存空间、营养物质，或者通过产生代谢产物（如抗生素、有机酸等）来抑制病原微生物在畜禽肠道上皮细胞黏膜的黏附、定植，甚至将其驱除出定植地点，或杀死病原微生物。正常的畜禽微生物群参与构成畜禽机体防御屏障，它们能够有序地定植在畜禽的肠道黏膜表面，有的微生物可形成生物膜，使病原微生物不能黏附在肠道黏膜上，封闭了致病菌的侵入门户，起着占位争夺营养的生物拮抗作用。肠道益生细菌可以通过产生细菌素抑制病原菌生长，其抑菌机制有以下几个方面（图4-1）：①益生菌产生细菌素作为定植蛋白，产生定植抗力，与病原菌进行占位竞争并抑制病原菌定植；②细菌素可直接抑制或杀灭病原菌；③细菌素作为信号蛋白，向肠道菌群和免疫系统传递信息。微生态制剂的拮抗作用可以预防畜禽肠道疾病，减少细菌毒素、氨和氧自由基等的合成，最终达到改善畜禽健康状况的目的（Dobson et al., 2012）。

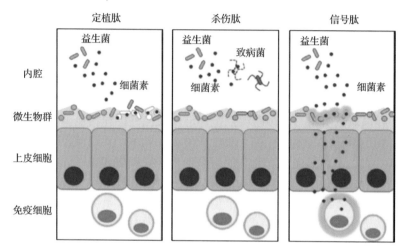

图 4-1　细菌素作用机制（Dobson et al., 2012）

4）增强机体免疫作用

微生态制剂可以刺激畜禽免疫系统，提高其免疫力，抵抗外界感染。有研究表明，无菌动物淋巴细胞功能低下，淋巴组织发育不全，浆细胞形成受阻，免疫记忆时间缩短，畜禽肠道内的正常菌群对机体的免疫激活具有重要作用。外来菌群的免疫激活作用优于畜禽肠道内的原籍菌群，当微生态制剂中的益生菌进入畜禽肠道后可活化肠黏膜淋巴组织，刺激肠道免疫细胞分化增殖，增加局部 sIgA 的分泌，提高畜禽的机体免疫力，诱导 T 淋巴细胞、B 淋巴细胞和巨噬细胞产生细胞因子，促进免疫器官生长发育，提高机体免疫力。同时微生态制剂还能刺激畜禽机体产生干扰素、白细胞介素等活性因子，提高免疫球蛋白浓度和增加巨噬细胞的活性，增强机体免疫力（金尔光 等，2018）。益生菌本身还可作为非特异性免疫因子，通过细菌或细胞壁成分刺激宿主免疫细胞，激发机体免疫功能，提高巨噬细胞活性，增强机体免疫力。微生态制剂益生菌还可通过抑制病原菌的生长，减少肠道损伤，维持肠道黏膜结构完整。

5）产生有益代谢产物

微生态制剂中的有益菌进入畜禽肠道后，在畜禽肠道内生长繁殖，并能产生多种微生物消化酶，与畜禽肠道内的消化酶具有协同作用，可提高饲料转化率。例如，微生态制剂芽孢杆菌能够产生多种蛋白酶、脂肪酶和淀粉酶，能够帮助畜禽降解饲料中的抗营养因子，提高饲料转化率；双歧杆菌可提高仔猪肠道内蔗糖酶和乳糖酶等酶的活性。

某些微生态制剂中的有益微生物在代谢过程中能够产生多种维生素（叶酸、核黄素、维生素 B_1、维生素 B_2）、氨基酸和生长因子等，这些营养物质可参与畜禽机体新陈代谢，促进畜禽生长。微生物菌体富含营养物质，可作为饲料添加剂为畜禽提供营养物质，促进畜禽生长。例如，光合细菌粗蛋白质含量高达 65%，还富含 B 族维生素、叶酸、类胡萝卜素等，可以为畜禽提供丰富的营养；同时还富含钙、磷及多种微量元素，对畜禽的生理活动及生长起调节作用（纪峰　等，2023）。

　　微生态制剂如乳酸菌进入畜禽肠道后能产生乳酸、乙酸等有机酸，芽孢杆菌进入畜禽肠道能产生乙酸、丙酸、丁酸等，这些有机酸可以降低肠道 pH，促进肠道蠕动，提高酸性蛋白酶等消化酶的活性，促进蛋白质、脂肪等的消化吸收，同时对矿物质钙、铁、磷的吸收有利。研究表明，给畜禽饲喂乳酸杆菌或芽孢杆菌等产酸型益生菌后，可以使畜禽小肠黏膜皱褶增多，绒毛加长，增加小肠吸收面积，可以大幅提升饲料转化率。

　　有的微生态制剂还可以分泌抑菌物质，抑制病原微生物的生长。例如，乳酸菌中几乎每个属中的每个种都能产生一种或几种细菌素，对多种致病细菌具有抑制作用，同时乳酸杆菌分泌的有机酸（如乳酸、乙酸等），可以降低畜禽肠道 pH，有效抑制病原微生物的生长。乳酸菌产生的过氧化氢可以抑制或直接杀死病原菌，使有益微生物在细菌种间竞争中占优势。芽孢杆菌微生态制剂进入畜禽肠道后，可产生多种抗菌物质（如细菌素、乳酸菌素、多黏菌素、杆菌肽等），这些物质可以抑制病原微生物的生长。

　　6）减少有害物质的积累，改善机体环境

　　在某些应激条件下，畜禽肠道微生态失衡，肠道优势菌群比例下降，肠道内源性大肠杆菌、沙门氏菌增加，导致肠道内细菌毒素升高、蛋白质分解增多，产生大量的胺、氨等有害物质，损害畜禽健康。微生态制剂乳酸杆菌、芽孢杆菌等可以减少胺和氨的合成。某些好氧菌可产生 SOD，帮助畜禽清除体内的氧自由基。芽孢杆菌微生态制剂还可产生氨基酸氧化酶和硫解酶，减少畜禽粪便中的氨和吲哚排放，同时畜禽粪便中还有许多具有生物活性的益生菌菌体，能够降解粪便中剩余的氨，减少畜禽养殖舍的臭味，降低对机体的刺激，环境的改善可以有效减少畜禽疾病的发生。有些微生态制剂产生的物质可中和致病菌产生的肠毒素，有利于保持肠黏膜上皮细胞结构完整，使其维持较好的状态，促进营养物质的吸收。

4.2.3　微生态制剂的种类

　　畜禽微生态制剂的研究最早可以追溯到 19 世纪四五十年代，默尔高（Möllgaard）发现使用乳酸杆菌饲喂仔猪能够提高仔猪体重，有利于仔猪健康生长。但是直到 20 世纪 70 年代，美国才开始使用微生态制剂，产生了较好的效果。到了 20 世纪 80 年代，微生态制剂慢慢在世界范围内普及，并逐渐被世人所认可。近年来，微生态制剂的研究和应用发展非常迅速。畜禽微生态制剂既有畜禽肠道正常微生物成员，也有能促进正常微生物群生长繁殖的物质（如益生元）（何明清，1994）。畜禽微生态制剂常用的分类方法如下。

1. 根据成分不同分类

1）益生菌

益生菌也叫益生素，是一类主要定植于畜禽肠道，能改善宿主微生态平衡、发挥有益作用的活性微生物的总称。畜禽益生菌剂是指采用已知的有益微生物菌株，经菌种活化、发酵培养、离心沉淀、干燥等程序制成的活菌剂。益生菌剂可帮助畜禽维持肠道微生态平衡，抑制畜禽肠道有害菌的生长，提高畜禽非特异性免疫力，达到防病促生长的效果。

理想的益生菌菌株应具有以下特点。①安全性。其对畜禽没有危害，不会使其发病，同时也不会与病原菌杂交。②耐受性。能够耐受一定程度的强酸和胆汁，在畜禽服用后经过胃部到达肠道，仍然具有很强的活性。③在畜禽肠道内容易定植并迅速生长繁殖。④能够产生有益的代谢产物。益生菌菌株在畜禽肠道生长过程中可产生某些对畜禽机体有益的代谢产物，如抑菌物质、消化酶类、有机酸、营养物质等。⑤耐加工。益生菌菌株在进行工业化生产加工后仍然具有较高的活性。⑥有较长的保存期。益生菌产品在室温下长时间保存后，仍然有较高的活菌数，使用效果改变不大。

1989 年，美国食品药物管理局（Food and Drug Administration，FDA）公布了包括细菌和真菌在内的 42 种微生物为安全的菌种，这些微生物可以直接饲喂畜禽。我国农业部 1999 年公布的《允许使用的饲料添加剂品种目录》（农业部公告第 105 号）中列出的可直接饲喂动物的饲料级微生物添加剂菌种有 12 种，2003 年调整为 15 种，2008 年调整为 16 种，2013 年调整为 29 种。《饲料添加剂品种目录（2013）》公布的可以用作饲料添加剂的微生物有地衣芽孢杆菌、枯草芽孢杆菌、两歧双歧杆菌、粪肠球菌、屎肠球菌、乳酸肠球菌、嗜酸乳杆菌、干酪乳杆菌、德氏乳杆菌乳酸亚种（原名乳酸乳杆菌）、植物乳杆菌、乳酸片球菌、戊糖片球菌、产朊假丝酵母、酿酒酵母、沼泽红假单胞菌、婴儿双歧杆菌、长双歧杆菌、短双歧杆菌、青春双歧杆菌、嗜热链球菌、罗伊氏乳杆菌、动物双歧杆菌、黑曲霉、米曲霉、迟缓芽孢杆菌、短小芽孢杆菌、纤维二糖乳杆菌、发酵乳杆菌和德氏乳杆菌保加利亚亚种（原名保加利亚乳杆菌）。相比 2008 年，2013 年的微生物菌剂应用范围有所扩大。然而常见的畜禽微生态制剂主要集中分布在乳酸菌类、芽孢杆菌类和酵母类益生菌。

2）益生元

益生元是一种益生协同剂，它是能对畜禽自身有益菌群或从体外摄入的益生菌具有协同促进作用的物质。2016 年，国际益生菌和益生元科学协会（International Scientific Association for Probiotics and Prebiotics，ISAPP）对益生元的定义进行了更新：益生元是可被微生物选择性利用、以赋予宿主健康益处的一类物质。

益生元可选择性的刺激畜禽肠道中一种或多种有益菌的生长或增强其活性而对畜禽宿主产生益生效果。最初被发现的益生元是双歧因子，随着研究的深入，发现一些多糖类物质、低聚糖、肽类，以及一些天然的植物提取物、多元醇等也可作为益生元。益生元的主要特点是通过畜禽上消化道时不会被宿主消化吸收，但能被肠道优势菌群或有益菌群利用或能增强有益菌活性。它可以刺激畜禽肠道内有益菌群（如双歧杆菌和乳酸菌）的生长，但是对那些具有潜在致病性或有害的细菌不起作用，并能诱导畜禽肠道局部免疫或全身免疫，达到促进畜禽健康和促生长的效果。目前研究和应用最多的益生元主要是低聚糖类益生元，如低聚果糖（fructo-oligosaccharide，FOS）、低聚半乳糖（galacto-oligosaccharide，GOS）、大豆低聚糖（soybean oligosaccharide，SOS）、低聚木糖、水苏糖、棉籽低聚糖、低聚异麦芽糖（isomalto-oligosaccharide，IMO）等。随着益生元概念的扩展，有更多的物质（如某些植物化合物、不饱和脂肪酸等）也被纳入益生元的范畴。大量研究结果表明，益生元能够促进益生菌的生长繁殖，改善畜禽肠道健康，提高免疫力，减少疾病的发生。

益生元耐热、稳定性高、使用安全、对畜禽无毒副作用，益生元的发现弥补了益生菌在畜禽生产应用上定植能力弱、对胃肠道环境耐受力低、在生产加工中菌株活性降低及产品有一定保存时效等不足。因此，补充益生元可以提高益生菌的益生效果。益生元有诸多优点，但是在使用过程中仍存在一些问题：首先，目前商业化的益生元产品的种类相对较少，主要有寡糖、菊糖等；其次，益生元在机体内的生物利用率不高；再次，益生元的添加剂量不好确定，益生元不是饲料配方中所必需的传统原料，在饲料中的添加量还不确定，益生元一般都有最佳添加量，剂量太高容易引起副作用，剂量太低起不到益生效果；最后，有些益生元在畜禽肠道可能会产生新的物质，从而影响机体对营养物质的吸收利用。

3）合生元

合生元也叫合生素，是益生元与益生菌按一定比例组成的联合制剂。"合生元"这一概念由 Gibson 和 Roberfroid（1995）首次提出，合生元同时具备益生菌和益生元的益生效果，使益生效果更加明显或持久。目前使用较多的合生元主要是低聚糖-益生菌的合生元组合，其合生元中的低聚糖可以促进畜禽肠道有益菌的增殖，增强其在肠道中的竞争优势，合生元中的益生菌成分可以产生相关的酶，促进低聚糖在畜禽肠道的消化，以被益生菌或宿主利用，从而起到益生元和益生菌的双重协调作用。由于合生元的结构较为合理，效果比单一的益生菌或益生元更具优越性，被认为是有望取代抗生素的绿色饲料添加剂，现已逐渐成为畜禽微生态制剂研究开发的主要方向。除了较为常见的低聚糖合生元外，近年来国内外对合生元的开发范围也在扩大，如母乳天然合生元、中草药-益生菌合生元等。

2. 根据菌种数量分类

1）单一微生态制剂

单一微生态制剂是指以单一的益生菌种或益生性物质为主要成分制备而成、发挥其独特益生效果的微生态制剂，如由单一菌株组成的乳酸杆菌微生态制剂、酵母菌制剂。畜禽肠道内环境复杂且不断变化，单一菌株的微生态制剂使用具有一定的局限性。

（1）乳酸菌类微生态制剂。乳酸菌是一类能够利用糖类进行发酵、发酵产物为乳酸的细菌的统称。乳酸菌类在自然界分布很广，菌种丰富，分别属于乳酸杆菌属、双歧杆菌属、链球菌属、乳球菌属等18个属中的200多种。它们通常为厌氧或者兼性厌氧的革兰氏阳性菌，没有芽孢，其中大部分菌群对畜禽具有重要功能。常用的乳酸菌类微生态制剂菌种主要有两歧双歧杆菌、嗜酸性乳杆菌、乳酸肠球菌、干酪乳杆菌、乳酸乳杆菌、粪链球菌等。

乳酸菌类微生态制剂缺点是不耐高温、产品质量非常不稳定从而影响使用效果。通常经80℃处理5min，活菌数可减少70%以上。其能够在较低的pH环境中生长，能适应胃的酸性环境。乳酸菌类微生态制剂可以维持畜禽肠道的正常微生物菌群的稳定与平衡，乳酸菌通过产生乳酸等有机酸降低肠道pH，形成酸性环境，抑制病原菌的生长。乳酸菌还可以刺激畜禽机体非特异性免疫应答，增加单核巨噬细胞、自然杀伤性细胞的活力，刺激溶菌酶、单核因子等的分泌。陈功义和郝振芳（2015）的研究表明，在饲粮中添加乳酸菌类微生态制剂可以提高乳鸽法氏囊指数和胸腺指数，还可显著提高血清中的IgG含量，提高乳鸽免疫力。有的乳酸菌还可以降解氨、吲哚等有害物质，维持畜禽肠道微生态平衡，还可产生SOD清除氧自由基，帮助畜禽恢复健康。

（2）芽孢杆菌类微生态制剂。芽孢杆菌类微生态制剂是一类好氧或者兼性厌氧、可以产生芽孢的革兰氏阳性细菌的统称。它们均属于芽孢杆菌属，常用于饲料生产的菌种主要有枯草芽孢杆菌、纳豆芽孢杆菌、凝结芽孢杆菌、短小芽孢杆菌、丁酸梭菌等。芽孢杆菌类微生态制剂在外界不良环境下可产生芽孢，对外界不利因素有很强的抗逆性，芽孢能耐受80℃的高温，对强酸、强碱，以及干燥等都有很强的抵抗力。所以芽孢杆菌类微生态制剂产品的稳定性很高，通常在常温下保存较长时间后仍然有很高的活菌数。

芽孢杆菌类微生态制剂可通过生物夺氧作用促进畜禽肠道微生态平衡。芽孢杆菌类微生态制剂进入畜禽肠道后，能够迅速生长繁殖，消耗肠道内氧气，形成肠道局部厌氧环境，有利于厌氧益生菌的生长。研究表明，在断奶仔猪饲粮中添加芽孢杆菌微生态制剂可以减少其肠道内的大肠杆菌数量，同时增加乳酸菌的数量。芽孢杆菌类微生态制剂还可以产生细菌素、蛋白多肽类抗菌物质，对一些肠道病原微生物具有拮抗作用。芽孢杆菌类微生态制剂还可以产生多种有益的代谢产物，如乳酸等有机酸类，可以降低肠道 pH，抑制有害菌的生长，并有助于营养物质的吸收。芽孢杆菌类微生态制剂还可产生蛋白酶、淀粉酶、脂肪酶等多种消化酶，有助于饲料的消化。有的芽孢杆菌类微生态制剂还可以产生维生素、氨基酸、生长因子等营养物质，促进畜禽生长。同时还发现芽孢杆菌类微生态制剂具有增强畜禽免疫机能，提高畜禽对外界病原菌抵抗力的作用。

　　（3）酵母类微生态制剂。酵母类微生态制剂是一类对畜禽有益的酵母菌的统称。酵母菌是一种单细胞真菌，为兼性厌氧菌，在自然界中广泛存在。酵母类微生态制剂对渗透压有一定的耐受性，还能耐受较低的 pH，容易培养，产品容易回收，不易被污染。酵母类微生态制剂本身具有独特的香味，可增加饲料适口性，促进畜禽对饲料的采食，同时酵母细胞也富含丰富的蛋白质、脂肪、糖类、B 族维生素等多种营养物质，可用来生产单细胞蛋白质。目前常用的酵母类微生态制剂菌种主要有酿酒酵母、产朊假丝酵母、毕赤酵母、红酵母等。酿酒酵母细胞体积大，其产品富含蛋白质和多种营养物质，营养价值高。产朊假丝酵母类微生态制剂具备发酵周期短、抗病力强等优点（张文学，2015）。

　　酵母类微生态制剂进入畜禽胃肠道后，能够在肠道迅速定植，通过竞争排斥作用或分泌抑菌物质来抑制有害微生物的生长繁殖，提高畜禽机体的抗病力。同时酵母类微生态制剂还可以改善畜禽胃肠道壁形态结构，促进幼龄动物胃肠道的发育。酵母类微生态制剂能产生多种蛋白质、酶及某些促生长因子，促进畜禽对营养物质的吸收与利用，还能促进有益微生物乳酸菌等的生长繁殖，促进畜禽生长。酵母细胞壁含有甘露低聚糖、β-葡聚糖等，因其与病原菌在肠壁上的受体相似，能够结合畜禽肠道中的细菌、霉菌等有害物质，阻止其与肠道结合；甘露低聚糖、β-葡聚糖可被肠道中的有益菌吸收利用，维持肠道菌群稳定，增强机体的抗病力。

　　2）复合微生态制剂

　　复合微生态制剂是指两种或两种以上益生菌或益生性物质，按照一定的比例制备而成的微生态制剂。复合微生态制剂又包括复合菌组成的微生态制剂和合生元。复合菌组成的微生态制剂是由两种及两种以上相同或不同种属菌株制备而成的微生态制剂。例如，有效微生物（effective microorganism，EM）就是一种复合菌组成的微生态制剂，其中含有乳酸菌、光合细菌、酵母菌、放线菌等 80 多种有益微生物，应用于畜禽养殖和保健。这些有益微生物菌群组合在一起，形成了一个互相促进、具有多元功能的相对稳定的微生物生态系统。Genovese 等（2001）的研究表明，复合微生态菌剂饲喂仔猪可以减少猪的死亡率，降低新生仔猪肠道中产肠毒素大肠杆菌（Enterotoxigenic *Escherichia coli*，ETEC）的数量。朱万宝等（1999）发现，使用粪链球菌、蜡样芽孢杆菌、酵母菌等微生物制成的复合微生态制剂饲喂断奶仔猪，可减少饲料消耗，提高断奶仔猪的平均日增重。岳寿松等（2003）发现，用芽孢杆菌、乳酸菌、酵母菌制成的复合微生态制剂饲喂奶牛，可提高奶牛冬季产奶量和奶比重，改善夏季奶牛的泌乳性能，提高奶牛的热应激抵抗力。

3. 根据使用用途分类

1）微生态治疗剂

微生态治疗剂是对由于临床上大量使用抗生素引起的畜禽肠道菌群失衡，厌氧优势菌减少，肠道功能紊乱所致腹泻、肠炎等具有治疗作用的益生菌、益生元、合生元制成的制剂。其主要由乳酸菌、双歧杆菌等存在于正常畜禽消化道的优势菌群组成。此外枯草芽孢杆菌、地衣芽孢杆菌等好氧菌也能调整畜禽消化道微生态平衡，可以用于预防或治疗畜禽消化机能紊乱引起的腹泻、便秘及肠炎。

2）微生态生长促进剂

微生态生长促进剂是一类对畜禽具有生长促进作用的微生态制剂。其主要由芽孢杆菌、酵母菌等菌株组成。芽孢杆菌中的枯草芽孢杆菌、地衣芽孢杆菌等可以产生多种蛋白酶、脂肪酶和淀粉酶，能够促进饲料的消化吸收。酵母类微生态制剂本身可以为畜禽提供优质蛋白质，其具有特殊的芳香味，可以改善饲料适口性，同时还可产生多种消化酶、B 族维生素和生长因子，可帮助畜禽消化和促进生长。

3）多功能微生态制剂

多功能微生态制剂是具有多种功能的复合微生态制剂。其通常由多种菌株组成，常用的菌种有酵母菌、乳酸菌、双歧杆菌、蜡样芽孢杆菌等。这些菌种组合在一起，在畜禽肠道可以调节肠道微生态平衡，促进优势菌群生长，调节畜禽免疫功能，辅助消化，促进畜禽生长，还可以产生抑菌物质，对致病菌具有抵抗作用。

4.2.4　微生态制剂的应用及使用现状

1. 微生态制剂在养殖业中的应用

随着家畜微生态制剂的研究与发展，其在畜禽养殖中的应用主要表现为以下几个方面。一是提高饲料利用率，提高畜禽生产性能。许多微生态制剂（如酵母菌、光合细菌）富含丰富的蛋白质，有的菌还可以产生多种维生素、促生长因子，可以为畜禽提供营养，促进生长。芽孢杆菌微生态制剂可以产生多种消化酶，有利于提高饲料利用率，促进营养物质的消化与吸收。二是增强畜禽机体的免疫力，降低肠道疾病的发生。三是改善畜禽产品品质。微生态制剂可以提高畜禽肉、蛋产品品质，减少抗生素、激素等的使用，使畜禽肉、蛋产品中无抗生素残留，食用健康，对人类无毒副作用。四是改善畜禽养殖场环境卫生状况。微生态制剂可以促进蛋白质利用，减少氨等的排放，改善养殖场臭气熏天的状况，提高畜禽舒适度（何明清和程安春，2004）。

1）在生猪养殖方面的应用

目前微生态制剂在生猪生产、饲料生产、猪胃肠道疾病的预防、仔猪促消化等方面已经有了比较广泛的应用，主要表现为能够促进营养物质的消化与吸收，提高生长性能，调节肠道微生态平衡，增强机体免疫力，减少环境污染等。

微生态制剂能够产生多种消化酶，提高猪对饲料的利用率，促进其生长。研究发现，使用单一或复合益生素饲喂保育猪，可显著提高其平均日增重，复合益生素效果优于单一益生素（夏彩锋 等，2006；李超 等，2012）。胡楠等（2007）的研究表明，微生态制剂可提高断奶仔猪平均日增重，降低发病率。夏先林等（2003）发现，用含有酵母菌、乳酸菌的复合微生态制剂饲喂约荣杂阉公猪，可不同程度地提高饲料粗蛋白质、粗脂肪和粗纤维的消化率。王志祥等（2006）发现，乳酸杆菌可提高断奶仔猪饲粮中粗脂肪的表观消化率和仔猪的平均日增重。丁关娥和徐玲霞（2012）认为，微生态制剂可以降低肠道 pH，产生有机螯合物，酸性环境和有机螯合物有利于促进矿物质元素的游离和释放，促进猪对钙、镁等元素的吸收。微生态制剂可有效地防治仔猪消化道疾病，减少仔猪腹泻，提高仔猪平均日增重、成活率及饲料转化率（李强 等，2003；杜冰 等，2008）。张治家（2011）发现，含双歧杆菌、嗜酸乳杆菌、枯草芽孢杆菌的复合微生态制剂可以降低育肥猪腹泻率，防治消化道疾病。黄兴国等（2003）的研究表明，用含有乳杆菌、芽孢杆菌、酵母菌的复合益生菌饲喂生长猪，可提高其平均日增重和采食量，降低粪便中的大肠杆菌数量，提高乳酸菌和双歧杆菌含量，降低腹泻率。Canibe 和 Jensen（2003）研究发现，乳酸菌能在仔猪消化道内定植，从而抑制病原微生物的定植。微生态制剂发酵床养猪模式是采用益生菌剂对垫料和猪粪便进行协同发酵，将猪粪、尿等进行生物转化利用的一种养殖模式。其中的有益微生物菌群能利用垫料、粪便等养殖废弃物合成糖类、蛋白质、维生素等营养物质供猪食用，同时又可消除恶臭，抑制致病菌的生长繁殖，促进猪只健康生长。这种养殖模式既可降低猪的发病率，又节省了环境治理成本，提高了经济效益。研究表明，采用微生态制剂发酵床不仅可以降低畜舍内氨的浓度，还可以降低 H_2S 的浓度（段淇

斌 等，2011；薛惠琴 等，2012）。张超和单安山（2011）发现，在断奶仔猪饲粮中添加枯草芽孢杆菌制剂，可降低仔猪腹泻率和畜舍氨的浓度。

2）在家禽养殖方面的应用

大量的研究表明，微生态制剂能够促进家禽的生长发育和消化吸收，提高机体免疫水平。Akiba 等（2001）发现，在产蛋鸡饲料中添加海洋红酵母可以提高蛋重和鸡的生长速率，还能提高产蛋率，减少死亡率。张景琰等（2006）发现，在饲粮中添加 0.1%的海洋红酵母能够显著增加肉鸡的平均日增重、屠宰率，提高饲料转化率。添加乳酸菌制剂也能提高鸡平均日增重和饲料转化率，减少发病率和死亡率（李克明，1997）。高杰（2012）发现，在肉鸡饲粮中添加枯草芽孢杆菌能提高肉鸡屠宰率、全净膛率和胸肌率，降低腹脂率，改善肠道指标，增加肠道绒毛高度，降低绒毛深度，绒毛高/隐窝深显著升高。研究发现，在鸡饲粮中添加酵母发酵产物或培养物，可以提高蛋黄中的类胡萝卜素含量，提高鸡肉蛋白质含量，降低脂肪和胆固醇含量（谢爱娣 等，2006；高俊，2008）。秦艳（2008）发现，枯草芽孢杆菌可提高肉鸡淀粉酶、脂肪酶、胰蛋白酶等活性，提高营养物质的消化率。刘彩虹（2014）的研究表明，乳酸菌 *L. plantarum* P-8 可显著提高肉鸡屠宰率、全净膛率和胸肌率，增加粗蛋白质和总磷利用率。已有的研究表明，芽孢杆菌类益生菌能够提高肉鸡肝脏、血清的总抗氧化能力，提高血清中的 IgG、IgA、IgM 含量，提高胸腺指数、法氏囊指数，促进肉鸡免疫器官成熟，增强体液免疫（杨汉博和潘康成，2003；裴跃明 等，2016）。芽孢杆菌类益生菌还能够增加肉鸡盲肠乳酸菌数量，减少肠道内大肠杆菌、沙门氏菌等致病菌的数量，调节肠道菌群结构，改善肠道健康（王晓霞 等，2006）。刘永杰等（1999）的研究表明，雏鸡日粮中添加乳酸菌培养物可增加盲肠乳酸菌、双歧杆菌数量，有利于肠道菌群的平衡。复合微生态制剂对家禽也有相同的促进作用，大量的研究表明，复合微生态制剂可提高家禽的平均日增重，增强家禽免疫功能，减少家禽死亡，降低氨排放，减少环境污染。白子金等（2013）的研究表明，复合微生态制剂可增加蛋鸡的平均蛋重，降低破蛋率和料蛋比。顾金（2010）的研究表明，在青脚麻鸡饲料中添加复合微生态制剂可降低料肉比和腹脂率，提高消化酶活性，增加血清中的总糖、血清总蛋白、磷和钙含量，提高机体免疫性能。谢为天等（2010）的研究表明，给肉鸡饲喂含有鼠李糖乳杆菌、啤酒酵母的复合微生态制剂可提高血总蛋白、白蛋白和球蛋白含量，降低血清胆固醇，增加小肠绒毛高度。董秀梅等（2004）发现，在饲料中添加复合微生态制剂能够增加肉仔鸡肠道乳杆菌数量，降低致病菌大肠杆菌数量，提高肉仔鸡血清中的 SOD、GP_X 活性，增强机体抗氧化机能。王虹玲等（2014）发现，复合微生态制剂能提高肉鸡平均日增重，改善饲料粗蛋白质、钙和磷等营养物质的消化率，降低料重比和鸡的死亡率，降低鸡舍中 H_2S 和氨的含量，减少环境污染。

3）在反刍动物养殖方面的应用

反刍动物的瘤胃好比一个发酵罐，瘤胃内栖息着多种微生物，包括细菌、真菌和原生动物等，在健康状态下瘤胃内的微生物是处于一个相对稳定的平衡状态，若摄入过多高精料等可引起瘤胃微生态失衡，而微生态制剂能够调节瘤胃菌群平衡，有利于分解饲料中的营养物质。Newbold 等（1995）的研究表明，酵母菌可降低瘤胃中的大肠杆菌数量。黄庆生（2002）的研究表明，肉牛饲喂酵母培养物能提高其瘤胃内木聚糖酶、羧甲基纤维素酶、水杨苷酶的活性和瘤胃球菌的比例。Chaucheyras-Durand 和 Fonty（2002）的研究表明，活酵母能促进瘤胃真菌对饲草中木质素和纤维素的降解，曲霉菌可帮助纤维素消化。包淋斌等（2013）发现，复合益生菌制剂可以促进锦江黄牛总挥发性脂肪酸的产生，提高微生物蛋白质的产量，促进对饲料干物质和中性洗涤纤维的降解，对粗饲料的利用十分有利。彭忠利等（2013）的研究表明，微生物发酵饲料能显著提高黑山羊对饲粮中粗蛋白质、粗脂肪和干物质等营养物质的消化吸收。高飞（2011）的研究表明，在干玉米秸秆饲粮中添加 EM 菌液饲喂羊可提高其平均日增重。单达聪等（2008）的研究表明，在基础饲粮中添加益生菌可提高肉羊育肥阶段的平均日增重，降低胴体脂肪，提高胴体净肉率。杨华等（2015）发现，微生态活菌制剂可显著提高肉羊的消化吸收能力，提高蛋白质的代谢。朱曲波等（2004）发现，微生物活菌制剂可以降低牛奶中的体细胞含量，有利于奶牛隐性乳房炎的防治。邱凌等（2011）的研究表明，微生态制剂可以改善奶的营养成分，提升奶品质，增加鲜奶中的蛋白质、乳糖、非脂乳固体含量，降低脂肪含量。邵伟等（2015）的研究表明，酵母培养物能提高中国荷斯坦奶牛的产奶量，减缓泌乳期产奶量下降的速率。王长文等（1999）的研究表明，用微生态制剂可促进初生犊牛肠绒毛皱褶的形成，促进小肠绒毛发育。李国鹏和陈耀强（2017）的研究表明，在西杂育肥肉牛精料中添加不同浓度的含枯草芽孢杆菌、酿酒酵母和嗜酸乳杆菌的复合微生态制剂，均可提高西杂育肥肉牛的平均日增重，提高饲料转化率，并且可以降低粪便的臭味，改善牛场环境。付晓政等（2015）的研究表明，使用 EM 复合微生态制剂，可以显著提高奶牛瘤胃体外发酵的 pH 和氨氮含量，减少 CO_2 的排放。

2. 微生态制剂存在的问题

众多研究表明，微生态制剂具有促生长、预防疾病等保健功能，在畜牧养殖业中能起到"未病防病、已病辅治、无病保健"的作用，在畜牧养殖业中得到了广泛的应用。国外对微生态制剂的研究相对比较早，早在 20 世纪初就有关于微生态制剂的研究，不过直到 20 世纪 70 年代才在畜禽养殖业中进行大量应用，经过几十年的发展，已经形成了强大的产业，并涌现出许多优秀的菌株。我国在 20 世纪七八十年代才开始对畜禽微生态制剂进行研究，起步晚，发展也相对缓慢，和国外还有很大差距。对微生态制剂的研究开发也集中在对饲料原料的发酵处理、对畜禽胃肠道的调理、养殖场"生物饲料"应用技术、养殖场环境处理等方面。目前我国也有许多企业实现了微生态制剂的产业化生产，并在畜禽养殖中进行了应用，但是微生态制剂的使用还存在一些问题。

虽然目前有不少可用于微生态制剂的益生菌菌种，但是其中许多菌种在畜禽肠道定植困难，竞争力不强，对温度等理化性质敏感，常温下保存期不长，因此目前真正适用的菌种种类太少，亟须开发新的有益微生物菌种。现如今可以利用分子生物学技术对现有优良菌种进行改良，使之具有新的益生特性，提高益生效果，并对其安全性等进行评估，推动微生态制剂在养殖行业的发展。目前市场上已经涌现了一些微生态制剂产品，但主要以酵母类、芽孢杆菌类、乳酸菌类等益生菌的单一微生态制剂居多，效果稳定的复合型微生态制剂种类较少。

目前对畜禽微生态制剂的作用机理研究得还不够深入，许多研究还停留在使用效果水平上，对基础理论的研究还远远不够。除了乳酸菌、双歧杆菌等少数菌类外，对其他益生菌在畜禽肠道的作用机制，以及与肠道正常菌群的相互关系的研究还不够清楚。此外对微生态制剂对畜禽免疫作用的影响机制的研究还不是十分清楚。

微生态制剂的生产工艺比较落后，特别是微生态制剂的后处理工艺，使微生态制剂产品的稳定性难以保证。微生态制剂在加工过程中受高温、制粒等因素影响，活性可能会降低，并且在与饲料混合过程中容易被有害菌污染，产品质量得不到保障。同时我国微生态制剂起步较晚，许多微生态制剂尚处在开发和试验当中，市场上技术成熟的产品不多。

目前还缺乏一套统一的微生态制剂评价标准，难以规范、科学地对微生态制剂进行评价。一些产品可能含有相同菌种，但使用效果差别很大，因此导致市场上产品质量参差不齐。缺少专业的售后服务和配套措施，导致微生态制剂在我国难以大面积推广。微生态制剂大多含有益生菌活性成分，其在使用时有比较严格的要求，产品使用不当效果会大打折扣甚至是没有效果，导致许多养殖户对产品不信任，不认可。

3. 微生态制剂使用注意事项

1）微生态制剂菌种的选择

畜禽种类不同，其消化道内微生物菌群组成也不同，不同畜禽对微生态制剂菌种的要求也不一样，同一微生态制剂菌株用于不同畜禽，效果也存在很大的差异。因此，在使用微生态制剂时一定要熟悉菌种性能和畜禽宿主特性。像单胃动物常用的微生态制剂通常有乳酸菌、酵母菌和芽孢杆菌等，而反刍动物常用的微生态制剂主要是酵母菌。

2）微生态制剂应用时间与对象

微生态制剂在新生畜禽上使用效果较好，并且长时间、连续饲喂能达到更好的效果。当畜禽健康状态良好时，添加微生态制剂也许并不能继续提高其生产性能，但是当机体处于应激、胃肠道功能紊乱时，添加微生态制剂能起到较好的效果，从而改善其生产性能。特别是畜禽在长时间使用大量抗生素治疗后，使用益生菌进行调理有助于胃肠道菌群平衡的快速恢复。

3）微生态制剂的使用剂量与浓度

微生态制剂中的有效活菌数量是影响其使用效果的关键因素。产品中活菌数量太低起不到益生效果，活菌数量过高不利于控制成本。瑞典规定乳酸菌制剂活菌数量不能低于 2×10^{11} CFU/g。德国学者认为仔猪饲料微生态制剂活菌数量应达到 $0.2 \times 10^7 \sim 0.5 \times 10^7$ CFU/g，育肥猪饲料中芽孢杆菌数量应达到 10^6 CFU/g，而乳杆菌数量应大于 10^7 CFU/g。我国正式批准生产的微生态制剂中，要求芽孢杆菌数量不低于 5×10^8 CFU/g。

4）微生态制剂的保存条件和保存时间

畜禽微生态制剂特别是含有活菌的制剂，要注意其保存期，因为随保存时间延长，活菌数量会不断减少。此外保存条件也影响微生态制剂的质量，含有厌氧菌的微生态制剂如果暴露在空气中，厌氧菌将很快死亡，其活菌数量会大幅降低，起不到益生效果，这样的产品在开封后应在规定的时间内用完。

5）注意与药物之间的配伍

有的微生态制剂（如益生菌制剂和合生元）含有活菌，在使用过程中应注意与抗生素和抗球虫药物的配伍。抗生素对益生菌具有抑制或杀灭作用，因此一般都禁止与微生态制剂同时使用。

4. 饲用微生态制剂的发展趋势和应用前景

近年来，微生态制剂的研究和应用虽然还存在一些问题，但也得到了巨大发展。随着人们对抗生素引起危害的担忧，对绿色天然产品和健康长寿的追求，以及基因工程等分子生物学技术的飞速发展，微囊工艺、缓释技术等新生产工艺的应用，微生态制剂在畜牧养殖业中将会有更加广阔的应用前景。根据目前学者研究的热点和难点，预计未来微生态制剂的发展方向有以下几方面。

1）高效菌株的筛选

高效优质的微生物菌种是开发饲用微生态制剂的关键。除了通过常规的方法从自然界中筛选益生菌株外，还可以采用基因工程技术对已知的有益菌株进行定向改造，获得具有特殊性质或定植力强、耐不良环境的优良益生菌种，生产出容易通过畜禽胃部并能在肠道长时间定居的益生菌微生态制剂。例如，将特定的目的基因（如蛋白酶基因、蛋氨酸基因、赖氨酸基因、植酸酶基因）转到芽孢杆菌中，进行高效表达后得到的益生菌具有促进饲料消化、提高饲料转化率的能力，同时新的益生菌还具有耐酸、耐热并能在体内长期生存等特性。

2）专用微生态制剂的研制

因微生态制剂种类较多，不同的制剂作用效果不同，作用于不同畜禽，其使用效果也不一样，以后可以研究针对特定畜禽或某种畜禽的特定生长阶段的专用微生态制剂，通过对其使用剂量、使用方式、保存方法等进行精准把握发挥其最佳效果。

3）改进生产工艺

研究微生态制剂生产工艺，特别是后处理工艺，寻找适合益生菌干燥、包装及保存的方式，帮助益生菌微生态制剂最大限度地通过畜禽消化道前部，生产出能永久性定居在肠道的益生菌和多功能性微生态制剂。改进益生元生产工艺，寻找高效率、条件温和的寡糖益生元合成方法，探索新的寡糖合成策略。

4）研制复合微生态制剂

目前单一的微生态制剂居多，从使用效果来看，单一微生态制剂效果不如复合微生态制剂，因此配制复合微生态制剂是未来发展的趋势。可以从两个方面入手：一是对不同种益生菌与复合制剂配制的研究，可以将芽孢杆菌、乳酸菌、酵母菌等多种菌进行复合配制，发挥菌株的协同作用，达到"1+1>2"的效果；二是加强对益生菌与低聚糖、中草药、酶制剂等的协同作用机理的研究，组合筛选出效果更好的合生元微生态制剂。

5）扩大微生态制剂的来源

扩大微生态制剂的来源有两个方面：一方面是扩大益生菌菌种的来源，另一方面是扩大益生元的来源。菌种方面要求在菌株筛选时扩大益生菌的筛选范围，除了常用的菌种（如乳酸菌、双歧杆菌等）外，可多尝试对芽孢杆菌、真菌、光合细菌等非肠道常在菌株的筛选，在进行微生态制剂配制时可以考虑应用两种或多种益生菌株，多菌种可以产生多种机体不能合成的酶，弥补单一菌种酶种类单一的不足，帮助畜禽消化，为机体提供更多的营养物质。在进行益生元的开发时，可以扩大益生元的来源，我国有着非常丰富的天然资源，发挥我国自然资源的优势，如利用我国传统中草药筛选中草药益生元，利用天然植物提取物筛选植物提取物益生元等。

4.3 畜禽微生态制剂的工业生产

4.3.1 益生菌的生产工艺

益生菌的生产一般包括菌种的筛选、培养、发酵、产物回收、干燥、制剂等多个环节。相应地，益生菌的生产工艺通常包括菌种的制备工艺、益生菌的发酵生产工艺和益生菌产品的加工工艺。具体来说益生菌生产工艺流程包含以下几个方面。①益生菌发酵生产所需培养基的配制：针对不同菌株的营养需求配制不同的培养基。②培养基的灭菌：对配制好的益生菌生产过程中需要用到的液体或固体培养基进行灭菌，通常采用 121℃灭菌 20~30min，消灭培养基中的细菌和孢子，保证整个益生菌发酵过程无杂菌污染。③菌株的筛选及保存：将分离筛选的纯菌株进行保存，通常是在超低温下，−80℃冷冻保存或液氮冷冻保存，保存的时候通常需要添加保护剂。④菌种活化：将分离筛选好的保藏菌种放入适宜的培养基中培养，让菌种逐渐适应培养环境。通过菌种活化可以获得活力旺盛的、接种数量足够的培养物，菌种活化通常需要 2~3 代的复苏过程。⑤接种：将活化好的菌种接种到灭菌好的发酵培养基中。⑥发酵：控制好发酵条件，对接种活化菌种的发酵罐进行发酵，保证最优发酵条件，以使菌种保持最佳状态。⑦发酵产物的收集：发酵完成后对发酵产物进行回收，益生菌菌体的收集一般采用浓缩法，采用离心法或沉淀法将菌体与发酵液进行初步分离，再进行后续处理。⑧菌种的干燥：对浓缩的菌种进行干燥，常用的干燥方法有冷冻干燥和喷雾干燥。冷冻干燥有利于保持菌种活力，不过需要添加保护剂，并且要有专门的冷冻干燥设备，成本比较高。⑨制剂：将干燥好的菌体进行制剂包装，形成益生菌产品。下面对几个主要的生产工艺进行介绍。

1. 菌种的筛选工艺

优良的微生物菌种是生产动物微生态制剂的前提，要获得优良的益生菌菌种首先要对菌种进行筛选以获得具有特定益生效果的益生菌菌株。菌种的筛选工艺又包括菌种的初步分离、菌种复筛、菌种的鉴定、菌种的评估（包括安全性评估和功能性评估）。菌种的来源主要有两种：一是直接从自然界（土壤、畜禽肠道内容物或排泄物）中分离；二是直接从我国各菌种保藏中心保藏的微生物中筛选。在进行菌种筛选分离时要明确分离目的，利用选择性培养基进行分离，常用的分离方法有平板划线法、梯度稀释法等。通过复筛获得具有特定益生功能的益生菌后对其进行纯培养。

分离好的微生物纯培养后除了可采用依据其形态和理化特性的经典方法进行

鉴定外，还可以进行 16S rDNA 的扩增并与 GenBank 核酸数据库中的序列数据进行比对，构建系统发育树，对筛选的菌种进行分子生物学方法的鉴定。

分离筛选好的益生菌菌种在使用前还需要进行安全性评估，确定其是对畜禽无致病性、不产生毒副作用、无致畸性、不携带抗生素抗性基因，并且在使用过程中不会与病原微生物核酸进行杂交，对畜禽无害的安全性菌株。分离益生菌菌种功能性的评估包括以下几个方面。①抗逆性的评估：是否有较强的胃酸、胆汁、酶的耐受能力，以便能够通过畜禽胃肠道后还有较高的活菌数。②定植黏附力的评估：是否能迅速在畜禽肠黏膜定植，发挥益生作用。③功效性的评估：分离菌株具备哪些益生功效，对畜禽的肠道菌群的影响，对营养物质利用的影响及对畜禽免疫功能的影响等。④稳定性的评估：是否具有耐高温、易生产加工、在环境中存活力强、易保存等特性。

2. 菌种的发酵生产工艺

动物益生菌微生态制剂产品中的有效活菌数量决定着其对动物的作用效果。一般来说有效活菌数量越高，该益生菌产品效果越好。菌种发酵生产工艺的好坏关系到是否能够获得较高活菌数量的益生菌产品。益生菌的发酵生产工艺根据生产工艺不同主要分为固体发酵工艺和液体发酵工艺；按照发酵菌株的种类又可分为纯种发酵工艺和混菌发酵工艺。无论是哪一种发酵工艺都可以分为 4 个阶段：菌种准备、菌种扩大培养（种子制备）、菌种发酵、发酵后处理。

1）菌种准备

菌种是发酵的前提，没有菌种就无法进行发酵。保存菌种处于休眠阶段，因此在发酵开始前要将保存好的菌种进行活化，这是一个使保藏微生物菌种恢复活力、具备优良生产性能的过程。将保存在砂土管或试管斜面的菌种加到适宜的培养基中，在适宜的温度下进行培养，获得菌种数量较多、菌种活力较强的培养物，即成为微生物种子。

2）菌种扩大培养（种子制备）

工业规模的发酵罐容积有的为几十立方米，有的甚至是几百立方米。如果按 5%~10% 的接种量计算，就需几升或几十升的种子液，所以要对活化好的种子液进行扩大培养。菌种扩大培养也叫种子的扩大培养，是将活化好的微生物菌种经过三角摇瓶、种子罐进行逐级扩大培养，获得具有一定数量的优质菌种纯培养物的过程。获得的菌种扩大培养物具有生长快、活力强、性状稳定等特点，在接种发酵罐后可以迅速生长繁殖。不过要注意的是菌种扩大培养物生产过程中要防止杂菌污染，得到的菌体总量和浓度要满足大批量发酵生产所需菌种的要求。优质的种子有利于后续的发酵生产，接入发酵罐后，能缩短生产周期，提高设备利用率。

因微生物菌种的生长对营养、pH、温度、氧气等的要求不同，产孢子能力也有差异，有的菌种可以产孢子，有的菌种不产孢子，因此菌种的逐级扩大培养条件因菌种种类而异。种子的扩大培养要根据菌种特性选择合适的条件培养，以便获得数量充足、代谢旺盛的微生物种子。

实验室种子制备的方法通常有两种：一是液体培养法，二是固体培养法。液体培养法又分为好氧培养和厌氧培养，适用于产孢子能力不强或生长慢的菌种。好氧培养一般采用摇瓶培养法。将微生物菌种经摇瓶培养后再接种到种子罐。厌氧培养一般采用静置培养法，将微生物菌种接种到试管斜面，再转接到三角瓶液体培养基中，在适宜的温度下静置培养，然后转接到种子罐培养，整个过程无须通风。固体培养法适用于产孢子能力强、生长快的微生物菌种，微生物孢子可直接作为种子罐的种子。固体培养法操作简便，不易污染。放线菌孢子的制备和霉菌孢子的制备通常采用固体培养法。

生产车间种子制备是将实验室制备的种子再接种到种子罐进行扩大培养的过程。如果采用好氧发酵，则需要搅拌、通气。通过在种子罐中培养，微生物菌种经过大量生长繁殖，形成比较多的菌体量，在转接入发酵罐后可以迅速生长，加快代谢产物的合成。

生长速度快、种子用量少的细菌、酵母菌需要进行种子扩大培养的级数较少。种子生产可以采用菌种活化→三角瓶培养→一级种子罐。

生长较慢的菌种（如霉菌、放线菌），种子用量较大，需要进行种子扩大培养的级数较多。霉菌种子的制备可以采用菌种活化→孢子悬浮液→一级种子罐→二级种子罐。放线菌种子的制备可以采用菌种活化→孢子悬浮液→一级种子罐→二级种子罐→三级种子罐。

3）菌种发酵

菌种发酵是指活化好的微生物菌种在适宜的生长条件下在发酵罐中生长繁殖的过程。发酵过程中，为更好地控制生产过程，需要对发酵工艺的相关参数进行监测，包括发酵 pH、溶解氧、温度、离子浓度、基质浓度、发酵液黏度、泡沫、压力、搅拌转速等。其中发酵 pH、溶解氧和温度对整个发酵过程影响较大，温度能影响酶的活性，也能影响生物合成的途径。温度还会影响发酵液的物理性质，以及菌种对营养物质的分解吸收等，因此应采用具备热交换装置的发酵罐以实现对温度的控制。发酵 pH 影响酶的活力、细胞膜的带电情况，以及培养基中营养物质的分解。可通过向培养基中添加缓冲剂或选择不同碳氮比来调节 pH。在进行需氧发酵时，菌种需要氧气，只能利用发酵液中的溶解氧，应向发酵液中连续补充氧，并进行搅拌，提高发酵液中溶解氧的含量；如果是厌氧发酵则需要向发酵罐中通入 CO_2 或 N_2 等惰性气体。在微生物发酵过程中，通气、搅拌及培养基中营养成分的分解等都可产生泡沫。泡沫过多不利于发酵，可以通过向发酵液中添加消泡剂来消除泡沫。发酵液中基质浓度（碳氮比、无机盐含量等）可以影响微生物菌体的生长和代谢产物的积累。菌种发酵生产工艺流程如图 4-2 所示。

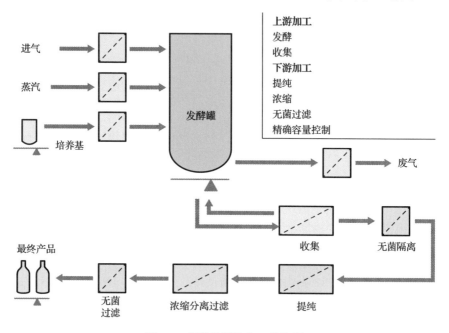

图 4-2　菌种发酵生产工艺流程

（1）固体发酵法生产工艺。固体发酵法是指在无自由水存在下、有一定湿度的水下溶性固态基质中、用一种或多种益生菌进行发酵的过程。其生产工艺流程如图 4-3 所示。固体发酵法对无菌条件要求不高，发酵原料来源广泛，大多为廉价的农副产品等，其优点是对设备要求不高、容易操作、能耗低、成本低等，适于大规模的推广和应用。不过缺点是自动化程度低，需要大量的人工，占用场地大。米曲霉、黑曲霉等丝状真菌适合用固体发酵法进行生产，产孢量高，产品便于分离和干燥。

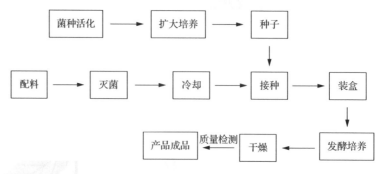

图 4-3　固体发酵法生产工艺流程

（2）液体发酵法生产工艺。液体发酵法是指将已经活化的益生菌菌种接种到灭菌好的液体培养基发酵罐，进行深层液体培养，发酵液经浓缩、吸附、干燥可获得菌剂产品的过程。其生产工艺流程如图 4-4 所示。液体发酵法适用于单细胞菌（细菌、酵母菌）微生态制剂的生产，其优点是速度快、周期短、产量高，自动化程度高，占用场地小，适合大规模生产；缺点是液态发酵后产品孢子产量低，耐受力差，并且需要配套设备，投资大，成本高。

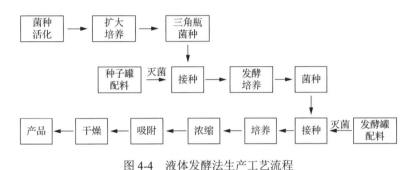

图 4-4 液体发酵法生产工艺流程

液体发酵又可以分为连续发酵、分批发酵、分批补料发酵 3 种类型。连续发酵是指以一定的速度向发酵罐中连续添加灭菌的新鲜液体培养基，同时以相同的速率自发酵罐中流出发酵液，从而使发酵罐内的液量维持恒定，微生物在稳定状态下生长，可以有效地延长分批培养中的微生物对数期的一种发酵方式。其特点为培养状态比较稳定，发酵条件（如温度、溶解氧、pH、培养物浓度、产物浓度等）无明显变化，微生物保持稳定的速率生长，微生物的对数生长期得到延长。连续发酵可以减少清洗、装料、消毒、接种、放罐时间，省时省力，降低了生产成本。生产设备体积小，投资少，便于机械化、自动化控制，产品性能稳定。连续发酵的缺点是容易造成微生物菌种的变异，对生产设备要求比较高。分批发酵是指在一个密闭系统内一次性投入菌种和营养物质，除调节 pH 及有氧发酵需要通气外，一直到发酵结束，与外界无物料交换，微生物在发酵罐中生长繁殖，只完成一个生长周期的发酵方式。其特点为发酵过程中的营养物质不断减少，菌体和代谢产物不断蓄积，培养基一次性加入，产品一次性收获，该发酵方式在生产中应用比较广泛。分批补料发酵也叫半连续发酵，是介于分批发酵和连续发酵之间的一种发酵技术，是指在微生物分批发酵过程中向培养系统补加新鲜营养物质以达到延长生长期和控制发酵过程目的的发酵方式。通过向培养系统中添加新鲜培养基，可以满足微生物的生长需要，同时通过稀释发酵液可以解除产物抑制等问题，提高产物转化率。分批补料发酵菌种不容易退化，感染其他杂菌的概率较小，应用范围比较广。

（3）其他发酵工艺。益生菌的生产工艺除了传统的固体发酵法和液体发酵法外，还有一些其他的发酵工艺，如液固两相发酵和混合菌种发酵。液固两相发酵是一种先采用液体发酵工艺生产出大量高活力的种子液，再将其接种到固体基质中进行固体发酵的生产方式。其优点是成本低、种子液活力高、污染少，可以缩短发酵周期、便于管理。混合菌种发酵也叫混菌培养，是同时利用两种或两种以上的益生菌进行混合发酵的一种生产方式，混合菌种发酵用几种微生物共同发酵，利用了微生物间的共生、协作等关系，以期产生比单菌发酵更好的效果。

4）发酵后处理

要获得益生菌产品需要对发酵好的微生物培养液进行处理，主要方法有离心、沉淀等，对产品进行初步分离。若要获得菌体产品，可以离心或沉淀后收集菌体；要获得代谢产物，若代谢产物存在于上清液中需要离心收集上清液，若存在于菌体中需要收集菌体后再进行其他后续处理。

3. *益生菌产品加工工艺*

1）益生菌干燥技术

在诸多的益生菌生产环节当中，干燥过程最容易降低菌体存活率，影响益生菌产品活性，因此合适的干燥技术对益生菌产品的生产非常重要。常用的干燥技术一般有喷雾干燥技术和冷冻干燥技术。

喷雾干燥技术主要是通过单一工序将益生菌悬浮液加工成粉末状干燥制品的技术。首先是将需要干燥的液体经雾化器喷成细微雾滴，再通入热空气等干燥介质与雾滴混合均匀，进行热交换，使产品中的溶剂气化，留下固态产品。该技术的主要优点是需要时间短，效率高，价格低廉，可以连续进料，有利于产品的连续化、扩大化生产。缺点是干燥过程中的高温及干燥脱水容易使细胞脱水，造成益生菌损伤，导致产品失活。

冷冻干燥技术是将益生菌产品在较低温度下冻结成固态，在真空条件下使产品中的水分直接升华为气体，最终使物料脱水的技术。与其他干燥技术相比，冷冻干燥技术的优点是能够较好地保存益生菌的形态，存活率高，通常用于菌种保藏和益生菌冻干粉的生产。缺点是需要专业化的设备，能耗高，投资成本大，与喷雾干燥技术相比，干燥相同数量的产品耗时长，而且低温容易损伤细胞，造成菌种活性下降，所以通常在冷冻干燥时需要加入保护剂，以免细胞完整性遭到破坏。常用的保护剂有甘油和某些糖类（蔗糖、麦芽糊精等）。

2）益生菌包埋技术

益生菌包埋技术是指给益生菌加上一层保护使其免受外界不良环境（如氧气）

侵害的技术。与未包埋的菌体相比，包埋的菌体在通过畜禽胃肠道时的存活力得到了改善，添加保护壳可以使益生菌更好地生存，提高益生菌在干燥及储存过程的存活率。包埋技术通常包括巨包埋技术和微胶囊包埋技术。巨包埋技术是将益生菌装入或密闭于空心硬胶囊或弹性软胶囊中所制成的固体制剂。空心硬胶囊主要由明胶、甘油、水等制成，不易溶解，可以保护益生菌免受酸碱破坏，帮助益生菌制剂通过畜禽胃部。微胶囊包埋技术是使用天然或合成的高分子包囊材料将固体的或液体的益生菌产品包裹形成直径为 1～5000μm 颗粒的一种技术，采用微胶囊包埋技术能提高益生菌的存活率，提高益生菌在加工、储藏及通过畜禽消化道时对胃酸、胆汁的耐受性。微胶囊的外部包膜称为壁材，内部材料称为芯材。包囊材料一般为传统的高分子材料（明胶、壳聚糖、海藻酸钠等），此外肠溶性包囊材料（如甲醛明胶、羧甲基纤维素钠、虫胶、邻苯二甲酸醋酸纤维素等）包埋有利于减少胃液对益生菌产品的破坏，使益生菌顺利到达肠道。随着包埋技术的发展，现在还研制出了双层包埋技术、多层包埋技术等，更有利于益生菌顺利到达肠道。双层包埋益生菌比单层包埋益生菌更耐酸、耐热，保存时间更久。

4. 常见动物益生菌的生产工艺

1）乳酸菌类的生产工艺

乳酸菌发酵液的分离方法主要有超滤和离心两种。超滤效果要优于离心效果，不过离心操作简单，设备容易清洗，不易污染，成本低，但超速离心效果明显好于普通离心，在生产上应用较多。乳酸菌培养一般选用 MRS（de-Man Rogosa Sharpe）琼脂培养基，该培养基专门用来培养乳酸菌。乳酸菌类的生产工艺流程如图 4-5 所示。

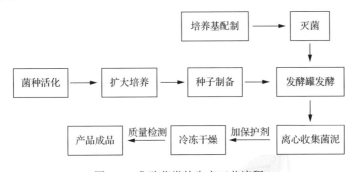

图 4-5 乳酸菌类的生产工艺流程

（1）植物乳杆菌的生产工艺。植物乳杆菌的生产工艺包括培养基、药品的配制，以及生产过程中的参数控制、操作流程等，具体如下所述。

种子培养基（MRS 琼脂培养基）：蛋白胨 10.0g，牛肉膏 10.0g，酵母膏 5.0g，葡萄糖 20.0g，柠檬酸氢二铵 2.0g，磷酸氢二钾（$K_2HPO_4 \cdot 3H_2O$）2.0g，硫酸镁（$MgSO_4 \cdot 7H_2O$）0.58g，硫酸锰（$MnSO_4 \cdot 4H_2O$）0.25g，乙酸钠 5.0g，吐温-80 1mL，加蒸馏水定容至 1L，调节 pH 为 6.2～6.6，121℃高压灭菌 20min。

发酵培养基：酵母膏 50.0g，蔗糖 30.0g，磷酸氢二钾 2.0g，柠檬酸氢二铵 2.0g，无水乙酸钠 5.0g，碳酸钙（$CaCO_3$）2.0g，硫酸镁 0.58g，硫酸锰 0.25g，吐温-80 1mL，加蒸馏水定容至 1L，121℃高压灭菌 20min。

植物乳杆菌的生产工艺流程如图 4-6 所示。

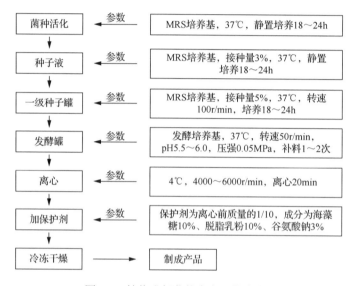

图 4-6 植物乳杆菌的生产工艺流程

（2）嗜酸乳杆菌的生产工艺。嗜酸乳杆菌的生产工艺包括培养基、药品的配制，以及生产过程中的参数控制、操作流程等，具体如下所述。

种子培养基：MRS 琼脂培养基，配方同上。

发酵培养基：酵母膏 20g，乳清粉 15g，蛋白胨 10g，蔗糖 18g，硫酸锰 0.1g，乙酸钠 5g，硫酸镁 0.5g，磷酸氢二钾 2g，柠檬酸氢二铵 2g，L-半胱氨酸盐酸盐 0.001g，吐温-80 1mL，0.5%消泡剂，加蒸馏水定容至 1L，121℃高压灭菌 20min。

补料培养基：蔗糖 20g，酵母膏 5g，乳清粉 15g，加蒸馏水定容至 1L，121℃高压灭菌 15min。

冻干保护剂：10%脱脂奶粉，4%乳糖，4%海藻糖，0.1%抗坏血酸，0.5%甘油，0.02%山梨醇，混合获得。

嗜酸乳杆菌的生产工艺流程如图 4-7 所示。

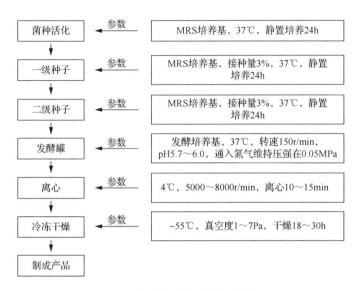

图 4-7　嗜酸乳杆菌的生产工艺流程

（3）双歧杆菌的生产工艺。双歧杆菌的生产工艺包括培养基、药品的配制，以及生产过程中的参数控制、操作流程等，具体如下所述。

混合盐溶液：碳酸氢钠（$NaHCO_3$）10.0g，氯化钠（$NaCl$）2.0g，磷酸氢二钾 1.0g，磷酸二氢钾（KH_2PO_4）1.0g，硫酸镁 0.48g，氯化钙（$CaCl_2$）0.2g，加蒸馏水定容至 1L，121℃高压灭菌 20min，分装后备用。

种子培养基：酵母膏 10g，葡萄糖 10g，蛋白胨 10g，L-半胱氨酸盐酸盐 0.5g，吐温-80 1mL，0.1%刃天青溶液 1mL，混合盐溶液 40mL，加蒸馏水定容至 1L，调节 pH 为 6.8～7.0，121℃高压灭菌 20min。

发酵培养基：玉米浆 11%，番茄汁 8%，糖蜜 2%，低聚果糖 1.5%、L-半胱氨酸盐酸盐 0.05%，吐温-80 1mL，0.1%刃天青溶液 1mL，混合盐溶液 40mL，加蒸馏水定容至 1L，121℃高压灭菌 20min。

发酵温度为 40℃，起始 pH 为 6.8，接种量 3%～5%，发酵时间 32h。双歧杆菌的生产工艺流程如图 4-8 所示。

（4）粪链球菌的生产工艺。粪链球菌的生产工艺包括培养基、药品的配制，以及生产过程中的参数控制、操作流程等，具体如下所述。

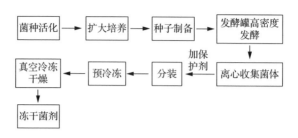

图 4-8 双歧杆菌的生产工艺流程

种子培养基：MRS 琼脂培养基，配方同上。

液体高密度发酵培养基：葡萄糖 30.0g，酵母膏 30.0g，蛋白胨 20.0g，蔗糖 25.0g，磷酸氢二钾 20.0g，牛肉膏 10.0g，柠檬酸氢二铵 5.0g，乙酸钠 5g，硫酸锰 0.15g，硫酸镁 0.1g，吐温-80 1mL，加蒸馏水定容至 1L，调节 pH 为 7.0～7.5，121℃高压灭菌 20min。生产过程中用氢氧化钠（NaOH）溶液和氨水调节 pH，使其保持在 6.0～6.5，发酵 18～20h，根据发酵情况适时补加培养基。

液体高密度发酵补充营养液：葡萄糖 150g，酵母膏 150g，蔗糖 125g，蛋白胨 100g，牛肉膏 50g，加蒸馏水定容至 1L，121℃高压灭菌 20min。

粪链球菌的生产工艺流程如图 4-9 所示。

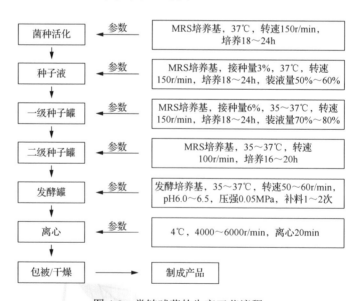

图 4-9 粪链球菌的生产工艺流程

2）芽孢杆菌的生产工艺

（1）枯草芽孢杆菌的生产工艺。枯草芽孢杆菌的生产工艺包括培养基、药品的配制，以及生产过程中的参数控制、操作流程等，具体如下所述。

种子培养基：蛋白胨 10.0g，牛肉膏 5.0g，葡萄糖 10.0g，氯化钠 2.0g，加蒸馏水定容至 1L，调节 pH 为 7.0～7.2，121℃高压灭菌 20min。

发酵培养基：豆粕粉 2%，玉米淀粉 1%，玉米浆粉 0.2%，硫酸锰 0.01%，硫酸镁 0.02%，调节 pH 为 7.0～7.2，121℃高压灭菌 20min。

枯草芽孢杆菌的生产工艺流程如图 4-10 所示。

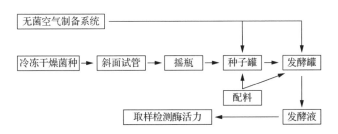

图 4-10　枯草芽孢杆菌的生产工艺流程

（2）地衣芽孢杆菌的生产工艺。地衣芽孢杆菌的生产工艺包括培养基、药品的配制，以及生产过程中的参数控制、操作流程等，具体如下所述。

种子培养基：蛋白胨 10.0g，牛肉膏 10.0g，酵母膏 5.0g，葡萄糖 20.0g，加蒸馏水定容至 1L，调节 pH 为 6.2～6.6，121℃高压灭菌 20min。

发酵培养基：配方同枯草芽孢杆菌发酵培养基。

地衣芽孢杆菌的生产工艺流程如图 4-11 所示。

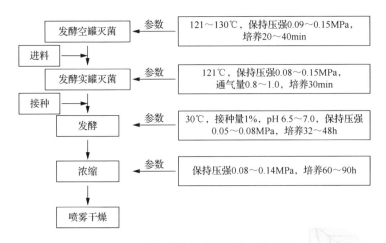

图 4-11　地衣芽孢杆菌的生产工艺流程

3）酵母菌的生产工艺

生产中常用的酵母菌种为酿酒酵母,常用的发酵方法为液体深层连续补料法,发酵过程中所用培养基配方和生产工艺如下。

种子培养基:蛋白胨 10.0g,酵母膏 10.0g,葡萄糖 20.0g,加蒸馏水定容至1L,121℃高压灭菌 20min。

发酵培养基:糖蜜 5%,尿素 0.5%,0.05%硫酸铵,0.05%甘氨酸,121℃高压灭菌 20min。

补料培养基:糖蜜 20%,尿素 2%,0.2%硫酸铵,0.2%甘氨酸,121℃高压灭菌 20min。

液体深层连续补料法生产酿酒酵母的工艺流程如图 4-12 所示。

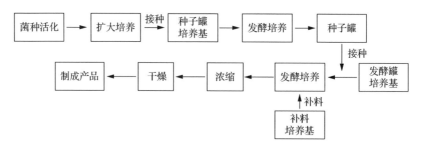

图 4-12　液体深层连续补料法生产酿酒酵母的工艺流程

4.3.2　益生元的生产工艺

益生元不能被畜禽消化,但能选择性地被宿主肠道有益微生物利用,促进畜禽肠道内有益菌的生长繁殖,抑制有害菌生长,调节肠道菌群,对宿主产生有益影响。常见的益生元主要包括多糖类和功能性低聚糖。多糖类包括菊粉、壳聚糖等;功能性低聚糖包括低聚果糖、低聚木糖、低聚半乳糖、低聚异麦芽糖、大豆低聚糖等。虽然这些益生元在组成和结构上都不一样,但是其所具备的功能却是一致的,即促进畜禽健康生长。益生元的应用可以弥补活菌微生态制剂在畜禽生产上应用的诸多不足,如在畜禽肠道定植难、到达作用部位的存活率低、不耐胃酸等问题。

1. 多糖的生产工艺

1）菊粉的生产工艺

菊粉又叫菊芋多糖或天然果聚糖,是通过果糖残基(F)以 β-1,2-糖苷键连接形成的直链多糖,末端连有葡萄糖残基(G),分子式简写为 GFn,其中 n 代表果糖的数量。菊粉又分为长链菊粉和短链菊粉,其聚合度通常为 2~60,短链菊粉平均聚合度小于 9,从植物中提取的菊粉同时包含长链菊粉与短链菊粉。

菊粉主要来源于植物，在菊芋、菊苣的块茎中含量丰富，在菊芋中含量最高，质量占菊芋干物质质量的 60% 以上。在欧洲主要以菊苣为原料进行菊粉工业化生产，我国主要以菊芋为原料进行菊粉工业化生产，传统的工业化提取技术为连续热水浸提。我国菊粉的传统工业化提取工艺流程如图 4-13 所示。

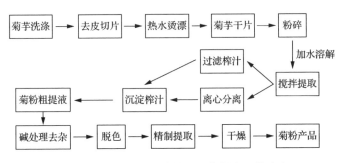

图 4-13 我国菊粉的传统工业化提取工艺流程

菊粉的传统提取工艺操作简单，对设备要求不高。但是由于大部分多糖在热水中的溶解度小，提取不完全，用传统工艺提取所得菊粉杂质多，提取时间长，提取效率较低，菊粉聚合度也比较低。随着科技的进步，近年来出现的微波法、酶法、超声波提取等新方法的应用大幅提高了菊粉的提取效率。例如，超声波提取不须加热，操作简单，提取时间短，无污染，产量高，提取率能达到 95.41%。

菊粉粗提液中含有大量的蛋白质、纤维素、果胶、有机酸、矿物盐等杂质，颜色混浊，易结块。通常需要对菊粉粗提液进行纯化，纯化方法有盐析、萃取、结晶、离心沉淀、膜分离等。比较常用的是利用石灰乳-磷酸法去除菊芋粗提液中的色素、果胶、蛋白质等杂质。用石灰乳-磷酸盐处理菊芋粗提液，先去除菊粉粗提液中的杂质，再使用活性炭或离子交换树脂法脱色。也可使用超滤膜对菊粉粗提液进行纯化，效果更好，同时还可按要求分离得到不同聚合度的菊粉以满足产品需要。

菊粉生产的新工艺在菊芋生产的传统工艺基础上进行了改进，菊芋干片经过破碎、水浸泡后采用微波处理后再进行水提，粗提液经碱处理、离子交换树脂脱色去盐后，得到精制菊粉提取液，可采用膜过滤技术，利用膜的选择透过性，去除大分子的蛋白质、果胶等杂质成分，再经浓缩、干燥即可得到高纯度菊粉。干燥可以采用喷雾干燥或冷冻干燥。相比传统工艺，在菊粉生产工艺中采用微波技术和膜过滤技术，操作简便，生产过程清洁高效。采用微波技术可缩短水提时间，菊粉提取率高、生物活性高、溶解性好。采用膜过滤技术可以取代传统工艺中的离心和沉降工艺，得到的菊粉粗提液纯度更高，提高产品收率和质量，可得到纯度高、聚合度高、性质稳定的菊粉产品，同时还可根据需要生产出不同聚合度的菊粉。不过在采用膜过滤技术进行处理前，先对菊粉粗提液进行碱处理和阴阳离子交换树脂处理，可减轻膜分离负担。菊粉生产的新工艺流程如图 4-14 所示。

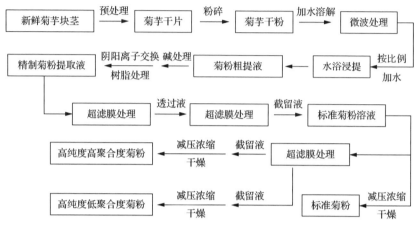

图 4-14 菊粉生产的新工艺流程

2）壳聚糖的生产工艺

壳聚糖也叫甲壳胺、脱乙酰甲壳素、可溶性甲壳素、聚氨基葡萄糖，是一种甲壳素的衍生物，是甲壳素经浓碱处理脱去 C₂ 位上的乙酰基得到的一种多糖聚合物，不溶于水，也不溶于碱，可溶于多数稀酸。壳聚糖是白色或灰白色粉末状固体，具有珍珠光泽，因生产方法或制备原料来源不同，其相对分子量不等，介于几十万到几百万之间。含有游离氨基的壳聚糖是天然多糖中唯一的碱性多糖，壳聚糖分子含大量的活性基团（如羟基、氨基），可与多种化学物质发生反应，形成壳聚糖衍生物。

甲壳素是节肢动物虾、蟹壳的主要成分，是仅次于植物纤维素的一种丰富的可再生资源，我国水产加工中每年剩余的甲壳产量巨大，约有十几万吨。脱去 55%以上乙酰基的甲壳素或能在稀酸中溶解 1%的脱乙酰甲壳素，称为壳聚糖。壳聚糖主要是通过甲壳素来制取，我国丰富的虾、蟹壳资源，是生产壳聚糖的主要原料，传统工艺主要以水产加工的虾、蟹壳为原料，采用酸碱提取法，虾、蟹壳经脱蛋白质、脱脂、脱钙、去除无机盐、脱乙酰基等过程后，再经水洗、烘干得到壳聚糖成品。

虾、蟹壳制备甲壳素的得率和色泽白度，因酸、碱浓度和处理时间不同均有所不同。壳聚糖的生产过程共分 5 步。

（1）除去蛋白质和油脂。将虾、蟹壳除去肉质用水洗净，浸泡于 5%的氢氧化钠溶液，浸泡 10～24h 后用 10%氢氧化钠溶液煮沸 30～40min，除去虾、蟹壳中的蛋白质和油脂。

（2）除去碳酸钙。虾的甲壳中碳酸钙含量为 30%～40%，龙虾壳中碳酸钙含量约为 50%，蟹壳中碳酸钙含量则高达 75%，除去蛋白质和油脂的虾、蟹壳体可以加稀酸浸泡除去碳酸钙。一般用 5%～8%的稀盐酸浸泡 12～24h。

（3）脱色。虾、蟹壳经脱脂、脱钙后得到的是粗品甲壳素，要得到甲壳素需要进一步脱色，先用 1%的高锰酸钾脱色 2h，后用 2%亚硫酸氢钠还原，洗净沥干得到甲壳素。

（4）脱乙酰基。以上步骤制得的是粗品甲壳素，是一种线型高分子多糖，化学名称为聚-2-乙酰胺-2-脱氧-*D*-吡喃葡萄糖，粗品甲壳素加入 40%的氢氧化钠于 80～100℃加热脱乙酰基，即可得到壳聚糖。

（5）水洗烘干。经以上工序制备的壳聚糖经洗净、脱水、干燥后得到酸可溶性壳聚糖，此外可溶性壳聚糖还可进一步加工，得到低聚壳聚糖，或利用壳聚糖的活性基团进行其他化学反应得到壳聚糖衍生物。

壳聚糖的生产工艺流程如图 4-15 所示。

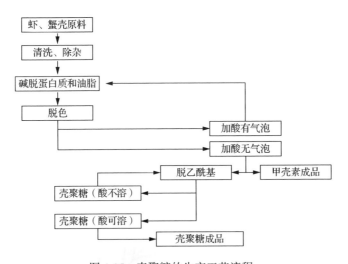

图 4-15　壳聚糖的生产工艺流程

传统工艺采用酸碱法提取壳聚糖过程中需要使用大量的酸、碱及其他化工原料，后期产生的废液不易处理，容易污染环境。近年来有研究者对壳聚糖的提取工艺进行了优化研究，有人采用乳酸菌发酵法制备壳聚糖，利用乳酸菌发酵虾、蟹壳体，在发酵过程中乳酸菌可以产生乳酸，帮助溶解外壳中的碳酸钙，分解外壳中的蛋白质、油脂等成分，该工艺只须对发酵产物进行过滤，就可得到甲壳素，再对甲壳素进行脱乙酰基即得到壳聚糖。此外还可以利用复合酶对蟹壳脱蛋白质，再用有机酸（如柠檬酸）脱钙，酒精脱色，可以得到食品级的甲壳素，脱乙酰基后即可制备壳聚糖。本工艺中的酶解废液可进一步开发利用来制造调味品，脱钙产生的柠檬酸钙也可用来生产柠檬酸钙，此工艺对虾、蟹壳的综合利用率高。

2. 低聚糖的生产工艺

低聚糖也叫寡糖，是由 10 个以下单糖通过一种或多种糖苷键相连的一类低聚合度寡糖的总称，有的是直链寡糖，有的是支链寡糖。寡糖有普通寡糖和功能性寡糖之分。普通寡糖能被动物机体消化利用，如蔗糖、乳糖等。功能性寡糖不能被动物机体消化利用，而是在进入动物肠道后被肠道中的有益微生物利用，具有促进有益菌增殖、抑制有害菌生长、调节肠道菌群平衡、促进营养物质吸收，以及调节机体免疫机能等功效。此处所指的寡糖生产工艺为益生元的功能性寡糖的生产工艺。

目前，低聚糖的生产主要有以下几种方法。①从原料中直接提取。只有少数低聚糖可由此法制得，如大豆低聚糖可从大豆乳清中提取获得，水苏糖可从泽兰中提取，棉子糖可从甜菜汁中提取。②水解天然高聚糖获得低聚糖。此方法包括酶解法和水解法。酶解法通常利用转移酶、水解酶酶解天然多聚糖，获得低聚糖。水解法通常利用化学试剂（如酸）水解天然多聚糖，获得低聚糖。水解法可用富含木聚糖的植物为原料制备低聚木糖，利用菊粉为原料生产低聚果糖，不过在用酸水解多聚糖的过程中，因酸无专一性，副反应较多，产品纯化比较困难，要得到特定的低聚糖比较困难。③酶法生产。使用淀粉和蔗糖为原料生产低聚异麦芽糖和低聚果糖均采用酶法生产。以淀粉为原料，在α-淀粉酶的作用下生成麦芽糖，再经α-葡萄糖苷酶作用生成低聚异麦芽糖；以蔗糖为原料，经蔗糖-6-葡萄糖基转移酶和葡萄糖苷酶的作用生成低聚异麦芽糖。工业化生产低聚糖益生元通常使用酶法，如低聚果糖/低聚乳糖、低聚异麦芽糖、低聚壳聚糖等都是通过酶法生产的。

不过采用这些方法制备低聚糖益生元往往产物中还存在一些其他的副产物，如单糖、多糖、色素、蛋白质等，需要对粗产品进行进一步纯化，得到高纯度低聚糖益生元。

低聚糖益生元的分离纯化方法有以下几种。①有机溶剂法。低聚糖粗产品中各组分分子量不同，它们在不同的有机溶剂中溶解度存在差异，可以利用这一原理对目标低聚糖进行分离纯化。常用的有机溶剂有乙醇、甲醇、丙酮、正丁醇、氯仿等，因安全性问题，一般采用乙醇。该方法不能精确地分离各个聚合度的糖组分，只能用于低聚糖的初分离，不能得到高纯度的低聚糖产品。②色谱法。色谱法是目前最常用的分离纯化方法，不仅可用于低聚糖分离纯化，还能对其进行定性定量分析，以及结构鉴定。色谱法也叫层析法，包括薄层色谱、柱色谱和纸色谱。其中薄层色谱是目前采用最多的一种分离纯化方法，它具有操作简单、方便快捷、兼具纸色谱和柱色谱的优点。③膜分离法。膜分离法是利用高分子薄膜，对低聚糖粗产品进行分离纯化的一种方法，包括超滤、反渗透、电渗析、渗透、透析、纳滤等，其中以前 3 种方法应用最多。膜分离法能耗低、选择性高、操作条件不高，是一种高效、环保的分离技术。④发酵分离法。因低聚糖很难被某些微生物发酵，可选取特定的微生物菌株进行发酵，除去低聚糖粗产品中的杂质成分。该方法目前在生产低聚果糖中应用较多。如有研究报道可采用酵母菌发酵对大豆低聚糖进行纯化。刘玉兰等（2010）用啤酒酵母发酵法纯化大豆低聚糖，可去除其中的蔗糖，去除率可达 90%。有研究报道用酿酒酵母发酵法纯化低聚异麦芽糖，可得到纯度为 90%以上的低聚糖产品。⑤酶分离法。利用酶将低聚糖粗产品中的某一组分专一性去除。如可利用蛋白酶将粗糖产品中的蛋白质降解成氨基酸小分子，再通过透析等除去蛋白质；还可用葡萄糖氧化酶或过氧化氢酶去除产品中的葡萄糖。酶分离法专一性强，效率高，容易操作，但成本高、所需条件严格等限制了该分离方法的使用。酶分离法已见于对低聚果糖、甲壳低聚糖、低聚半乳糖等的分离纯化。

除以上分离法外，还有一些技术如超临界萃取、双水相萃取、微波辅助萃取等均可用于低聚糖的分离纯化。

1）低聚果糖的生产工艺

低聚果糖也叫果寡糖，是 D-果糖以 β-1,2-糖苷键结合在蔗糖分子上形成的蔗果三糖（GF2）、蔗果四糖（GF3）和蔗果五糖（GF4）等的混合物。低聚果糖存在于香蕉、牛蒡、小麦、大麦、黑麦、洋葱、马铃薯、大蒜、菊芋、蜂蜜等中，分子式为 GF-Fn（n=1～3，GF 代表蔗糖，G 代表葡萄糖，F 代表果糖）。低聚果糖甜度低，为同浓度蔗糖的 30%～60%，且热值低，在 pH 中性条件下比较稳定。低聚果糖具有多种功能，能够促进双歧杆菌增殖同时还能预防龋齿，是一种优良的益生元。

（1）低聚果糖的分类。低聚果糖的生产按照原料的来源不同可以分为两种：一种是以蔗糖为原料生产的低聚果糖，也叫蔗果低聚糖；另外一种是以菊粉为原料生产的低聚果糖，也叫菊粉低聚果糖。按照低聚果糖生产方式不同可以分为直接提取法、微生物发酵法等。虽然许多植物含有低聚果糖，但其含量有限，一般不直接从这些原料中提取，工业上低聚果糖通常采用微生物发酵法进行生产，得到产品中的低聚果糖含量为 55%～60%，产品中还含有 30%～35%的葡萄糖和 10%～15%的蔗糖，因此还需要进行脱色、分离提纯、浓缩等进一步加工。

（2）菊粉低聚果糖的生产工艺。菊粉低聚果糖是以菊苣或纯菊粉为原料，用菊粉内切酶催化水解长链菊粉得到低聚果糖。利用微生物产生的菊粉内切酶酶解菊粉生产低聚果糖，原料便宜，产物纯度高，杂质较少，仅含有低聚果糖和少量果糖，欧洲国家大都以菊苣为原料生产菊粉低聚果糖。

　　以纯菊粉为原料生产低聚果糖，虽然转化率较菊苣提取物高，但最终获得的产品低聚果糖在组成上区别不大。经酶转化后得到的低聚果糖半成品还需要进一步纯化，如经过脱色、离子交换树脂脱盐、膜过滤、浓缩、喷雾干燥可得到纯度比较高的低聚果糖。像比利时的 Orafti 和法国 Leroux 公司均采用菊苣水浸提取菊粉，而后酶解生产低聚果糖，产品纯度高达 90%。菊粉低聚果糖的生产工艺流程如图 4-16 所示。

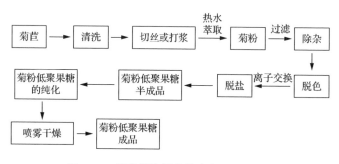

图 4-16　菊粉低聚果糖的生产工艺流程

　　（3）蔗糖低聚果糖的生产工艺。我国菊苣资源有限，多以蔗糖为原料生产低聚果糖。常用的方法为微生物发酵法，以蔗糖为底物，经 β-果糖基转移酶或 β-呋喃果糖苷酶催化后生产蔗糖低聚果糖，但该方法反应不易控制，副产物较多，还需要去除其中的副产物葡萄糖、果糖和未反应的蔗糖，只能采用膜分离技术纯化，才能获得较高纯度的低聚果糖。酶水解法也是我国一种常用的蔗糖低聚果糖生产方法，此法生成的低聚果糖链较长。

　　微生物发酵法：虽然多种植物可以产生 β-果糖基转移酶、β-呋喃果糖苷酶，但因活性低，工业生产中使用的果糖基转移酶或呋喃果糖苷酶一般采用微生物（如霉菌、酵母）来生产。但酵母所产的酶水解活性较强，不利于低聚果糖的积累，所以生产中常采用霉菌（黑曲霉、日本曲霉等）生产所需酶。例如，以黑曲霉经液体发酵产生的酶来催化蔗糖低聚果糖的合成。利用该法虽然使果寡糖产率得到大幅提高，工艺设备简单，但酶无法重复利用，自动化程度低，生产成本较高。微生物发酵法生产低聚果糖的工艺流程如图 4-17 所示。

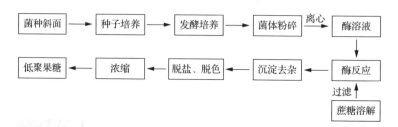

图 4-17　微生物发酵法生产低聚果糖的工艺流程

酶水解法：利用酶水解法生产蔗糖低聚果糖根据添加酶的数量和种类及步骤又分为单酶法和双酶法两种。①单酶法。单酶法又叫两步法，即以蔗糖为原料，仅使用果糖基转移酶或呋喃果糖苷酶的其中一种来生产低聚果糖的方法。利用该法生产的产品中低聚果糖含量不高，仅为 50%～60%，还含有将近 10%的蔗糖和30%的葡萄糖。要获得高纯度低聚果糖还需要进一步处理，除去其中的葡萄糖。②双酶法。双酶法又叫一步法或混合酶系法，是指以蔗糖为原料，在加入果糖基转移酶或呋喃果糖苷酶的同时加入葡萄糖氧化酶或葡萄糖异构酶生产低聚果糖的方法。利用该法在产生低聚果糖的同时，葡萄糖氧化酶将葡萄糖转化为其他形式。粗产品中的副产物可通过离子交换树脂除去。因为酶的价格比较高，为了节省成本，对酶进行重复利用，可以采用酶固定化技术或细胞固定化技术，将呋喃果糖苷酶或产呋喃果糖苷酶的菌体与葡萄糖氧化酶共同固定，方便重复利用。

　　以微生物黑曲霉液体发酵获得果糖基转移酶，采取共价交联的方式，以壳聚糖为载体，固定酶液。以蔗糖为原料，利用酶固定化技术可以生产低聚果糖。固定化酶发酵法生产低聚果糖的生产工艺如图 4-18 所示。

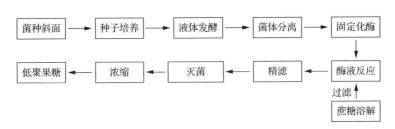

图 4-18　固定化酶发酵法生产低聚果糖的生产工艺流程

　　2）低聚木糖的生产工艺

　　低聚木糖也叫木寡糖，是由 2～10 个木糖通过 β-1,4-糖苷键连接形成的功能性低聚糖。低聚木糖主要成分为木二糖和木三糖，其稳定性好、耐热、耐酸、抗冻，有利于长时间保存，其甜度是蔗糖的 40%，黏度低，方便进行产品加工。

　　自然界有许多材料（硬木、玉米芯、棉籽壳、麦秆、秸秆、谷壳、啤酒糟、甘蔗渣、麸皮等）富含木聚糖，通过选择这些富含木聚糖的物料，对其中的木聚糖主链上的一些糖苷键进行水解，就可以用来生产低聚木糖。我国是一个农业大国，每年产生的玉米芯、棉籽壳、甘蔗渣等资源丰富。目前使用这些富含木聚糖的原料进行低聚木糖的生产主要有 3 种方法。

　　（1）酶解法制备低聚木糖。酶解法生产低聚木糖通常是利用一些微生物所含的木聚糖酶对半纤维素或木聚糖进行直接水解。酶解法是近些年来生产低聚木糖的主要方法。对于某些富含木聚糖的天然原料，可利用酶水解木聚糖制备低聚木糖，木聚糖水解为主要含木二糖和木三糖的低聚木糖。

酶解法要求原料容易被酶水解，但实际情况却是原料中的木聚糖不容易被酶水解，因此限制了该法的进一步推广使用。原料来源不同，木聚糖的结构有所不同，大多数木聚糖为非均一性多聚糖，其除了木糖残基构成的主链外，通常还有侧链或分支结构，常用的木聚糖酶系有β-木糖苷酶、内切和端切木聚糖酶等。多种微生物可以产生木聚糖酶，主要有细菌和霉菌，细菌有芽孢杆菌，霉菌有链霉菌、木霉、曲霉、青霉、毛壳霉等，不过不同微生物所产酶系不全相同，酶解法制备低聚木糖需要选择合适的酶系，原料来源不同，所需要的酶也不同。例如，以桦木为原料生产低聚木糖宜用绿色木霉生产的木聚糖酶，以玉米芯、棉籽壳等原料生产低聚木糖宜用球毛壳菌生产的木聚糖酶。也有研究表明，绿色木霉所产的酶对不同来源原料都有较好的作用效果，是比较好的低聚木糖生产用酶来源（杜密英 等，2011）。通过分子生物学技术对微生物木聚糖酶系进行改造，将是获得理想木聚糖酶的有效途径。

（2）化学法与酶解法相结合生产低聚木糖。先通过化学方法处理天然的富含木质纤维的原料，初步分离得到木聚糖，再用酶水解木聚糖最终得到低聚木糖。化学法与酶解法相结合生产低聚木糖的工艺流程如图 4-19 所示。

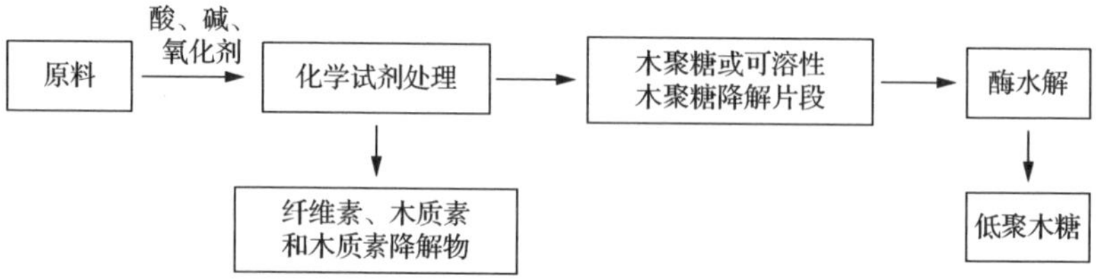

图 4-19 化学法与酶解法相结合生产低聚木糖的工艺流程

化学法处理原料得到木聚糖，常用的化学试剂有酸、碱、氧化剂。氧化剂等可以除去原料中的木质素、果胶等物质。比较常用的碱有氢氧化钠、氨水等，在比较稳定的 pH 条件下对原料进行碱处理可得到可溶性的木聚糖，再用酸、乙醇等进行沉淀，除掉其中的不溶性半纤维素，分离得到木聚糖后，用酶进行水解，得到低聚木糖。

（3）水解法生产低聚木糖。可以直接通过蒸汽、水或稀酸水解原料中的木聚糖来生产低聚木糖。该法只要一步即可得到低聚木糖。水解法生产低聚木糖的工艺流程如图 4-20 所示。

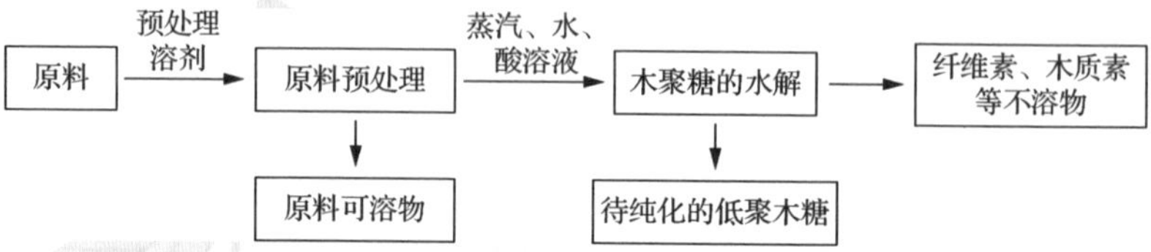

图 4-20 水解法生产低聚木糖的工艺流程

在水解法制备低聚木糖时，先对原料进行预处理可以简化后续产品的纯化工艺，如先用溶剂萃取，可除去原料中的可提取物。用比较温和的水解条件，可以避免糖的降解，得到高浓度的可溶性木聚糖。若最终得到的产品聚合度太高，可以进一步使用酶解法降低聚合度。通过水解法制备低聚木糖，因其中有多个副反应发生，粗水解液中还含有较多的非糖杂质，要得到所需聚合度范围的低聚木糖还需要对粗水解液进行精制。低聚木糖粗水解液的纯化工艺流程如图 4-21所示。

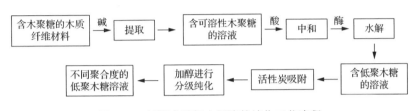

图 4-21　低聚木糖粗水解液的纯化工艺流程

3）低聚半乳糖的生产工艺

低聚半乳糖是半乳糖主要通过 β-1,6-糖苷键结合在乳糖分子或葡萄糖分子上的一种杂低聚糖。产品为无色或微黄色，含半乳糖基葡萄糖、半乳糖基半乳糖、半乳糖基乳糖等。低聚半乳糖存在于动物乳汁中，不过含量很低。低聚半乳糖甜度低，仅为蔗糖的 20%～40%，热值低，可溶性好，保湿性强，黏度低，在 pH为中性时热稳定性高。

低聚半乳糖的生产方法主要有 4 种。①从天然原料中直接提取。天然原料中低聚半乳糖含量低，不带电荷，无色，直接从天然原料中提取比较困难。②酸、酶水解天然多糖。利用酸、酶水解天然多糖生产低聚半乳糖，但该方法转化率低，得到的产品成分复杂，难以纯化。③化学合成。化学合成因含有化学试剂，具有操作烦琐、成本高、有化学残留、毒性大等缺点。④酶法合成。该法是国际上商品化生产低聚半乳糖的主要方法，以乳糖或乳清为原料，利用 β-半乳糖苷酶催化合成低聚半乳糖。β-半乳糖苷酶也叫乳糖酶，是一种水解酶，广泛存在于动物、植物及微生物中，目前应用最广的 β-半乳糖苷酶主要来源于微生物，如酵母、青霉、米曲霉等都可产生 β-半乳糖苷酶。以乳糖为原料通过 β-半乳糖苷酶生产获得的低聚半乳糖终产品中还含有未反应完的乳糖、葡萄糖、半乳糖等杂质，其中的低聚半乳糖含量通常为 20%～45%。酶法生产低聚半乳糖的工艺流程如图 4-22所示。

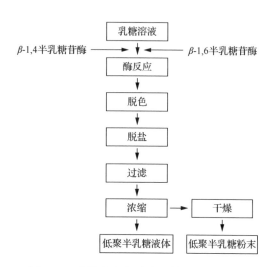

图 4-22   酶法生产低聚半乳糖的工艺流程

酶法合成低聚半乳糖具有条件温和、安全可靠、操作简单、适合规模化生产的优点。存在的问题是效率低、酶的用量大、生产成本较高。酶的来源不同，合成的低聚半乳糖结构也存在差异，生产效率也有差异，产品质量不稳定。目前已有研究人员通过分子生物学技术获得乳糖底物转化率超过 90% 的人工酶，可以有效地解决乳糖转化率低的问题，提高产品收率，同时可以考虑使用酶固定化生产技术，其中的能重复利用，反应可以连续进行，缩短了反应周期，提高了生产效率。

利用乳糖为原料、采用酶法合成低聚半乳糖时，因 β-半乳糖苷酶同时具有水解酶和转糖苷酶的活性，合成的低聚半乳糖初产品中含有葡萄糖、半乳糖等副产物，同时还含有部分未反应的乳糖，获得的目标产物纯度低，需要对低聚半乳糖粗产物进行进一步分离纯化，才能获得高纯度的低聚半乳糖。目前对低聚半乳糖的分离纯化主要有膜分离纯化法、层析色谱柱法、酶法和微生物发酵法。

膜分离纯化法操作简单，选择性好，无化学添加，能耗低，无污染，缺点是成本较高。层析色谱柱法使用的吸附剂能够重复利用，缺点为设备成本高，分离效率低，操作复杂。酶法是指利用生物酶将低聚半乳糖粗产品中的葡萄糖、半乳糖或乳糖除去，该法专一性高、纯化效果好，但是酶价格比较高，酶的回收率低，难以用于大规模的工业化生产。微生物发酵法是利用某些微生物能优先代谢葡萄糖、乳糖、半乳糖的特点，将低聚半乳糖粗产品中的葡萄糖、乳糖、半乳糖通过微生物发酵除去。常用的微生物有酿酒酵母，可去除低聚半乳糖粗产品中的葡萄糖、半乳糖，生产成本低，操作简单，不过酿酒酵母不能代谢其中的乳糖组分，得到的低聚半乳糖产品纯度不高。此外，超临界技术和乙醇沉淀法等也有一定的效果。

4）低聚异麦芽糖的生产工艺

低聚异麦芽糖又称分枝低聚糖、异麦芽低聚糖、异麦芽寡糖等，是由 2～5 个葡萄糖基以 α-1,6-糖苷键结合，其中也含有 α-1,4-糖苷键结合而成的低聚糖的混合物，其产品主要包含异麦芽糖、异麦芽三糖、潘糖和异麦芽四糖，这几种糖含量超过了总糖量的 50%。低聚异麦芽糖的甜度为同浓度蔗糖的 40%～50%，且耐热、耐酸，在 pH 为 3 的酸性条件下和在 120℃ 的高温下均性质稳定。

目前低聚异麦芽糖在所有低聚糖中是产量最大、市场销售最多的一种，低聚异麦芽糖是以大米、玉米、马铃薯、大麦、小麦、淀粉等为原料，经全酶法工艺生产，再经脱色、脱盐、浓缩、喷雾干燥而成。在 α-葡萄糖苷酶的作用下，若受体为葡萄糖则生成异麦芽糖，若受体为麦芽糖或异麦芽糖则生成潘糖或异麦芽三糖。生产工艺流程为：利用淀粉酶系催化淀粉生成低聚异麦芽糖，首先采用高温 α-淀粉酶将淀粉液化，再用中温 α-淀粉酶或 β-淀粉酶催化生成麦芽糖浆，然后利用 α-葡萄糖转苷酶催化生成低聚异麦芽糖，最终的产物中含 50%～60% 的低聚异麦芽糖、40%～50% 的葡萄糖、麦芽糖及麦芽三糖，再对酶解产物进行过滤、活性炭脱色、离子交换树脂脱盐、真空浓缩等工艺处理，得到低聚异麦芽糖成品。全酶法生产低聚异麦芽糖的工艺流程如图 4-23 所示。

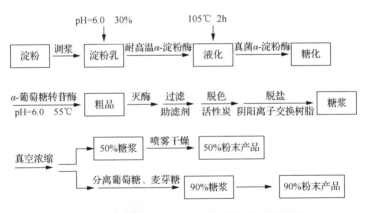

图 4-23　全酶法生产低聚异麦芽糖的工艺流程

采用全酶法生产的低聚异麦芽糖粗产品中还存在一些杂质，如葡萄糖、麦芽糖，因此必须对低聚异麦芽糖粗产品进行纯化，常用的纯化方法有离子交换层析、亲和层析、色谱分离技术等。日本生产纯化低聚异麦芽糖主要采用色谱分离技术。也有人采用酵母发酵法纯化低聚异麦芽糖，终产品纯度可达 98%。鲍元兴等（2001）用纳滤分离技术提纯低聚异麦芽糖，终产品纯度可达 90% 以上。

5）甘露低聚糖的生产工艺

甘露低聚糖又称甘露寡糖、甘露低聚糖或葡甘露寡糖，是甘露聚糖的降解产物，是由葡萄糖和甘露糖通过 α-1,2-糖苷键、α-1,3-糖苷键和 α-1,6-糖苷键连接组成的寡聚糖，其主要成分是甘露二糖、甘露三糖和甘露四糖。甘露低聚糖是唯一能结合肠道中外源性病菌的功能性低聚糖，广泛存在于魔芋粉、瓜尔豆胶、田菁胶及多种微生物细胞壁内。甘露低聚糖除了具有功能性低聚糖的特点外，在常规生理 pH 条件下和饲料加工条件下都比较稳定。甘露低聚糖能够改善肠道微生物环境，提高机体免疫力和抗氧化能力等，甘露低聚糖在结构上有差异，现在研究较多的为魔芋甘露低聚糖。魔芋中所含的葡甘聚糖是 β-D 葡萄糖与 β-D 甘露糖以 1∶1.6 或 1∶1.7 的比例，通过 β-1,4-糖苷键联结成的杂多糖。目前，制备甘露低聚糖的方法主要有超声波降解法、氧化酸化降解法、辐照改性降解法、酸酶结合法、酶解法等。

超声波降解法：操作简单，无污染，成本低。超声波降解法主要受超声功率、温度、时间等条件的限制，还受超声清洗仪大小的限制，难以批量生产。

氧化酸化降解法：利用强酸和强氧化剂处理魔芋精粉，不但可将魔芋葡甘露聚糖（konjac glucomannan，KGM）降解为小分子的甘露低聚糖，还能够起到增白、除臭的功效，且不会降低甘露低聚糖的功效。有的使用柠檬酸，有的使用盐酸进行酸化。该法的缺点是使用了强酸进行酸化，后续处理工序复杂。

辐照改性降解法：用 ^{60}Coγ-射线对甘露聚糖进行辐照，使魔芋葡甘露聚糖降解，其优点是不需要引入其他反应物质，对环境无污染；缺点是对设备要求较高，成本比较高，并且反应过程没办法精准控制。

酸酶结合法：原料魔芋精粉黏度比较高，单纯使用酶解法，反应不均匀，效果不好，因此生产上多采用酸酶结合法。使用酶解法之前先用酸对魔芋精粉进行酸化，降低魔芋精粉的黏度，酸化后再采用酶解法处理可提高甘露低聚糖的生产效率。不过酸化过程难以控制，时间过长会引起酸化过度，使甘露低聚糖结构改变，得到的甘露低聚糖产品的益生效果可能会大打折扣。

酶解法：目前国内外常用的甘露低聚糖制备方法主要是酶解法。该方法反应条件温和，反应过程无污染，可控制性强。不过酶的作用条件不同（如不同的反应时间、pH、温度、酶底比等），得到的降解产物在组成上也不同，分子量大小，以及产物中的单糖与寡糖占比不同。目前最常使用的酶是 β-1,4-甘露聚糖酶，它是一种半纤维素酶，能水解甘露聚糖的 β-1,4-糖苷键，是一种专一性很强的内切水解酶，广泛存在于自然界中。微生物来源的 β-1,4-甘露聚糖酶生产成本较低，酶活性好，一般采用微生物法提取 β-1,4-甘露聚糖酶。

采用酶解法生产甘露低聚糖得到的粗产品中常含有葡萄糖、甘露糖等单糖成分，需要进一步纯化。目前用于纯化甘露低聚糖粗产品的方法有超滤膜分离法、色谱柱法、微生物发酵法。超滤膜分离法又可分为反渗透法、透析法、电渗析法、微滤法、超滤法、纳滤法等。纯化甘露低聚糖可以使用反渗透法、纳滤法和膜过滤法。不过膜过滤法使用过程中膜容易堵塞、破裂，需要注意及时清洗和替换。色谱柱法纯化可以循环操作，其中使用的吸附剂、分离剂能重复利用。微生物发酵法纯化是利用某些微生物能够利用葡萄糖而难以利用甘露低聚糖的特点，在甘露低聚糖粗产品中加入酿酒酵母等微生物，使其优先利用葡萄糖发酵生成乙醇，反应结束再去除乙醇。但微生物发酵法成本高、后续处理烦琐，使用范围不广。

6）大豆低聚糖的生产工艺

大豆低聚糖是大豆中由 2~10 个单糖分子以糖苷键相连的可溶性寡糖的总称，主要是包含水苏糖、棉子糖、蔗糖 3 种碳水化合物的混合物。除此之外，混合物中还含有少量的葡萄糖、果糖及其他糖。大豆低聚糖是大豆深加工或农副产品利用过程中产生的一种功能性低聚糖。

大豆低聚糖产品有两种，分别为固态产品和液态产品。固态产品为淡黄色的粉末，液态产品为淡黄色、透明的黏稠液体。大豆低聚糖极易溶于水。热稳定性较强，在 140℃不分解，在 pH 为 3 的酸性溶液中仍比较稳定。大豆低聚糖热值低、甜度低，甜度约为蔗糖的 70%。大豆低聚糖不容易被动物胃肠道消化酶分解，但可被消化道内的双歧杆菌利用。

大豆低聚糖的生产工艺有两种：一种是干法生产，一种是湿法生产。干法生产以大豆为原料直接生产大豆低聚糖，大豆营养丰富，约含 10%的蛋白质、10%的大豆低聚糖及 20%的脂肪。大豆干燥、粉碎过筛后用有机溶剂萃取、脱脂，加入 60%的乙醇提取，过滤，浓缩，最终得到大豆低聚糖产品。干法生产成本较高，在实际生产中比较少用。干法生产大豆低聚糖的工艺流程如图 4-24 所示。

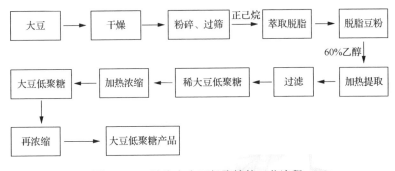

图 4-24　干法生产大豆低聚糖的工艺流程

湿法生产是以大豆蛋白生产过程中产生的副产品大豆乳清液为原料生产大豆

低聚糖的方法，大豆乳清液富含低分子蛋白、肽、多糖、大豆低聚糖等，碳水化合物含量高达 62%。湿法生产工艺对本该以废水排出的大豆乳清进行再利用，生产大豆低聚糖成本低，节约资源，减少环境污染，此法应用较广。

以大豆乳清液为原料湿法生产大豆低聚糖的方法比较多，主要有超滤法、膜集成法、碱液提取法、微波提取法、水浸法、酸沉淀法。其中应用较多的主要有超滤法和膜集成法两种，其工艺流程分别如图 4-25 和图 4-26 所示。

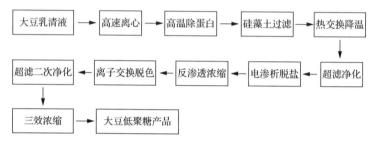

图 4-25　超滤法生产大豆低聚糖的工艺流程

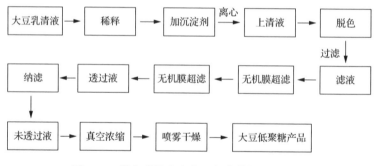

图 4-26　膜集成法生产大豆低聚糖的工艺流程

4.3.3　合生元的生产工艺

合生元是由益生菌和益生元按照一定比例结合形成的具有益生效果的生物学制剂，它能够同时发挥益生菌和益生元的功效，该产品对畜禽无毒副作用，在畜禽肉、蛋、奶产品中无药物残留。随着现代畜禽养殖业逐步向绿色、环保和无公害发展，新型绿色饲料添加剂是未来发展的趋势。合生元不仅可以防治畜禽疾病，在使用过程中还具有绿色、环保、无污染的优势，是抗生素的理想替代品，具有非常良好的应用前景。

合生元的生产主要有两种类型：一是先分别将益生元和益生菌制备好，在使用前按照某种比例混合后直接使用；二是利用益生菌对益生元直接发酵，生产合生元，此类合生元一般是中草药-益生菌合生元，利用益生菌对中草药益生元进行混合发酵，发酵产物直接作为合生元饲喂畜禽。益生菌具有丰富的酶系，可以对中草药进行分解、转化等，经过发酵的中草药药性得到了改善，其药效和活性物质可以被最大限度地释放出来。

1. 低聚糖-益生菌类合生元的生产工艺

1）低聚果糖-动物双歧杆菌乳亚种合生元微胶囊的制备

熊江（2017）利用低聚果糖益生元与动物双歧杆菌乳亚种 BZ11 益生菌制备合生元微胶囊，其生产工艺如下。

（1）双歧杆菌乳亚种 BZ11 菌悬液的制备。将活化的双歧杆菌乳亚种 BZ11 转接到 PTYG（peptone, tryptone, yeast extract, glucose）液体培养基中，接种量为 10%，放置在 37℃的 CO_2 培养箱中培养 48h。将双歧杆菌发酵液在 4℃、10 000r/min 下离心 10min，收集菌体。用 0.8%低聚果糖益生元的无菌生理盐水洗涤菌泥，重复两次，备用。

（2）低聚果糖-双歧杆菌乳亚种 BZ11 合生元单层微胶囊的制备。将双歧杆菌菌悬液添加到 3%海藻酸钠溶液中，添加比例为 1∶1，混合均匀后，用无菌注射器缓慢滴入 3% $CaCl_2$ 溶液中，静置固定 0.5h，再用无菌生理盐水洗涤 3 次后过滤，即为单层微胶囊。

（3）低聚果糖-双歧杆菌乳亚种 BZ11 合生元双层微胶囊的制备。将制备好的单层微胶囊按照 15%（质量体积比）的比例加入 0.17%的海藻酸钠溶液中，37℃、180r/min 搅拌 0.5h，过滤收集微胶囊，用无菌生理盐水清洗两次后即为双层微胶囊。置于 4℃条件下储藏。

2）低聚半乳糖-嗜热链球菌双层合生元微胶囊的制备

李伟等（2013）以低聚半乳糖益生元和嗜热链球菌益生菌制备了双层合生元微胶囊，其生产工艺如下。

（1）嗜热链球菌菌悬液的制备。制备流程为：嗜热链球菌→活化→扩大培养→4℃ 5000g 离心 1min，收集菌体→制备菌悬液→4℃保藏。

（2）单层微胶囊制备。将嗜热链球菌浓缩菌液与 1%的低聚半乳糖（质量体积比）混合均匀制得合生元，再将其加入 2%的海藻酸钠溶液中，搅拌均匀，用无菌注射器吸取混匀的合生元-海藻酸钠溶液，缓慢滴入 2% $CaCl_2$ 溶液中，静置固定 0.5h，用灭菌蒸馏水洗涤后即得到单层微胶囊。

（3）双层微胶囊制备。将制备好的单层低聚半乳糖-嗜热链球菌微胶囊置于 1%壳聚糖溶液中，振荡 0.5h，制得壳聚糖-海藻酸钙双层微胶囊，然后用无菌蒸馏水洗涤后，置于 4℃生理盐水中保存。双层微胶囊制备流程如图 4-27 所示。

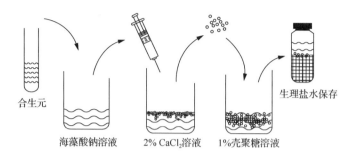

合生元

海藻酸钠溶液　　2% CaCl₂溶液　　1%壳聚糖溶液

生理盐水保存

图 4-27　双层微胶囊制备流程

2. 中草药–益生菌类合生元的生产工艺

1）黄芪提取液–枯草芽孢杆菌合生元的制备

陈静等（2012）研究了枯草芽孢杆菌发酵黄芪提取液合生元制备的方法和工艺，并对其进行了优化，其生产工艺如下。

（1）黄芪提取液制备。取黄芪加入 5 倍量的水煮沸 30min，取滤液，再加入 3 倍量的水煮沸 30min，取滤液，再加入 1 倍量的水煮沸 30min，取滤液，最后将 3 次滤液合并到一起，并浓缩至黄芪重量的 1/2 即为黄芪提取液，121℃高压灭菌 30min，冷却后 4℃保存。

（2）枯草芽孢杆菌菌种活化。将甘油冻存管保存的枯草芽孢杆菌菌种转接到营养肉汤中，180r/min 37℃恒温摇床振荡培养 24h。取培养液划线固体营养平板，37℃恒温培养箱培养 24h。从营养平板中挑选枯草芽孢杆菌单菌落接种至营养肉汤，180r/min 37℃恒温摇床振荡培养 24h，所得培养物即液体枯草芽孢杆菌菌种，置于 4℃冰箱备用。

（3）黄芪–枯草芽孢杆菌发酵合生元的制备。所用培养基配方为：营养肉汤 40%、黄芪水提物 60%、硫酸铵 0.4g，加蒸馏水定容至 1L，调 pH 为 8.0 左右，用 500mL 三角瓶分装，每瓶装液量 100mL。将枯草芽孢杆菌液体菌种按 3%接种量接种至黄芪–营养肉汤培养基，160r/min 37℃恒温摇床振荡培养 48h，所得发酵液即为黄芪–枯草芽孢杆菌发酵合生元。

2）苦豆籽粕–益生菌合生元的制备

倪敬轩等（2012）为研发安全、绿色的合生元用于仔猪早期断奶应激综合征的防控，用对仔猪致病性大肠杆菌有较好抑制效果的双歧杆菌、猪源唾液乳杆菌和苦豆籽粕，通过包被技术制成了合生元微胶囊。其生产工艺如下。

（1）菌种活化及菌悬液的制备。用 MRS 液体培养基将唾液乳杆菌活化 4 代，取唾液乳杆菌 4 代发酵液和对数生长末期的两歧双歧杆菌，4℃ 4000r/min 离心 20min，收集菌体，制备菌悬液。

（2）合生元微胶囊的制备。按照菌胶体积比 2∶1 的比例分别向制备好的菌悬液中按顺序依次加入脱脂乳（浓度为 4%）、谷氨酸钠溶液（浓度为 1%）、海藻酸钠溶液（浓度为 2%）、苦豆籽粕溶液（浓度为 6%），混合均匀并乳化 10min，用微胶囊蠕动泵将前面制得的混合液挤压滴入 2.5%CaCl₂ 和 0.5%壳聚糖混合溶液中，用搅拌器搅拌使之混合均匀后，静置 0.5h，过滤后用无菌的生理盐水洗涤 2～3 次，放入 0.5%壳聚糖溶液中密封，室温保存。

3）黄芪-乳酸杆菌合生元的制备

周毅等（2012）利用黄芪和乳酸杆菌制备了合生元，其生产工艺如下。

（1）乳酸杆菌培养液的制备。取保存的乳酸杆菌 D₂₂ 转接到 MRS 液体培养基中，连续活化 3 代。取活化的乳酸杆菌接种至 MRS 液体培养基，接种量为 5%，37℃静置培养 24h，所得即为乳酸杆菌培养液。

（2）黄芪提取液的制备。取黄芪 100g，切片，加入 3 倍量的蒸馏水浸泡 3h，文火沸腾 20～30min，取滤液后再加 4 倍量蒸馏水，同样文火沸腾 20～30min，取滤液，再加 4 倍量蒸馏水，文火沸腾 30min，取滤液，加热浓缩至 100mL，1000r/min 低速离心 10min，取上清过滤，定容至 100mL，121℃高压灭菌 15min，4℃保存。

（3）配合型黄芪-乳酸杆菌合生元的制备。取制备好的乳酸杆菌培养液和黄芪提取液按照体积比 1∶1 的比例混合均匀即可。

（4）黄芪-乳酸杆菌合生元的制备。先将乳酸杆菌接种至含 5%黄芪提取液的 MRS 液体培养基中，培养 5 代，再用 5%黄芪提取液连续培养 3 代，最终制得适应 50%黄芪提取液的乳酸杆菌种子液。取驯化好的乳酸杆菌种子液按 5%比例接种至含有 50%黄芪提取液的 MRS 液体培养基中，37℃厌氧培养 24h，得到的发酵液即为黄芪-乳酸杆菌合生元。

3. 多糖-益生菌合生元的生产工艺

1）刺五加多糖-枯草芽孢杆菌合生元的制备

龚建刚等（2016）对刺五加多糖-枯草芽孢杆菌合生元进行了研究，其所采用的生产工艺如下。

（1）枯草芽孢杆菌种子液的制备。枯草芽孢杆菌试管斜面转接到 50mL LB 液体培养基中，120r/min 37℃恒温摇床振荡培养 24h。

（2）刺五加多糖-枯草芽孢杆菌发酵液的制备。在基础 LB 培养基中加入 1.6mg/mL 的刺五加多糖，115℃灭菌 20min 备用。将枯草芽孢杆菌种子液按 4%接种量接种于无菌且含刺五加多糖的 LB 液体培养基中，培养基的初始 pH 为 7.0，170r/min 37℃恒温摇床振荡培养 36h 后备用。

（3）刺五加多糖-枯草芽孢杆菌合生元的制备。将刺五加多糖-枯草芽孢杆菌发酵液按 1L∶0.5kg 的比例添加至干燥的细麸皮进行吸附，吸附后在 45℃烘箱中烘干，即为刺五加多糖-枯草芽孢杆菌合生元产品。

2）玉竹多糖-乳酸杆菌合生元的制备

邓丽娜和袁斐（2018）对玉竹多糖-乳酸杆菌合生元的制备工艺进行了研究，其详细制备过程及工艺如下。

（1）玉竹多糖的制备。称玉竹 2kg，加入 10 倍量的石油醚脱脂两次后烘干，加入 10 倍量的 80%乙醇，80℃水浴提取 2h，趁热过滤，滤渣再用 80%乙醇洗涤两次，干燥后，加入 10 倍纯水 150℃提取两次，将两次提取液合并，减压浓缩，加入无水乙醇至浓度为 80%，于 4℃放置过夜，离心后所得沉淀即为粗玉竹多糖。

将 100g 粗玉竹多糖溶于 1L 超纯水中，按体积比 1∶1 的比例加入 5%三氯乙酸溶液，混合均匀后于 4℃放置过夜，离心取上清，再加入等体积的 5%三氯乙酸溶液，二次提取除去蛋白质后减压浓缩，加入无水乙醇至 80%，于 4℃静置过夜，用布氏漏斗抽滤，所得沉淀用超纯水溶解，经大孔吸附树脂吸附、除杂后再进行冷冻干燥，所得即为水溶性玉竹多糖。

（2）乳酸杆菌种子液制备。从 MRS 固体培养基上挑取乳酸杆菌单克隆转接到 100mL MRS 液体培养基中，30℃ 180r/min 振荡培养 12h，即为乳酸杆菌种子液。

（3）玉竹多糖-乳酸杆菌合生元的制备。在 MRS 培养基中加入 6g/L 的玉竹多糖，初始 pH 为 5.0，121℃高压灭菌 20min 备用。取乳酸杆菌种子液按 4%接种量接种至灭菌的玉竹多糖 MRS 培养基，于 34℃、180r/min 培养 10h。将发酵好的菌液按每 1L 菌液中加入 0.5kg 干燥的细麸皮进行吸附，在 45℃烘箱中烘干，即为玉竹多糖-乳酸杆菌合生元的制备产品。

第 5 章

病死畜禽无害化处理

5.1 概　　述

5.1.1 畜牧业发展概况

1. 我国畜牧业发展现状

畜牧业是农业的重要组成部分，与种植业并列为农业生产的两大支柱产业。改革开放以来，我国畜牧业发展取得了举世瞩目的成就。畜牧业生产规模不断扩大，畜产品总量大幅增加，质量不断提高。特别是近 10 年来，随着强农惠农政策的实施，畜牧业发展势头加快，畜牧业生产方式发生积极转变，规模化、标准化、产业化和区域特色化步伐加快。据国家统计局统计，2020 年我国畜牧业产值达 40 266.67 亿元，在畜牧业发展快的地区，畜牧业所带来的收入占农民总收入的40%以上，成为实现农民增收、助力兴村振兴的主要途径，基本满足了我国城乡居民对肉、蛋、奶的需求。

据国家统计局报道，2020 年我国生猪存栏 4.06 亿头，占世界生猪存栏总数的47.44%，居世界第 1 位；绵羊 1.73 亿只，占世界绵羊存栏总数的 18.82%，居世界第 1 位；山羊 1.33 亿只，占世界山羊存栏总数的 25.04%，居世界第 1 位；牛存栏 0.95 亿头，占世界牛存栏总数的 9.1%，居世界第 3 位。肉类总产量达 7639 万 t，禽蛋 3468 万 t，奶类 3440 万 t，分别占世界总产量的 32%、81%和 4%。从以上数据可以看出，我国畜牧业取得了飞速的发展。我国畜牧业在保障城乡食品价格稳定、促进农民增收方面发挥了至关重要的作用，许多地方的畜牧业已经成为农村经济的支柱产业，成为增加农民收入的主要来源，一大批畜牧业优质品牌不断涌现，为促进现代畜牧业的发展做出了积极贡献。

2. 我国畜牧业发展遇到的主要问题

（1）养殖规模化程度不高。长期以来中国农村生产模式还是以传统的农业生产为主，小规模生产，自然经济仍占主导地位。在养殖业方面则体现为以散养模式为主，处于家庭生产的副业地位。据统计，我国 2018 年生猪出栏 500 头以上的规模场户仅占生猪出栏比重的49.1%，牛羊和禽类养殖规模化程度更低。这种散养模式与科学化、规模化、集约化生产的现代化养殖业相距甚远。散户养殖生产设备、生产技术和生产条件相对落后，尤其在思想认识方面不能适应现代化养殖业发展的需要。

（2）环境污染严重。畜牧养殖所产生的大量粪便和病死动物尸体如果处理不好，则直接对当地环境造成污染和破坏。尽管养殖业粪污资源化利用已经引起高度重视，但除大规模的现代化养殖场外，中小规模的散养户对畜禽的粪便处理还缺乏相应的环保措施和废物处理系统，粪便未经处理直接大量露天堆放或是简单处理后直接排入河流，造成环境污染，同时病死动物的尸体也未能规范化处置（如病死动物的尸体乱抛乱弃），严重污染水源和环境，甚至引起公共卫生事件，引起一些人畜疫病的发生。另外，畜禽粪便发酵后产生大量的 CO_2、氨、H_2S、CH_4 等有害气体排放到大气中，加剧了空气污染，引起温室效应，危害人们的生命安全。目前农业化学需氧量（chemical oxygen demand，COD）排放量占COD排放总量的 45%～48%，农业氨氮排放量接近氨氮排放总量的一半，农业面源污染占全国面源污染总量的95%以上。地方政府在治污时首先关注的是畜牧业，各地都在划定禁养区、限养区，有些地方甚至关停了80%以上的养殖场。

（3）饲料资源短缺。长期以来，我国畜牧业的发展主要依靠粮食生产。虽然我国粮食总产量有了一定程度的增长，但增幅不大。同时与我国人口增长和养殖业发展需要相比，粮食产量是相对下降的，畜牧业的发展实际上受粮食产量的制约。目前我国的饲料用粮量约占粮食总产量的1/3，存在人畜争粮的问题，依靠进口饲料用粮弥补饲粮短缺的情况将严重制约我国畜牧业的可持续发展。

（4）畜产品药物残留。抗生素、化学合成药物和饲料添加剂等在畜牧业中的广泛应用，虽然很大程度上实现了降低动物死亡率、缩短动物饲养周期、促进动物产品产量增长的目的，但养殖户操作和使用不当及少数养殖户在利益驱使下违规违法使用，造成畜产品中的兽药及一些重金属、抗生素等危害人体健康的药物残留增加，畜产品的安全问题引起社会的广泛关注。

（5）养殖技术研究与推广不够。我国传统的养殖和动物疫病防控技术已经跟不上现代化畜牧业发展的要求，虽然我国在畜牧养殖方面的科技研究有了长足发展，但是长期以来我国畜牧行业科技研究投入不足，成果创新性不强，转化率不高，许多高产、优质、高效的畜牧科技和动物疫病防控技术的利用只停留在口头上，没有与生产实际有效结合。此外，我国从事畜牧业生产的人员素质和技术水平普遍不高，畜牧业养殖技术和疫病防控技术推广困难，阻碍了畜牧业的可持续发展。

（6）畜产品进口对国内产业的冲击较大。2016 年我国猪肉进口量首次突破 100 万 t，全年达到 162 万 t，约占当年我国猪肉总产量的 3%。进口猪肉对中国养猪产业的影响较为深远，直接影响猪肉的市场价格，市场价格的变化在养殖终端上反映出来就是病死率的变化。进口奶制品量占我国奶制品总产量的 1/3，国内新增消费的市场 80% 是进口奶制品。苜蓿草和羊草进口量近几年增长较快，其中苜蓿草的进口量相当于国产苜蓿草的总产量，畜产品及饲草进口依赖性较强的现状严重制约着我国畜牧业的发展。

（7）畜禽品种资源减少。新中国成立以来，特别是近 30 年来，为满足人民群众对肉、蛋、奶等畜产品的需求，我国相继引进了大量的外来高产畜禽品种并通过杂交手段改良了国内地方品种。受外来高产品种的强烈冲击，我国本土畜禽品种数量逐渐减少和消失的问题日渐突出。陈幼春等（2008）的研究表明，我国已有 19 个地方畜禽品种资源灭绝，37 个地方畜禽品种资源受严重威胁。他们调查研究了 20 世纪 80 年代以来我国 576 个畜禽品种资源在近 30 年来的变迁情况和目前我国畜禽品种资源灭绝及濒临灭绝情况后指出：截至 1999 年，我国已经灭绝的畜禽资源品种达 19 个，其中鸡 6 个、猪 4 个、牛 3 个、鹅 3 个、羊 1 个、鸭 1 个、火鸡 1 个；受到严重威胁的畜禽品种资源有 37 个，其中猪 17 个、鸡 9 个、鸭 1 个、牛 4 个、马 3 个、羊 3 个。我国畜禽品种资源总体下降趋势仍未得到有效遏制，几十个地方品种资源处于濒危状态。这种趋势随着近年大量引种和集约化程度的提高而进一步加剧，估计至少有 30% 的畜禽遗传资源处于濒临灭绝的高度危险之中。

3. 我国畜牧业发展趋势

我国作为农业大国，畜牧业整体规模庞大，目前行业总产值稳定在 3 万亿元左右。2016 年国务院发布的《全国农业现代化规划（2016—2020 年）》（以下简称《规划》）明确提出，到 2020 年我国畜牧业产值占农业总产值的比重要超过 30%，2018 年我国畜牧业产值仅占农业总产值的 25.27%。《规划》提出，要推进以生猪和草食畜牧业为重点的畜牧业结构调整，形成以规模化生产、集约化经营为主导的产业发展格局，在畜牧业主产省（自治区）率先实现现代化；加快发展草食畜牧业，扩大优质肉牛肉羊生产，加强奶源基地建设，提高国产乳制品质量和品牌影响力。在未来 10 年，我国畜牧业将进行重大战略转型，在农业中率先实现现代化，成为保障食品安全和促进农民增收的支柱产业，成为促进国民经济协调发展的基础性产业。随着未来我国对农业现代化的支持，我国畜牧业生产效率将显著提升，行业总产值将恢复增长，预计 2024 年畜牧业总产值将超过 3.2 万亿元。

5.1.2　病死畜禽无害化处理背景

病死畜禽是畜牧养殖生产过程中不可避免的"副产物"。20 世纪 80 年代以来，口蹄疫、疯牛病、高致病性禽流感等重大畜禽疫病时有发生，欧美发达国家高度重视病死畜禽尸体的无害化处理工作，增强立法建设，形成一系列无害化处理操作手册，规范无害化处理方法。随着 21 世纪我国经济的飞速发展，人民生活水平日益提高，对肉类食品的需求也与日俱增，这种消费需求直接带动了养殖行业的迅猛发展，使畜禽饲养量不断增加，我国多种畜禽养殖规模都处于世界首位或前列。尽管我国畜禽业规模化、集约化水平不断提升，但其畜牧养殖效率、规模与集约化水平并不相称，最突出的问题是畜禽死亡率过高，据中国动物疫病预防控制中心监测系统显示，2018 年全国有发病畜禽 356.6 万头/羽/只/匹，病死畜禽 54.52 万头/羽/只/匹，扑杀销毁畜禽 117.31 万头/羽/只/匹。此外屠宰畜禽检疫检测摘除的有害腺体和不合格畜禽产品，需要处理的病死畜禽和产品的数量非常之大，但配套的病死畜禽无害化处理能力不足，处理形势非常严峻。

畜禽养殖环节病死畜禽数量巨大与畜禽尸体无害化处理能力不足之间的矛盾越来越突出，特别是 2013 年上海"黄浦江死猪漂浮"事件发生后，全国各地，特别是生猪养殖主产地把病死畜禽无害化处理工作作为当前畜牧产业发展的重中之重。国家和地方相关政策法规相继出台，畜禽无害化处理要求已提高到一个前所未有的高度。

国家相继出台了一系列相关法规和政策，包括《中华人民共和国动物防疫法》（2007 年主席令第 71 号）、《病死及死因不明动物处置办法（试行）》（农医发〔2005〕25 号）、《农业部关于进一步加强病死动物无害化处理监管工作的通知》（农医发〔2012〕12 号）和《畜禽规模养殖污染防治条例》（2013 年中华人民共和国国务院令第 643 号）等。特别是自上海"黄浦江死猪漂浮"事件发生以来，国家又陆续出台了一批关于病死畜禽无害化处理的相关技术规范和法规。2013 年 9 月和 10 月农业部分别颁布了《建立病死猪无害化处理长效机制试点方案》（农医发〔2013〕31 号）和《病死及病害动物无害化处理技术规范》（农医发〔2013〕34 号）；2014 年 10 月国务院办公厅印发了《国务院办公厅关于建立病死畜禽无害化处理机制的意见》（国办发〔2014〕47 号）；2017 年农业部颁布了《病死及病害动物无害化处理技术规范》（农医发〔2017〕25 号），同时《病死及病害动物无害化处理技术规范》（农医发〔2013〕34 号）废止；2021 年《中华人民共和国动物防疫法》（2021 年主席令第 69 号）重新修订发布，新增病死动物和病害动物产品的无害化处理专门章节 4 条内容（第 57~60 条），对病死动物和病害动物产品的无害化处理的部门职责和财政支持进行了明确；2022 年农业农村部发布了《病死畜禽和病害畜禽产品无害化处理管理办法》（以下简称《办法》），重点对进一步健全责任机制、加强收集运输管理、规范无害化处理 3 个方面进行明确。《办法》提出，病死畜禽和病害畜禽产品无害化处理应当坚持统筹规划与属地负责相结合、政府监管与市场运作相结合、财政补助与保险联动相结合、区域集中处理与企业自行处理相结合的原则。《办法》细化明确了生产经营者主体责任、地方人民政府属地管理责任、各级农业农村主管部门监督管理责任等三方责任。

《办法》要求生产经营者应当及时贮存、清运病死畜禽和病害畜禽产品，明确了委托处理应当符合的要求和集中暂存点应当具备的条件；要求对病死畜禽和病害畜禽产品专用运输车辆实行备案管理，从事运输的单位和个人应当落实消毒、卫生防护等措施。此外，在规范无害化处理方面，《办法》规定无害化处理场建设应当符合规划并依法取得动物防疫条件合格证，养殖、屠宰、隔离厂内自行处理应当符合无害化处理场所的动物防疫条件，省级农业农村主管部门组织制定自行处理零星病死畜禽的技术规范。《办法》还鼓励生产经营者依法依规对无害化处理产物进行资源化利用。各地按照国家要求也相继出台了畜禽无害化处理的相关政策和各项具体措施，有力推进了病死畜禽无害化处理工作。

5.1.3　病死畜禽无害化处理原则

病死畜禽无害化处理坚持以"及时处理、清洁环保、合理利用"为目标，提高生产经营者对病死畜禽危害的认识，全面落实其主体责任和政府属地监管责任，完善无害化处理设施，遵循就近、快捷、安全的前提，规范处理方法，实现病死畜禽和病害畜禽产品处理无害化、减量化和资源利用可持续化。

1. 病死畜禽无害化处理基本思路

坚持统筹规划与属地负责相结合、政府监管与市场运作相结合、财政补助与保险联动相结合、区域集中处理与企业自行处理相结合的原则，建立辐射范围明确，运行机制完善，经费保障到位，饲养、屠宰、经营、运输等各环节全覆盖的病死畜禽无害化处理体系，形成网格化管理和联防联控的工作格局，推动养殖业转型升级并与资源和环境相协调，实现养殖业的健康发展。

2. 责任划分原则

1）属地管理责任

各级人民政府对本地区病死畜禽无害化处理负总责，落实属地管理责任。在江河、湖泊和水库等水域发现的病死畜禽，由所在地县级人民政府组织收集处理并溯源；在乡村和城市公共区域发现的病死畜禽，由发现地乡镇人民政府、街道办事处组织收集处理并溯源；在野外环境发现的死亡野生动物，由所在地野生动物保护主管部门收集处理。

2）生产经营者主体责任

从事畜禽饲养、屠宰、经营、运输的单位和个人为病死畜禽无害化处理的第一责任人，负有对病死畜禽及时进行无害化处理并向当地畜牧兽医部门报告畜禽死亡及处理情况的义务。任何单位和个人不得抛弃、收购、贩卖、屠宰、加工病死畜禽。大型养殖场、屠宰场、活畜禽交易市场要配备病死畜禽无害化处理设施，实现自主处理。

3. 无害化处理体系建设原则

（1）建立统一收集、集中处理模式，生猪调出大县、其他畜禽养殖大县原则上以县为单位，根据本地区畜禽养殖、疫病发生和畜禽死亡情况，建立集中病死畜禽无害化处理中心。依据辐射范围、处理能力，每个中心配套建设收集点，配备冷库、运输车、运输袋等设施设备；其他养殖县按"合理规划、联合建设"原则，建设规模适度的无害化处理中心和收集点；养殖分散的边远山区宜采取深埋等自然消纳的方式处理病死畜禽。鼓励跨行政区域建设病死畜禽无害化处理中心。

（2）大型养殖场、屠宰场、活畜禽交易市场要自建无害化处理设施，或委托无害化处理中心处理。委托处理的，必须建立与生产或经营规模相适应的病死畜禽暂存冷库。

（3）农村散养户的病死畜禽宜采用"定点收集、统一暂存、集中处理"的方式实施无害化处理。

4. 处理技术要求

病死畜禽的无害化处理是一门技术性要求非常高的工作，要求严格按照《病死畜禽和病害畜禽产品无害化处理管理办法》和《病死及病害动物无害化处理技术规范》（农医发〔2017〕25 号）进行操作处理。

5.1.4　病死畜禽无害化处理现状

病死畜禽无害化处理是防止畜禽疫病扩散、有效控制和扑灭畜禽疫情、防止病原污染环境的重要举措。但是目前畜禽动物尸体处理过程中还存在诸多问题。

1. 无害化处理意识参差不齐

标准化养殖场、养殖园区对病死畜禽无害化处理基本到位，主要通过焚烧、化制等方法进行规范处理。中小规模养殖户对病死畜禽无害化处理虽然设施不够齐全，但基本上能自行处置。散养户对病死畜禽基本上不食用，但是主动无害化处理的意识淡薄，乱扔乱弃的现象还时有发生；屠宰加工企业对屠宰检疫、疫病监测过程中发现的患病畜禽及其产品的无害化处理主要采取焚烧（焚烧炉焚烧）、化制等方法（徐美芹，2023）。

2. 重发展轻防疫

当前我国经济快速发展，畜产品出口面临着国际贸易保护主义的严峻挑战，其中畜禽疫病、畜产品安全已经成为限制畜牧业国际贸易的决定性因素。人们对畜产品的要求早已从对量的要求转变为对质量和安全的要求。中国是世界上最大的畜产品生产大国，要从畜牧大国转变为畜牧强国，关键是要通过加强防疫和生产品质管理，不断提高畜产品质量安全水平。但长期以来，某些地方政府重发展轻防疫的意识浓厚，因为发展是数据，是量，容易体现短期和眼前的政绩。防疫是质的问题，是长期的工作，做好了很少得到表扬，出了问题却容易受批评。除非在防疫上出现重大问题、发生重大畜产品安全事故后才临时重视。各地在防疫制度、防疫经费、防疫设施设备、防疫人才等方面严重滞后。

3. 政策落实不到位

很多地方政府由于财政困难，对病死畜禽的补偿政策没有落实，对病死畜禽的管理缺乏措施。养殖场户缺少生物安全意识，又没有处理补偿机制，使病死畜禽被胡乱抛弃，病死畜禽收集难，处理难，更有不法分子将病死畜禽非法屠宰加工，使之流入食品市场。

4. 病死畜禽无害化处理环节薄弱

我国《病死及病害动物无害化处理技术规范》对焚烧、化制处理的方式、对象、技术要求都有特定的规定，但对处理后的用途等并无明文规定。对化制产品的使用、包装、标识也没有明文规定，后续监管无法保障安全。我国农村大多数地方病死畜禽的无害化处理采用的掩埋法存在以下几种缺陷：①暴雨季节时，掩埋的病死畜禽尸体可能被洪水冲出或雨水在浸泡病死畜禽尸体后溢出，造成疫情扩散；②肉食动物钻洞扒出，造成病原感染扩散；③一些安全意识差的人或不法人员偷挖出来食用或加工变卖；④掩埋点选择不当还可能污染地下水源。

5. 处理病死畜禽成本与收益的问题较突出

处理病死畜禽成本偏高等因素使畜禽尸体无害化处理举步维艰，病死畜禽尸体处理的现状令人担忧。少数大型养殖场自建的无害化处理设施虽然可以对畜禽尸体进行无害化处理，但考虑无害化处理的成本高和处理时产生二次污染，因此也很少启用。政府以公私合作（public-private partnership，PPP）模式建立的无害化处理中心，存在前期投入大、运转费用高、乡镇收集点广、收集成本高、无害化处理厂布局不合理、发生重大畜禽疫病流行高峰期处理能力不足、正常时期产能过剩等问题，造成部分无害化处理企业因经营亏损而无法正常运转，最终面临停产倒闭风险（朱爱发，2023）。

5.1.5　病死畜禽无害化处理技术发展趋势

1. 处理工艺

目前国内外对病死畜禽进行无害化处理，大体可分为掩埋法、高温法、焚烧法、化制法、生物降解法、化学处理法等（嵇少泽 等，2019；甘玲，2022）。

（1）掩埋法。掩埋法是一种传统的无害化处理方法，对处理场所的选址有一定要求。

（2）高温法。高温法处理病死畜禽的效率高，废水零排放，运行成本低，减量化、资源化利用明显，副产物利用率高，是一种比较先进的处理工艺。国内应用实例较多，技术也比较成熟。

（3）焚烧法。焚烧法无害化处理效果最好，效率较高，可有效实现减量化，国外已推广应用多年，国内也已经有十几年的发展历程。但焚烧法作为传统的无害化处理方法也存在着成本高、资源利用率低、对环境空气污染严重等问题，环保审批难度较大。

（4）化制法。化制法是一种传统且技术相对成熟的无害化处理方法，对应的病死畜禽无害化处理工艺应用实例较多，但设备投资和运行成本较高。

（5）生物降解法。国内已有处理病死畜禽、病害畜禽及畜禽产品应用实例，但处理效率较低，减量化不明显，无害化处理效果不是很稳定，副产物资源化利用有待进一步开拓，目前不属于国家规定的无害化处理方法。

（6）化学处理法。化学处理法之一的硫酸分解法是指在密闭的容器内，将病死畜禽、病害畜禽和相关畜禽产品用硫酸在一定条件下进行分解的方法。碱化水解法是指用氢氧化钠或氢氧化钾催化生物机体水解生成无菌水溶液和固体残渣并产生少量气体的过程。固体残渣为骨骼、牙齿等，研磨后可以用作土壤添加剂，溶液为含有多肽、氨基酸、糖和皂类等的咖啡色强碱性溶液，排放物中不含有二噁英等有害气体。

2. 影响无害化处理技术发展的因素

（1）生物安全性。彻底消灭畜禽尸体携带的病原体、消除畜禽尸体危害是病死畜禽无害化处理技术的出发点和落脚点，也是新技术应用推广的前提条件。

（2）土地资源现状。随着我国城镇化进程的快速推进，土地要素日益趋紧，特别是东部沿海发达地区，土地资源非常宝贵，以掩埋方式为主处理病死畜禽的方法将难以为继。

（3）生态环保要求。目前我国环境污染问题十分严重，高污染、粗放式的处理技术将逐渐退出市场，取而代之的是清洁、低排放、集约化的技术工艺。

（4）资源循环利用。从发达国家病死畜禽无害化处理的发展历程及我国建设资源节约型社会的内在需求来看，对终产物的循环利用将逐渐成为我国病死畜禽无害化处理技术发展的新方向（麻觉文 等，2014）。

3. 无害化处理技术发展趋势

（1）从分散处理方式转向集中处理方式。尽管养殖业主是病死畜禽无害化处理的直接责任人，但由于其自行处理能力不足、法律意识淡薄及利益驱使等各种原因，随意丢弃甚至贩卖病死畜禽的行为时有发生，政府监管部门则缺乏行之有效的无害化处理运行机制和监管手段。为了从根源上解决这些问题，要探索建立病死畜禽"统一收集、集中处理"体系，将养殖环节病死畜禽无害化处理工作全面纳入监管视线。随着集中处理模式的逐步推广及土地等因素的制约，研发与应用诸如化制、焚烧、高温等技术所用的相应设备已较为成熟，单次处理量大，可适用于区域性大中型病死畜禽集中无害化处理场。

（2）从低技术含量转向高技术含量。科技是第一生产力，技术创新和技术革命是推动病死畜禽无害化处理工作进步的动力。化尸池、掩埋、小型焚烧炉和低温生物发酵法等低层次、粗放式的处理方式或设备，给生态环境的承载力带来很大的负荷。近几年来，通过技术引进和自主研发，我国无害化处理技术的"含金量"有了明显提升。例如，利用炭化焚烧技术热解畜禽尸体产生的烟气、焦油等可燃性物质可通过回收系统进行回收，作为助燃燃料，实现节能减排的目的；高温发酵设备所用的复合菌种在温度达到100℃以上仍能对畜禽尸体进行分解，分解过程不产生明显臭味；大型高温焚烧炉、高温化制机等设备采用了自动化流水线，工作人员可通过计算机实现全过程操作，防止二次污染。由此看来，节能减排、低碳环保、数字智能、资源循环利用将是今后我国病死畜禽无害化处理技术发展的主要方向。

（3）从单纯注重"无害化"转向"无害化、减量化和资源化"并重。病死畜禽不仅给生态环境和公共卫生安全带来隐患，也给畜牧业生产带来巨大的经济损失。病死畜禽尸体也是一种资源，无害化处理过程中探索处理副产物资源化利用，对于建立节约型社会、发展循环经济有着非常重要的社会意义和经济意义。我国在这方面的工作已经起步，化制法和高温法处理产物过程中的油水分离和污水处理技术问题逐步解决，但如何有效降低固废产物作为有机肥料中的油脂含量和是否能提取产物中的氨基酸，以及如何进一步增加副产品的价值等问题有待研究解决。

（4）从处理终端扩展至"收集—处理"全过程。"收集—处理"全过程就是从病死畜禽收集、运输到无害化处理的整个过程。养殖场（户）点多面广，从源头收集到无害化处理的过程也存在畜禽疫病扩散的风险。近年来，各地开始注重对畜禽尸体收集运输环节的技术研发。例如，对厢式冷藏车进行改造，可通过皮带运输装置直接将畜禽尸体投入装载厢体，避免收集车与养殖场直接接触导致疫病的扩散。上海动物无害化处理中心联合汽车制造企业共同设计开发的畜禽无害化运输特种车辆，配备有密封系统、液压尾板装载系统、卫星定位行车记录仪、消毒和污水收集系统等，达到了生物安全防护标准。今后，我国病死畜禽无害化处理技术的发展应遵循"无害化、清洁化、资源化"的总体要求，一方面要整合高等院校、科研单位、企业等技术力量，借鉴国外先进技术和经验，研究更安全有效、更低碳环保的处理技术和资源化再生利用技术；另一方面，要完善相关技术规范、扶持政策、监管措施，积极发挥市场机制作用，逐步淘汰高污染、高能耗的处理技术，加快培育和发展病死畜禽无害化处理和再生资源产业，努力实现经济效益、生态效益与社会效益的共赢（麻觉文 等，2014）。

5.2　安 全 要 求

5.2.1　生物安全要求

生物安全是生物技术安全的简称。狭义的生物安全是指现代生物技术的研究、开发、应用，以及转基因生物的跨国跨境转移可能对生物多样性、生态环境和人类健康产生潜在的不利影响；广义的生物安全是指与生物有关的各种因素对社会、经济、人类健康及生态环境所产生的危害或潜在风险。

1. 病原微生物灭活及对环境有害影响最小化要求

病死畜禽中存在着有害病菌或病毒，随意丢弃病死畜禽会使空气、水源、土壤遭到不同程度的污染，影响环境的生态安全，如患炭疽病的畜禽尸体中的炭疽杆菌一旦暴露在空气中，就会形成对外界环境有强大抵抗力的芽孢，芽孢形成后，可以在土壤中存活数十年。为防止畜禽疫病的传播和扩散，减少对环境的影响，我国规定对病死、病害畜禽及相关畜禽产品要进行无害化处理，主要的方法有焚烧法、化制法、高温法、掩埋法、硫酸（酸碱）分解法和生物降解法。焚烧法可彻底杀灭所有病原微生物，但是化制法、高温法、掩埋法和硫酸分解法不得用于患有炭疽等芽孢杆菌类疫病，以及患有牛海绵状脑病（俗称疯牛病）、羊瘙痒病的染疫畜禽及产品、组织的处理。采用掩埋法处理时，如果对病死畜禽体积大小判断不够准确，容易导致掩埋深度不够、覆土较薄，所埋畜禽尸体极易被犬等动物刨出或被雨水冲刷出来，甚至有的在掩埋后没有对掩埋区及其周围环境进行消毒，造成病原微生物传播。因此，一定要按照《病死及病害动物无害化处理技术规范》等要求对病死畜禽进行有效无害化处理。

2. 周围环境及畜禽健康有害影响最小化要求

畜禽疫病的传播主要是通过空气、水流、畜禽饮食、直接接触或间接接触传播。病死畜禽可能携带大量病原微生物，是引发畜禽疫病的重要传染源，如果不进行无害化处理，可能会传播畜禽疫病，引起大规模畜禽死亡，造成极大的经济损失。例如，发生口蹄疫疫情时，如果病死畜禽没有得到及时有效的处理，健康的偶蹄动物（猪、牛、羊等）接触病死畜禽或吸入含有口蹄疫病毒的空气时，就有可能感染发病，甚至死亡。因此，病死畜禽无害化处理与畜禽疫病防控有密切联系。为降低畜禽疫病发生风险，保护畜禽健康和保障畜牧业发展，要严格按照《病死及病害动物无害化处理技术规范》等要求对病死动物进行无害化处理。

3. 人类活动及健康有害影响最小化要求

目前全球各种疾病中的 60% 来自动物，在所有由动物引发的各种传染病中，75% 的疾病能传染给人。病死畜禽尸体尤其是不明原因死亡的畜禽尸体存在着极大的危险，烈性传染病毒极有可能潜藏在这些尸体中，不及时处理或处理不当都会引发病毒扩散、传播。纵观国内外，由于接触畜禽尸体感染人类发病、死亡的现象时有发生。2005 年我国四川省发生人感染猪链球菌病疫情，就是由于直接接触病猪尸体造成的多人感染发病、死亡；2010 年我国东北农业大学师生感染布鲁氏菌病事件，就是老师和学生在做实验时直接接触感染病毒的病羊造成的；20 世纪 80 年代中期至 90 年代中期，英国、美国等国家暴发牛海绵状脑病后，也因直接或间接接触病死畜禽先后造成多人发病、死亡。为确保病死畜禽对人类活动及健康有害影响最小化，病死畜禽要严格按照《病死及病害动物无害化处理技术规范》的要求进行无害化处理。

5.2.2　环境安全要求

在环境污染方面，除高温法对废气和污水处理效果较好、对环境污染影响较少外，其他几种无害化处理方法均会对环境造成一定程度的污染。掩埋法容易造成地下水的污染，焚烧法容易产生大量烟气、污染空气，化制法会产生废气和污水，固体发酵法使用的硫酸泄漏会产生酸雾、污染空气和土壤。因此，在对病死动物进行无害化处理时，要注意其产生的废物对环境污染的可能性，努力做到影响的最小化。

1. 固体废物对环境有害影响最小化要求

病死畜禽尸体经焚烧后会留有一些残渣（炉渣和飞灰），炉渣与飞灰应分开收集、贮存和运输。焚烧炉渣按一般固体废物处理或作资源化利用；焚烧飞灰和其他尾气净化装置收集的固体废物须按《危险废物鉴别标准 浸出毒性鉴别》（GB 5085.3—2007）要求做危险废物鉴定，如果属于危险废物，则按《危险废物焚烧污染控制标准》（GB 18484—2020）和《危险废物贮存污染控制标准》（GB 18597—2023）要求处理。采用化制法和高温法处理病死畜禽尸体可得到副产物肉骨粉，经相关部门检测合格后，肉骨粉可作为有机肥料用于肥田。

2. 液体废物对环境的有害影响最小化要求

采用化制法处理病死畜禽会产生一些废水，主要为工艺废水，生产设备、运输车辆、地面等冲洗消毒产生的废水、尾气处理产生的废水（若有喷淋等措施），以及其他公用设施（锅炉燃烧、设备清洗）产生的废水。应使用合理的污水处理工艺，有效去除有机物、氨氮等物质，使其达到《污水综合排放标准》（GB 8978—1996）要求才能排放。采用高温法和化制法处理可得到副产物油脂，经相关部门检测合格后，油脂可作为生物柴油和其他化工的原料。

3. 气体废物对环境的有害影响最小化要求

采用焚烧法处理病死畜禽，产生的烟气中含有粉尘、有毒气体（CO、氮氧化物、SO_2、H_2S 等）、二噁英类物质、多环芳香烃类物质，以及重金属物质等，如果不对其进行有效处理，会对大气环境造成二次污染。畜禽尸体的投入量和含水率对焚烧炉的完全燃烧性能有很大影响，焚烧不完全或不彻底会导致焚烧飞灰中的多环芳香烃等有机物质含量过高。因此，用焚烧法处理病死畜禽时一定要确保畜禽尸体充分地、完全地燃烧。要使畜禽尸体无害化处理对环境产生的影响最小，焚烧法产生的烟气必须经过净化系统处理，达到《大气污染物综合排放标准》（GB 16297—1996）要求后才能排放。

采用高温法和化制法处理病死畜禽产生的废气主要是锅炉排放的烟尘、SO_2、氮氧化物，以及高温高压灭菌消毒工艺过程中产生的异味废气（三甲胺、H_2S、臭气等）。因此，要使畜禽尸体无害化处理对环境产生的影响最小，必须要对高温法和化制法产生的气体废物进行有效处理，使其达到《大气污染物综合排放标准》（GB 16297—1996）和《恶臭污染物排放标准》（GB 14554—1993）要求后才能排放。

5.2.3　工艺安全要求

1. 特种设施设备（高温高压）安全要求

采用化制法和高温法处理病死畜禽需要用锅炉、压力容器等设备，应按照《中华人民共和国特种设备安全法》等规定做好安全使用，有关要求如下。

（1）锅炉、压力容器等设备及其附属仪器仪表的产品质量合格证明、安装及使用维护保养说明、监督检验证明等相关技术资料和文件齐全并应注册登记，按周期进行检验，须符合国家或行业有关标准。

（2）某些独立研发用于无害化处理的压力容器，如果无国家或行业标准，应参照有关国家或行业的最低安全标准要求进行使用。

（3）建立岗位责任、隐患治理、应急救援等安全管理制度，制定操作规程，并对职工进行安全使用培训，保证特种设备安全运行。

（4）对特种设备及其附属仪器仪表定期进行维护保养，定期进行检查，出现运行故障和事故时要及时维修，并做好相关记录。

（5）应当接受特种设备检验机构的监督检验。

2. 消防安全要求

无害化处理厂一般都设有高温高压等特种设施设备，这些设备在运转时温度都很高，容易发生消防安全事故。因此，要严格按照《中华人民共和国消防法》要求做好有关工作，具体要求如下。

（1）无害化处理厂的厂房等建筑应当符合国家或行业工程建设消防技术标准。

（2）按照国家标准或行业标准设置或配置灭火系统、防火警报系统、消防安全标志。

（3）保障厂区内的疏散通道、安全出口、消防车通道畅通。

（4）对职工进行岗前消防安全培训，并定期组织从业人员开展消防知识、技能的教育和培训，组织灭火和应急疏散演练以保证他们能够安全逃生。

（5）要定期开展消防安全检查，并做好记录，发现问题应及时报告，并及时消除隐患。

3. 化学物品（强酸）防泄漏安全要求

采用硫酸分解法处理病死畜禽时会使用 98%的浓硫酸，其具有很强的腐蚀性，因此在保存和使用的过程中要注意安全，防止泄漏，主要的注意事项如下。

（1）专门设定化学物品（强酸）集中存放区域，并在这个区域设置明显的危险品标识，只有少数训练有素的人才可以接近。

（2）要将化学物品（强酸）储存在 FM 认证（factory mutual approval）的防火安全柜、安全储存罐中，并且要密封好。

（3）定期检查容器有没有腐蚀、凸起、缺陷、凹痕和泄漏，把有缺陷的容器放在独立的二次包装桶里或者泄漏应急桶里。

（4）水解过程中要先将水加入耐酸的水解罐中，然后再加入浓硫酸。

（5）使用时按国家危险化学品安全管理、易制毒化学品管理等有关规定执行，操作人员应做好个人防护。

（6）安排有关工作人员适当训练，让他们懂得化学品的危害特性，掌握紧急应变措施和正确使用泄漏处理套件的方法等。

5.3　病死畜禽无害化处理的方法和技术原理

5.3.1　掩埋法工艺技术及原理

1. 概述及原理简介

掩埋法是指按照相关规定，将病死畜禽尸体和相关畜禽产品投入化尸窖或掩埋坑中并通过覆盖、消毒、发酵而分解畜禽尸体和相关畜禽产品的方法，可分为直接掩埋法和化尸窖法。掩埋法具有处理速度快、成本低、操作简单等优点，是快速大规模处理畜禽尸体的主要方法，也是国内外过去普遍采用的方法。但此方法存在自然降解速率慢、处理地点难寻、易造成土壤和地下水污染甚至病原微生物的再次扩散、挖掘掩埋耗时耗工、生物安全性难以评价等缺点，随着人们环境保护意识的增强及工作力度的持续推进，该方法受到的制约越来越大，目前，欧盟国家已禁止使用该法处理病死畜禽尸体，但在作为控制严重传染性疾病暴发而杀死大量畜禽的应急处理措施时，以及在偏远地区还允许使用（武京伟 等，2019）。美国是仅次于中国的世界第二养猪大国，其环境保护法堪称世界上最严厉，目前在所有的养殖区仍允许使用掩埋法处理尸体。在我国，一些养殖场包括某些大型养殖场目前还在使用，特别是当死猪数量较多且其他方法来不及处理的时候可以使用。

2. 适用范围

掩埋法常用于发生重大动物疫情或自然灾害等突发事件时病死及病害畜禽的应急处理，以及边远和交通不便地区零星病死畜禽的处理。该方法不得用于患有炭疽等芽孢杆菌类疫病，以及牛海绵状脑病、羊瘙痒病的染疫畜禽及产品、组织的处理。

3. 分类

1) 直接掩埋法

（1）主要技术工艺。直接掩埋法的技术工艺主要集中在选址、坑体规格及病死畜禽尸体处理等方面。选址时要注意选择地势高燥、处于下风向的地点；掩埋地点要远离畜禽饲养厂（饲养小区）、畜禽屠宰加工场所、畜禽隔离场所、畜禽诊疗场所、畜禽和畜禽产品集贸市场、生活饮用水源地；还要远离城镇居民区、文化教育科研等人口集中区域、主要河流及公路、铁路等主要交通干线。

以实际处理畜禽尸体大小及数量来确定掩埋坑体容积。掩埋坑底应高出地下水位 1.5m 以上，要防渗防漏。尸体投置之前坑底提前撒 1 层厚度为 2～5cm 的生石灰或漂白粉等消毒剂。将畜禽尸体及相关畜禽产品投入坑内，有条件时可预先对其进行适当焚烧。坑内畜禽尸体及相关畜禽产品上铺撒生石灰或漂白粉等消毒剂消毒。畜禽尸体及相关畜禽产品最上层距离地表 1.5m 以上，覆盖厚度不少于1m 的覆土。

（2）生物安全及工艺安全要求。直接掩埋法的生物安全及工艺安全要求有以下几个方面。①掩埋覆土不要太实，以免腐败产气造成气泡冒出和液体渗漏，有条件的地方，可适当在掩埋坑插数量不一的排气管。②掩埋后，应在掩埋处设置警示标识，拉警戒线。③掩埋后，第 1 周内应每日巡查 1 次，第 2 周起应每周巡查 1 次，连续巡查 3 个月，掩埋坑塌陷处应及时加盖覆土，保持掩埋点始终距地表 20～30cm。④掩埋后，立即用氯制剂、漂白粉或生石灰等消毒剂对掩埋场所进行 1 次彻底消毒。第 1 周内应每日消毒 1 次，第 2 周起应每周消毒 1 次，连续消毒 3 周以上。

2) 化尸窖法

（1）主要技术工艺。化尸窖法的主要技术工艺有以下几个方面。①畜禽养殖场的化尸窖的选址应结合场地地形特点，宜建在常年主导风向的下风向；乡镇、村的化尸窖选址应选择地势较高、处于下风向的地点。应远离畜禽饲养厂（饲养小区）、畜禽屠宰加工场所、畜禽隔离场所、畜禽诊疗场所、畜禽和畜禽产品集贸市场、泄洪区、生活饮用水源地；应远离居民区、公共场所，以及主要河流、公路、铁路等主要交通干线。②化尸窖应为砖和混凝土，或者钢筋和混凝土密封结构，应防渗防漏。③在顶部设置投置口并加盖密封，加双锁；设置异味吸附、过滤等除味装置。④投置畜禽尸体或产品前，应在化尸窖底部铺撒（洒）一定量的生石灰或消毒液。⑤投置后，投置口密封加盖、加锁，并对投置口、化尸窖及周边环境进行消毒。⑥当化尸窖内畜禽尸体达到容积的 3/4 时，应停止使用并密封。

（2）生物安全及工艺安全要求。化尸窖法的生物安全及工艺安全要求有以下几个方面。①化尸窖周围应设置围栏、设立醒目警示标志，以及专业管理人员姓名和联系电话公示牌，实行专人管理。②应注意化尸窖维护，发现化尸窖破损、渗漏应及时处理。③当封闭化尸窖内的畜禽尸体完全分解后，应当对残留物进行清理，对清理出的残留物进行焚烧或者掩埋处理，对化尸窖池进行彻底消毒后，方可重新启用。

由于化尸窖法存在许多安全隐患和二次污染，目前已经不属于国家规定的无害化处理方法。

5.3.2　焚烧法工艺技术及原理

1. 概述及原理简介

焚烧法是指在焚烧容器内，使畜禽尸体及相关畜禽产品在富氧或无氧条件下进行氧化反应或热解反应的方法。在富氧条件下进行氧化反应从而达到焚烧的目的为直接焚烧法，在无氧条件下进行热解从而达到焚烧的目的为炭化焚烧法。焚烧法能够完全杀灭病原微生物，处理方法简单、高效，该方法在国外已推广应用多年，在国内也有十几年的发展历程，其缺点是投资比较大，选址存在局限性，需要消耗大量能源，焚烧过程会产生大量废气，容易对环境造成污染，且焚烧前病死畜禽的保存和运输也可能产生病原微生物传播的风险（Nadal et al., 2008）。

2. 适用范围

采取焚烧方式处理病死畜禽尸体或产品适合在缺乏合适的场地或者周边环境卫生条件要求较高的情况。焚烧会产生很大的烟气、热量和难闻的气味，因此选址必须远离公共场所、居民住宅区、村庄、畜禽饲养和屠宰场所、建筑物、易燃物品，周围要有足够的防火带，并且要位于主导风向的下方，同时不能对周围的环境产生不利影响。

3. 分类

1）直接焚烧法

（1）主要技术工艺。直接焚烧法的主要技术工艺有以下几个方面。①可视情况对畜禽尸体及相关畜禽产品进行破碎预处理。②将畜禽尸体及相关畜禽产品或破碎产物，投至焚烧炉本体燃烧室，经充分氧化、热解，产生的高温烟气进入二燃室继续燃烧，产生的炉渣经出渣机排出。燃烧室温度应≥850℃。③二燃室出口烟气经余热利用系统、烟气净化系统处理后排放。

（2）生物安全及工艺安全要求。直接焚烧法的生物安全及工艺安全要求有以下几个方面。①严格控制焚烧进料频率和重量，使物料能够充分与空气接触，保证完全燃烧。②燃烧室内应保持负压状态，避免焚烧过程中发生烟气泄漏。③燃烧所产生的烟气从最后的助燃空气喷射口或燃烧器出口到换热面或烟道冷风引射口之间的停留时间应≥2s。④二燃室顶部设紧急排放烟囱，应急时开启。⑤应配备充分的烟气净化系统，包括喷淋塔、活性炭吸附除尘器、冷却塔、引风机和烟囱等，焚烧炉出口烟气中的氧含量应为 6%～10%（干气）。⑥焚烧炉渣与除尘设备收集的焚烧飞灰应分别收集、贮存和运输。

2）炭化焚烧法

（1）主要技术工艺。炭化焚烧法的主要技术工艺有以下几个方面。①将畜禽尸体及相关畜禽产品投至热解炭化室，在无氧情况下经充分热解，产生的热解烟气进入燃烧（二燃）室继续燃烧，产生的固体碳化物残渣经热解炭化室排出。热解温度应≥600℃，燃烧（二燃）室温度≥1100℃，焚烧后烟气在 1100℃以上停留时间≥2s。②烟气经过热解炭化室热能回收后，降至 600℃左右进入排烟管道。烟气经过湿式冷却塔进行"急冷"和"脱酸"后进入活性炭吸附除尘器，最后达标后排放。

（2）生物安全及工艺安全要求。炭化焚烧法的生物安全及工艺安全要求有以下几个方面：①工作时应检查热解炭化系统的炉门密封性，以保证热解炭化室的隔氧状态；②应定期检查和清理热解气输出管道，以免发生阻塞；③热解炭化室顶部须设置与大气相连的防爆口，热解炭化室内压力过大时可自动开启泄压；④应根据处理物种类、体积等严格控制热解温度、升温速度及物料在热解炭化室里的停留时间。

5.3.3　化制法工艺技术及原理

1. 概述及原理简介

化制法是指在密闭的高压容器内，通过向容器夹层或容器通入高温饱和蒸汽，在干热压力或高温压力的作用下，处理畜禽尸体及相关畜禽产品的方法。根据蒸汽作用方式的不同，化制法可分为干化法和湿化法：干化法的热蒸汽不直接接触畜禽尸体；湿化法则是利用高压蒸汽直接与畜禽尸体组织接触，是目前普遍使用的化制方式。化制法可以把没有价值或价值很低的畜禽尸体及其副产品转换成安全、营养、有经济价值的产品，回收的动物油脂是制作洗涤剂、化妆品和生物柴油等化工产品的原料，肉骨粉可制作有机肥，能够较好地实现无害化、减量化和资源化（浦华和白裕兵，2014）。化制法是国际上普遍采用的病害畜禽处理方式之一，借助高温高压，病原体杀灭率可达 99.99%。

化制法具有多项优势，如操作简单、投资小、处理成本低、灭菌效果好、处理能力强、处理周期短、单位时间内处理最快、不产生烟气及安全性良好等。但也存在一些缺点，如处理过程中易产生恶臭气体和废水，设备质量参差不齐、品质不稳定，工艺不统一，以及生产环境差等。此外，化制过程中产生的臭气和废水需要经过处理才能排入环境，通过冷水洗涤、生物过滤等方法可去除90%的含氮化合物、含硫化合物等臭气物质。化制过程中产生的少量废水，其污染物浓度较低，经过初步静置沉淀后即可排入污水处理厂进行处理。

2. 适用范围

化制法对容器的要求很高，适用于国家级或地区级及中心城市级畜禽无害化处理中心，日常也可对病害畜禽及相关畜禽产品进行无害化处理，如用于养殖场、屠宰场、实验室、无害化处理厂、食品加工厂等。化制法适用对象为国家规定的染疫畜禽及其产品、病死或者死因不明的畜禽尸体，屠宰前确认的病害畜禽、屠宰过程中经检疫或肉品品质检验确认为不可食用的畜禽产品，以及其他应当进行无害化处理的畜禽及畜禽产品，但不得用于患有炭疽等芽孢杆菌类疫病，以及牛海绵状脑病、羊瘙痒病的染疫畜禽及产品、组织的处理。

3. 分类

1）干化法

（1）主要技术工艺。干化法的主要技术工艺有以下几个方面：①可视情况对畜禽尸体及相关畜禽产品进行破碎预处理；②畜禽尸体及相关畜禽产品或破碎产物输送入高温高压容器；③处理物中心温度≥140℃，压强≥0.5MPa（绝对压强），时间≥4h（具体处理时间视所需处理畜禽尸体及相关畜禽产品或破碎产物的种类和体积大小而定）；④加热烘干产生的热蒸汽经废气处理系统处理后排出；⑤加热烘干产生的畜禽尸体残渣传输至压榨系统进行处理。

（2）生物安全及工艺安全要求。干化法的生物安全及工艺安全要求有以下几个方面：①搅拌系统的工作时间应以烘干剩余物基本不含水分为宜，根据处理物量的多少，适当延长或缩短搅拌时间；②应使用合理的污水处理系统，有效去除有机物、氨氮，使污水达到国家规定的排放标准；③应使用合理的废气处理系统，有效吸收处理过程中畜禽尸体腐败产生的恶臭气体，使废气排放符合国家相关标准；④高温高压容器操作人员应符合相关专业技术要求；⑤处理结束后，须对墙面、地面及其相关工具进行彻底清洗消毒。

2）湿化法

（1）主要技术工艺。湿化法的主要技术工艺有以下几个方面：①可视情况对畜禽尸体及相关畜禽产品进行破碎预处理；②将畜禽尸体及相关畜禽产品或破碎产物送入高温高压容器，总质量不得超过容器总承受力的 4/5；③处理物中心温度≥135℃，压强≥0.3MPa（绝对压强），处理时间≥30min（具体处理时间视所需处理畜禽尸体及相关畜禽产品或破碎产物的种类和体积大小而定）；④高温高压结束后，对处理物进行初次固液分离；⑤固体物经破碎处理后送入烘干系统，液体部分送入油水分离系统进行处理。

（2）生物安全及工艺安全要求。湿化法的生物安全及工艺安全要求主要有以下几个方面：①高温高压容器操作人员应符合相关专业要求；②处理结束后，须对墙面、地面及其相关工具进行彻底的清洗消毒；③冷凝排放水应冷却后排放，产生的废水应经污水处理系统处理达标后排放；④处理车间废气应通过安装自动喷淋消毒系统、排风系统和高效空气过滤器等进行处理，达标后排放。

5.3.4　高温法工艺技术及原理

1. 概述及原理简介

高温法是指常压状态下，在封闭系统内利用高温处理病死及病害畜禽和相关畜禽产品的方法。高温法操作简单、安全、节能，不需要高压容器，处理成本低。

2. 适用范围

高温法适用于国家规定的染疫畜禽及其产品、病死或者死因不明的畜禽尸体，屠宰前确认的病害畜禽、屠宰过程中经检疫或肉品品质检验确认为不可食用的畜禽产品，以及其他应当进行无害化处理的畜禽及畜禽产品，但不得用于患有炭疽等芽孢杆菌类疫病，以及牛海绵状脑病、羊瘙痒病的染疫畜禽及产品、组织的无害化处理。

3. 主要技术工艺

高温法的主要技术工艺有以下几个方面：①可视情况对病死及病害畜禽和相关畜禽产品进行破碎等预处理，处理物或破碎产物体积（长×宽×高）应小于或等于 125cm³（5cm×5cm×5cm）；②向容器内输入油脂，容器夹层经导热油或其他介质加热；③将病死及病害畜禽和相关畜禽产品或破碎产物输送入容器内，与油脂混合。常压状态下，维持容器内部温度≥180℃，持续时间≥2.5h（具体处理时间视所需处理畜禽的种类和体积大小而定）；④加热产生的热蒸汽经废气处理系统处理后排出；⑤加热产生的畜禽尸体残渣传输至压榨系统进行处理。

4. 生物安全及工艺安全要求

高温法的生物安全及工艺安全要求有以下几个方面。①场所选址应避开生活
饮用水源保护区、城镇居民区，处于常年主导风向的下风向或侧风向处，并符合
国家相关法律法规的规定。②病死畜禽无害化处理场应建有围墙，与外界具有物
理隔断；处理车间为封闭厂房，人流与物流宜分开，应有防止物料污染扩散的设
施与措施。③破碎处理间应密闭，并保持室内处于负压状态，有防止微生物污染
外逸的措施。破碎处理间内外压强差应≥10Pa。④设备容器及管道内外应光滑，
焊缝平整，连接紧凑，不应有变形、裂纹和锈蚀现象；供热管道、容器夹层应密
闭，管路和配件应能耐受最高温度≥200℃和相应的工作压强。⑤产生的废水应经
综合处理后排放，并符合《污水综合排放标准》（GB 8978—1996）和生物安全的
规定。⑥产生的水蒸气及废气应经处理后排放，并符合《大气污染物综合排放
标准》（GB 16297—1996）和生物安全的规定。

5.3.5 化学处理法工艺技术及原理

1. 概述及原理简介

化学处理法是使用配制好的酸性或碱性消毒溶液，将被处理对象浸泡其中，
达到消除危害的目的。该法处理对象有限，使用后的化学液体存在环保隐患，仅
适用于实验室等特殊场所的畜禽无害化处理。

2. 适用范围

化学处理法的适用范围同掩埋法。该法主要用于对国家规定的染疫动物及其
产品、病死或者死因不明的动物尸体，屠宰前确认的病害动物、屠宰过程中经检
疫或肉品品质检验确认为不可食用的动物产品，以及其他应当进行无害化处理的
动物及动物产品的无害化处理，但不得用于患有炭疽等芽孢杆菌类疫病，以及牛
海绵状脑病、羊瘙痒病的染疫动物及产品、组织的无害化处理。

3. 分类

1）硫酸分解法

（1）主要技术工艺。硫酸分解法的主要技术工艺有以下几个方面：①可视情
况对病死及病害畜禽和相关畜禽产品进行破碎等预处理；②将病死及病害畜禽和
相关畜禽产品或破碎产物投至耐酸的水解罐中，每吨处理物加入水 150～300kg，然
后加入 98%的浓硫酸 300～400kg（具体加入水和浓硫酸的量随处理物的含水量

而定）；③使用密闭水解罐，加热使水解罐内温度升至 100～108℃，维持压强≥0.15MPa，反应时间≥4h，至罐体内的病死及病害畜禽和相关畜禽产品完全分解为液态。

（2）生物安全及工艺安全要求。硫酸分解法的生物安全及工艺安全要求有以下几个方面：①处理中使用的强酸应按国家危险化学品安全管理、易制毒化学品管理有关规定执行，操作人员应做好个人防护；②水解过程中要先将水加入耐酸的水解罐中，然后加入浓硫酸；③控制处理物总体积不得超过容器容量的 70%；④酸解反应的容器及储存酸解液的容器均具备耐强酸的特性。

2）碱化水解法

碱化水解法发展较晚，研究表明，该方法可以用来处理羊瘙痒病、牛海绵状脑病、口蹄疫和高致病性禽流感等可使动物致死的病原体，灭菌效果几乎为百分之百。该方法不产生有害气体、操作简单、费用低，在我国研究较少，应用更少，仅在高级别安全性实验室领域有研究和应用。

（1）主要技术工艺。碱化水解法的主要技术工艺为：按照投入畜禽尸体的重量自动注入适量碱性氢氧化钾溶液，在 95～100℃温度条件下，搅拌 4～6h 得到无菌溶液和骨渣。

（2）生物安全及工艺安全要求。碱化水解法的生物安全及工艺安全要求注重对设备安全性的检查和监管。碱水解设备主要包括水解罐、搅拌装置、加热与冷却系统，罐体上安装压力表和排气阀，确保安全。

5.3.6　生物降解法工艺技术及原理

1. 概述及原理简介

生物降解法是将病死畜禽尸体和相关畜禽产品投入降解反应容器（发酵池等）中，利用微生物与细菌发酵原理，将畜禽尸体和相关畜禽产品进行灭菌与降解，其原理是利用生物降解过程中散发出的热量实现无害化处理。生物降解法是一种新型无害化处理方法，其具有绿色、环保、节能的特点，不需要高温与高压，也不需要进行机械式操作，最大限度保障了相关工作人员的安全问题。利用生物降解法能够有效减少病死动物的体积，方便后续对其进行其他处理（严祝东，2023）。

2. 适用范围

生物降解法适用于国家规定的染疫畜禽及其产品、病死或者死因不明的畜禽尸体，屠宰前确认的病害畜禽、屠宰过程中经检疫或肉品品质检验确认为不可食用的畜禽产品，以及其他应当进行无害化处理的畜禽及畜禽产品，但不得用于患有炭疽等芽孢杆菌类疫病，以及牛海绵状脑病、羊瘙痒病的染疫畜禽及产品、组织的无害化处理。

3. 主要技术工艺

生物降解法主要技术工艺有以下几个方面。①处理前，在指定场地或发酵池底铺设 20cm 厚辅料。②辅料上平铺动物尸体或相关动物产品，厚度≤20cm。③处理样品上覆盖 20cm 辅料，确保畜禽尸体或相关畜禽产品全部被覆盖。堆体厚度视所需处理畜禽尸体和相关畜禽产品数量而定，一般控制在 2~3m。

4. 生物安全及工艺安全要求

生物降解法的生物安全及工艺安全要求有以下几个方面：①因重大畜禽疫病及人畜共患病死亡的畜禽尸体和相关畜禽产品不得使用此种方式进行处理；②发酵过程中，应做好防雨措施；③做好发酵处理间周边的防护设置，防止犬、猫、鸟、啮齿类等食肉动物进入发酵处理间采食，导致疫病传播风险的可能性增加；④应使用合理的废气处理系统，有效吸收处理过程中畜禽尸体和相关畜禽产品腐败产生的恶臭气体，使废气排放符合国家相关标准。

5.4 典型案例

5.4.1 湘阴县病死畜禽无害化处理中心

1）承建并运营单位

湘阴县病死畜禽无害化处理中心的承建并运营单位为湘阴祥柏生态科技有限公司（湖南祥柏生态环保科技有限公司控股），特许经营权为 25 年。

2）场地基本概括

该无害化处理中心占地面积为 18 亩，厂房面积为 1100m²，单班处理能力为 10t，是区域性无害化处理中心。

3）工艺技术原理

该无害化处理中心采用高温法处理工艺。处理时先对畜禽尸体和相关畜禽产品进行破碎，破碎后颗粒输送入高温主处理槽，主处理槽内物料中心温度达 180℃，处理时间 3h 左右（具体处理时间视所需处理畜禽尸体和畜禽产品或破碎产物的种类和体积大小而定）。湘阴县病死畜禽无害化处理中心中控室见图 5-1。

图 5-1　湘阴县病死畜禽无害化处理中心中控室

4）工艺流程

（1）卸料。采用封闭专用车辆，将县级收集储存转运中心或收集点收集的病死畜禽放入中心冷库冷藏。卸货后的运输车辆先用消毒水彻底消毒清洗，再经雾化消毒后才能驶出处理中心。

（2）破碎。先将原料两次破碎。冰冻原料经冷库自动称重计量后，经输送带送至破碎机。经粗破碎和精破碎两次破碎工艺，将物料加工成粒径为 5cm 左右的颗粒，再经物料输送绞笼送至主处理槽。

（3）高温炼制。在主处理槽进行高温炼制。每节处理槽温度均通过电动温控阀与电脑控制系统单独控制，每节处理槽导热油温度及物料温度均在控制系统中单独显示。但在处理过程中，温度范围会根据物料颗粒大小、输送速度、炼制时间、外界环境温度而有一定的调整。

（4）出料。处理完的物料经油渣分离系统分离为油脂和残渣，部分回收油经补油管送至主处理槽进行补油加热，其余油脂经流量计输送至贮存罐。残渣经螺旋压榨、破碎机粉碎后，送至定量包装机进行包装。

（5）管控。整个生产过程均由中控室控制，设备故障均由计算机报警和统计，同时可进行授权控制和远程操作，便于公司管理人员随时监控及管理。湘阴县病死畜禽无害化处理中心设备角见图 5-2。

图 5-2　湘阴县病死畜禽无害化处理中心设备一角

5）工艺特点

（1）生物安全。全程封闭式高温灭菌，彻底灭活病原体。

（2）环境安全。废气达标排放，废水零排放。

（3）生产安全。采用高温常压技术和循环导热技术，无压力生产，确保设备运行的高安全性。

（4）生产高效。自动化流水线式不间断生产，生产效率高。

（5）成本低。采用自动化流水线式不间断处理模式，创新应用循环导热技术和独特热能回收利用技术，可实现高效节能，大幅降低生产成本，综合处理成本低。

（6）利用率高。回收产品转化率高，资源再利用率高，回收产品效益高。

（7）高智能化。自动下料，自动运行，自动提炼，自动出渣，流水线式不间断生产，全程使用可编程逻辑控制器（programmable logic controller，PLC）自动控制系统操作。

（8）全程监管。生产环节实现了远程授权运行、监控和透明式管理，可实时接受社会监督，方便、简单。

（9）产业循环。病死畜禽经过高温法无害化处理后的回收产物主要为工业混合油和粉渣，完全可实行资源化再利用。工业混合油可作为生物柴油、肥皂、油漆等工业用途，粉渣可经深加工转化为多肽或氨基酸，也可直接作为有机肥原料。

6）废气、废水处理

处理过程中产生的废气经收集冷凝后，废气经锅炉二次燃烧，通过水膜除尘净化后排放。冷凝水及生产清洗污水经化学、生物净化处理后循环利用，无污水排放。

7）收集体系

公司常备 5 台收集车，负责全县病死畜禽的收集。使用带冷藏、防泄漏的密闭运输车辆收集、运输病死畜禽，车辆加装北斗定位系统。

8）监管体系

该无害化处理中心的监管体系采用武汉至为科技有限公司开发的湖南省畜禽无害化处理监管信息平台，对养殖、收集、暂存、运输和处理全过程进行监管。

5.4.2　浏阳市病死动物无害化处理中心

1）承建并运营单位

浏阳市病死动物无害化处理中心承建并运营单位为深圳市朗坤环境集团股份有限公司，特许经营权为 25 年。

2）场地基本概括

该无害化处理中心占地面积约为 20.5 亩，厂房面积为 2334m²，日处理能力≥20t，是区域性无害化处理中心。浏阳市病死动物无害化处理中心外景见图 5-3。

图 5-3　浏阳市病死动物无害化处理中心外景

3）工艺技术原理

该无害化处理中心主要采用高温高压干化化制法处理工艺。通过专用密闭收集车收集畜禽尸体和相关畜禽产品，自卸直接进入原料仓；通过专利破碎机破碎成粒径 6cm 以下的物料，再通过固渣泵密闭输送至反应釜中；反应釜内温度≥130℃，压强≥0.4MPa。经过高压蒸煮 1～2h、泄压约 1h、脱水约 4h 后，物料通过榨油机进行固液分离，变成可回收利用的肉骨渣（有机肥原材料）及油脂（生物柴油原材料）等资源。

4）工艺流程

（1）卸料。采用自卸专用密闭收集车辆，将长沙市城区收集储存转运中心、乡镇收集暂存点或规模场冷库暂存点收集的病死畜禽，送至无害化处理中心后，自卸直接进入原料仓或进入中心冷库冷藏。卸货后的运输车辆采用通道车辆喷淋式消毒喷雾设备进行彻底消毒，停留 0.5h，干燥后才可驶出处理中心。

（2）破碎。通过与原料仓相连的输送机将畜禽尸体或相关畜禽产品送入专利破碎机，破碎成粒径 6cm 以下的颗粒，满足后续输料装置和化制机对物料大小的要求。

（3）反应釜（高温高压化制、脱水干燥）。经专利破碎机破碎后的物料通过固渣泵密闭输送至反应釜中，经过高压蒸煮 1～2h、泄压约 1h、脱水约 4h 后，对物料进行脱水处理，将物料中的病毒及细菌彻底杀灭。

（4）产品处理。将脱完水的物料输送到缓存仓。物料经油渣分离系统分离为残渣和油脂。残渣经粉碎机粉碎后送至定量包装机包装。油脂经输油泵输送到储油罐储存。浏阳市病死动物无害化处理中心处理车间及设备见图 5-4。

图 5-4　浏阳市病死动物无害化处理中心处理车间及设备

5）工艺特点

（1）反应釜内由于物料不与蒸汽直接接触，蒸汽中的水分不会进到物料中，废水主要来自物料中水分蒸发后产生的冷凝水，水量较小。

（2）反应釜内灭活脱水处理后产生的中间产物是油、渣（肉骨粉）的混合物，混合物经压榨处理后即可得到含水率较低、杂质含量较低、品质较高的油脂，油脂的回收率高。

（3）全程使用 PLC 智能控制系统，且为负压式厂房设计，操作隔离，操作简便，避免人员的二次接触，既保护生产工人安全，又避免病毒、细菌扩散。

（4）对处理过程进行实时监控，可随时调取监控录像，确保无害化处理过程安全透明。

6）三废处理

废气集中收集后通过低酸喷淋+低碱喷淋+植物液喷淋及 UV 光催化降解工艺，将所有废气处理达标后排放。废水、消毒水通过雨污分流收集管网及污水处理系统，经格栅—调节池—多级厌氧/缺氧/好氧生化—混凝沉淀—沙滤—加氯消毒多级工艺处理，处理达标的水回用至洗车棚、除臭塔、冷却塔及绿化灌溉等，实现废水的循环利用和零排放。加热烘干产生的废渣传输至压榨系统统一处理。

7）收集体系

该无害化处理中心在浏阳市内设立了 33 个规模场冷库暂存点（年出栏生猪 1000 头以上规模养猪场）和 4 个用于应急备用的乡镇收集暂存点，配备了 7 台流动收集车。在长沙市城区设立了收集储存转运中心。

8）监管体系

引进武汉至为科技有限公司至为无害化小程序进行监督管理，每个乡镇站配备 1 名无害化处理监管人员，全部监管人员配备移动终端，可以随时收集照相，配备车载数据化拣货系统（digital pick system，DPS）、4G 网络、互联网、个人计算机（personal computer，PC）客户端等硬件、软件设施，对收集、入库、调运、处理等环节实现无缝监管。

5.4.3　岳阳县病死畜禽无害化处理中心

1）承建并运营单位

岳阳县病死畜禽无害化处理中心的承建并运营单位为湖南盛祥生态环保科技有限公司（湖南祥柏生态环保科技有限公司前身），特许经营权为 10 年。

2）场地基本概括

该无害化处理中心占地面积为 10 亩，厂房面积为 840m^2，单班处理能力为 10t，是县级无害化处理中心。

3）工艺技术原理

该无害化处理中心采用高温法处理工艺。处理时可视情况对畜禽尸体和畜禽产品进行破碎预处理，破碎后颗粒输送入高温主处理槽，主处理槽内物料中心温度高达 200℃，处理时间 3h 左右（具体处理时间视所需处理畜禽尸体及相关畜禽产品或破碎产物的种类和体积大小而定）。岳阳县病死畜禽无害化处理中心中控室见图 5-5。

图 5-5　岳阳县病死畜禽无害化处理中心中控室

4）工艺流程

（1）卸料。采用自卸封闭专用车辆，将县级收集储存转运中心或收集点收集的病死畜禽送至无害化处理中心进行处理或暂放入中心冷库冷藏。卸货后的运输车辆先用消毒剂彻底消毒，再清洗干燥后才能驶出无害化处理中心。

（2）破碎。先将原料两次破碎。冰冻原料经冷库自动称重计量后，经输送带送至破碎机。经粗破碎和精破碎两次破碎工艺后形成粒径 3cm 左右的颗粒，再经物料输送绞笼送至主处理槽。

（3）高温化制。在主处理槽进行高温炼制。前 40min，提高导热介质温度使之达到 240℃，物料温度由冰冻或常温升至 150℃；第 40～80min 时，导热介质温度保持在 240℃，物料温度为 190℃时开始出油；第 80～130min 时，物料温度控制在 200℃，物料大量出油；第 130～180min 时，控制物料温度在 190℃，为熬制过程；第 180～210min 时，控制物料温度在 180℃，为输送、出料过程。每节处理槽温度均通过电动温控阀与电脑控制系统单独控制，每节处理槽导热介质及物料温度均在控制系统中单独显示。但在处理过程中，温度范围会根据物料颗粒大小、输送速度、炼制时间、外界环境温度而有一定的调整。

（4）出料。处理完的物料经油渣分离系统分离为油脂和残渣，部分回收油经补油管送至主处理槽进行补油加热，其余油脂经流量计输送至贮存罐。残渣经螺旋压榨、粉碎机粉碎后，送至定量包装机进行包装。

（5）管控。整个生产过程均由中控室控制，设备故障均由计算机报警和统计，同时可进行授权控制和远程操作，便于公司管理人员随时监控及管理。岳阳县病死畜禽无害化处理中心无害化处理设备一角见图 5-6。

图 5-6　岳阳县病死畜禽无害化处理中心无害化处理设备一角

5）工艺特点

（1）循环加热。主处理设备采用导热油循环加热，节能环保。

（2）技术领先。全程 PLC 自动控制系统操作，实现了生产环节的远程授权运行、监管和透明式生产管理，可实时接受社会监督。

（3）安全稳定。本套设备为全程封闭式高温灭菌、无压力生产。加热介质循环流通，确保了设备的高安全性。

（4）成本低、效率高。主体设备为自动化流水线式不间断处理模式，在处理过程中创新应用了循环导热、锅炉补热等专利技术，热能利用率高，处理效果好，实现了高效节能，大幅降低了无害化处理的成本，可持续盈利。

（5）绿色环保。无害化处理过程中产生的废气，经独特工艺净化处理达标后可安全排放。少量废水经净化处理后循环使用，无须对外排放。生产环境清洁环保，无异味无污染。

（6）易复制推广。本套技术与设备体系在满足病死畜禽"无害化、减量化、资源化"处理的前提下，投资规模小，操作方便，处理高效，运行成本低，无高压容器，降低了安全隐患，无废水、废气、废渣排放。

（7）可循环产业链长。无害化处理后的油脂和残渣实行资源化利用，残渣的蛋白质含量高，可水解生产多肽或氨基酸，也可养殖昆虫（如黑水虻、蝇蛆等）。养殖的昆虫可用于提取氨基酸或用于制作特种水产、禽类（青蛙、娃娃鱼、土鸡、乳鸽等）养殖饲料，带动大批农户发展特种养殖，促进农民增收，推动乡村振兴。

6）废气、废水处理

处理过程中产生的废气经收集冷凝后再经锅炉二次燃烧，通过水膜除尘净化后排放。冷凝水及生产清洗污水经化学、生物净化处理后循环利用，无污水排放。

7）收集体系

该无害化处理中心在岳阳县建设了 8 个病死畜禽收集暂存点，负责全县的病死畜禽收集。收集车辆使用带冷藏、防泄漏的密闭运输车辆运输病死畜禽，并加装北斗定位系统。

8）监管体系

该无害化处理中心监管体系采用武汉至为科技有限公司开发的湖南省畜禽无害化处理监管信息平台，对养殖、收集、暂存、运输和处理全过程进行监管。

5.4.4　醴陵市病死畜禽无害化处理中心

1）承建并运营单位

醴陵市病死畜禽无害化处理中心的承建并运营单位为浙江百奥迈斯生物科技有限公司，特许经营权为 30 年。

2）场地基本概括

该无害化处理中心占地面积为 13.77 亩，厂房面积为 2628m^2，单班处理能力为 10t，是区域性无害化处理中心。

3）工艺技术原理

该无害化处理中心采用高温高压干化化制法处理工艺。处理前可视情况对畜禽尸体和相关畜禽产品进行破碎预处理，破碎后颗粒输送入高温高压的化制机，化制机内处理物中心温度≥140℃，压强≥0.5MPa（绝对压强），处理时间 4h 左右（具体处理时间视所需处理畜禽尸体及相关畜禽产品或破碎产物的种类和体积大小而定）。

4）工艺流程

（1）卸料。采用自卸封闭专用车辆，将县级收集储存转运中心或收集点收集的病死畜禽送至无害化处理中心后，或进入中心冷库冷藏，或直接将物料卸入料仓。卸货后的运输车辆先用消毒剂彻底消毒，再清洗、干燥后才能驶出无害化处理中心。

（2）破碎。通过与料仓相连的输送机将畜禽尸体或相关畜禽产品送入破碎机，将畜禽尸体或相关畜禽产品破碎至一定粒径的颗粒，满足后续输料装置和化制机对物料大小的要求。

（3）主处理（高温高压化制、脱水干燥）。经破碎机破碎后的物料经输送装置输送至化制机内，化制机逐步升至设定温度和压强，物料在高温高压条件下持续4h 左右，然后在负压条件下对物料进行脱水处理。

（4）产品处理。将脱完水的物料输送到缓存仓。物料经油渣分离系统分离为残渣和油脂。残渣经粉碎机粉碎后送至定量包装机进行包装。油脂经输油泵输送到储油罐储存。

5）工艺特点

（1）化制机内由于物料不与蒸汽直接接触，蒸汽中的水分不会进入物料，废水主要来自物料中水分蒸发后产生的冷凝水，水量较小。

（2）化制机内的物料化制脱水处理后，产生的中间产物是油渣混合物，经压榨处理后，即可得到含水率较低、杂质含量较低、品质较高的油脂，且油脂的回收率高。

（3）油渣混合物经压榨处理分离出油脂后，剩余的残渣（肉骨粉）含水率低，粉碎后即可满足贮存、运输的要求。

（4）在灭活脱水过程中物料中的水分绝大部分被蒸发，放料时不会产生大量的恶臭蒸汽，且后续物料的运输在封闭环境中进行，不会产生恶臭气体外溢的情况。

（5）采用高温灭活脱水工艺，使无害化处理更为彻底，满足目前欧盟和国内对病死畜禽无害化处理的要求。

（6）全程使用 PLC 智能控制系统，且为负压式厂房设计，操作隔离，操作简便，避免人员的二次接触，既保障生产工人安全，又避免病毒、细菌扩散。

（7）对处理过程进行实时监控，可随时调取监控录像，确保无害化处理过程安全透明。

6）三废处理

生产废水、消毒水，以及破碎、加热烘干产生的废气和热蒸汽经废水、废气处理系统统一收集、处理，达标后排放。加热烘干产生的废渣传输至压榨系统处理。

7）收集体系

该无害化处理中心在醴陵市内设立了多个乡镇和规模养殖场的病死畜禽收集暂存点。在株洲市城区设立了收集储存转运中心。

8）监管体系

该无害化处理中心采用武汉至为科技有限公司开发的湖南省畜禽无害化处理监管信息平台，对养殖、收集、暂存、运输和处理全过程进行监管。

第6章

种养结合模式下养殖废弃物的
资源化利用

6.1 前 言

据估算，目前我国养殖业每年产生的粪污总量约为 38 亿 t，按收集系数 70% 来计，每年需要处理的畜禽粪污量达 27 亿 t（其中粪便 15 亿 t 左右）。然而目前养殖粪污综合利用率不到 60%，约 20% 的畜禽粪污得不到有效处理，大量的有机粪污进入环境，给水体和土壤造成严重的环境污染，并威胁食品、生态安全（Chadwick et al., 2015）。土肥部门的数据表明，目前全国 3000 余家有机肥厂生产了 2490 万 t 商品有机肥，实际处理的粪便量仅 1 亿 t 左右（杨帆 等，2010）。由此可以看出，与废弃物的产生量相比，目前这些粪便作为有机肥料资源化处理和利用的比例还很低。

养殖废弃物处理关系到土壤的养分平衡及养分资源的循环利用，养殖业需要的饲料来自土壤，大量的土壤养分通过饲料进入养殖环节。这些从土壤带走的营养物质光靠化肥投入是不足以返还的，必须将养殖废弃物特别是氮、磷、钾等再返还到土壤。

据估算，我国养殖废弃物中氮、磷、钾养分储量高达 4000 多万 t（贾伟 等，2017），相比之下我国每年化肥养分投入量在 6000 万 t 左右，实施有机肥替代化肥潜力巨大。欧盟有机养分量已占总养分投入量的 50%，相反中国有机肥在肥料中的比重则从 1980 年的 80% 滑落到了现在的 20%。有机养分从废弃物向土壤的回流势在必行，并将成为我国农村环境治理与生态产业发展的重要方向。

养殖废弃物的资源化利用途径主要如下。①肥料化。通过好氧发酵处理成堆肥或有机肥产品，用于种植业。②饲料化。通过蚯蚓、昆虫等生物处理生产蛋白质饲料，残余物肥料化利用。③能源化。通过厌氧消化处理产生沼气能源，沼液、沼渣进行还田利用。

本章重点对以上不同资源化利用技术进展做详细介绍。

6.2　养殖废弃物好氧发酵肥料化技术

6.2.1　低温及高温堆肥微生物筛选及应用

堆肥是指在人工控制和一定水分、碳氮比和通风的条件下通过微生物的发酵作用将废弃有机物转化为肥料的过程。在此过程中，不同的微生物可利用不同的碳源，每一种微生物都会在相对较短的时间内适应自身生长繁殖的环境条件，并且对某一种或某一类特定有机物质的分解发挥作用（许晓英和李季，2006）。参与堆肥过程的微生物根据生长和温度耐受情况可以分为嗜冷微生物（0～25℃）、嗜温微生物（25～45℃）和嗜热微生物（>45℃）3 类。某一时段的温度和可利用的有机物是决定该时段堆肥中微生物群落结构的决定因素。传统堆肥属自然发酵，无人为干预，原料中的有益土著微生物较少、原料分解不彻底，易产生臭味，并且经过自然发酵腐熟得到的堆肥成品往往肥效低、养分价值不高。若能研制出促进堆肥进程的低温微生物、高温微生物，则可大幅提高堆肥效率，缩短堆肥周期（龚改林，2015）。

1. 国内外堆肥接种菌剂研究进展

目前，国内外报道较多的 EM 菌为日本学者研制出来的，据称含多种功能的微生物 80 余种，在多个领域得到了验证且均取得较好效果（比嘉照夫，1996）。研究表明，堆肥接种 EM 外源菌剂 2d 后堆体达到高温期，最高温达到 70℃，大幅缩短了堆肥腐熟周期；与对照相比，腐熟后的堆肥产品各理化性状得到了改进，提高了肥效（Bolta et al.，2003）。

Ke 等（2010）通过在堆肥中加入高温放线菌属 A13，研究该菌株对堆肥过程及腐熟效果的影响情况，结果表明，接种菌剂堆肥处理组的粗脂肪含量显著低于对照组，并且大幅缩短了堆肥周期，总有机碳、碳氮比、微生物呼吸作用和酶（脱氢酶、多酚氧化酶、尿素分解酶）活性显著低于对照组。Mohammed 等（2018）通过在堆肥中接种黑曲霉，发现处理组的碳氮比显著低于对照组，大幅缩短了堆肥周期。Xu 等（2022）研究氨氧化细菌对牛粪堆肥有机质降解和腐殖质化的作用，结果表明，接种氨氧化细菌促进了堆肥进程，降低了总有机碳和溶解有机碳含量，提高了堆肥的腐殖质和腐殖酸含量。

国内堆肥接种研究虽起步较晚，但发展迅速。陈世和和张所明（1990）提出，在筛选的原有优势土著菌中加入其他功能型菌种或酶制剂后能加快堆肥进程，缩短堆肥周期。李国学等（1999）在堆肥试验中接种 0.5%发酵菌剂后，也得到了相似的结果。胡菊等（2005）应用 VT 菌剂进行了堆肥试验，结果显示，接种 VT 菌剂对堆肥有显著影响，接种菌剂的试验组腐熟堆肥不仅能显著促进作物生长，增加土壤中的有益微生物种类和数量，还能改善土壤中多种脲酶、纤维素酶的活性。在污泥堆肥试验中加入含放线菌、光合细菌和丝状菌的 VT 菌剂，结果与前人研究结果一致，接种菌剂促进了堆肥的腐熟，并且施用到田间显著提高了种子的发芽指数（张陇利 等，2008）。李鸣雷等（2011）对从土壤样品中分离筛选到的几种菌株进行复配后得到一种微生态制剂，添加在鸡粪麦草堆体中后迅速提高了温度，缩短了到达高温期的时间，同时降低了鸡粪的臭味，提高了堆肥腐熟度。张毅民等（2007）利用筛选培养基筛选出的纤维素降解菌开发出了 FH3 菌剂。在随后的堆肥试验中发现，添加该菌剂堆肥的处理组碳氮比和粗纤维含量下降得比较快，堆肥腐熟后氮、磷、钾含量也显著高于对照组。

1954～2018 年，中国知网统计数据库中共收录堆肥接种有关的文章有 955 篇，Web of Science 国际期刊收录堆肥接种有关的文章有 2480 篇。近年来国内外关于堆肥接种的研究持续增加，中国知网核心期刊收录文章数由 2003 年前的 69 篇增加到 2003 年后的 886 篇，Web of Science 国际期刊收录文章数由 2003 年前的 568 篇增加到 2003 年后的 1912 篇。

2. 低温堆肥接种菌株的筛选及应用

低温微生物按照最适生长温度和生长上限温度的不同，一般分为嗜冷菌和耐冷菌两大类。嗜冷菌通常是指最适生长温度低于 15℃，生长上限温度低于 20℃的微生物；耐冷菌是指能够在 0℃左右生长良好，但最适生长温度超过 20℃的微生物，最高生长温度一般在 30℃左右（Morita，1975）。

我国北方地区冬季气候寒冷，低温期较长，最低气温多在-30℃以下，而中温微生物在低于 5℃时即不能代谢外源物质，因此中温微生物和高温微生物无法充分发挥其功效（韩晓云 等，2003；魏自民 等，2015）。在低温条件下堆肥气温是关键，能否快速进入高温期直接影响堆肥的无害化进程和发酵周期。嗜冷菌在低温条件下通过其特殊的生理机制分解糖、淀粉等简单有机物，可使堆体温度迅速升高，并启动中、温菌进入中温期，因此在低温堆肥领域具有重要的应用价值（高云航 等，2014）。

1）低温微生物的筛选

尚晓瑛（2012）在黑龙江省双峰林场采集的饲料、土样、腐殖土、马粪等 8 个低温样品中筛选出 58 株纤维素降解菌、22 株淀粉降解菌和 19 株蛋白质降解菌，其中有 15 株耐低温菌具有较高的有机物分解能力。经过酶活测定实验后，进一步得到了菌株 B5-16、B6-4、B6-15，它们分别具有较强的产纤维素酶、产淀粉酶和产蛋白酶的能力。

2）产酶特性研究与菌种鉴定

对菌株 B5-16、B6-4 和 B6-15 的生长特性和产酶特性进行研究之后发现，3 个菌株可在低温环境中正常生长、繁殖和分解代谢，但均不耐盐，只能在中性或偏碱性环境中生长繁殖，尤其在中性环境中产酶能力才达到最高。酶的耐热性试验结果显示 3 株耐低温菌所产的水解酶均属于低温酶。可利用形态学、生理生化特征及 16S rDNA 核苷酸序列分析的方法对它们进行种菌株鉴定。进化树分析结果表明，B5-16 和 B6-15 与假单胞菌属的一些菌株［贝提卡假单胞菌（*Pseudomonas baetica* a390T）、杰氏假单胞菌（*Pseudomonas jessneii* CIP 105274T）、瑞士假单胞菌（*Pseudomonas reinekei* Mt-1T）、韩国假单胞菌（*Pseudomonas koreensis* Ps 9-14T）、摩拉维亚假单胞菌（*Pseudomonas moraviensis* CCM 7280T）、阴城假单胞菌（*Pseudomonas umsongensis* Ps 3-10T）、莫氏假单胞菌（*Pseudomonas mohnii* lpa-2T）、莫尔氏假单胞菌（*Pseudomonas moorei* RW10T）、温哥华假单胞菌（*Pseudomonas vancouverensis* ATCC 700688T）、蘑菇假单胞菌（*Pseudomonas agarici* LMG 2112T）、根际假单胞菌（*Pseudomonas rhizosphaerae* IH5T）、*Pseudomonas lutea* OK2T、*Pseudomonas graminis* DSM 11363T、台湾假单胞菌（*Pseudomonas taiwanensis* BCRC 17751T）、米氏假单胞菌（*Pseudomonas migulae* CIP 105470T）、布氏假单胞菌（*Pseudomonas brenneri* CFML 97-391T）、子午线假单胞菌（*Pseudomonas meridiana* CMS 38T）、南极假单胞菌（*Pseudomonas antarctica* CMS35T）、适冷假单胞菌（*Pseudomonas extremaustralis* CT14-3T）、格氏假单胞菌（*Pseudomonas grimontii* CFML 97-514T）、维氏假单胞菌（*Pseudomonas veronii* CIP 104663T）、砷氧化假单胞菌（*Pseudomonas arsenicoxydans* VC-1T）、人参假单胞菌（*Pseudomonas panacis* CG20106T）、皱纹假单胞菌（*Pseudomonas corrugata* ATCC 29736T）、基尔假单胞菌（*Pseudomonas kilonensis* 520-20T）、赛维瓦尔假单胞菌（*Pseudomonas thivervalensis* CFBP 11261T）、隆德假单胞菌（*Pseudomonas lundensis* ATCC 49968T）、腐臭假单胞菌（*Pseudomonas taetrolens* IAM1653T）、嗜冷假单胞菌（*Pseudomonas psychrophila* E-3T）、莓实假单胞菌（*Pseudomonas fragi* ATCC 4973T）］亲缘关系最近，而与热葡糖苷酶地芽胞杆菌（*Geobacillus thermoglucosidasius* BGSC 95A1T）亲缘关系较远（图 6-1 和图 6-2）。因此，推断 B5-16 和 B6-15 均为假单胞菌。

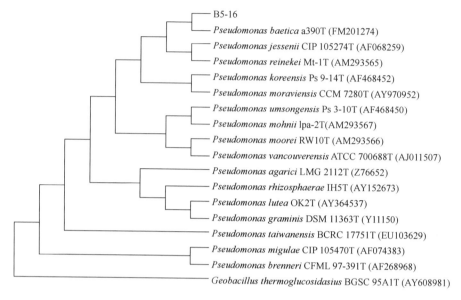

图 6-1 菌株 B5-16 的系统发育树

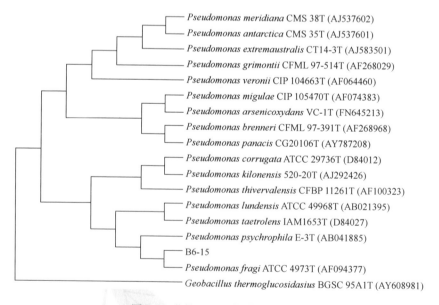

图 6-2 菌株 B6-15 的系统发育树

3）效果验证

尚晓瑛（2012）通过堆肥升温应用试验，将上述筛选得到的 3 个低温且具有较强的产纤维素酶、产淀粉酶和产蛋白酶能力的菌株 B5-16、B6-4、B6-15 接种至鸡粪堆肥中，发现接种后对低温环境下堆肥升温具有促进作用，接种菌株 B5-16、B6-4、B6-15 和低温复合菌剂开始堆肥 24h 时，堆体温度分别升至 65℃、65℃、68℃和 69℃，比空白对照组（CK）分别高出 9℃、9℃、12℃和 13℃，同样明显高于接种 VT 菌剂的对照组（图 6-3）。

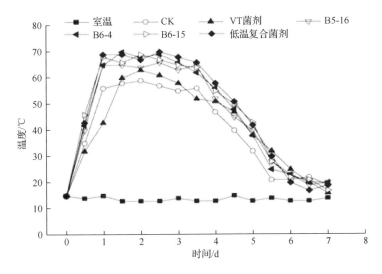

图 6-3　堆肥过程中堆体温度变化曲线

郗晶晶（2014）将低温菌株 B5-16、B6-15 分别发酵后按照体积比 1∶1 的比例混合得到的新菌剂进行工厂试验，用 5%新菌剂接种入堆肥中时，堆体温度升到最适温度所需时间为 2.4d。新菌剂与 VT 菌剂按照 1%+0.5%比例接种入堆肥中时，堆体温度升到最适温度所需时间为 2.5d，不接种菌剂的堆肥堆体温度升到最适温度需要 4.5d，该试验充分表明该低温菌剂具有明显促进堆肥升温的效果，由此可见低温菌具有很好的应用潜力。

3. 高温堆肥接种菌株的筛选及应用

高温菌是嗜热微生物的俗称，是指能在高于 60℃温度下生长，最适生长温度在 55℃左右的微生物。高温菌在高温条件下具有较强的生物降解能力和生物转化功能，能高效降解有机物。根据嗜热菌与温度的关系，可以将它们分成 3 类：极端嗜热菌是指最高生长温度在 70℃以上，最适生长温度为 65～70℃，最低生长温度在 40℃以上的微生物；嗜热菌是指最高生长温度为 50～65℃，最适生长温度在 40℃以上，40℃以下生长很差，甚至不能生长的微生物；耐热菌是指最高生长温度为 40～50℃，但最适生长温度仍在中温范围内的微生物，也称为兼性嗜热菌（沈

根祥 等，1999）。高温菌在高温条件下酶降解活性高、代谢能力强，可以缩短生物转化的周期，提高有机物降解效率（霍培书 等，2013）。

1）高温菌的筛选

程旭艳等（2012）将 9 个好氧堆肥样品经过 70℃高温富集培养，利用稀释平板法分离、水解实验初筛及酶活力测定、有机物降解率实验和菌株生长速率复筛实验，筛选得到 1 株可同时降解纤维素、蛋白质和淀粉的高温菌 HN-5。其纤维素酶、蛋白酶和淀粉酶活力分别为 7.308U/mL、13.296U/mL 和 76.136U/mL，该菌株对纤维素、蛋白质和淀粉的降解率分别为 17.94%、15.39%和 42.55%。

2）产酶特性研究与菌种鉴定

通过单因素实验方法研究发酵时间、温度、初始 pH 和装液量对高温菌 HN-5 发酵产酶的影响。结果表明，HN-5 产纤维素酶、蛋白酶和淀粉酶的最适发酵时间分别为 3d、2d 和 7d；最适发酵温度均为 60℃；最适发酵初始 pH 分别为 7.0、7.0 和 6.0；最适装液量分别为 20%、30%和 40%；经过发酵条件优化，HN-5 纤维素酶、蛋白酶和淀粉酶活力分别比未优化前提高了 0.98 倍、0.20 倍和 0.33 倍（程旭艳，2012）。

菌株生物学特性研究显示：HN-5 最适宜生长温度、pH、NaCl 浓度和装液量分别为 60℃、6.0、10mg/mL 和 10%。通过序列比对手段，对 HN-5 与芽孢杆菌属的一些菌株［地表地芽孢杆菌（*Geobacillus subterraneus* 34T）、*Bacillus thermantarcticus* DSM 9572T、热葡糖苷酶地芽胞杆菌、嗜热脱氮地芽胞杆菌（*Geobacillus thermodenitrificans* NG80-2）、*Geobacillus uzenensis* UT、*Geobacillus lituanicus* N-3T、热噬地芽胞杆菌（*Geobacillus thermoleovorans* BGSC 96A1T）、嗜热脂肪地芽胞杆菌（*Geobacillus stearothermophilus* NBRC 12550T）、就地堆肥地芽胞杆菌（*Geobacillus toebii* BK-1T）、*Geobacillus gargensis* DSM 15378T、嗜热地芽胞杆菌（*Geobacillus kaustophilus* NCIMB 8547T）、*Geobacillus thermocatenulatus* DSM 730T 、侏罗纪土芽孢杆菌（*Geobacillus jurassicus* DS1T）、热解木糖地芽胞杆菌（*Geobacillus caldoxylosilyticus* ATCC 700356T）］，以及嗜热糖球菌（*Saccharococcus thermophilus* ATCC 43125T）的 16S rDNA 核苷酸序列进行分析并构建系统发育树（图 6-4），发现 HN-5 与土芽孢杆菌亲缘关系最近。因此可以推断 HN-5 为土芽孢杆菌。

3）效果验证

程旭艳等（2012）将筛选得到的高温细菌 HN-5、实验室现存菌株 HNS39 及两个菌株的复合菌剂接种至鸡粪+锯末的堆肥中验证其效果。结果显示，分别接种两个菌株均可以有效促进堆肥升温，延长高温期持续时间。接种 HN-5 和 HNS39 复合菌剂时，堆肥升温效果更为显著，接种显著增加了堆肥中的微生物数量，且

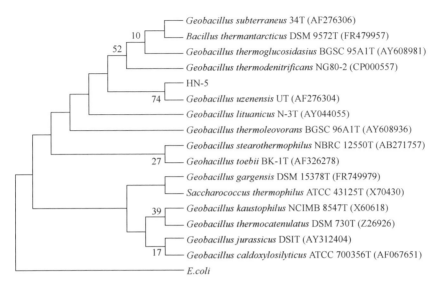

图 6-4　菌株 HN-5 的系统发育树

接种复合菌剂在增加堆肥微生物数量方面较接种单一菌剂 HN-5 和 HNS39 更有优势。接种复合菌剂至鸡粪+锯末堆肥中，堆肥提前 1d 进入高温期（≥30℃），最高温度由 55℃提高到 63.5℃，且高温期持续时间延长了 2d（图 6-5）。

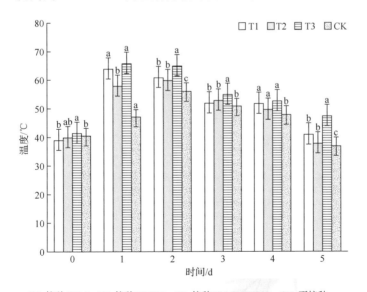

T1. 接种 HN-5；T2. 接种 HNS39；T3. 接种 HN-5+HNS39；CK. 不接种。

图 6-5　接种后堆肥温度变化

霍培书等（2013）在鸡粪高温好氧堆肥中按 3%的比例添加由放线菌、乳酸菌、酵母菌、醋酸杆菌等菌株组成的 VT 菌剂，结果表明，与对照组相比，接种 VT 菌剂组在堆肥初期提前 2d 进入高温期（≥50℃）；并且高温期持续时间至少延长 4d。王定美（2011）将筛选得到的能在 80℃条件下降解纤维素的高温菌接种至堆体中发现，接种高温菌可以加速堆肥进入高温期，延长高温期维持时间，显著降低堆肥降温期的降温速率，明显提高堆肥总积温。

4. 低温、高温堆肥接种菌株的筛选与应用现状

目前用于堆肥低温、高温微生物的研究主要集中在降解菌的筛选、菌株产酶特性、酶的热稳定性、菌株生物学特性、菌株的堆肥效果研究探索方面，大部分研究仅停留在实验室阶段，堆肥实际应用的案例较少。筛选菌株的应用还需要开展以下几方面工作。

（1）对菌种进行鉴定，并对其生物安全性进行检验与评价，如菌种的遗传稳定性检验、抗药性检验、菌种及其代谢产物的毒性评价等。

（2）利用正交实验的方法研究包括碳源、氮源在内的各种因子对菌株发酵产酶的影响，进一步优化菌株发酵产酶条件，为低温酶、高温酶的应用提供理论基础。

（3）进一步验证菌株应用于堆肥的效果，包括堆肥产品的碳氮比、堆肥的田间使用等；研究菌株与其他菌株组合应用于堆肥中的效果，为低温菌、高温菌在实际堆肥工厂中的应用提供理论依据。

6.2.2　养殖场废弃物密闭式堆肥发酵系统研究进展

堆肥技术是实现农业有机固体废弃物无害化处理和资源化利用的关键技术，目前常用的好氧堆肥工艺主要有条垛式堆肥、槽式堆肥和反应器堆肥。通常条垛式堆肥适用于土地相对充裕、远离居民区、固定投资少的中小型养殖场粪污的集中处理；槽式堆肥适用于土地面积较小、臭气控制要求较高、固定投资高的大中型养殖场粪污的集中处理。以上两种堆肥工艺均需要建设粪污处理专用场地，无法满足养殖场粪污就地处理需求。为克服上述传统堆肥工艺的不足，世界各国开发出多种多样的现代密闭式反应器堆肥发酵系统，这些系统具有机械化程度高、占地面积小、发酵周期短、无害化程度高等特点，还可以很好地控制发酵过程中的水分、温度、氧气浓度等条件，不易受天气、气候等外界条件的影响，反应器堆肥代表了堆肥化技术发展的新方向。

1. 国内外堆肥反应器研究进展

堆肥反应器是一种集废弃物收集、存储及发酵腐熟功能于一体的好氧堆肥装

置，适用于中小型养殖场废弃物的无害化处理。常见的堆肥反应器有密闭式堆肥反应器（立式圆筒堆肥反应器和卧式滚筒堆肥反应器）和塔式堆肥反应器。

20 世纪 80 年代，世界各国研发出大量的反应器堆肥系统，美国将反应器系统统称为"容器系统"，文献中也有称为"消化器""发酵器"的。据统计，在美国，反应器堆肥在堆肥工程中的比例为 5%，大约有 10 家反应器生产商以生产滚筒式反应器为主；在欧洲，有 100 余个密闭容器式反应器应用案例，50 余个箱式反应器应用案例，10 个立式圆筒反应器应用案例和 25 个卧式滚筒反应应用案例。生机源有限公司（BioCycle）向 19 家反应器生产商发出了调查问卷，反馈数据显示在全世界范围内有 587 个反应器应用案例。国外反应器堆肥研究多以小型实验室反应器为主，其研究目的主要是了解堆肥过程中的参数变化及影响因素，通过小型试验模拟工厂化堆肥过程等。在统计的 26 个堆肥反应器试验中，容积小于 100L 的反应器有 15 个，容积小于 2000L 的反应器有 25 个，容积大于 25 000L 的反应器只有 1 个。由此可知，国外反应器堆肥研究大多数是在小型试验规模反应器条件下进行的，且使用的反应器类型以立式圆筒为主（表 6-1）。

表 6-1　国外堆肥反应器类型统计

容积/L	类型	参考文献	容积/L	类型	参考文献
2.00	立式圆筒	Sikora and Sowers, 1985	70.70	立式圆筒	Lehmann et al., 1999
4.10	立式圆筒	Mote and Griffis, 1979	84.80	立式圆筒	Loser et al., 1999
5.00	立式圆筒	Bono et al., 1992	119.00	立式圆筒	Barrington et al., 2003
6.10	立式圆筒	Namkoong and Hwang, 1997	199.70	立式圆筒	Bari et al., 2000
7.70	立式圆筒	Loser et al., 1999	200.00	卧式滚筒	Vandergheynst and Lei, 2003
8.40	立式圆筒	Beaudin et al., 1996	226.00	立式圆筒	Cronje et al., 2003
10.00	立式圆筒	Magalhaes et al., 1993	442.00	立式圆筒	Leth et al., 2001
15.60	立式圆筒	Hogan et al., 1989	600.00	卧式滚筒	Sharma and Yadav, 2018
18.80	立式圆筒	Seki, 2000	760.00	立式圆筒	Vandergheynst et al., 1997
22.30	立式圆筒	Komilis and Hamr, 2000	1 190.00	卧式滚筒	Freeman and Cawthon, 1999
25.45	立式圆筒	Bhave and Joshi, 2017	1 780.00	立式圆筒	Schwab et al., 1994
30.00	立式圆筒	Vandergheynst and Lei, 2003	30 000.00	卧式滚筒	Orthodoxou et al., 2015
56.40	立式圆筒	Das et al., 2001			

我国对密闭式堆肥反应器研究起步较晚，多集中在 2000 年以后，如通风静态仓式堆肥反应器、静态垛式堆肥反应器、卧式滚筒堆肥反应器等，容积一般为 10～100L 的小型实验室好氧堆肥反应器系统。林云琴和周少奇（2007）采用自行设计的有效体积为 25.3L 的圆筒形堆肥反应器对城市污泥进行堆肥试验，该设备采用

强制通风好氧静态堆肥工艺。吴正松等（2012）利用城镇生活垃圾与污水厂污泥一体化处理反应器对生活垃圾厌氧堆肥和污水处理厂污泥厌氧浓缩消化进行启动试验研究，研究所用一体化反应器实现了生活垃圾与污水厂污泥在同一反应器中集中处理，并利用垃圾堆肥产生的热量为污泥浓缩消化提供中高温条件，但此反应器需要进一步优化。杨文卿等（2010）利用自制可控堆肥反应器对城市污泥进行快速好氧堆肥的工艺效能研究，该实验装置主要由主反应罐系统、保温控温系统、搅拌系统、通风控氧系统和滤液回灌系统组成，主体为不锈钢制的密闭仓系统，有效容积为800L。近年来，随着大型堆肥反应器的工厂化应用，少数研究人员报道了立式圆筒堆肥反应器的研究成果。侯超等（2017）研究了25 000L立式圆筒堆肥反应器堆肥过程中通风量对堆肥效果的影响，结果表明，通风量为$12m^3/min$时堆肥效果最佳，高温期持续时间更长，有机质降解量更大，氮、磷等养分的增加量更大，种子发芽率更高。赵明杰等（2014）研究了50 000L筒仓式堆肥反应器中的鸡粪堆肥效果，结果表明，反应器采用密闭连续式堆肥工艺，每天消纳3t鸡粪，产生1t堆肥，堆肥种子发芽率为94%，发芽指数为53%，且除臭滤池的氨去除率达87%以上。整体来看，筒仓式堆肥反应器目前在我国市场上推广力度较大，是一种有代表性的反应器堆肥系统。

立式圆筒堆肥反应器堆肥是一种连续动态发酵系统，其主要特点是物料从顶部进料、底部出料，反应器内部设置有搅拌轴和分层搅拌叶片，发酵容器为立式筒仓，以及可实现温度等工艺参数的在线监测等，发酵周期为7～10d。每天将鲜物料通过送料斗输送到发酵仓内，在搅拌装置的作用下使新旧物料混合并平铺在发酵仓上层，完成进料过程，物料在自身重力的作用下能够实现自上而下的移动，发酵仓底部配有出料口和物料输出装置，每天从出料系统取出筒仓体积约1/10的腐熟物料，以此实现连续运行。由于原料在筒仓中垂直放置，易发生物料压实现象，进而导致部分物料产生厌氧环境，因此必须及时合理通风。立式圆筒堆肥反应器设置了分层通风系统，空气由筒仓底部通过搅拌轴鼓入堆料中，发酵过程中产生的臭气统一在筒仓顶部收集处理。该反应器具有占地面积小、机械化程度高、密闭性好、可避免二次污染等优势，可用于畜禽粪便等有机固体废弃物的就地无害化处理，在我国中小规模养殖场具有很好的应用前景。

2. 立式圆筒堆肥反应器系统设计

立式圆筒堆肥反应器系统除具有发酵周期短、机械化程度高、可对臭气进行集中处理等优点外，还可以很方便地监测发酵过程中的水分、温度、氧气浓度等参数，可控性高。

1）立式圆筒堆肥反应器设计方案

通过对比美国雅培（ABT）公司和日本中部艾科太科（ECOTEC）株式会社

等的相关技术和设备，我们提出了密闭式堆肥反应系统的关键问题和解决方案，包括结构形状、筒仓容积、材料抗腐蚀性、曝气均匀性4个方面。

在结构形状方面，矩形有利于联排布置，适宜采用钢筋混凝土结构；圆柱形筒仓受力均匀，适宜采用钢结构。在筒仓容积方面，应考虑筒仓制造方式、出料设备和搅拌设备对容积的限制。在材料抗腐蚀性方面，可以考虑选择钢筋混凝土内衬环氧玻璃钢筒仓、缠绕环氧玻璃钢筒仓、特殊钢板内外搪瓷涂层拼装钢板筒仓、不锈钢钢板焊接或铰接筒仓等材料和结构形式。在曝气均匀性方面，可以考虑采用空气导管式曝气、搅拌桨叶式曝气、底部曝气管式曝气等不同方式。

针对堆肥反应器研发的关键问题，我国设计并确定了中型密闭式堆肥反应器采用圆柱形筒仓结构，工厂标准化生产现场拼接安装，选用耐腐蚀的不锈钢板制造内筒，采用空心搅拌桨叶组合进行搅拌和曝气。

2）立式圆筒堆肥反应器系统的组成

立式圆筒堆肥反应器为一体化装置，其结构示意图见图6-6。本套装置主要由上料单元、筒仓单元、搅拌单元、驱动单元、出料单元、加热及鼓风单元、排气及除臭单元、仪表和电控单元共8个单元组成，每个单元的结构和功能如下。

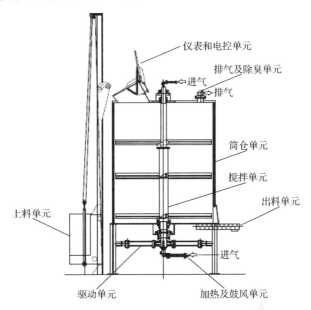

图6-6 立式圆筒堆肥反应器结构示意图

（1）上料单元。反应器装置的上料单元采用单斗斗提机，斗体采用浅斗结构，浅斗内表面光滑，防止物料粘底。斗体上升采用卷扬机作为动力源，卷扬机采用地面布置便于维护和检修。斗体采用SUS304不锈钢材料制作，提升钢丝绳采用不锈钢材料，其余采用碳素钢材料。

（2）筒仓单元。筒仓直径为 3080mm，筒仓本身高度为 4500mm，底部空间高度为 1500mm。设备主体高度为 6000mm，总高度为 7200mm。筒仓采用了内筒、保温层、保温保护壳 3 层结构，结构上筒仓与仓顶、底板形成全密封焊接，保证了设备一体化强度，局部钢筋拉筋保证了强度和稳定性。

筒仓底部设置多条腿支撑，支撑空间高度 1500mm。筒仓顶部设置快开式检查孔。筒仓侧壁底部设置出料口兼检修孔，出料口位置与筒仓顶部的进料口呈 180°分布，仓壁底部的出料口采用螺栓紧固、人工开启。

（3）搅拌单元。反应器装置的搅拌单元采用 90°立式搅拌轴，搅拌轴采用轴承支撑，底部采用两个轴承，1 个承受纯粹的轴向力，采用平面轴承；1 个承受轴向和径向联动受力，采用调心轴承。搅拌轴顶部设置轴承，主要用于径向管制，基本不受轴向力影响。搅拌轴采用中空结构，保证曝气可以连续顺利完成。

搅拌桨叶采用截面不对称菱形结构，锐角菱形面做为主切入面进行主动搅拌；钝角菱形面的作用是曝气保护，防止曝气孔堵塞。搅拌桨叶分 3 层布置，每层 3 个搅拌叶，分布相位角相差 60°。搅拌桨叶的钝角菱形面按照径向密度的不同设置曝气孔。

（4）驱动单元。反应器装置的驱动单元采用液压站作为动力源，液压站采用非保压式结构。从液压站总管出来的液压油采用高压油管分配到两个液压缸。反应器装置设置 1 个棘轮，2 个拉转棘爪，2 个止转棘爪。液压缸施力给搅拌臂，液压缸与搅拌臂之间采用简支连接，液压缸往复运动发力给搅拌臂，搅拌臂带动拉转棘爪运动，拉转棘爪带动棘轮转动。

（5）出料单元。物料排放先从控制箱面板启动搅拌轴运转开始，筒仓内底部的物料刮进出料螺旋机入料口，同时启动出料螺旋机，出料螺旋机将物料输送到手推车或堆成堆后送到成品储存地点。

（6）加热及鼓风单元。反应器装置利用好氧发酵原理，因此采用空气作为氧气源，选用中压鼓风机将空气通过空心轴送入筒仓内，使其均匀地分布在物料中。该单元包含了 1 台涡轮式鼓风机、1 个出口阀、1 套电加热器和 1 个电加热器容器，以及通风管路和管件。鼓风机出口安装对夹式蝶阀控制送风量，风被送进 1 个小容量的长形圆筒容器里面，然后再依次通过软管、旋转接头送入筒仓内。

（7）排气及除臭单元。由于不断地向筒仓内送入空气，加上发酵过程产生的水蒸气和废气，所以发酵仓内大量的气体需要配置排气单元以排除。排气单元包含 1 台引风机，其作用是排出筒仓内的气体和维持筒仓内的微负压。引风机和曝气鼓风机一样需要长时间运转，引风机安装于仓顶。筒仓在发酵过程中由于水分蒸发产生了大量的水蒸气，另外，发酵物料的有机质分解也会产生 CO_2 和氨等废气，有些废气具有刺激性气味，会对环境产生二次污染，必须进行除臭处理。

除臭处理装置采用洗涤塔，洗涤液一般采用水或者除臭菌液，洗涤液的种类和浓度根据臭气的气体种类和试验工艺进行确定。洗涤塔的结构采用多层填料塔，下层采用聚丙烯（polypropylene，PP）球填料，上层采用 2～3cm 的火山岩滤料。废气经洗涤塔除臭后可以直接排放。

（8）仪表和电控单元。反应器装置设置 3 个测温仪表，传感器分别安装在反应器上中下 3 层。传感器按照径向长度方向分别分布在筒仓中心部位、半径中间部位和筒壁部位。温度显示器安装在电控箱的面板上，通过这 3 个测温仪表来了解反应器内部温度的分布情况，便于指导工艺调整。电控箱集成了用电设备配电、启停操作、测温仪表显示、斗提机和筒仓盖开闭等功能。

3. 立式圆筒堆肥反应器系统中试研究

1）含水率试验

堆肥过程中水分含量的多少直接决定堆肥的成功与否，保持适宜的水分含量是堆肥过程的关键。微生物由于大多缺乏保水机制所以对水分变化极为敏感。堆肥初始含水率过低，微生物活动会受限制，从而影响堆肥速度；初始含水率过高，会堵塞堆肥物料间的空隙，降低其通透性，堆肥速率降低，容易进行厌氧发酵，进而产生臭气（罗泉达，2005）。

徐鹏翔等（2021）研究原料含水率对立式圆筒堆肥反应器堆肥过程中氮素转化的影响，以污泥和稻糠为主要原料，设置堆肥起始物料含水率为 57%、60%、63% 和 66%，结果表明，原料含水率为 60%～63% 时，堆肥物料在反应器内升温较快，堆体温度可达 60℃以上且在不同物料深度分布均匀，种子发芽指数达到 80%以上。随着原料含水率的增加，总氮和硝态氮含量先增加后减少，铵态氮含量逐渐下降，有机态氮和酰胺及氰氨态氮含量逐渐增加。原料含水率为 63% 时总氮养分含量最高（14.20g/kg），原料含水率为 60% 时有效态氮养分含量最高（9.53g/kg）。

2）通风速率试验

在堆肥过程中堆体的通透性和氧气含量是影响堆肥品质和发酵速度的重要因素（倪姆娣 等，2005）。在堆肥过程中主要靠好氧微生物的活动来完成发酵过程，过低的通风量会造成堆体中的氧气含量不足，容易引发堆体局部发生厌氧发酵，产生大量臭气、氮氧化物和 CH_4 等温室气体（Rynk et al., 1992），从而严重污染周围环境；过高的通风量不利于维持堆体温度，同时也会损失堆体内的大量氮素，从而降低堆肥产品肥效，浪费大量能耗。因此，合理的通风量对堆肥的快速发酵非常重要，它对于任何强制堆肥系统都是一个关键的参数。

侯超等（2017）使用立式圆筒堆肥反应器，利用含水率为 70% 的鸡粪作为堆肥原料，分别以 3.4m³/min、6m³/min 和 12m³/min 3 种不同的通风速率向堆料中通入空气，探究不同通风量对堆肥效果的影响。结果表明，通风速率为 12m³/min 时堆肥效果最佳。当通风速率为 6m³/min 和 3.4m³/min 时，堆体的总氮含量最终都有所下降，说明该通风速率不能满足堆体快速发酵对氧气的需求，所以堆体内发生了部分厌氧反应。通风速率为 6m³/min 的通风处理，其总磷的增加量最大，说明此处理减少了物料中磷的损失，增加了有效磷的含量。当通风速率为 12m³/min时，与其他两个通风速率相比，堆体高温期持续时间更长，有机质降解量更大，氮、磷等养分的增加量更大，种子发芽率也更高。

3）微生物多样性分析

反应器堆肥过程中，微生物的群落结构受原料类型、工艺参数、外界环境等的影响而表现出较大的差异。徐鹏翔（2019）以 3 种不同比例（碳氮比分别为 15、20 和 25）的玉米秸秆为原料，在原料含水率、通风速率和其他操作条件均相同的前提下，研究不同原料组成对污泥堆肥过程中微生物的影响。结果发现，不同碳氮比条件下，各组优势菌门均为厚壁菌门、放线菌门、变形菌门和拟杆菌门。随着碳氮比的增加，堆肥过程中的厚壁菌门相对丰度减小，放线菌门相对丰度增大。

综上分析，目前立式圆筒堆肥反应器已逐渐从实验室研究转向工厂化应用，现有实验室小型反应器的研究结果对大型立式堆肥圆筒反应器具有很好的参考价值。为进一步优化工厂化堆肥工艺和参数，后续仍需要以立式圆筒堆肥反应器为载体做大量研究工作，如针对不同原料、不同季节、不同地区特点研究堆肥过程中的理化性质变化和微生物群落分布，以及筛选微生物复合菌剂进一步提高发酵效率等，为立式圆筒堆肥反应器在我国养殖场的推广应用提供科学的技术支持和理论指导。

6.2.3　养殖粪污异位发酵床处理技术

异位发酵床处理技术是近年兴起的一种处理规模养殖场畜禽粪污的技术手段，该技术通过构建能够吸附畜禽粪污的发酵床，进一步通过微生物好氧发酵降解粪污中的有机物和促进水分挥发，实现养殖废水的"零排放"。

1. 国内外异位发酵床研究进展

国际上利用异位发酵床技术处理规模养殖场粪污仅在美国、法国和英国有少量报道。近年国内利用异位好氧发酵床工艺集中处理畜禽养殖粪污和废水的研究也有了一些报道。与原位发酵床相比，异位发酵床技术将养殖畜禽与处理粪污的发酵垫料分开，改善了畜禽生活环境的卫生状况，有利于保障畜禽健康，同时具有环保设施设备占地面积小、资金投入少等特点。以万头猪场估算，建设沼气工程总投资一般在 500 万元以上，占地面积达到 1.3 万 m² 以上，而采用异位发酵床技术的投资一般不超过 250 万元，占地面积仅为 0.25 万 m²，投资和占地面积分别减少了 50% 和 81%。年出栏万头的猪场日产生粪水 80～120m³，需要配套发酵床面积 8000～12 000m³，即可实现粪水的有效处理。

2. 微生物群落研究

异位发酵床原理仍属好氧发酵，即利用好氧微生物实现对养殖粪污中有机物的降解、有害微生物的灭活和水分的蒸发去除。该技术的核心是调控微生物（如细菌和真菌）的好氧发酵规律，具体包括以下几个方面：①通过添加不同比例的有机垫料（如秸秆、锯末和稻壳等），提高体系的孔隙度和比表面积，增加粪污中好氧发酵微生物与氧气的接触面；②通过频繁的翻堆措施调节粪污在堆体中的空间分布、维持微生物好氧发酵活动强度及促进水蒸气的释放；③后期通过补充垫料活化堆体，稳定堆体对粪污的吸附能力和微生物的好氧发酵强度；④通过微生物堆肥接种菌剂的应用，促进好氧发酵微生物的活动，提升该技术在不同地区及不同季节的适用性。微生物在好氧发酵过程中降解了粪污和辅料，同时产生了热量，提升了堆体的温度，有利于水分的挥发和有害病原物的灭活。因此，异位发酵床的微生物活动及其群落特征是异位发酵床处理养殖粪水的关键。刘波等（2017）通过 16S rDNA 扩增子测序分析发现，放线菌门、厚壁菌门、拟杆菌门和绿弯菌门是异位发酵床垫料中的主要微生物，相关种群结构随季节变化波动。异位发酵床处理能够显著改变粪水中的微生物群落结构。李有志等（2018）利用 16S rDNA 扩增子测序分析发现，粪水中的主要微生物类群有拟杆菌属、卟啉单胞菌科、密螺旋体属、毛螺旋菌科、假单胞菌属、梭菌属、纤维杆菌属、真杆菌属和硫磺单胞菌属等。添加粪水后 1d 的垫料样品中的主要微生物类群包括不动杆菌属、假单胞菌属、拉恩氏菌属、鞘氨醇杆菌属、泛菌属、葡萄球菌属、肠杆菌属、柠檬酸菌属和肠球菌属等。添加粪水 3d 后的垫料样品中的主要微生物类群演变为不动杆菌属、鞘氨醇杆菌属、黄杆菌属、假单胞菌属、稳杆菌属、丛毛单胞菌属、类香味菌属、黄杆菌科、肠杆菌属、假黄色单胞菌属、肠球菌属、柠檬酸杆菌属、节杆菌属、埃希菌属、寡养单胞菌属、拟杆菌属、芽孢杆菌属、解脲纤细芽孢杆菌属、肠杆菌科、库特氏菌属、拉恩氏菌属、气单胞菌属、乳杆菌属、根瘤菌属和泛菌属等。综上所述，粪水中的微生物群落结构在异位发酵床堆肥处理过程存在显著的变化，发酵起始后部分有害病原菌丰度迅速下降，物理、化学因子均能够影响垫料中的微生物群落结构。

3. 异位发酵床在养殖粪污集中处理方面的应用

异位发酵床的建造应最大限度地减少污水产生量，保证完全的雨污分离，加强粪污收集管路和收集池的防渗防漏处理。其中，养殖场采用工艺与耗水量及粪污产生量紧密相关，在年出栏万头猪场如果采用水冲粪模式耗水近 200t/d，水泡粪模式耗水 100～150t/d，干清粪模式仅耗水 50t/d。异位发酵床处理设施主要有集污池、喷淋口、发酵床和防雨棚，设备主要包括粪污混匀搅拌设备、自动喷淋设备、自走式翻抛机等。发酵床一般为地上式，选择养殖场内空闲区域，按照养殖规模合理计算反应池数量。每个反应池建议宽度为 4～10m、高度为 1.5～2.5m、长度为 60～100m，槽边用砖砌成，地面采用防渗混凝土水泥。

异位发酵床主料要求选择吸水性和通透性较好的原料，可因地制宜地选择垫料资源，如锯末、木屑、菌糠、谷壳、秸秆粉、花生壳等相对难降解的有机物料，可根据获得原料的难易程度和价格等进行选择，主料比例占物料的 70% 以上。常用辅助原料有饼粕、麦麸、过磷酸钙和生石灰等，主要用来调节物料含水率、pH、碳磷比、碳氮比和通透性，辅料占比不超过 30%。所有物料应提前搅拌、混合均匀后再进行铺设，厚度 50cm 左右，配成的物料碳氮比控制在（40～60）：1，碳磷比控制在（80～140）：1，pH 为 6～8。刘波等（2017）研究发现，细菌与放线菌适于在 pH 为 7～7.5 的环境下生长，当 pH 为 8 时，发酵液中的芽孢杆菌活体数最高。在微生物菌剂的选择上，南方地区主要使用能够耐高温的微生物菌剂，北方地区使用能够在低温条件下启动好氧发酵的低温微生物菌剂，根据发酵床堆体的运行情况调节发酵菌剂的用量，通常为 0.3～1.5kg/m³，在北方地区冬季用量应高于夏季用量。国辉（2014）研究了含有大量铵态氮奶牛养殖场废水的异位发酵床，发现高效降解纤维素和氨氮的耐热细菌主要包括枯草芽孢杆菌、乳酸类芽孢杆菌、地衣芽孢杆菌和甲基营养型芽孢杆菌，均能显著改善发酵床的运行效率。发酵垫料消纳废水的能力较强，可达到垫料质量的 2.4 倍。发酵后产物中总氮、总磷、总钾、有效磷和有效钾含量，种子发芽指数和蛔虫卵死亡率等比发酵前均显著上升，而有机质含量、碳氮比和粪便大肠菌群数则显著下降，均达到了国家农业行业生物有机肥标准。

异位发酵床运行过程中应控制粪污的添加量和频率，防止单次过量添加形成"死床"。初次宜添加约占发酵床 30% 体积的粪污，每立方米物料每天可以处理 20～30L 的粪污，喷淋后每 3～4h 进行翻抛，通常发酵基料的含水率为 40%～60%，单次喷淋后的发酵周期为 3d 左右，堆体的温度维持在 45～60℃，最高达到 75℃，翻抛频率控制在一到两天 1 次。通过翻抛和通风，调控发酵床的含氧量和微生物活动，垫料中含氧量保持在 5%～15% 比较适宜，当含氧量低于 5% 会导致厌氧发酵，而过量通风虽然能够促使含氧量高于 15%，但同时也会带走热量使堆体垫料温度降低。一般而言，发酵床垫料平均温度高于 55℃ 时可以增加翻抛次数，含有牛粪的发酵床温度可适当提高。粪污添加过量、含水量超过 70% 时容易发生"死床"，此时可依据情况添加辅料，调节发酵基料含水率（40%～60%）和添加微生物菌剂后通过翻抛"复活"发酵床。根据堆体体积损失量进行辅料的补充，通常在体积损失 10%～20% 时进行辅料的补充，床体辅料可反复使用，使用期限一般为 2～3 年。英国利用异位发酵床集中处理牛场粪污，主要利用干燥秸秆等作为基料，通过槽式底部曝气堆肥，100d 内能够处理 10 倍稻草干重的粪水，工艺控制上主要采用温度反馈控制，当温度高于45℃时开始持续曝气，低于45℃则间歇性曝气。

4. 异位发酵床产物作为有机肥在田间应用

异位发酵床处理粪污后的发酵产物可进一步在田间应用。董立婷等（2017）研究了养猪场异位发酵床的两种废弃产物，发现两种废弃产物中的总养分含量分别为6.19%和7.21%，有机质含量分别为56.11%和48.63%，均符合我国农业部规定的有机肥料标准；同时发酵产物生物毒性小，油菜种子发芽率分别为127.67%和118.77%，蛔虫卵死亡率分别为95.75%和95.60%，粪便大肠菌菌群数分别为76CFU/g和83CFU/g，符合我国有机肥料相关标准。李有志等（2018）发现异位发酵床高温（＞55℃）发酵后实现了有害微生物的杀灭，杆菌和梭菌的相对丰度分别降低到93%和75%，毛螺旋菌和粪便大肠菌群的相对丰度降低到检测水平以下，发酵后形成的产物腐熟度高，48h种子发芽率＞99%，能够作为有机肥和生物有机肥的生产原料进行肥田。

规模化养殖场使用的添加剂中常含重金属，导致畜禽粪便中也含有较高浓度的铜、锌和砷等重金属，并不断富集在发酵床垫料中。李娜等（2008）研究发现，饲喂高铜饲料的发酵床垫料中沉积了高水平的铜，使用3年的垫料干物质的铜含量高于使用1年的垫料。

异位发酵床处理技术在处理规模养殖场畜禽粪污方面有一定优势，是促进畜牧业转型升级、实现养殖粪污资源化利用、减少化肥使用的重要举措之一。但是该技术在温室气体减排、病原物杀灭和处理效率提升等方面依然存在较大空间，原因简述如下：为节约垫料的使用量，异位发酵床通常仅允许适度的好氧发酵。此情形下，低强度的好氧发酵对水分的蒸发效率相对较低，单位面积发酵床仅能满足相对较少的畜禽养殖量；堆体的温度通常出现内部高（50～70℃）、外部低（25～45℃）的情况，低温区存在有害微生物无法灭活的风险；翻抛次数相对较少，容易在发酵床内部形成厌氧发酵区，发生反硝化和硫还原反应，产生CH_4、NO和臭气，或难以满足未来更加严格的环保要求。针对上述问题，应在如下几个方面完善异位发酵床技术：①进一步优化发酵垫料、工艺和设备，增强好氧发酵微生物的活动，研发高温、快速和高效的异位发酵床粪污处理和灭害技术；②好氧发酵场地的建设应采用密闭式工艺，有效控制好氧发酵过程中氨及其他有害气体的产生和排放；③充分利用好氧发酵过程中产生的热量资源，对其进行回收利用，可以为规模养殖场冬季圈舍辅助加温。

综上所述，异位发酵床技术在处理养殖粪污方面具有较为广阔的应用潜力，能够实现污水的零排放和有机废弃物的循环利用，综合成本相对较低。但在物料无害化水平（病原物、抗生素和抗性微生物）及废气特别是温室气体排放等方面的研究尚不充分，依然存在潜在的环境风险。另外，在运营模式上主要是由养殖企业单独运营，缺少与其他领域（如农业废弃物和市政园林有机废弃物）的有机结合。因此，需要进一步优化该处理技术，也需要横向结合和纵向延伸运营模式，为未来养殖场粪污一体化处理和资源化利用提供技术支撑。

6.3 养殖粪便蛋白质饲料转化技术

6.3.1 养殖粪便蛋白质饲料转化技术（蚯蚓）

蚯蚓又名地龙，属于环节动物门寡毛纲，蚯蚓为雌雄同体，可分为陆生、水生两种类型，大多数种类属于陆生蚯蚓，体型较大，主要分布于土壤表层；水生蚯蚓，俗称"红虫"，主要分布在各种淡水水域，一般体型较小。蚯蚓的品种很多，在我国作为饲料资源开发的品种以赤子爱胜蚓、太平二号蚯蚓为主，其原因在于其繁殖能力强（1 年可繁殖 200～300 倍）、适应性强、饲料来源广泛、管理简单、产量高、生态效益及经济效益明显。蚯蚓养殖作为近年来一项新兴的粪便资源化利用的有效途径，具有较为广阔的推广应用前景。畜禽粪便的蚯蚓转化技术是指蚯蚓在常温有氧条件下吞食有机物，通过肠道物理破碎及肠道微生物的协同作用对畜禽粪便进行生物氧化和转化，形成富含腐殖质和营养元素产物的生物处理工艺（Yadav and Garg，2019）。发酵后的畜禽粪便通过蚯蚓的消化系统，在蛋白酶、脂肪酶和淀粉酶的作用下，能迅速分解和转化为能被蚯蚓自身或其他生物利用的营养物质，利用蚯蚓处理有机废弃物，既可生产优良的动物蛋白，又可生产高质量的复合有机肥。这项技术工艺简便、费用低廉、不与动植物争食争地，同时能获得优质有机肥料和蛋白质饲料，不会对环境产生二次污染，在养殖业粪污处理领域有着巨大的应用潜力。

1. 国内外蚯蚓养殖业现状

农业废弃物（畜禽粪便和作物秸秆）及生活垃圾的资源化利用对改善生态环境、促进农业的可持续发展具有现实和深远的意义。利用人工养殖蚯蚓，规模化处理日益增多的各种有机废弃物，生产蚯蚓及蚯蚓产品，在国外已经形成一个很大的产业（国外的行业分类上称为 vermi-culture）。蚯蚓养殖规模较大的国家有日本、美国、澳大利亚、加拿大、印度、缅甸、菲律宾和新加坡等。日本有大小蚯蚓养殖工厂 200 多家，从事蚯蚓养殖业的人数多达 8000 余人，全国还成立了蚯蚓养殖协会。蚯蚓养殖业以九州和北海道最为发达。日本兵库县有一个大型蚯蚓养殖厂，养殖数量达 10 亿条以上，每年可处理食品加工厂的废物 6 万多 t。

我国蚯蚓养殖业是从 20 世纪 70 年代崛起的，经过近 50 年的饲养实践，我国蚯蚓养殖技术日趋成熟，现已在饲养管理、繁殖、品种选育与改良和商品化生产等方面接近世界水平，同时蚯蚓养殖业也是我国有机废弃物处理和畜禽粪便无害化处理的极好的工艺方法之一，已成为我国特种养殖业中一个重要组成部分。全国已有 28 个省（自治区、直辖市）的 600 多个县、5 万多个单位和农户开展了蚯蚓养殖，从事蚯蚓研究的科技工作者已达 1000 多人，形成了一支包括农业、医药和食品等十多个学科和专业的跨部门、跨专业和互相渗透的边缘分支科技队伍。在利用蚯蚓治病并进行药效研究方面我国已走在世界前列，并已形成一套系统的科学理论，对蚯蚓的营养价值和保健作用有了更进一步的认识。近几年，由于蚯蚓药用的规范化开发及蚯蚓在生态农业中的广泛应用和规模化高产养殖技术的成熟，又重新唤起了新一轮的蚯蚓养殖热。利用蚯蚓处理有机废弃物（包括生活垃圾）是废弃物资源化的有效途径，也是环保产业的一个新热点。

2. 蚯蚓处理畜禽粪便的工艺流程

蚯蚓是自然生态系统的腐生生物，其具有惊人的吞噬能力（1 亿条蚯蚓 1d 可吞食 40～50t 垃圾，排出约 20t 的蚓粪），且在消化道中分泌蛋白酶、脂肪酶、纤维素酶、甲壳素酶、淀粉酶等多种酶类，对绝大多数有机废弃物有较强的分解作用（马志琪 等，2020）。蚯蚓在 30℃以上环境中活动减弱，5kg 腐熟的猪粪（粪渣）可供 150 条澳洲蚯蚓（总生物量 40g）或 100 条日本太平 2 号蚯蚓（总生物量 80g）利用 1 个月。若 1 头猪日排粪量以 2kg 计，则 10 头猪 1d 排出的粪便经完全腐熟后可供作 400 条该规格澳洲蚯蚓 1 周的饵料，或供作 1600 条该规格的日本太平 2 号蚯蚓 1 周的饵料。然而畜禽粪便是不能拿来直接喂蚯蚓的，原因是粪便里的氨味比较重，不利于蚯蚓养殖。饲喂时应先对粪便进行预处理，将杂质去除，主要包括草、纸屑、塑料袋等，防止杂质影响蚯蚓的处理效果和生长速度。蚯蚓处理分解能力的主要影响因素有蚯蚓品种、物料的温度、物料的湿度、物料的碳氮比、物料的 pH 和蚯蚓的接种密度等。畜禽粪便蚯蚓转化及饲料化的工艺流程如图 6-7 所示。

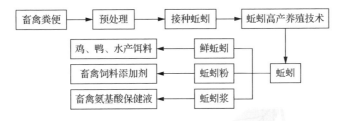

图 6-7　畜禽粪便蚯蚓转化及饲料化的工艺流程

研究表明，蚓床基料适宜的含水率为 30%～50%，适宜的 pH 为 6～8。蚯蚓正常活动的温度为 5～35℃，生长适宜的温度为 18～25℃，最佳活动温度为 20℃，35℃以上则停止生长，40℃死亡，10℃以下活动迟钝，5℃以下进入休眠状态。在合适的控制参数条件下环毛蚓的养殖密度以每平方米 1000～1500 条为宜。赤子爱胜蚓的养殖密度以每平方米 10 000～30 000 条幼蚓为宜。此外，蚯蚓的生长繁殖需要多种营养物质，主要的营养指标是碳氮比。目前人工养殖的太平二号蚯蚓对碳氮比的要求以 20～30 为宜，因此用于养殖蚯蚓的畜禽粪便中的氮含量不能过高，过高反而会有害。适宜的条件不仅有利于蚯蚓的生长繁殖，还有利于增强对畜禽粪便的处理效果。

3. 蚯蚓饲料化的开发利用现状

蚯蚓体内营养丰富，蛋白质含量平均为 56.5%，最高达 70%，且富含 11 种氨基酸，其中精氨酸含量比鱼粉高 2～3 倍，色氨酸含量是牛肝的 7 倍，赖氨酸的含量也高达 4.3%。蚯蚓粉中还含有丰富的脂类，包括饱和脂肪酸（棕榈酸、十五烷酸、十六烷酸、十七烷酸、十八烷酸、硬脂酸、花生酸和琥珀酸及酯类等）、不饱和脂肪酸（油酸、亚油酸、花生三烯酸、花生四烯酸和 γ-亚油酸等）和甾醇类（其中胆固醇含量最高），此外还含有麦角二烯酸-7,22-醇-3a 和麦角烯-5-醇-3a。还含有丰富的维生素 A、B 族维生素、维生素 E 及多种微量元素、激素、酶类和糖类物质，其中每千克蚓体含维生素 B_1 2.5mg 和维生素 B_2 23mg。此外，蚯蚓体内的铁、铜、锌和锰含量也比鱼粉高，磷的利用率高达 90%以上（李维 等，2010）。因此，蚯蚓作为动物性蛋白质营养来源，在近二三十年来已在人类营养和动物饲养业中得到越来越广泛的应用。

1）蚯蚓作为饲料添加剂在生猪养殖方面的应用

哺乳仔猪早期补饲复合蚯蚓营养液，是提高仔猪抗病力和成活率、提高仔猪断奶窝重和降低生产成本的重要措施，也是实现仔猪早期断奶和提高母猪繁殖力的有效方法。宋春阳等（1997）进行了复合蚯蚓营养液应用于仔猪补料的研究，结果表明，20 日龄仔猪体重试验组比对照组提高了 13.32%，35 日龄仔猪断奶窝重试验组比对照组提高了 14.46%，平均日增重试验组比对照组提高了 17.84%。同时试验组和对照组仔猪黄白痢发病率分别为 14.07%和 32.87%；仔猪成活率分别为 97.04%和 94.41%。此外，与对照组相比，试验组仔猪的血清总蛋白、白蛋白、球蛋白和血糖的含量分别提高了 10.17%、11.84%、13.58%和 14.79%。曾值虎（2013）利用日粮添加蚯蚓粉饲喂仔猪的试验结果表明，饲粮添加蚯蚓粉能够显著提高仔猪的平均日增重，比对照组提高了 11.43%，料肉比降低了 11.44%。试验组和对照组的每头猪增重 1kg 的饲料成本分别为 6.86 元和 7.64 元，试验组降低了饲养成本，提高了经济效益。在仔猪饲粮中添加乳酸链球菌和蚯蚓粉还能降低粪便 pH、干物质和粪便中吲哚的含量，同时降低了粪便中的乙酸和丙酸含量，从而降低了粪便中的氨挥发量，减少了臭气的排放（曾正清 等，2004）。

傅规玉（2006）的研究表明，饲粮用蚯蚓粉替代鱼粉，育肥猪平均日增重可以提高 13.1%，料肉比降低 0.9%，蚯蚓粉的效果明显优于鱼粉。王德凤等（2014）用蚯蚓粉饲喂生长育肥猪，发现生猪体内的粗蛋白质表观消化率为 82.74%，真实消化率为 91.98%；必需氨基酸的表观消化率为 85.53%，真实消化率为 94.89%；饱和脂肪酸和不饱和脂肪酸的平均表观消化率均为 84%，明显高于鱼粉饲喂组。由此可见，蚯蚓粉营养成分含量丰富，饲用价值高，可作为生猪的优质动物性蛋白质饲料。

　　2）蚯蚓作为饲料添加剂在家禽养殖方面的应用

　　（1）在蛋鸡养殖方面的应用。贾久满等（2010）为研究蚯蚓蛋白质饲料对蛋鸡生产的影响，以 3%的蚯蚓蛋白质饲料替代 3%的豆粕，结果表明，饲喂蚯蚓蛋白质饲料的试验组蛋鸡产蛋率比对照组提高 3%，每只鸡每天的产蛋量提高 2.35g，蛋黄胆固醇含量降低 11.3%，蛋黄颜色值升高 11.17%。韩素芹（2004）发现在混合饲料中加入 15%的蚯蚓，饲喂蛋鸡 10d，平均每只鸡产蛋量增加 175g，平均每枚蛋增重 1.7g，平均每只鸡每天节约饲料 1.4g。此外，把活体蚯蚓溶化成液体后兑入蛋鸡饮水中（蚯蚓液：水=1：10），让蛋鸡自由饮用。7d 后，蛋鸡产蛋由平均每 8.4 枚 500g 增重为每 7.9 枚 500g。蛋黄颜色改变也十分明显，由淡黄色变为金红色，煮熟食用口感由松软变得柔韧（张洪饮和董延涛，2003）。张桂英（1995）研究发现，与饲喂鱼粉的蛋鸡相比，添加 5%的蚯蚓粉后蛋鸡的平均蛋重增加了 1.99g，料蛋比降低了 0.43，但是产蛋率和破蛋率等指标差异不显著。马雪云和张仰民（2002）的研究表明，在蛋鸡的基础饲粮中添加 2%的蚯蚓粉，产蛋率提高 3.41%，耗料量降低 3.91%。同时鸡蛋中的胆固醇含量降低 9.9%，锌含量增加 11.19%，铁含量增加 21.68%。由此可见，蛋鸡日粮中蚯蚓粉不仅可以替代等量鱼粉，而且能降低蛋鸡的饲料消耗量，提高产蛋量和蛋重，因此蚯蚓是蛋鸡的一种优质蛋白质饲料。张勇等（2011）的研究也表明，蚯蚓产品的添加可以有效提高经济效益，提高蛋鸡的产蛋率，降低料蛋比。同时也可以明显增加鸡蛋的蛋清蛋白含量和蛋壳厚度，明显降低舍内氨和 H_2S 含量。

　　但是用活蚯蚓饲喂鸡时，添加量不可盲目增加，添加过量既造成浪费又影响鸡的食欲。此外，蚯蚓是鸡异刺线虫的宿主，当鸡吃了带有这种虫的蚯蚓后，可导致鸡发生盲肠肝炎病，这种病多发于 2～4 周龄的小鸡，鸡盲肠肝炎病来势猛，传染快，死亡率高，因此使用鲜蚯蚓作为蛋鸡的饲料添加剂时，应谨防蛋鸡得盲肠肝炎病。

　　（2）在肉鸡养殖方面的应用。孙振军等（1994）研究发现，用蚯蚓取代豆饼或鱼粉饲喂肉鸡，添加 12%鲜蚓组的肉鸡增重最高，比不添加的对照组提高 27%，比鱼粉组提高 7.2%；添加 12%鲜蚓组的肉鸡料肉比最低，比对照组降低 32.8%，比鱼粉组降低 18.7%。雷小文等（2023）研究在饲粮中添加蚯蚓液对高温环境下肉鸡生长性能和肠道屏障功能的影响，发现饲粮添加不同剂量的蚯蚓液可不同程度地提高高温环境下肉鸡的生产性能和小肠黏膜的抗氧化能力，缓解高温环境对肉鸡小肠黏膜屏障功能的损伤。王小明等（2017）研究发现，饲粮添加0.1%的蚯蚓肽能提高肉鸡的采食量和屠宰体重，并显著降低肉鸡的死淘率和料重比，增加了经济效益。朱宇旌等（2010）发现，饲粮添加5%蚯蚓粉显著提高了肉鸡的平均日增重，降低了料重比，提高了粗蛋白质、粗脂肪和磷的表观代谢率，并显著提高了肉鸡的免疫水平。

（3）在肉鸭养殖方面的应用。方泉明等（2019）研究蚯蚓液对番鸭屠宰性能的影响，发现饲料添加1.5%蚯蚓液的番鸭腹脂率、腿肌率、肝脏指数和脾脏指数高于对照组，饲料添加2.5%蚯蚓液的番鸭屠宰率、全净膛率、腹脂率和胸肌率也高于对照组。朱才箭等（2017）发现，饲粮添加蚯蚓液能够提高樱桃谷鸭胸肌中粗蛋白质和粗脂肪的含量，提高胸肌必需氨基酸的含量，且最适添加浓度为2%。唐伟（2012）发现，与对照组相比，饲粮添加5%蚯蚓粉的仔鸭的平均日增重提高了6.52%，料重比降低了0.28%。添加蚯蚓粉的仔鸭平均每只收入15.68元，而对照组平均每只收入14.72元，由此可见，饲粮添加蚯蚓粉提高了经济效益。

3）蚯蚓作为饲料添加剂在反刍动物养殖方面的应用

对于大型草食动物而言，蚯蚓也能起到提高日增重和产奶量的作用。王丰（2002）发现，用蚯蚓粉喂牛能够加快其生长发育，比饲喂棉粕饲料的平均日增重高100g左右，每头牛每年节约饲料成本500元。研究发现，用鲜、干蚯蚓或蚯蚓粉配上其他药物喂牛，可防止牛的各种疾病，如用干蚯蚓60～120g、猪蹄1只，共同煮烂喂服母牛，每日1～2次，能够促进其泌乳，增加产奶量；鲜蚯蚓30～60g剖开洗净，加白糖600～120g，混水搅拌均匀，可用于牛的退烧和治疗脱肛等（张德贵，2005）。

4）蚯蚓作为饲料添加剂在其他动物上的应用

将蚯蚓粉加入肉兔饲料中饲喂肉兔，与对照组相比，试验组兔的平均日增重提高了18%，净肉率提高了9.93%，料肉比降低了12.3%。由此可见，在肉兔饲料中添加蚯蚓粉，不仅能提高适口性，增加食欲，还能够促进肉兔体内营养物质的转化，提高饲料转化率，从而提高经济效益（马雪云，2003）。此外，蚯蚓粉中胱氨酸的含量较高，胱氨酸对于长毛兔的生长至关重要，在长毛兔的饲料中添加蚯蚓粉能够明显促进兔毛的生长。例如，在长毛兔饲粮中每只每天加喂1g蚯蚓粉，150d后，产毛量提高了19.88%，一级毛的产量提高了51.37%，三级毛产量提高了15.66%，显著提高了经济效益（张恕和施建强，1994）。在水产养殖中，蚯蚓由于其特殊的腥味和高蛋白质含量，极易引诱和刺激鱼类及其他水产经济动物，以及名贵水产动物的食欲，一般作为诱食剂和蛋白质补充饲料使用。例如，添加蚯蚓粉能增加异育银鲫的摄食效果，在水产饲料中可作为诱食剂使用（刘波 等，2006）。蚯蚓含有丰富的酶（纤维素酶、蛋白酶和植酸酶），可以在一定程度上帮助鱼类消化饲料中的营养物质，提高水产饲料的利用率。例如，在虹鳟稚鱼饲料中添加少量（3%）的蚯蚓粉，可以提高饲料效率，降低鱼种成本，并且可以加快虹鳟稚鱼的生长，增加鱼种的规格，缩短虹鳟鱼的养殖周期（陈琳和唐皖江，1988）。Dedeke 等（2013）发现，用蚯蚓粉部分替代鱼粉饲喂非洲鲶鱼可显著影响其生长性能和饲料利用率，但替代比例超过 25% 则会抑制鲶鱼的生长，建议替代比例以 25% 为最好。刘石林（2006）的研究表明，在人工饵料中配合投喂 1/4 的蚯蚓（干重）可明显加快中国对虾的体长和体质量，增加对虾肌肉蛋白质含量，提高对虾肌肉蛋白质的营养价值，减少脂肪含量。蚯蚓粉还能显著提高罗氏沼虾的摄食量，对罗氏沼虾具有较好的诱食活性，但替代比例不宜超过鱼粉总量的 1/3（张伯文 等，2011）。用 20% 的蚯蚓干粉替代鱼粉可以显著提高幼刺参的消化酶活性、免疫酶活性和成活率，具有促生长作用（白燕 等，2012）。

综上所述，蚯蚓不仅能处理粪便，降低畜禽养殖污染，改善环境，而且蚯蚓自身的动物必需氨基酸含量高，蛋白质和氨基酸等养分消化率高，营养成分含量丰富，是畜禽养殖的良好蛋白质饲料，对促进畜牧业的可持续发展具有积极的作用，但目前蚯蚓作为饲料资源的开发应用力度还不够，需要进一步研究开发蚯蚓及副产物的生产技术，降低开发成本，充分挖掘开发和利用蚯蚓及其副产物的潜力，以促进我国养殖业的可持续发展，带来更高的社会效益、生态效益和经济效益。

6.3.2　养殖粪便蛋白质饲料转化技术（黑水虻）

亮斑扁角水虻又称黑水虻，属于双翅目短角亚目水虻科扁角水虻属，其体细长或粗壮，小至大型。幼虫体背腹扁平，头部稍宽，部分缩入胸内；陆生幼虫体末端钝圆，水生幼虫虫体末端尖细。蛹为围蛹。幼虫大多数陆生。幼虫咀嚼式口器，除头部所在体节外，体躯其余部分 11 节，且各体节上有大量的短毛，并呈一定规律排列。成虫口器退化，体长 15～20mm，身体主要为黑色，翅灰黑色，雌虫腹部略显红色，雄虫腹部偏青铜色。现在大多数亚科呈世界性分布，包括热带、亚热带和温带的部分地区。12 个亚科系统中 7 个亚科在世界各个大动物地理区系中均有分布。全世界报道的水虻科昆虫已达 3000 种以上，我国超过 350 种，在北京、河北、福建、广东、广西和海南等地都有发现（柴志强 等，2012；杨定 等，2014）。

黑水虻曾被认为起源于美国，大约 500 年前首次抵达欧洲，但在南欧（马耳他）伊莎贝拉·阿拉戈纳（Isabella Aragona）公主（1470～1524）的石棺中发现了黑水虻幼虫，这引起了人们对黑水虻地理起源的重新推测。尽管美洲大陆是在伊莎贝拉死前 30 年被发现的，黑水虻可能通过西班牙商船"加隆号"从美国被带到了意大利的那不勒斯港，但仍不能解释新热带界的黑水虻是如何迅速改变生活史以适应古北界的气候的（朱芬，2019）。黑水虻属于完全变态昆虫，其生活史（图 6-8）包括卵、幼虫、蛹和成虫 4 个阶段，生命周期为 40d 左右。黑水虻幼虫为腐食性，取食范围非常广，抗逆性强，可以高效、持续地处理动植物有机废弃物，是自然界食物链中的重要环节。黑水虻幼虫虫体营养价值高，化蛹前具有迁移特性，这些特点都使黑水虻成为高效有机废弃物处理的首选资源昆虫。利用黑水虻转化降解有机废弃物，并开发黑水虻与微生物联合转化工艺，可以有效地解决有机废弃物带来的环境问题和社会问题，同时还可以生产高附加值的昆虫蛋白和功能性微生物有机肥。黑水虻不侵入人类居住地，成虫安全、不携带致病菌，对农作物不造成任何影响（Liu et al., 2008；Lalander et al., 2015；Elhag et al., 2017）。黑水虻生长不仅可以减少畜禽粪便累积和去除恶臭气体，还可以抑制养殖场所中家蝇的滋生，抑制率可达 95%以上（郑龙玉，2012）。

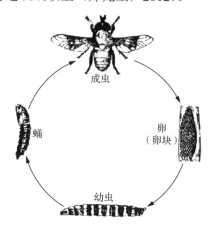

图 6-8 黑水虻生活史

1. 国内外黑水虻养殖业现状

黑水虻在自然生态链中扮演分解者的角色，是高效的环境"清道夫"。黑水虻能够产出经济价值显著的昆虫蛋白和昆虫衍生产品等，作为食品或饲料原料的来源。同时也可以对黑水虻的其他成分（抗菌肽、油脂和几丁质等）进行高附加值开发。黑水虻作为"微型家畜"，是未来的新型产业，单位土地面积上与人类争粮量小，产生温室气体少，通过转变生物质形态，可形成高附加值的昆虫生物质及功能微生物肥料，最大限度地降低农牧过程及食品生产过程副产物对环境的影响，真正实现畜禽粪便等有机固废的"零排放"。联合国粮食及农业组织（Food and Agriculture Organization of the United Nations，FAO）在全球经过 8 年多试点试验和调查研究的基础上，2013 年 5 月相继组织召开专家研讨会，出版论著《可食用昆虫：食品和饲料保障的未来前景》（*Edible Insects: Future Prospects for Food and Feed Security*），召开新闻发布会并发布文件，提倡在全球范围内大力发展食用和饲用昆虫产业，指出食用和饲用昆虫将是解决将来人口增长带来的食品短缺、饲料安全和环境污染等问题的重要途径，黑水虻被列为 3 个重要的有机废弃物转化的昆虫（黑水虻、蝇蛆和黄粉虫）之一。2017 年 5 月 24 日，欧盟委员会正式通过了第（EU）2017/893 号决议——《修改欧洲议会及理事会关于鱼粉及鱼油定义的第（EC）142/2011 号法规》，授权包括黑水虻在内的 7 种达到"饲料级"的昆虫蛋白可用于水产养殖饲料（2017 年 7 月 1 日生效）。

　　Sheppard 等（1994）经过十多年的研究，建立了一个低成本的粪便处理系统，即利用黑水虻处理粪便，能够将粪便转化为 42%的蛋白质和 35%的脂肪，减少了最低 50%的粪便积累，杜绝了家蝇的繁殖。瑞士、哥斯达黎加和德国的科学家优化了黑水虻处理有机废弃物的工艺参数，建立了利用黑水虻处理生活垃圾的系统（Diener et al., 2011）。美国得克萨斯州利用黑水虻处理奶牛粪便应用较多，经济效益十分明显，显示黑水虻在牛粪污染治理中是可行的（Amatya，2009）。黑水虻对餐厨垃圾处理的经济、社会和生物学可行性也有系统的研究和阐述（Barry，2004）。另外，黑水虻在转化废弃物的同时，还可以有效提高产物中的 NH_4^+ 的浓度，进而提高植物对氮素的吸收利用，转化后的残渣非常适宜作为有机肥料应用，可改善土壤环境（Green and Popa，2012）。国内黑水虻转化有机废弃物的技术起步较晚，但已初具规模。

　　华中农业大学喻子牛和张吉斌课题组从 2004 年开始进行黑水虻研究与技术攻关，成功驯化培育了黑水虻武汉品系，创新了黑水虻及其与微生物联合高效转化技术，并在湖北、陕西、海南和江苏等地建立了废弃物转化基地，根据不同模式（人工模式、机械化模式和自动化模式）日处理废弃物总量从 10t 到 100t 不等（周定中 等，2012；徐柳 等，2015；李峰 等，2016；胡芮绮 等，2017；乔红皓等，2022）。李武等（2014）采用环境温度 25～28℃、空气湿度 60%～80%、接种密度 4000～5000 头/kg、接种虫龄 6 日龄、餐厨剩余物含水量为 60%左右等条件，发现黑水虻可有效转化餐厨剩余物，得到黑水虻老熟幼虫，其干物质中的粗蛋白质含量和粗脂肪含量分别占 44.7%和 37.2%，可进一步制备成蛋白质饲料和生物柴油。姬越等（2017）研究发现，黑水虻的环境温度与主要发育参数（孵化虫量、幼虫期、蛹期、幼虫体重和蛹重）具有很好的相关性，说明黑水虻的生长发育存在一个最适温度区域，有利于规模化人工养殖条件下的环境优化。因此，通过进一步优化黑水虻幼虫转化有机废弃物的环境条件，可以有效降低有机废弃物对环境和社会造成的影响，转化过程也是变废为宝的过程，产生高附加值产品。国内也有多家企业着手黑水虻的自动化养殖研发。黑水虻养殖正在从一代技术的地槽式养殖、二代技术的机械化养殖发展到三代技术的自动化智能化养殖。这些进步必将极大地促进黑水虻在中国的推广和应用。

2. 黑水虻转化畜禽粪便工艺流程

目前国内外均在探索黑水虻转化畜禽粪便生产蛋白质饲料的工艺技术，基本流程包括黑水虻种群维持、畜禽粪便收集、畜禽粪便转化、虫料分离、老熟幼虫或商品虫的加工处理和虫粪及畜禽粪便残渣的二次发酵等过程（图 6-9）。按照操作模式不同可分为 3 类：人工模式、机械化模式和自动化模式。根据接种幼虫虫龄大小及用户实际需要，转化时间一般维持为 8～13d。

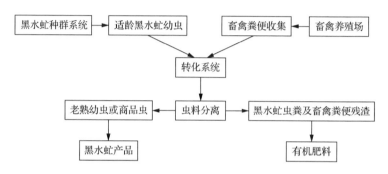

图 6-9　黑水虻转化畜禽粪便工艺基本流程图

人工模式适用于劳动力相对廉价的乡镇企业，模式简单，但生产量相对较低。人工模式常见的转化方式有盘架式转化和地槽式转化。畜禽粪便从畜禽饲养车间收集后运送至黑水虻转化车间，工人把畜禽粪便与稻糠、锯末和玉米皮等垫料初步混匀后，添加到转化系统中，一般根据黑水虻幼虫的取食量进行随时补料，或者根据接种幼虫的总量进行一次性加料。其间根据畜禽粪便的转化状态及物料的温度进行人工翻料。在转化结束后，利用幼虫的聚集性进行虫料分离；或者设置 35°～45°的斜面供老熟幼虫从虫粪中爬出或采用分离筛进行虫料分离。分离后的幼虫活体可直接用作动物（畜禽、蛙类和鱼类等）饲料，或者进行烘干干燥处理，磨碎后作为动物饲料原料。

机械化模式是介于人工模式与自动化模式之间的一种处理方式。在机械投入时也需要一些工人参与重要岗位。畜禽粪便收集后与垫料进行机械混拌，视幼虫转化情况和后期虫料分离方式调节物料含水率，一般维持在 65%～80%。同样，投料方式既可采用分批投料，也可采用一次性投料。

自动化模式更加集约化和智能化，由机械设备大范围替代人工操作来实现黑水虻幼虫对畜禽粪便的转化，节约劳动力的同时也提高了生产效率。考虑到后期还要机械筛分老熟幼虫与虫沙，初始物料含水率不能太高。常用的投料方式是分批投料，根据幼虫对畜禽粪便的转化速率实时补料，节省了翻料时的人力物力投入。

3. 黑水虻蛋白质饲料转化技术

1）温度与湿度

研究发现，温度对黑水虻幼虫生长发育影响很大，36℃时仅有 0.1%的幼虫达到成虫阶段，很小的温度变化都会引起幼虫和成虫健康变化，黑水虻幼虫存活的高温阈值为 30～36℃，27～30℃最适合其生长，初孵幼虫存活的低温阈值为 16～19℃，幼虫养殖最佳相对湿度为 70%～75%（Tomberlin et al., 2002；Tomberlin et al., 2009）。

2）光照

光源种类、光照强度和光照时间是影响黑水虻交配的 3 个至关重要的因素。这种昆虫的交配主要发生在上午，只有少数交配行为在下午发生。太阳光的照射对黑水虻成虫的交配行为具有非常重要的作用，因此在冬季和连阴雨天时会出现成虫不交配和产卵量少等现象。如果能发现一种替代阳光刺激成虫交配的人工光源，营造一个可控制的饲养环境将会减少繁殖成本。Zhang 等（2010）选取几种人工光源模拟太阳光对黑水虻成虫进行照射，研究这几种光源对黑水虻生活史的影响，并将结果与太阳光下的黑水虻生活史做比较。结果表明，碘钨灯和发光二极管（light emitting diode，LED）灯的照射能够使其正常交配和产卵，且无其他不利影响。这些研究为进行畜禽粪便的连续转化提供了一定的幼虫保障，并为实现稳定和连续的畜禽粪便转化奠定了基础。

3）堆料厚度

黑水虻幼虫在转化猪粪的过程中对粪便的堆料厚度有一定的要求。堆料太厚则透气性不好，影响幼虫的生长，降低转化效率；堆料过薄则水分蒸发较快，不利于幼虫生长，而且会增加转化过程中的占地面积，增加生产成本。因此，合适的堆料厚度不仅有利于幼虫的生长、转化效率的提高，而且能很好地节约生产成本（解慧梅 等，2020）。

4）幼虫的接种

黑水虻幼虫期约 20d，共分 6 龄，幼虫前期个体较小，食量不大，不适合用来做转化，因此要选取合适虫龄的幼虫进行转化应用。马加康等（2016）研究黑水虻幼虫对新鲜鸭粪的处理能力及粪便的转化效果时，发现 4 日龄幼虫处于较小的阶段，对营养需求量大，体重增加迅速，并且在 10 日龄时幼虫日增重达到最大值，幼虫发育基本完全，对饲料的利用率及转化率达到了最大化。10～15 日龄幼虫采食量减少，日增重减缓，因此，可以充分利用黑水虻幼虫 4～10 日龄这段快速生长发育时间，高效地针对畜禽粪便进行转化，实现变废为宝。黑水虻幼虫的接种量影响幼虫的生长及转化效率，是一个十分重要的参数。接种量过低，粪便里的有机质分解不完全；接种量过大，粪便里的有机质可完全被分解，但需要耗费更高的成本。钟志勇等（2019）将孵化好的9日龄黑水虻幼虫按不同投放量（0.3g、0.35g、0.4g）接种到5kg新鲜鸭粪中，待5%的幼虫蛹化时结束试验。结果显示，处理1t鸭粪，黑水虻适宜投放量是60～70g虫卵对应的幼虫。

5）微生物的协作

筛选合适的微生物不仅能够引诱黑水虻成虫产卵，而且能协助幼虫转化难以降解的有机废弃物。微生物可协助幼虫将废弃物中的营养物质转化成幼虫自身的生物量，促进幼虫生物量的积累。肖小朋等（2018）对鸡粪堆肥和猪粪堆肥中的细菌进行分析，将筛选到的多种细菌分别接种到无菌鸡粪中，与自主驯化培育的武汉黑水虻幼虫共转化。结果表明，复配比例为R-07∶R-09∶F-03∶F-06=4∶1∶1∶1时效果最好，与对照组相比，处理组鸡粪减少率增加了7.69%，证明通过添加筛选优化的非水虻来源的微生物复合菌剂能够促进黑水虻高效转化鸡粪。

4. 黑水虻饲料化的开发利用现状

1）黑水虻的营养价值

我国是养殖大国，畜禽肉类产量居世界第一位，占世界总产量的29%。饲料用蛋白质原料却十分短缺，每年进口大豆约1亿t、鱼粉约150万t，对外依赖度大于70%，同时饲料成本逐年上升，影响了养殖业的可持续发展，开发优质、新型、低成本和可持续供给的蛋白质原料已成为当务之急。如果人们能通过新饲料蛋白质资源的开发利用来提高利用效率，不仅可以节约粮食、保护环境，还可促进农业可持续发展。

黑水虻作为一种资源昆虫，其幼虫、蛹壳和预蛹等都具有很好的应用价值。黑水虻幼虫在自然界中以腐烂的有机物和动物粪便为食，如发酸的番荔枝、南瓜、死亡的螃蟹、腐烂的水果和动物尸体等。郑丽卿等（2019）研究发现，黑水虻幼虫干物质中的蛋白质含量为47.3%，脂肪含量为32.6%，灰分含量为7%，氨基酸态氮含量为280mg/100g，胆固醇含量为172.7mg/100g，维生素B_1含量为0.235mg/100g。通过转化废弃物营养得到的虫体可以作为畜禽、水产动物等的优质蛋白质饲料来源。

黑水虻幼虫还含有丰富的必需氨基酸和微量元素，可作为畜禽养殖业的饲料添加剂。黑水虻虫体中的氨基酸含量与鱼粉相似，优于普通的豆粉和骨粉，特别适于鸡、猪、牛蛙及鱼类等的养殖，可实现向昆虫要蛋白质，满足畜禽养殖业和水产养殖业对饲料蛋白质的需求。此外黑水虻幼虫含有丰富的微量元素，且重金属和霉菌、沙门氏菌含量均符合我国饲料卫生标准的要求。

2）黑水虻在畜禽养殖中的应用

（1）黑水虻作为饲料添加剂在生猪养殖方面的应用。黑水虻已被开发成各种蛋白质饲料。陈巍等（2017）的研究表明，用黑水虻幼虫粉代替血浆蛋白粉或鱼粉饲喂保育猪，发现黑水虻幼虫粉组保育猪的平均日增重和料重比要优于血浆蛋白粉组和鱼粉组，表明黑水虻幼虫粉代替血浆蛋白粉和鱼粉用于保育猪的饲养是可行的。张放等（2017）在育肥猪饲料中用黑水虻幼虫粉完全代替鱼粉和豆粕，发现试验组育肥猪的平均日增重增加，料肉比下降，但各组之间的养分消化率、机体免疫水平、腹泻率没有显著差异。在生长猪饲粮中添加 2.5%的黑水虻虫粉，发现猪血清的白蛋白和 HDL-C 含量均显著提高，说明黑水虻虫粉替代饲粮中的部分豆粕可改善生长猪蛋白质和脂质的代谢能力，提高营养物质的利用率（张放 等，2018）。余苗等（2019）研究发现，育肥猪饲粮中添加 4%的黑水虻幼虫粉可提高有机物的消化率，增加血清中的粗蛋白质、白蛋白和葡萄糖含量，显著降低血清中的尿素氮含量，增加血清中的缬氨酸、蛋氨酸、苏氨酸和总必需氨基酸含量；但黑水虻幼虫粉的添加量为 8%时，粗蛋白质的消化率显著降低。Yu 等（2019）研究了黑水虻幼虫粉对育肥猪肌肉品质的影响，发现饲粮中添加 4%和 8%的黑水虻幼虫粉可以显著提高育肥猪的眼肌面积、大理石花纹评分和肌苷酸含量，且添加量为 4%时肌间脂肪含量显著增加，可提高肌肉的多汁性和口感，这是由于黑水虻幼虫粉可以调节肌内脂质代谢相关基因的表达，如脂蛋白脂肪酶和脂肪酸合酶的基因表达。

　　（2）黑水虻作为饲料添加剂在家禽养殖方面的应用。鸡生产中用于替代饲粮中的豆粕和鱼粉的昆虫蛋白质原料主要有家蚕、蝇蛆、黑水虻幼虫和蚯蚓，它们对肉鸡生长性能影响不一。Dabbou 等（2018）在肉鸡饲粮中添加不同水平（0、5%、10%和 15%）的脱脂黑水虻虫粉，结果显示，肉鸡的平均日增重在前期（第 1～10 天）和生长期（第 11～24 天）呈线性和二次增加，当添加量为 10%时效果最好，与对照组相比分别提高了 8.79%和 2.76%，但是在后期（第 25～35 天）呈线性降低。车彦卓等（2020）利用不同粗蛋白质水平（16.50%、14.85%、13.20%）的玉米-豆粕-黑水虻蛋白饲粮饲喂蛋鸡，发现 16.50%的粗蛋白质水平组蛋鸡的平均蛋重显著增加，料蛋比显著降低，并且蛋白重和蛋白高度显著提高。周元武（2010）以蛋鸡为试验对象，用黑水虻转化鸡粪后的虫体和残渣混合物作为试验饲料，发现用 10%的比例替代对照组饲料时，可以提高蛋鸡的产蛋率，从 86.04%提高到 88.69%。王海堂等（2021）研究发现，饲粮添加 3%的黑水虻幼虫粉显著提高了铁脚麻鸡的末重、平均日增重和采食量，降低了料重比。同时 3%的黑水虻幼虫粉组饲料的干物质、有机物、粗蛋白质和粗脂肪的消化率显著高于对照组，提示添加 3%的黑水虻幼虫粉能够改善蛋鸡的生长性能和饲料养分消化率。Secci 等（2018）用黑水虻虫粉完全替代蛋鸡饲粮中的豆粕饲喂蛋鸡，提高了蛋黄中的脂肪酸、维生素 E、叶黄素、胡萝卜素和类胡萝卜素含量。Al-Qazzaz 等（2016）的研究表明，饲粮中黑水虻幼虫添加量为 5%时，显著提高了蛋鸡的产蛋量；添加量为 1%时，孵化率得到提高。刘学林（2011）利用黑水虻转化餐厨剩余物得到的高蛋白虫体可作为饲料蛋白源，按不同替代比例加到肉鸡饲料中，结果显示，黑水虻饲料蛋白源可作为肉鸡饲料中豆粕的替代物，替代的最佳比例为12%。

（3）黑水虻作为饲料添加剂在水产动物养殖方面的应用。研究表明，黑水虻幼虫含有鱼类所需的必需氨基酸和钙、铁和锰等矿物质，是一种有开发利用价值的动物性蛋白质饲料。已报道的黑水虻动物喂养试验包括鸡、猪、鲶鱼、罗非鱼和牛蛙等，结果均显示黑水虻能够有效地替代传统的蛋白质和脂肪添加剂产品，大幅节省养殖成本（Hale，1973；Newton et al., 1977；Bondari and Sheppard, 1987）。泥鳅对黑水虻幼虫具有与鱼粉相似的摄食性和诱食性，可用于部分替代鱼粉使用，但泥鳅的摄食率和成活率均随黑水虻幼虫的添加量增加而下降，小、中型泥鳅的黑水虻幼虫最佳添加量为9%～11%（林启训 等，2000）。黑水虻在黄颡鱼饲料中替代鱼粉的比例可高达48%，最优替代比例为25%（Xiao et al., 2018）。张家琛等（2018）研究发现，使用黑水虻幼虫部分替代人工饲料养殖黑斑蛙有较好效果，替代量为50%时最佳。

综上所述，大量试验证明，黑水虻幼虫的营养价值与豆粕、鱼粉相当，甚至优于豆粕和鱼粉，可在动物生产中代替传统蛋白质饲料使用，有利于缓解饲料原料不足的压力。与此同时，还能减少有机废弃物累积，保证畜牧业健康可持续发展。黑水虻老熟幼虫、前蛹和蛹的营养价值也很高，因此黑水虻被认为是传统蛋白质饲料替代品最具发展前景的昆虫之一。因此，黑水虻用作新型饲料添加剂开发利用具有很好的前景（邓雨英 等，2020）。

6.4　养殖废弃物能源化利用

畜禽养殖废弃物主要是畜禽粪污，其包含大量潜在的能源，具有较高的资源化利用价值。转化畜禽粪污并生产能源的方法主要有热化学转化法和生物化学转化法。畜禽粪污通过热化学转化可以生产合成气、生物油等；通过生物化学转化可以生产氢气、沼气、乙醇和生物柴油等多种形态的能源，也可以通过微生物燃料电池直接发电。

6.4.1　畜禽粪污热化学转化

畜禽粪污热化学转化是指在加热条件下，通过化学作用将畜禽粪污转换成燃料物质。热化学转化可将低品位的粪污生物质转化为易储存、易运输、高能量密度和高品位的固态、液态和气态燃料，以及热能、电能等能源产品。畜禽粪污热化学转化技术包括直接燃烧、气化和液化。

1. 直接燃烧

直接燃烧是生物质能源转化中相当古老的技术，即粪污中的可燃成分与氧化剂进行化合反应并释放出热量的过程，其主要目的是获取热量。畜禽粪污的直接燃烧技术设备较简单且处理有效，至今草原上的牧民仍有将牛粪作为燃料的习惯。畜禽粪污直接燃烧的现代化利用方法是将畜禽粪污与其他生物质或煤进行混合燃烧，产生蒸汽用于发电和供热。从 1992 年开始，英国 Fibrowatt 公司用鸡粪与煤混合燃烧，运行了 65MW 发电机组（Keener et al., 2002）。畜禽粪污直接燃烧的问题主要在于担心粪污对燃烧特性、气体排放的影响。美国得克萨斯州农业实验站的研究人员对牛粪直接燃烧的污染气体排放、炉灰等进行了研究，首次建立了牛粪燃烧的氮氧化物排放模型，发现牛粪燃烧的氮氧化物排放量只有天然气燃烧和煤燃烧的 20%～30%，并通过热重分析发现牛粪的燃烧温度比煤低 100℃左右（Sweeten et al., 2003；Annamalai et al., 2003）。

2. 气化

气化是指将固体燃料转化为气体燃料的热化学过程，其基本原理是在不完全燃烧条件下，将生物质原料加热，使较高分子量的有机碳氢化合物链裂解，变成较低分子量的 CO、氢气和 CH_4 等可燃气体。在转换过程中一般要加气化剂（如空气、氧气、水蒸气或氢气），其产品为可燃气体与不可燃气体的混合气体（涂德浴 等，2007a）。该法能量利用效率较高，投资相对较少，设备技术比较简单，并且在石化燃料及其他生物质上的应用比较成熟。影响气化的主要因素有原料特性、操作过程条件和反应器构造等。原料特性包括原料的挥发性、反应性、结渣性和原料粒度及粒度分布等。操作过程条件包括气化介质、反应温度和反应压力等。根据气化介质不同，气化工艺分为空气气化、氧气气化、水蒸气气化（或称为水热气化）、空气氧气与水蒸气混合气化和氢气气化等；不使用气化介质即为热分解气化。空气气化是所有气化技术中最简单、最普遍的一种，为自供热系统，但由于空气中氮的存在，稀释了燃气中可燃组分的含量，产生的可燃气热值较低（涂德浴 等，2007b；Ruiz et al., 2013）。水蒸气气化能处理畜禽粪便类湿原料，但需要金属催化剂加快反应速度，可以产生氨，用作肥料。气化过程是碳、氢和氧 3 种元素及其化合物之间的反应，反应越充分，可燃气体含量越高，气化效果越好（秦恒飞 等，2012），气化温度通常大于 700℃。气化反应器构造主要有固定床和流化床。固定床气化结构简单，产生的气体热值低；流化床气化产生的气体热值高，但是构造复杂。气化产品可以直接用作生活燃料、内燃机燃料或者用作生产甲醇、氢等的原料。

畜禽粪便的元素含量和秸秆类物质基本接近，只有氮元素偏高。对能量输入与产出的理论分析表明，畜禽粪便空气气化过程的理论能量转化效率能达到 50% 左右，具有能量转换方面的效率优势（涂德浴 等，2007a）。试验表明，在粒径 0.5mm、空气当量比（equivalence ratio，ER）为 0.15、起始温度为 300℃的气化操作条件下，猪粪空气气化所获得的燃气热值在 $4MJ/m^3$ 左右，最高可达 $4.778MJ/m^3$，气化效率最高达到 59.47%。对鸡粪进行超临界气化，在进料含水率高达 80%时，气化效率为 70%，1kg 原料产出的气体热值为 14.5MJ（Nakamura et al.，2014）。Shen 等（2015）分析了我国 838 份有代表性的畜禽粪便样品（209 份猪粪、217 份奶牛粪、139 份肉牛粪、162 份蛋鸡粪和 111 份肉鸡粪）的特性与组成，在此基础上评估了我国畜禽粪便气化的能源潜力（表 6-2）。

表 6-2　我国畜禽粪便特性及空气气化的能源潜力（$t = 850℃$，$ER = 3$）

项目	猪粪	奶牛粪	肉牛粪	蛋鸡粪	肉鸡粪
干物质/%	29.01	24.41	24.34	27.74	36.12
粪便高位热值/（MJ/kg DM）	15.68	13.56	15.21	12.35	13.24
分子式	$CH_{1.787}O_{0.574}$ $N_{0.063}S_{0.006}$	$CH_{1.704}O_{0.661}$ $N_{0.048}S_{0.007}$	$H_{1.684}O_{0.639}$ $N_{0.05}S_{0.006}$	$CH_{1.748}O_{0.585}$ $N_{0.08}S_{0.009}$	$CH_{1.806}O_{0.686}$ $N_{0.094}S_{0.009}$
合成气产率/（Nm³/kg）	1.93	2.00	2.16	1.93	1.96
合成气高位热值/（MJ/Nm³）	5.30	4.75	5.14	5.27	5.08
能源转化效率/%	66.80	73.19	72.36	83.22	69.50
合成气产量/（$10^9m^3/a$）	260.52	111.85	281.73	70.90	258.40

畜禽粪便气化具有以下几点优势：①气化属于自供热技术，不需要也不损耗其他能源；②联产气、液、固 3 种产品，3 种产品均可以资源化利用；③设备技术比较简单，投资较少；④能量利用效率较高。生物质气化的主要问题是产生的气体中焦油含量过高，会造成气化设备冷凝管、输气管道等用气炉具阻塞，影响气化系统运行的可靠性和安全性。另外，畜禽粪便的含水率比秸秆类生物质高很多，气化前需要进一步晾干或进行必要的干燥处理，将含水率降到合适的范围。畜禽粪便干燥需要消耗大量的能量，对其气化过程的能耗和经济性产生显著影响（秦恒飞 等，2012）。另外，低热值和 CO 超标等问题也尚未得到突破性解决。因此，畜禽粪便气化技术研究还处于试验研究阶段。

3. 液化

液化是在隔绝空气或通入少量空气的条件下，利用热能切断生物质大分子中的化学键，使之转变为低分子液体燃料的过程，由于产物是易于运输且能量密度高的液体，有很大的发展潜力。液化又分为超临界液化和两步法液化两种方式。超临界液化即粪便在高温高压（几到几十 MPa）状态下使反应物达到超临界状态液化得到高热值的生物油的热化学转化过程，具有处理高含水率有机废弃物的优势，但其设备技术要求高，成本高。超临界液化若使用水或水溶性溶剂，常称水热液化；若使用的溶剂为循环溶剂油，则称直接液化或加氢液化。由于水具有安全、环保和易得等特点，因此超临界液化常用水作为溶剂（即水热液化）（张志剑 等，2014）。水热液化技术可用于含水率高达 76%的粪便，水作为反应介质，粪便不用干燥脱水和粉碎等高耗能预处理步骤，反应条件温和（Yin et al., 2010）。水热液化获得的生物油氧含量在 10%左右，热值比快速热解的生物油高 50%，物理和化学稳定性更好。两步法液化即先气化再合成液体燃料的热化学过程。

液化获得的液体燃料称为生物油，既可以直接作为燃料使用，也可以再转化为品位更高的液体燃料，由于液体能源在储存、运输及利用方面具有巨大的优势，所以生物质液化技术备受重视，受到国际上的广泛关注。

在畜禽粪便液化产油的研究中主要采用的是水热液化技术。在降低畜禽粪便含水率的条件下，猪粪水热液化的生物油产率高达 80%，热值为 32.0～36.7MJ/kg，COD 平均减少了 75.4%，固体产物只有进料的 3.3%。对液化过程能量平衡的分析表明，猪粪水热液化是净产能过程（He et al., 2000）。研究显示，猪粪水热液化最佳操作温度为 295～305℃，停留时间为 15～30min（He et al., 2000）；高 pH 有利于生物油的产生，进料 pH 为 10 时，生物油产率最高；CO 与挥发性固体（volatile solid，VS）的比值（CO/VS）从 0.07 增加到 0.25，CO 分压从 0.69MPa 增加到 2.76MPa，生物油产率从 55%增加到 70%，推荐的 CO/VS 不高于 0.1；进料总固体（total solid，TS）越多，产油率和 COD 减少率越高。工艺气体是热转化产油过程的关键，还原性气体（CO、H_2）和惰性气体（CO_2、N_2 和压缩空气），都可以作为工艺气体，采用还原性气体（如 CO、H_2）可以获得质量更好的生物油，并且油产量更高（He et al., 2000）。采用 CO 作为工艺气体进行牛粪水热液化，获得的生物油产率为 48.8%，最高热值为 35.53MJ/kg（Yin et al., 2010）。猪粪热解获得的生物油含碳 71.1%、氢 8.97%、氮 4.12%、硫 0.2%、灰分 3.44%、水分 11.3%～15.8%和高位热值 34.76MJ/kg，其成分与木屑及其他生物质液化油相似。美国伊利诺斯州立大学在粪便液化产油方面做了大量研究，在批式试验的基础上，开发了连续进料式的水热液化小试装置，每天可以处理猪粪 48kg，每次试验连续运行 16h，获得的生物油产率为 62.0%～70.4%，生物油最高热值为 25.176～31.095MJ/kg（Ocfemia et al., 2006）。

目前液化技术还处于实验室研究阶段。超临界技术的主要问题是要解决连续进料的问题，以及大规模的试验、生物油的精制应用。两步法液化的研究者认为该工艺虽然产物价值高，但系统太复杂，还存在不同程度的进料麻烦和系统堵塞等问题，需要研究改进的方面还很多。

6.4.2 畜禽粪污生物化学转化

1. 畜禽粪污微生物转化产氢气

微生物制氢是利用微生物代谢活动将有机质或水转化为氢气，该技术产氢条件温和，原料来源丰富，是未来氢能生产的主要替代方式。利用生活污水和工农业有机废水（废弃物）作为原料制取氢气，既可实现废弃生物资源化，减少环境污染，又能开发清洁的可再生能源，因此微生物制氢是一种发展前景广阔、环境友好的制氢方法。根据制氢时是否需要光能，微生物制氢可分为光合生物制氢、非光合生物制氢（也称暗发酵制氢）和光发酵-暗发酵混合制氢（沈燕飞 等，2013；周芷若 等，2016），几种微生物制氢技术的特点如下。

光合生物制氢又分为藻类光水解制氢和光合细菌制氢。藻类光水解制氢是在厌氧环境及光照条件下，藻类分解水产生氢气。原料仅用水即可，也可利用太阳能，但光转化效率不高。光合系统较为复杂，既产生氢气，又产生氧气，容易爆炸或使氢酶失活，且受光强度的影响较大，产氢不稳定。光合细菌制氢是在厌氧环境及光照条件下，光合细菌分解有机物产生氢气，产氢光合细菌类群包括红螺菌科、红硫菌科和绿菌科等。光合细菌产氢利用太阳能，并且利用葡萄糖、有机酸等多种底物，产氢的速率比藻类快，能量利用率比发酵细菌高。在产氢过程中不会产生氧气，不需要考虑氧气的抑制效应。光合细菌产氢能将产氢与光能利用和有机物降解结合起来。另外，光合细菌利用废水中的有机物能够实现菌体自身的增殖，菌体含有丰富的蛋白质，可作为肥料、饲料和饵料。其缺点是需要光照，废水和菌体容易影响透光率，生产成本高，光转化效率较低（夏暴，2013）。

非光合生物制氢是在厌氧、黑暗的环境中，产氢菌将大分子的有机物水解、发酵，进而转化为小分子物质（挥发酸、氢气和 CO_2 等）并被合成细胞物质。非光合生物制氢的优点是能够产氢的厌氧微生物种类多，有无光照都能产氢，可利用多种有机质作底物连续产氢，产氢过程为厌氧过程，无氧气限制问题。发酵细菌产氢能力强，所需设备简单，操作容易，而且可利用的原料来源广泛，价格低廉。但是，废水中的有机物不能被发酵细菌完全分解，反应产物除了少量氢气之外，大多转化为乙酸、丁酸、乙醇、丙酸和乳酸等挥发性脂肪酸，出水需要进一步处理，原料的转化效率也不高。反应还须控制 pH 在酸性范围内，原料利用率低，产物的抑制效应明显。

光发酵-暗发酵混合制氢是将两种发酵方法结合在一起，相互交替，相互利用，相互补充，提高氢气的产量。有机废水存在许多适合光合生物与发酵细菌共同利用的底物，理论上可以利用光合细菌和发酵细菌共同制取氢气，进而提高产氢效率。但是，在实际操作过程中发现，混合细菌发酵制氢过程存在彼此之间的抑制和发酵末端产物对细菌的反馈抑制，使效果不明显，甚至出现产氢效率偏低的问题。

目前，国内外已经有许多利用畜禽粪污的微生物转化制取氢气的试验研究。

1）光合细菌处理畜禽粪污制氢

利用筛选的光合细菌（PSB1、PSB2、PSB3 和 PSB4）处理猪粪水制氢，产生的气体中氢气含量分别为 60%、50%、58%和 42%，COD 转化率分别为 75.4%、59.8%、80%和 54.8%（原玉丰，2006）。利用光合细菌红假单胞菌处理猪粪水，在粪水 COD 为 5687mg/L、3500mg/L 和 1214mg/L 时，反应器体积产氢率分别为 23.7mL/（L·d）、18.5mL/（L·d）和 15.0mL/（L·d），产氢结束后，COD 分别降低到 3586mg/L、2135mg/L 和 723mg/L（张全国 等，2005）。王艳锦（2004）利用红假单胞菌 1.1737 菌株研究了温度、光照强度、原料初始 pH 和光合细菌初期活性等因素对光合产氢的影响，结果发现，影响光合产氢的因素按照重要性排序为温度＞光照强度＞原料 pH＞光合细菌初期活性，较好的产氢组合条件是：温度为 30℃，光照强度为 1600lx，原料 pH 为 7.0，光合细菌初期活性为对数生长后期 60h。

2）发酵细菌处理畜禽粪污制氢

在批式试验中，牛粪厌氧发酵产氢的最大累积产氢潜力为 19mL H_2/g TVS，最大氢浓度为 38.6%（李倬，2006）；猪粪厌氧发酵产氢的潜力可以达到 0.5L H_2/L 粪水（Zhu et al., 2007）。卢怡等（2004）采用恒温厌氧发酵工艺，用乳酸调控发酵 pH，使其维持在 4.7～5.5，对牛粪和鸡粪产氢进行了研究，二者产氢潜力分别为 32.33mL H_2/g TS 和 33.58mL H_2/g TS。樊耀亭（2004a；2004b）等以牛粪堆肥和活性污泥为天然菌源，利用强制曝气的方法，获得了可以高效产氢的优势产氢菌群，以玉米秸秆、酒糟、麦麸、麦秸秆为底物厌氧发酵制得氢气，其产氢潜力分别为 126.9mL H_2/g TVS、54.4mL H_2/g TVS、102.0mL H_2/g TVS、68.0mL H_2/g TVS。

在上述几种微生物制氢方法中，发酵细菌的产氢速率最高，而且对条件要求最低，具有直接应用的前景。光合细菌产氢的速率比藻类快，能量利用率比发酵细菌高，且能将产氢与光能利用、有机物的去除耦合在一起，具有广阔的潜在应用前景。但总体上，微生物制氢技术尚未完全成熟，在大规模应用之前尚须深入研究。

2. 畜禽粪污厌氧消化产沼气

畜禽粪污厌氧消化也称厌氧处理或沼气发酵，是在没有氧气的环境中，利用兼性厌氧微生物和厌氧微生物的代谢作用，将畜禽粪污中的有机物经过水解、产酸、产 CH_4 等阶段，转化为沼气、水和少量细胞物质，从而实现畜禽粪便的减量化、无害化和资源化。沼气发酵过程通常分为 3 个阶段，即液化阶段、产氢产乙酸阶段和产 CH_4 阶段。

1）厌氧消化在畜禽粪污处理中的作用

采用厌氧消化技术处理畜禽养殖粪污，除了可以获取清洁的可再生能源（沼气）外，还具有以下功能。

（1）降解有机污染物。在养殖粪污厌氧处理中，50%～85%的有机污染物可被去除。

（2）改进粪污肥效。通过厌氧消化，大多有机营养物质特别是有机氮被矿化成植物容易利用的无机养分。

（3）杀灭病虫害。厌氧消化能使病原微生物指示菌（大肠杆菌、沙门氏菌和肠球菌）数量减少 1～2 个对数级（Wellinger et al., 2013）。

（4）减少温室气体排放。采用沼气发酵处理猪场废水可以减少温室气体排放。研究发现，猪存栏量为 22 000 头、15 150 头和 5500 头的规模猪场每年可减排温室气体 5237t、4017t 和 1334t（陈廷贵和赵梓程，2018）。

2）畜禽粪污厌氧消化产沼气特性

畜禽粪污厌氧消化产沼气是最为成熟的畜禽粪便能源化利用技术。不同种类的畜禽粪便具有不同的理化特性，会影响沼气的生产性能。牛粪杂草较多，沉淀物较少，浮渣多于沉渣。用砂卧床饲养奶牛，牛粪含砂量较高，在沼气工程预处理阶段需要精心设计除砂设施。猪粪中的沉淀物比较多，沉渣多于浮渣，并且冲洗污水量大，升温困难，冬季产气少，全年运行不稳。鸡粪中含有羽毛、砂粒，并且砂粒包裹于有机物之中，在沼气工程预处理阶段需要去除羽毛和砂粒。羊粪和兔粪中含草较多，水分含量低，呈颗粒状，须在预处理阶段设置泡粪池溶化颗粒（邓良伟 等，2017）。畜禽粪便产生量及产沼气特性见表 6-3。

表 6-3　畜禽粪便产生量及产沼气特性（邓良伟 等，2017）

原料种类	粪便产生量/ [kg/头（只）·d]	TS/ %	VS/TS/ %	碳氮比	原料沼气产率/ （m^3/kg TS）
猪粪	1.4～1.8	20～25	77～84	13～15	0.252～0.352
奶牛粪	30～33	16～18	70～75	17～26	0.180～0.250
肉牛粪	12～15	17～20	79～83	18～28	0.180～0.250
羊粪	1.1～1.2	30～32	65～70	26～29	0.206～0.273
鸡粪	0.10～0.15	29～31	80～82	9～11	0.323～0.375
鸭粪	0.10～0.12	16～18	80～82	9～15	0.359～0.441
兔粪	0.36～0.42	30～37	66～70	14～20	0.174～0.210

3）畜禽粪污厌氧消化主要工艺

根据进料 TS 含量的不同，厌氧消化可分为湿式发酵（TS＜15%）、半干式发酵（TS 为 15%～20%）和干式发酵（TS 为 20%～40%）。湿式发酵物料流动性好，较少产生抑制，工艺成熟，目前绝大多数畜禽粪污处理沼气工程都采用湿式发酵。几乎所有的厌氧消化工艺，包括传统消化工艺（地下户用沼气池、黑膜沼气池）、高效的厌氧反应器（完全混合式厌氧反应器、厌氧滤池、升流式厌氧污泥床、厌氧挡板反应器、内循环厌氧反应器和厌氧复合反应器）在畜禽养殖粪污湿式发酵处理中都有应用。由于畜禽粪污含有高浓度的悬浮物和氨氮，影响了高效厌氧反应器的效率。徐洁泉等（1997）对比研究升流式厌氧污泥床、上折流厌氧反应器和厌氧复合反应器处理猪场废水的性能，结果显示，反应器及工艺对猪场废水厌氧消化产沼气性能的影响不明显，温度的影响更大。在 10℃阶段，装置容积产气率为 0.32～0.51L/（L·d），COD 去除率为 82.2%～91.0%，CH_4 含量达 72.2%～76.7%；在 15℃阶段，装置容积产气率为 0.57～0.59L/（L·d），COD 去除率为 91.6%～91.9%，CH_4 含量为 68.1%～68.4%；在 25℃阶段，装置容积产气率为 1.93～2.01L/（L·d），COD 去除率为 90.7%～90.8%，CH_4 含量为 68.9%～69.8%。杨红男（2016）在 35℃条件下对比研究了厌氧序批式反应器、升流式厌氧反应器和厌氧复合反应器 3 种厌氧消化工艺处理猪场废水的性能，在有机负荷 8g TS/（L·d）时，3 种反应器容积产气率达到最大值，厌氧序批式反应器、厌氧复合反应器和升流式厌氧反应器容积产气率分别为 2.503L/（L·d）、2.447L/（L·d）和 1.916L/（L·d），COD 去除率分别为 78.1%、79.2% 和 67.6%，CH_4 含量分别为 67.1%、68.2% 和 59.8%。厌氧序批式反应器和厌氧复合反应器的产气率接近，优于升流式厌氧反应器工艺。

畜禽粪污湿式发酵需要加水稀释，沼液量大，很难完全资源化利用，在工程应用中存在升温困难、沼液难以还田利用等问题。关于畜禽粪污沼气化利用，研究与应用的趋势逐渐转向了干式发酵。干式发酵节约用水，管理方便，发酵后的沼液养分浓度高，容易资源化利用，具有广阔的市场前景。目前，已经有许多关于牛粪、猪粪和鸡粪干式沼气发酵的研究报道。

牛粪与秸秆在低温（20℃）下进行干式沼气发酵，进料 TS 为 35% 时，负荷 6.0g COD/（kg 污泥·d），获得 CH_4 产率为 151.8NmL CH_4/kg VS，平均 VS 去除率为 42.4%（Saady and Massé，2015）。牛粪和垫料在 25℃下进行干式沼气发酵，进料 TS 为 22%～30% 时，CH_4 产率为 290NmL CH_4/g VS（Patinvoh et al.，2017b）。牛粪和秸秆垫料在 37℃下进行半连续干式发酵，进料 TS 为 22%，负荷为 4.2g VS/（L·d）时系统稳定，CH_4 容积产气率大约为 0.6L CH_4 L/（L·d），CH_4 含量为 65.1%，CH_4 产率为 0.163L CH_4/g VS，达到理论值的 56%（Patinvoh et al.，2017a）。

猪粪在 25℃下进行干式沼气发酵，进料 TS 为 20%、25%、30%和 35%时，稳定条件下获得了容积产气率为 2.40L/（L·d）、1.92L/（L·d）、0.911L/（L·d）和 0.644L/（L·d），原料产气率为 0.665L/g VS、0.532L/g VS、0.252L/g VS 和 0.178L/g VS，TS 去除率分别为 46.5%、45.4%、53.2%和 55.6%（Chen et al.，2015）。温度对猪粪干式发酵有明显影响，进料负荷为 3.46kg VS/（m^3·d）条件下，温度 15℃、25℃和 35℃下的容积产气率分别为 0.220L/（L·d）、1.33L/（L·d）和 1.421L/（L·d），原料产气率分别为 0.074L/g VS、0.383L/g VS 和 0.411L/g VS，CH_4 含量分别为 49.4%、59.7%和 59.5%（Deng et al.，2016）。鸡粪含水率低，适合采用干式发酵产沼气，但是鸡粪蛋白质含量高，沼气发酵过程中会产生严重的氨抑制（Abouelenien et al.，2009）。为了减少发酵过程中的氨抑制，研究者们试验了很多方法，主要是添加微量元素和微生物强化。在氨氮浓度为 7200mg/L 时，添加元素硒，CH_4 产率从 0.12m^3 CH_4/kg VS 提高到了 0.26 m^3 CH_4/kg VS（Molaey et al.，2018）。在氨氮浓度为 5000mg/L 时，采用微生物布雷斯甲烷袋状菌强化完全混合式反应器，CH_4 产率增加了 31.3%（Fotidis et al.，2014）。

　　4）畜禽粪污厌氧消化效率提升措施

　　影响畜禽粪污厌氧消化效率的主要因素有沼气发酵微生物、发酵原料特性（碳氮比、微量元素和抑制物质等）、氧化还原电位、温度、pH 和搅拌程度等。工程上，目前主要通过提高温度和强化搅拌等措施提高畜禽粪污厌氧消化的效率。

　　（1）提高温度。温度是影响厌氧消化效率的关键因素。猪场粪污沼气发酵试验表明，在 10℃、15℃、20℃、25℃、30℃和 35℃下，沼气发酵反应器的最大容积产气率分别为 0.0710L/（L·d）、0.271L/（L·d）、1.173L/（L·d）、1.948L/（L·d）、2.196L/（L·d）和 2.871L/（L·d），温度从 10℃提高到 15℃或从 15℃提高 20℃，产气率可提高约 3 倍（杨红男和邓良伟，2016）。提高发酵温度的方法是升温与保温，主要升温方法有电加热、燃煤或生物质加热、太阳能加热和发电余热加热。其中，发电余热是最经济的升温热源（蒲小东 等，2010）。但是，采用发电余热对畜禽粪污进行增温，理论上只能升高 5～8℃。采用浓稀分流技术可以使浓污水升温 30℃左右，保证 70%左右的沼气正常产出（Yang et al.，2016）。保温的方法主要有秸秆或干草覆盖、发酵罐外壁采用聚氨酯泡沫和橡塑海绵等保温材料保温（李瑞容 等，2015）。

　　（2）强化搅拌。搅拌不仅能防止形成沉淀、浮渣，而且还能使进料底物均匀分布，强化微生物与底物的传质效果，稀释进料、抑制物质浓度，有利于热能的传播，破除温度分布不均现象。另外，搅拌也有利于沼气的释放。目前常用的搅拌方式主要有 3 种：机械搅拌、水力搅拌和沼气搅拌。高浓度粪污厌氧消化主要采用机械搅拌，而低浓度畜禽养殖废水厌氧消化则主要采用水力搅拌（Karim et al.，2005；邓良伟 等，2017）。

厌氧消化产沼气是畜禽粪污最主要的能源化技术。湿式沼气发酵技术已经在工程上大量应用，但是该技术也存在冬季产气效果差、沼液量大、难以完全还田利用、沼液达标处理技术要求高、管理复杂、运行费用高等问题。干式沼气发酵是以后的发展方向，但需要解决氨、酸抑制，原料输送及发酵过程有效搅拌不足等问题。

3. 畜禽粪污发酵产乙醇

畜禽粪便中含有纤维素和半纤维素等碳水化合物，并且氮源丰富，是产生燃料乙醇潜在的资源。纤维素和半纤维素经过物理化学方法预处理、纤维素酶酶解和微生物发酵后产生的糖可转化为乙醇。研究表明，畜禽粪便通过稀酸（3.5% H_2SO_4、121℃、30min）糖化后，再进行酶解，牛粪、猪粪、鸡粪总糖回收率分别达到230.16mg/g 干物质、160.40mg/g 干物质和 98.40mg/g 干物质，获得的糖再用酵母发酵，牛粪的乙醇产率为 56.32mg/g 干物质（约为理论产率的 52.59%），猪粪乙醇产率为 27.98mg/g 干物质（约为理论产率的 88.66%），鸡粪乙醇产率为 12.69mg/g 干物质（约为理论产率的 31.32%）（Bona et al., 2018）。通过碱预处理、酶水解和运动发酵单胞菌发酵作用后，发酵液最大乙醇浓度可达 10.55g/L，1t 牛粪可生产 36.9kg 乙醇（You et al., 2017）。目前研究较多的是利用畜禽粪污发酵后的沼渣、沼液生产乙醇，因为畜禽粪污厌氧消化后产生的沼渣中纤维素含量相对较高，沼液中氮素含量高（Maclellan et al., 2013）。

厌氧消化过程相当于乙醇生产的预处理阶段。厌氧消化作为畜禽粪便生产乙醇的预处理有几个好处：①厌氧消化预处理时间比较短；②厌氧消化比机械研磨预处理的能耗低；③预处理后沼渣中的纤维素容易被乙醇发酵微生物利用。但是，厌氧消化后的纤维仍然存在物理化学障碍。例如，纤维中的木质素会抑制碳水化合物的可利用性和降解性能。因此，沼渣在酶解和发酵前进行预处理（如用稀酸、稀碱处理）可以将纤维素从木质纤维素中释放出来。在厌氧消化过程中，营养物质（氮、磷、钾、镁、锌和铜等）都溶解在沼液中，这些物质是乙醇发酵微生物生长代谢所必需的营养物，因此，沼液可替代乙醇发酵过程的新鲜水和营养物质。用沼液作乙醇发酵培养基的另一好处是：由于厌氧消化过程的降解，沼液含有更少的抑制物质（如呋喃、酚类物质），这些物质对酶水解、乙醇发酵过程有抑制作用（Monlau et al., 2015）。在沼液代替乙醇发酵新鲜水和营养物质的研究中，在软质小麦干物质为 24%的条件下，沼液和沼液离心后的上清液的乙醇浓度分别为 79.60g/L 和 78.33g/L，乙醇生产效率比用水作培养基提高 18%（Gao and Li, 2011）。在另一个沼液代替乙醇发酵新鲜水和营养物质的研究中，通过用沼液稀释 NaOH 来预处理玉米秸秆，产物再经酶解和运动发酵单胞菌的发酵，发现 1t 干玉米秸秆可产生 56.3kg 乙醇，通过沼液代替乙醇发酵新鲜水和氮源，可降低10%～20%的纤维素乙醇生产费用（You et al., 2017）。

4. 畜禽粪污养藻产燃油

微藻是一类单细胞微生物，能将阳光、水和 CO_2 转化为藻类生物质，对环境的耐受性较好，易于培养，可在微咸水、海水和废水等极端条件下生长。在生长期间，微藻细胞内可积累大量油脂、蛋白质和色素等高价值化合物。微藻具有生长速率快、收获期短和光合利用效率高的特点。据估计，微藻的油脂合成效率可达到 58 700~136 900L/（$hm^2 \cdot a$），比油料作物高 10~20 倍（Chisti，2007），并且微藻不与农作物竞争耕地，因此微藻作为新一代生物质能源受到了广泛关注。但是大规模培养藻类需要投入大量淡水资源，并在生长期间需要持续提供营养物质（Brennan and Owende，2010）。畜禽粪污或其厌氧消化后产生的沼液含有大量氮、磷等元素，可以作培养微藻的基质。利用畜禽养殖废水/沼液培养微藻不仅可以去除废水/沼液中的有机物和氮、磷等营养物质，还能实现微藻生物质的规模化生产，既降低废水处理的成本，又能增加经济收入，具有显著的环境效益和经济效益。利用废水培养微藻制取生物柴油的过程（图 6-10）包括微藻培养、微藻采收、油脂提取、微藻生物柴油的制备过程。

图 6-10　微藻生物柴油的制备过程（张方 等，2018）

1）微藻培养

藻种的筛选与驯化是微藻培养的前提。选择的藻种必须具有高生产力、高油脂含量，以及较强的抗污能力，并且能够适应环境的变化。研究表明，适合废水培养的高含油藻种主要有小球藻、栅藻、布朗葡萄藻、盐藻和螺旋藻等几种微藻（马红芳和庄黎宁，2018）。小球藻是绿藻门小球藻科中的一个重要属，可以在不同的环境里生长。研究者利用含油小球藻分别进行粪便污水、养猪废水、养牛场废水、发酵废水和牛奶加工废水等的净化研究，发现小球藻在高效净化废水的同时，藻体积累了大量油脂，油脂含量一般为 25.68%~51.40%，脂肪酸组分含量符合生物柴油生产原料标准的要求（Johnson and Wen，2010；田丹 等，2014；李琴和陈三凤，2016）。栅藻是一种耐污性能高的微藻，具有氮、磷的利用率高，生长迅速和生物量产率高等特点，也常常被用于废水处理的试验研究（Zhang et al.，2008）。

微藻的生长代谢主要受 3 个因素的影响：①环境因素，如营养物浓度、光照、温度、pH、盐度和气体交换量等；②生物因素，包括细菌、病毒、真菌及其他藻类与目标藻类生长竞争；③操作因素，如接种密度、混合搅拌程度、稀释比、反应器的宽度和深度，以及收获频率等（潘禹 等，2019）。微藻培养系统可分为开放式和封闭式。开放式微藻培养系统是在户外利用阳光进行微藻培养，适用于传统活性污泥法、氧化塘法与批量微藻生产的结合，主要用于培养快速生长的藻细胞和可耐受极限环境（高浓度重碳酸钠和高盐度等）的藻细胞，大致分为大型池、开放式槽体、圆形培养池及高效藻类塘跑道型培养池等形态。开放式微藻培养系统能耗低、投资少、运行成本低、运行管理简单和微藻产量大。但是培养条件不稳定，易受外界温度、天气和光照等因素的影响，也容易受到其他藻种、细菌及原生动物的污染（王文轩，2009）。目前应用较广泛的开放式微藻培养系统是高效藻类塘，通过藻菌共生系统可以同时去除废水/沼液中的有机物，氮、磷等营养物和重金属。封闭式微藻培养系统主要指微藻光生物反应器，可用于自营、异营或混营培养，在户内或户外均可实施，分为管式（垂直、水平、螺旋）、圆柱式、薄板式和聚乙烯袋式。光生物反应器可人为控制藻细胞生长条件，培养条件稳定，可无菌操作，易进行高密度培养，从而获得高产率、品质稳定的藻细胞生物质，且可避免杂藻污染，后续分离纯化所花费的成本也少。但是其建设、运行成本高，规模放大的难度较大（傅晓娜和姚刚，2011）。考虑投资和运行成本等因素，开放式微藻培养系统目前仍具有优势，并已在商业化大规模微藻培养中普遍应用。但是，大规模培养微藻的生产率远远低于实验室理想情况下的生产率。

2）微藻采收

污水处理中的微藻细胞采收是实现污水系统发展微藻生物质能的重要环节，微藻是一种单细胞生物，体积小、含水量高，密度与水接近，不易形成絮体。微藻培养液很稀，收获一定量的藻细胞需要处理大量的液体，含藻液体需要浓缩100～1000 倍之后才能在工业上利用（Grima et al.，2003）。微藻的分离浓缩是高耗能过程，其耗能是仅次于微藻培养的第二大成本消耗环节（Wang et al.，2008b）。传统采收方法有自然沉降、絮凝沉降、气浮、离心分离、膜分离、压滤和固定化等。每种方法都有其优缺点和应用范围。絮凝沉淀、气浮、离心分离和固定化是较常用的藻细胞分离方式，但成本较高；藻细胞固定化容易带来藻细胞外泄的问题。膜分离是一种有潜力的藻细胞采收方式，在反应器之后通过膜分离截留藻细胞以获得氮、磷含量低的清水，同时通过浓藻液的回流实现反应器内藻细胞的高密度培养，通过这种方法既可获得好的出水水质又能维持微藻光生物反应器中的藻细胞高密度培养。对于价值较低的产品可以使用自然沉降的方法或是结合絮凝沉降进行分离，但对于价值较高的产品则可使用离心分离法（王清 等，2009）。

3）油脂提取

微藻加工前需要干燥，微藻细胞干燥主要采用自然干燥法、冷冻干燥法、喷雾干燥法和真空干燥法等。其中冷冻干燥法获得的藻粉质量最好，其次是喷雾干燥法。但冷冻干燥过程长、设备昂贵和能耗高，不适合大规模生产。喷雾干燥是工业上微藻细胞干燥的主要方式。微藻是真核生物，具有细胞壁结构，细胞壁的存在阻碍了提取溶剂进入细胞，从而降低微藻油的提取效率，因此微藻破壁是微藻油提取的关键技术瓶颈。常用的破壁方法有机械破壁法和非机械破壁法两种。机械破壁法主要包括珠磨法、超声波法、微波法、脉冲电场法、反复冻融法和高压匀浆法等；非机械破壁法主要包括酸法、酶法、纳米粒法、离子液法和表面活性剂法等。微藻油脂提取主要采用有机溶剂萃取，包括甲醇/氯仿法、乙醚/石油醚法和正己烷法等（Bligh and Dyer，1959；Converti et al.，2009）。按照萃取时藻细胞的状态不同，又可分为干法萃取和湿法萃取。另外还有低温物理压榨技术及超临界 CO_2 萃取技术。近年来，人们又研究采用热化学液化的方法将微藻转化为优质的生物油，如快速热解液化法和直接液化法。分离得到油脂后，进一步甲酯化或乙酯化可生产生物柴油。

提取油脂后的藻体还可继续利用，如用作农田肥料，或进行厌氧发酵生产 CH_4、氢气和乙醇等能源。有研究甚至认为，当单位藻细胞的油脂含量低于 40%时，为了获得最大的能量收益，所有藻细胞生物质应该全部用于厌氧发酵。研究发现，利用牛粪水培养色球藻获得了 80%以上的营养物去除，产生的藻类再与牛粪共发酵，获得的 CH_4 产率为 291.83mL CH_4/g VS，而单独藻类的 CH_4 产率只有 202.49mL CH_4/g VS，单独牛粪的 CH_4 产率为 141.70mL CH_4/g VS。以 100 头成年奶牛场粪污处理进行测算，每天可以产生能源 333.79～576.57kW·h（Prajapati et al.，2014）。

目前，利用废水/沼液培养微藻制取燃油在技术上还不成熟，存在一些亟待解决的问题：①某些废水/沼液中存在抑制微藻生长的有害物质，不能直接用于微藻的培养，需要预处理；②培养的微藻难以与废水/沼液进行分离；③微藻具有选择性，不是每种微藻都能在废水/沼液中生长，需要通过筛选和诱导，选择生长率高、嗜污能力强的藻种；④微藻培养及其制备生物柴油的过程中资源消耗高、回报率低。也有学者认为，以往对微藻的产油率评估过于乐观，实际产率只能达到 10～20g/（m²·d），只有理论值的 10%～30%（Monlau et al.，2015）。这些因素限制了微藻生物燃料的商业化应用（张方 等，2018）。

5. 畜禽粪污微生物转化直接产电

畜禽粪污中的化学能可以通过微生物燃料电池（microbial fuel cell，MFC）技术直接转化为电能。MFC 是利用微生物将有机物中的化学能转化为电能的装置。根据电池结构，MFC 可以分为单室型 MFC，双室型 MFC 和堆栈型 MFC。电极材料可以采用石墨、碳纸、碳布、铂、铂黑和网状玻璃碳等。常见的双室型 MFC 装置结构主要包括阳极室、阴极室和中间的质子交换膜。典型的有质子交换膜的双室型 MFC 结构和工作原理图如图 6-11 所示（刘想，2018）。

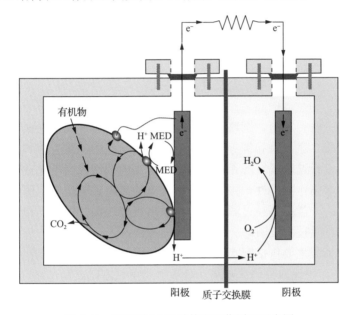

图 6-11　双室型 MFC 结构和工作原理示意图

在阳极室，有机物在微生物作用下分解并释放出电子和质子；释放的电子依靠合适的电子传递介质在生物组分和阳极之间进行有效传递，转移到阳极表面，通过连接阳极与阴极的外导线输送至阴极；释放的质子通过质子交换膜传递到阴极，氧化剂（一般为氧气）在阴极得到电子后被还原，与质子结合生成水。随着阳极区有机物的不断氧化和阴极反应的持续进行，外电路持续产生电流（刘想，2018）。

MFC 在猪场废水、牛场废水处理中有一些研究报道（陈禧 等，2011；Cheng et al.，2014）。以布阴极组为空气阴极的单室型 MFC 处理猪粪废水时，产电输出功率密度可达到 $2.10W/m^3$，COD 和氨氮去除率分别达到 86.7%和 92.8%（郑宇 等，2010）。采用空气阴极 MFC 处理猪场废水时，产电最大功率密度为 $37.5W/m^3$，氨氮去除率达 99.1%，NH_4^+ 去除速率为 269.2g/（$m^3 \cdot d$）（Ding et al.，2017）。采用碳刷作阳极的 MFC 处理猪场废水时，获得了 880MW/m² 的能量密度，热前处理的电刷可以增加 20%的能量密度，达到 1056MW/m²（Ma et al., 2016）。采用单室型 MFC 处理牛粪水时，最大功率密度达到 163W/m³。

在缺乏电力基础设施的局部地区，MFC 具有广泛应用的潜力：①微生物能够将底物直接转化为电能，具有较高的能量转化效率；②MFC 能够在常温环境条件下有效运行；③MFC 不需要进行废气处理，因为产生废气的主要组分是 CO_2；④MFC 不需要输入较大能量，若是单室型 MFC 仅需通风就可以被动地补充阴极气体。

目前 MFC 还处于实验室规模研究阶段，研究报道较少，离实际应用还有较大距离。MFC 的主要问题是输出功率密度较低，电极组件价格昂贵和电池制备成本高。

6.5 养殖废水三级过滤灌溉技术

养殖废水主要由尿液、饲料残渣、畜禽粪便及圈舍冲洗水组成，含有丰富的有机质、腐殖酸、氮、磷和钾等营养成分，以及氨基酸、维生素和酶等生命活性物质。养殖废水经过厌氧发酵无害化处理后产生的沼液应用于农业生产，可以提升土壤肥力和增强作物抗性，并降低环境污染的风险。养殖废水资源化利用技术可分为两大类：一类指不经过滤或简单过滤后直接还田，另一类指经过精密过滤后利用滴灌或喷灌技术还田。

直接还田系统主要包括肥水池、水泵（如果肥水池是高位水池，则水泵可省略）、管网系统和快速取液阀或喷嘴。取液阀或喷嘴出口口径一般选取 5～20mm。图 6-12 是湖南常德某牧场采用半径为 25m 的喷枪（喷嘴）对苜蓿草进行沼液灌溉的照片，苜蓿草是牧草之王，含丰富的蛋白质和大量的矿物质元素及碳水化合物。

图 6-12　沼液直接还田案例

精密过滤后还田的代表性技术为养殖废水三级过滤灌溉技术。养殖废水三级过滤灌溉技术是指通过三级滤网对厌氧发酵的养殖废水进行深度过滤，并通过滴灌系统还田利用的养殖废水处理与利用技术。该技术能够有效降低养殖废水中的固体悬浮物和生化需氧量（biochemical oxygen demand，BOD）含量，降低了大粒径固体杂质堵塞和损坏设备的风险。常用的设备有固液分离机、滤网、沉淀池、蓄水池、滴灌和喷灌等。在沉淀池之间安装不同目数的滤网，过滤养殖废水中的固体悬浮物，需要配置高压微泡曝气和水汽自动联合反冲洗等设备对滤网进行自动冲洗，以解决滤网被悬浮物堵塞的问题；将过滤后的养殖废水与清水在蓄水池内通过电子流量技术进行精确配比，然后采用滴灌系统将养殖废水-清水混合液施用于农田或蔬菜大棚。这项处理技术具有不间断运行、悬浮物去除率高、自动化程度高和养分保留量高等特点，能够实现养殖废水的资源化与无害化利用。

6.5.1　国内外养殖废水三级过滤灌溉技术研究现状

目前，国外学者对养殖废水三级过滤灌溉技术的研究主要集中于过滤效果与效率两个方面，部分学者进行了养殖废水施用效果的研究。Möller 和 Müller（2012）研究发现，经过厌氧发酵的养殖废水进行固液分离处理后，液体中 NH_4^+ 含量可以达到 45%～80%，从而降低氮素损失，并且重金属含量明显降低，将养殖废水施用于农田后，氮素利用率可以提高 20%～25%，提高作物产量。Bauer 等（2009）通过提高离心机的功率，使离心机的工作效率达到 $3.6m^3/h$，实现了养殖废水的高效离心处理。Capra 和 Scicolone（2004）通过设计灌水器与过滤器对养殖废水进行过滤灌溉，实现了养殖废水通过滴灌系统应用于粮食生产，滴灌系统均匀度达到 77%。Kurchania 和 Panwar（2011）自主设计了移动式养殖废水施用器，并使用该仪器对养殖废水进行施用效果研究，结果表明，养殖废水施用后土壤氮、磷、钾含量分别提升了 1.6%、0.7% 和 0.8%，收获指数达到了 40%。Trooien 等（2000）对比研究了 5 种滴灌流速对养殖废水滴灌管道运行的影响，找到了养殖废水滴灌最佳流速，有效降低了养殖废水对滴灌管道堵塞的风险。

与国外相比，国内的研究主要集中于养殖废水过滤与施用对作物产量和品质的影响。王银官等（2015）采用土法工程与过滤网相结合的方法，对养殖废水进行固液分离，通过对过滤系统进行反冲洗和重复反冲洗等措施，达到了防止滴灌管道堵塞的目的。养殖废水施用后提高了有机蔬菜的产量（5%～15%）和品质（维生素 C 含量升高），并降低了 10%～20% 的化肥施用量。孙钦平等（2011）利用三级过滤措施、微泡曝气、水气联合反冲洗和数字控制等技术，实现了废水、养殖废水与水的精确配比与施用。对养殖废水施用效果研究的结果表明，养殖废水施用后蔬菜平均增产 10.5%，玉米平均增产 8.3%，葡萄平均增产 7.8%，并能够有效提高作物品质。邵小达和薛继荣（2015）采用沉淀、过滤、曝气和反冲洗等技术对养殖废水进行三级过滤，通过喷灌设施对设施蔬菜进行灌溉施肥后，黄瓜、茄子和菠菜等蔬菜产量可提高 10%～15%。李胜利等（2014）研究了养殖废水通过滴灌和喷灌方式对小白菜和生菜的影响，发现小白菜和生菜的维生素 C 的含量分别增加了 25.23%和 40.00%。

养殖废水三级过滤灌溉技术可将养殖废水中的固体悬浮物含量降低 60%以上，氮、磷、钾养分保留率在 80%以上，能够实现连续不间断自动清洗滤网，并对作物产量、品质及土壤理化性质产生积极作用。该技术适用于具有配套种植土地的养殖场（大小规模均可），主要针对养殖废水处理难度高、达标排放难的问题，将养殖废水变为液体肥料应用于农业生产，达到种养结合的目的。

6.5.2　养殖废水三级过滤灌溉工艺流程

养殖废水三级过滤灌溉技术工艺整体可分为 3 个部分，分别为养殖废水储存、粗过滤和曝气系统部分（A 区），养殖废水细过滤和自动配比、反冲洗和主体控制系统部分（B 区），田间养殖废水灌溉部分（C 区）。其中 B 区是主体部分，控制着 A 区的曝气系统和 C 区的养殖废水灌溉体系。养殖废水在 A 区经过二级过滤之后，由抽污泵抽取至 B 区，在 B 区经过第 3 次过滤并与清水混合配比到达 C 区，实现养殖废水的灌溉施用（图 6-13）。在第三级过滤中留下的细微固形物则通过 B 区的反冲洗系统返回 A 区的一级过滤池，实现循环运转。

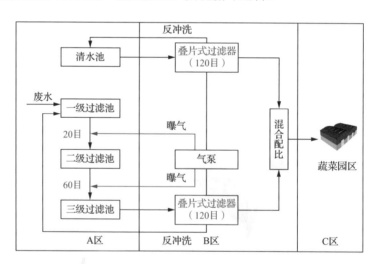

图 6-13　养殖废水三级过滤灌溉技术整体工艺流程图

A 区的主要功能是对养殖废水进行初步过滤，去除大粒径固体悬浮物。过滤设施由 3 部分组成：一级过滤池（沉淀池）、二级过滤池（过渡池）和三级过滤池（清液池），过滤池中间分别用过滤网（20 目和 60 目）隔开。养殖废水由注入口进入一级过滤池，沉淀后经 20 目滤网过滤进入二级过滤池，然后通过 60 目滤网过滤进入三级过滤池中，最后用抽污泵输送至 B 区工作房内，与清水混合后等待灌溉施用。由于养殖废水在过滤时会出现固形物附着于过滤网表面造成网眼堵塞的问题，因此在 B 区工作房内安装有气泵，经主控制系统发出指令后，可以通过网下的曝气管对过滤网进行曝气处理，清洗过滤附着物，以解决养殖废水过滤网堵塞问题。另外在每个过滤池底部铺设曝气管道，可以定时进行曝气处理，以增加水体中的氧气含量，达到除臭的效果。过滤池上部安装水位探测仪器，如果养殖废水在过滤池内达到一定高度，系统会自动停止养殖废水的注入并报警提示。在过滤池顶部安装太阳能集热系统，热水通过铺设于过滤池底部的管道进行循环流动，可以防止养殖废水在冬季结冰，从而保证养殖废水在冬季也能够不间断地处理与灌溉。

　　B 区的主要功能是对养殖废水进行深度过滤及混合液配比。养殖废水经抽污泵送至水逆止阀（水逆止阀功能是防止液体倒流）后，进入叠片式过滤器，过滤精度为 120 目；清水通过蓄水池内的水泵加压，经水逆止阀进入叠片式过滤器，同样经 120 目过滤网过滤后通过气动阀进入电动调节阀，经调整后与养殖废水进行混合，形成养殖废水-清水混合液，通过输送管道进行施肥灌溉。在混合液输送压力过低时，管道加压泵自动气动加压，确保混合液正常输送至各个大棚。在叠片式过滤器下部设有气动排污阀，上部设有高压进气管，与设在过滤器中间的硅橡胶微孔曝气管相连接，以确保叠片式过滤器畅通。在 PLC 工作程序进行叠片式过滤器自动反冲洗时，$4\sim6\mathrm{kg/cm^2}$ 的气体通过硅胶微孔曝气管释放到叠片式过滤器中，将附着在过滤叠片上的污物进行清洗，清洗过程中打开排污阀，将叠片式过滤器中的剩余水及污物排出至沉淀池，确保叠片式过滤器正常工作。

　　C 区的主要功能是将混合液通过滴灌系统进行施肥。在滴灌主管道上安装变频加压泵，以满足多个蔬菜大棚同时灌溉养殖废水的需求。养殖废水灌溉可以根据每个大棚种植作物的特点采用不同的灌溉方式。对于叶菜类，可以设定为小管出流，在每个小管的出口，安装减压塞，防止灌水压力过大；对于果菜类及根菜类，由于蔬菜种植株行距相对固定，可以采用环式滴灌的方法进行滴灌。系统的设计灌溉能力为 $60\mathrm{m^3/h}$ 混合液，可以同时满足 120 个棚的灌溉施肥需求。

6.5.3　养殖废水田间灌溉技术

1. 基肥

　　养殖废水-清水混合液可以作为基肥施用，对当季作物有良好的增产效果，若连续施用，能起到改良土壤和培肥地力的作用。对于不同作物施用量不同，一般粮食作物施用量为 $4\sim5\mathrm{m^3}$/亩，果类蔬菜施用量为 $6\sim8\mathrm{m^3}$/亩，叶类蔬菜施用量为

$5\sim7m^3$/亩，果树施用量为 $6\sim7m^3$/亩。具体施用量还应根据土壤类型不同做相应调整，对于基础肥力比较低、养分保蓄能力差、有机质矿化快和流失多的土壤每亩施用量可增加 $1\sim2m^3$。

2. 追肥

可以直接开沟挖穴浇灌于作物的根部周围，并覆土以提高肥效。也可以结合农田灌溉，将混合液随水灌溉。在养殖废水用作追肥时，可在作物的关键生长期替代 1 次化肥的施用，粮食作物施用量为 $2\sim3m^3$/亩，果类蔬菜施用量为 $3\sim4m^3$/亩，叶类蔬菜施用量为 $2\sim3m^3$/亩，果树施用量为 $3\sim4m^3$/亩。

3. 喷施

（1）频率：每 $7\sim10d$/喷施 1 次。

（2）时间：作物生长季节时喷施以晴天下午最好。喷施应在春、秋和冬季上午露水干后进行；夏季傍晚为好，中午高温及暴雨前不要喷施。

（3）浓度：根据养殖废水浓度、施用作物生长阶段、季节和气温而定，总体原则是：幼苗期、嫩叶期养殖废水：清水混合液比例为 $1:2$；夏季高温期为 $1:1$；气温较低或作物生长中后期时可不加清水。

（4）用量：40kg/亩。

（5）方法：喷施时以叶背面为主，以利于吸收。

4. 注意事项

养殖废水作农用肥料要注意以下几点。

（1）忌过量施用。养殖废水施用时应考虑施用量，不能盲目加大施用量，否则会导致作物徒长，行间荫蔽，造成减产。

（2）忌与草木灰、石灰等碱性肥料混施。草木灰、石灰等碱性较强，会造成养殖废水氮素损失，降低肥效。

（3）对于果树施肥，不同树龄应采用不同的施肥方法。幼树施用养殖废水应以树冠滴水线到树干的距离为直径向外呈环向开沟，开沟不宜太深，一般为 $10\sim35cm$ 深、$20\sim30cm$ 宽，施用后用土覆盖，以后每年施肥要错位开穴，并每年向外扩散，以增加根系吸收养分的范围，充分发挥其肥效。成龄树可呈辐射状开沟，并轮换错位，开沟不宜太深，不要损伤根系，施肥后覆土。

（4）养殖废水宜与化肥配合施用。由于养殖废水中的养分相对含量较低，要达到合理、适用和经济的最佳效果，还要与化肥配合施用。化肥是农作物的重要肥源，其特点是养分含量高和肥效快，但长期施用化肥会对土壤结构产生不利影响。将化肥配合养殖废水施用，可以达到取长补短、提高肥效的作用。

5. 主要农作物施用量

养殖废水-清水混合液作农用肥料的田间施肥量的多少取决于作物种类,不同作物种类施肥量也不尽相同。以猪粪原料发酵物为例,作底肥时,不同作物之间的施肥量差异很大,一般蔬菜类作物施肥量高于粮食作物。

（1）小麦：作为底肥,每亩施用养殖废水-清水混合液 5m³；在拔节前期亩追施养殖废水-清水混合液 2m³,分别在返青期、拔节期喷施浓度为 50%的养殖废水-清水混合液 1 次。

（2）玉米：作为底肥,每亩施用养殖废水-清水混合液 4m³；在小喇叭口期追施养殖废水-清水混合液 2m³,在大喇叭口期喷施浓度为 50%的养殖废水-清水混合液 1 次。

（3）花生：作为底肥,每亩施用养殖废水-清水混合液 4.5m³,生育期不再追肥,在结荚期喷施浓度为 50%的养殖废水-清水混合液 1 次。

（4）甘薯：作为底肥,每亩施养殖废水-清水混合液 4.5m³,生育期不再追肥,在薯块膨大期喷施浓度为 50%的养殖废水-清水混合液 1 次。

（5）番茄：作为底肥,每亩施用养殖废水-清水混合液 7m³；在第一穗果膨大期追施养殖废水-清水混合液 3m³,在第二、三穗果膨大期分别追施尿素 12kg、10kg 和硫酸钾 8kg、6kg,分别在第一、二、三穗果膨大期喷施浓度为 50%的养殖废水-清水混合液 1 次。

（6）黄瓜：作为底肥,每亩施用养殖废水-清水混合液 8m³；在第 1 次黄瓜收获后追施养殖废水-清水混合液 3m³,以后每 15d 左右再追施尿素 10kg、硫酸钾 8kg,追 3 次,并分别喷施浓度为 50%的养殖废水-清水各混合液 1 次。

（7）大椒：作为底肥,每亩施用养殖废水-清水混合液 5m³；在门椒膨大期追施养殖废水-清水混合液 2m³,在对椒膨大期、四母斗膨大期分别追施尿素 15kg、10kg 和硫酸钾 9kg、6kg,并分别喷施浓度为 50%的养殖废水-清水混合液 1 次。

（8）茄子：作为底肥,每亩施用养殖废水-清水混合液 6m³；在对茄膨大期追施养殖废水-清水混合液 3m³,在四母斗膨大期追施尿素 15kg、硫酸钾 10kg 和浓度为 50%的养殖废水-清水混合液 1 次。

（9）大白菜：作为底肥,每亩施用养殖废水-清水混合液 4m³；在莲座期追施养殖废水-清水混合液 3m³,包衣初期追施尿素 14kg、硫酸钾 10kg 和浓度为 50%的养殖废水-清水混合液 1 次。

（10）结球生菜：作为底肥,每亩施用养殖废水-清水混合液 4m³；在莲座期追施养殖废水-清水混合液 2m³,结球初期、中期分别追施尿素 11kg、9kg 和硫酸钾 7kg、5kg,并分别喷施浓度为 50%的养殖废水-清水混合液 1 次。

（11）芹菜：作为底肥，每亩施用养殖废水-清水混合液 4m³；在心叶生长期追施养殖废水-清水混合液 2.5m³，旺盛生长前期、中期分别追施尿素 12kg、8kg 和硫酸钾 6kg、5kg，并分别喷施浓度为 50%的养殖废水-清水混合液 1 次。

（12）花椰菜：作为底肥，每亩施用养殖废水-清水混合液 6m³；在莲座期追施养殖废水-清水混合液 3m³，花球初期、中期分别追尿素 16kg、12kg 和硫酸钾 7kg、6kg，并分别喷施浓度为 50%的养殖废水-清水混合液各 1 次。

（13）菠菜：作为底肥，每亩施用养殖废水-清水混合液 4m³；在生长前期追施养殖废水-清水混合液 2m³，生长旺盛期追施尿素 10kg、硫酸钾 6kg 和浓度为 50%的养殖废水-清水混合液 1 次。

（14）桃树：作为底肥，秋末每亩施用养殖废水-清水混合液 7m³；在萌芽期追施养殖废水-清水混合液 3m³，硬核期追施尿素 12kg、硫酸钾 8kg 和浓度为 50%的养殖废水-清水混合液 1 次。

（15）苹果树：作为底肥，秋末每亩施用养殖废水-清水混合液 7m³；在萌芽期追施养殖废水-清水混合液 3.5m³，幼果膨大期追施尿素 14kg、硫酸钾 8kg 和浓度为 50%的养殖废水-清水混合液 1 次。

第 7 章

种养循环模式技术

7.1 概　　述

习近平指出，要坚持政府支持、企业主体、市场化运作的方针，以沼气和生物天然气为主要处理方向，以就地就近用于农村能源和农用有机肥为主要使用方向，力争在"十三五"时期，基本解决大规模畜禽养殖场粪污处理和资源化问题。畜禽粪污中含有大量的有机物和氮、磷等养分，能满足农作物生长过程中对多种养分的需求，是很好的有机肥料资源。经过适当处理后可以作为有机肥应用，不仅能有效防治畜禽粪污造成的环境污染，还能减少农业生产的化肥消耗，具有极大的生态环境效益，欧美等发达国家借助种养循环模式，均成功解决了畜禽粪污的环境污染问题。种养循环是种植业与养殖业紧密结合的生态农业模式，种植业生产的作物能够给畜禽养殖提供饲料，并消纳养殖业废弃物，而畜禽养殖产生的粪便又可以作为有机肥的基础，为种植业提供有机肥来源，从而形成物质和能量的互补循环，实现农业绿色发展。

近年来，我国把种养循环农业发展提到了前所未有的高度，相继出台了多个重要文件、规划和指导性意见，提出按照"以种带养、以养促种"的种养结合、循环发展理念，以就地消纳、能量循环和综合利用为主线，构建集约化、标准化、组织化和社会化相结合的种养加协调发展模式，促进农业可持续发展。实施种养循环农业战略具有极其重要的意义。

7.1.1 种养循环有利于转变农业发展方式

近年来，党中央国务院着眼全局，始终把"三农"（农业、农村和农民）工作作为全党和全国工作的重中之重，相继出台了一系列强农惠农富农政策。截至目前，粮食生产已实现"十九连丰"，农民收入大幅增加，农业农村经济取得了巨大成效，为经济社会发展提供了有力支撑。但是，随着经济发展进入新常态，农业发展的内外部环境正发生着深刻的变化，生态环境和资源条件的"紧箍咒"越来越紧，农业农村环境治理的要求也越来越迫切。面对新形势，需要加快转变农业发展方式，由过去主要依靠拼资源拼消耗，转到资源节约、环境友好的可持续发展道路上来。发展种养循环农业，以资源环境承载力为基准，进一步优化种植业和养殖业的结构，开展规模化种养加一体化建设，逐步完善农业内部循环链条，促进农业资源环境的合理开发与有效保护，不断提高土地产出率、资源利用率和劳动生产率，走资源节约、环境友好、经济高效的可持续发展道路，兼顾粮食满仓和绿水青山，促进农业绿色发展。

7.1.2　种养循环有利于发展农业循环经济

畜禽养殖产生的粪污、垫料等废弃物，含有农作物生长所必需的氮、磷和钾等多种营养成分，是作物生长不可或缺的肥料，施用于稻田、果园和菜地等有助于改良土壤结构，提高土壤的有机质含量，提升耕地地力，减少化学投入品施用，降低土壤污染风险。1t 粪便的养分含量相当于 20～30kg 化肥，可生产 60～80m³ 沼气。我国畜禽养殖每年产生粪污约 38 亿 t，资源利用潜力巨大。发展种养循环农业，按照"减量化、再利用、资源化"的循环经济理念，推动农业生产由"资源—产品—废弃物"的线性经济向"资源—产品—再生资源—产品"的循环经济转变，可有效提升农业资源利用效率，促进农业循环经济发展。

7.1.3　种养循环有利于治理农业生态环境

随着农业集约化程度的提高和养殖业的快速发展，过量和不合理使用化肥、农药，以及畜禽粪便直接排放造成污染的问题越来越突出。《第二次全国污染源普查公报》数据显示，2017 年全国农业源 COD 排放量为 1067.13 万 t，总氮排放量为 141.49 万 t，总磷排放量为 21.20 万 t。2017 年我国农用化肥施用量为 5895.4 万 t，亩均化肥施用量远高于世界主要国家施肥水平。在粮食与畜牧业生产重点地区，科学发展种养结合，优化调整种养比例，改善农业环境和资源利用方式，促进养殖废弃物转化为优质有机肥、燃料或其他可供利用的原料，"变废为宝、变害为利"是减少农业面源污染、改善农村人居环境、建设美丽乡村的关键措施。

7.1.4　种养循环有利于提高农业竞争力

我国几千年的农业发展历程中，很早就出现了"相继以生成，相资以利用"等朴素的生态循环发展理念，形成了种养结合、精耕细作和用地养地等与自然和谐相处的农业发展模式。当前，我国农业生产力水平虽然有了大幅提高，但农业发展数量与质量、总量与结构、成本与效益、生产与环境等方面的问题依然比较突出。根据资源承载力和种养业废弃物消纳半径，合理布局养殖场，配套建设饲草基地和粪污处理设施，引导农民以市场为导向，加快构建粮经饲统筹、种养加一体化与农牧渔相结合的现代循环农业结构，带动无公害农产品、绿色食品、有机农产品和地理标志农产品健康有序发展，有利于进一步提升农业全产业链附加值，促进一二三产业融合发展，提高农业综合竞争力。

7.2 技 术 单 元

种养循环的前提条件是有足够的农田对畜禽粪污中的养分进行消纳。规模化养殖场可以通过自有、流转和租赁等形式配套粪肥养分消纳农田，配套农田面积的测算方法可参照《畜禽粪污土地承载力测算技术指南》（农办牧〔2018〕1 号）。配套农田面积测算通常以氮为限制性养分，如果养殖场所在地的土壤磷含量较高，则应以磷为限制性养分进行测算。

7.2.1 农田测算

规模化养殖场种养循环所需农田面积的科学测算须综合考虑养殖场废弃物养分供给量、周围农作物种植的养分需求量及粪肥施用农田的土壤质量，具体测算方法和步骤如下。

1. 养殖场废弃物养分供给量

1）畜禽粪尿养分排泄量

不同畜禽的粪尿养分排泄量不同，同一畜禽不同生长阶段的粪尿养分排泄量也不相同，养殖场畜禽粪尿养分排泄量（$Q_{o,p}$）为养殖场各饲养阶段动物排泄粪尿养分之和，可以按式（7-1）计算：

$$Q_{o,p} = \sum AP_{o,i} \times MP_{o,i} \times 365 \times 10^{-3} \tag{7-1}$$

式中，$Q_{o,p}$ 为养殖场每年畜禽粪尿养分排泄总量（t/a）；$AP_{o,i}$ 为养殖场饲养动物第 i 阶段的平均存栏量［头（只）］；$MP_{o,i}$ 为第 i 阶段动物每日粪尿养分排泄量［kg/（头·d）或 L/（头·d）］。优先采用养殖场自测数据或当地畜禽粪尿产生量测定数据，也可参照表 7-1。

表 7-1 不同动物不同饲养阶段粪尿养分排泄量推荐值　　单位：kg/（头·d）

畜禽	饲养阶段	粪便产生量	尿液产生量	粪尿氮排泄量	粪尿磷排泄量
生猪	保育	0.67	1.48	18.34×10^{-3}	2.54×10^{-3}
	育肥	1.41	2.84	36.26×10^{-3}	5.19×10^{-3}
	妊娠	1.71	4.80	45.98×10^{-3}	8.18×10^{-3}

续表

畜禽	饲养阶段	粪便产生量	尿液产生量	粪尿氮排泄量	粪尿磷排泄量
奶牛	育成	14.63	7.73	116.00×10^{-3}	16.48×10^{-3}
	产奶	30.30	14.80	250.04×10^{-3}	41.69×10^{-3}
肉牛	育肥	13.63	8.43	108.53×10^{-3}	13.58×10^{-3}
蛋鸡	育雏育成	0.09	—	0.79×10^{-3}	0.18×10^{-3}
	产蛋	0.13	—	1.17×10^{-3}	0.31×10^{-3}
肉鸡	商品肉鸡	0.14	—	1.24×10^{-3}	0.31×10^{-3}

数据来源:《第一次全国污染源普查畜禽养殖业源产排污系数手册》。

2）畜禽废弃物养分供给量

畜禽排泄的粪尿需要通过适当的清粪方式进行收集,目前养殖场常用清粪方式有人工干清粪、机械干清粪和水泡粪等。收集的畜禽粪尿废弃物进入贮存和处理设施,养殖场采取的贮存方式和处理工艺不同,畜禽废弃物在贮存和处理过程中的养分损失也不同;畜禽废弃物农田施用过程中所采用的施肥方法不同,养分损失也有差别。综合考虑畜禽废弃物在贮存、处理和施用过程中的养分损失,畜禽废弃物养分供给量可根据畜禽粪尿养分氮(磷)排泄量和养分留存率,按式(7-2)计算:

$$Q_{o,Ap} = \sum(\sum(Q_{o,p} \times PC_k \times (1 - PL_k)) \times PA_{o,lp}) \times (PA_l \times (1 - PL_l)) \qquad (7-2)$$

式中, $Q_{o,Ap}$ 为养殖场每年畜禽废弃物养分供给量(t/a); PC_k 为养殖场畜禽废弃物第 k 种处理方式所占比例(%); PL_k 为第 k 种处理方式氮(磷)养分损失率(%),优先采用养殖场自测数据或当地同种处理方式的氮(磷)养分损失率测定数据,也可参照表 7-2。 $PA_{o,lp}$ 为养殖场畜禽粪便贮存和处理后进行农田施肥利用所占比例(%); PA_l 为养殖场第 l 种施肥方式所占比例(%); PL_l 为第 l 种施肥方式氮(磷)养分损失率(%),优先采用养殖场自测数据或当地同种处理方式的氮(磷)养分损失率测定数据,也可参照表 7-2。

表 7-2　不同废弃物处理和施用方式的养分损失率推荐值　　　　单位:%

项目	粪便处理方式			施肥方式		
	厌氧发酵	堆肥	氧化塘	表施	深施	喷洒
氮损失率	5.0	20.0	15.0	20.0	5.0	40.0
磷损失率	5.0	5.0	5.0	5.0	0.0	10.0

数据来源:《畜禽粪污土地承载力测算技术指南》(农办牧〔2018〕1号)。

如果养殖场在施肥前对粪肥养分含量进行了测定,则无须考虑粪便处理方式及其处理过程中的养分损失率，直接用粪肥养分测定值乘以粪肥体积再乘以施肥过程中的养分损失率即可，式（7-1）和式（7-2）可合并简化成式（7-3），估算如下：

$$Q_{o,Ap} = \sum((C_{F,Ap} \times V_F) \times (PA_i \times (1 - PL_l))) \tag{7-3}$$

式中，$C_{F,Ap}$ 为养殖场畜禽废弃物施肥前测定的养分浓度（$10^{-3}kg/m^3$）；V_F 为养殖场每年畜禽废弃物肥料体积（m^3/a）。

2. 农作物种植的养分需求量

1）单位面积农作物种植的养分需求量

根据养殖场周围配套农田种植作物种类、种植制度及不同作物的预期产量等参数，计算单位面积农作物种植的养分需求量，按式（7-4）计算：

$$NU_{o,h} = \sum(PH_i \times Q_i \times 10) \tag{7-4}$$

式中，$NU_{o,h}$ 为养殖场周围单位面积农作物种植每年养分需求总量[$kg/(hm^2 \cdot a)$]；PH_i 为养殖场周围农田种植的第 i 季作物目标产量（t/季）；Q_i 为第 i 季作物在目标产量水平下形成 100kg 产量所需吸收氮、磷营养元素的量（kg/100kg），优先采用当地数据，也可参照表 7-3。

表 7-3　不同作物形成 100kg 产量或树木形成 $1m^3$ 木材需要吸收氮、磷量的推荐值

作物种类		氮/kg	磷/kg
大田作物	小麦	3.0	1.0
	水稻	2.2	0.8
	玉米	2.3	0.3
	谷子	3.8	0.44
	大豆	7.2	0.748
	棉花	11.7	3.04
	马铃薯	0.5	0.088
蔬菜	黄瓜	0.28	0.09
	番茄	0.33	0.1
	青椒	0.51	0.107
	茄子	0.34	0.1
	大白菜	0.15	0.07
	萝卜	0.28	0.057
	大葱	0.19	0.036
	大蒜	0.82	0.146

续表

作物种类		氮/kg	磷/kg
果树	桃	0.21	0.033
	葡萄	0.74	0.512
	香蕉	0.73	0.216
	苹果	0.3	0.08
	梨	0.47	0.23
	柑橘	0.6	0.11
经济作物	油料	7.19	0.887
	甘蔗	0.18	0.016
	甜菜	0.48	0.062
	烟叶	3.85	0.532
	茶叶	6.40	0.88
人工草地	苜蓿	0.2	0.2
	饲用燕麦	2.5	0.8
人工林地	桉树	3.3 kg/m³	3.3 kg/m³
	杨树	2.5 kg/m³	2.5 kg/m³

数据来源：《畜禽粪污土地承载力测算技术指南》(农办牧〔2018〕1号)。

2）单位面积农作物种植需要施用的粪肥量

单位面积农作物养分需求由土壤养分供给和施肥供给两部分组成,其中单位面积农作物养分需求的施肥供给部分与土壤肥力有关,不同土壤肥力的分级指标如表 7-4 所示。其中Ⅰ级、Ⅱ级和Ⅲ级土壤肥力下,农作物种植的施肥供给创造的产量占总产量的比例分别为 30%～40%、40%～50% 和 50%～60%。单位面积农作物种植需要施用的粪肥量可由配套农田单位面积农作物种植氮(磷)养分需求总量乘以不同土壤肥力下农作物由施肥供给创造的产量比例计算。

表 7-4　土壤肥力分级指标

土壤类别	不同肥力水平的土壤总氮含量/（g/kg）		
	Ⅰ	Ⅱ	Ⅲ
旱地（大田作物）	>1.0	0.8～1.0	<0.8
水田	>1.2	1.0～1.2	<1.0
菜地	>1.2	1.0～1.2	<1.0
果园	>1.0	0.8～1.0	<0.8

数据来源：《畜禽粪污土地承载力测算技术指南》(农办牧〔2018〕1号)。

单位面积农作物种植粪肥养分需求量取决于作物种植施肥中粪肥所占比例和粪肥养分的当季利用率，计算单位面积农作物种植需要施用的粪肥量按式（7-5）计算：

$$NU_{M,h} = \frac{NU_{F,h} \times MP}{MR} \qquad (7\text{-}5)$$

式中，$NU_{M,h}$ 为单位面积农作物种植每年需要施用的粪肥量 $[kg/(hm^2 \cdot a)]$；$NU_{F,h}$ 为单位面积农作物种植每年的施肥量 $[kg/(hm^2 \cdot a)]$；MP 为农作物种植所施用氮（磷）养分中畜禽粪肥养分所占比例（%）；MR 为畜禽粪肥养分的当季利用率（%）。因土壤理化性状、通气性能、湿度和温度等条件不同，畜禽粪便养分的当季利用率一般为 25%～30%。

3. 养殖场配套农田面积计算

养殖场配套农田面积可根据养殖场畜禽废弃物养分供给量和单位面积农作物种植需要施用的粪肥量按式（7-6）计算：

$$S_{LAND} = \frac{Q_{o,Ap} \times 1000}{NU_{M,h}} \qquad (7\text{-}6)$$

式中，S_{LAND} 为养殖场需要配套的农田面积（hm^2）；$Q_{o,Ap}$ 为养殖场畜禽粪便施肥后进入农田的养分总量（t/a）；$NU_{M,h}$ 为单位面积农作物种植每年需要施用的粪肥量 $[kg/(hm^2 \cdot a)]$。

本节估算的养殖场配套农田面积为养殖场废弃物肥料化利用所需要的农田，畜禽废弃物肥料可以是液体粪肥，也可以是固体粪肥，为了避免粪肥远距离运输增加成本，畜禽废弃物肥料尤其是液体粪肥，最好能就近利用。

7.2.2　粪污收集和贮存方式

规模化养殖场每天都在产生粪污，而种植业并非每天都需要施肥，非施肥期的畜禽粪污应妥善贮存。因此，贮存是种养循环生态农业模式的重要环节，贮存设施是种养循环生态农业模式中必不可少的重要设施，用于处理和利用前的畜禽粪便和污水的存放。《畜禽规模养殖污染防治条例》要求畜禽养殖场、养殖小区根据养殖规模和污染防治的需要，建设相应的畜禽粪便和污水的贮存设施。

1. 畜禽粪便贮存设施

1）选址
应根据养殖场面积、规模及远期规划选择畜禽粪便贮存设施的建造地址，并做好以后扩建的计划安排，贮存设施的选址应远离各类功能地表水体，设在养殖场生产及生活管理区的常年主导风向的下风向或侧风向处，同时应满足养殖场总体布置及工艺要求，布置紧凑，方便施工和维护，与养殖场生产区相隔离，满足防疫要求。

2）容积计算

固体粪便贮存设施的有效容积为贮存期内粪便的产生总量，其容积大小 S 按式（7-7）计算：

$$S = \frac{N \times M_w \times D}{M_d} \tag{7-7}$$

式中，S 为固体粪便贮存设施的有效容积（m^3）；N 为存栏动物的数量（头）；M_w 为该养殖场单位动物单位时间粪便产生量 [kg/（头·d）]。如果没有实测数据，可以参照表 7-5 数据进行计算；D 为贮存时间（d）。具体贮存天数根据粪便后续处理工艺确定，即根据畜禽粪便贮存后采取的堆肥、栽培基质、牛床垫料、种植蘑菇、养殖蚯蚓蝇蛆和碳棒燃料等技术的实际需求确定畜禽粪便的贮存天数；M_d 为粪便密度（kg/m^3），一般为 970～1000kg/m^3。

表 7-5　单位动物单位时间的粪便产生量　　　　单位：kg/（头·d）

地区	动物种类	饲养阶段	粪便产生量	地区	动物种类	饲养阶段	粪便产生量
华北	生猪	保育	1.04	华东	生猪	保育	0.54
		育肥	1.81			育肥	1.12
		妊娠	2.04			妊娠	1.58
	奶牛	育成	15.83		奶牛	育成	5.09
		产奶	32.86			产奶	31.60
	肉牛	育肥	15.01		肉牛	育肥	4.80
	蛋鸡	育雏育成	0.08		蛋鸡	育雏育成	0.07
		产蛋	0.17			产蛋	0.15
	肉鸡	商品肉鸡	0.12		肉鸡	商品肉鸡	0.22
东北	生猪	保育	0.58	中南	生猪	保育	0.61
		育肥	1.44			育肥	1.18
		妊娠	2.11			妊娠	1.68
	奶牛	育成	15.67		奶牛	育成	16.61
		产奶	33.47			产奶	33.01
	肉牛	育肥	13.89		肉牛	育肥	13.87
	蛋鸡	育雏育成	0.06		蛋鸡	育雏育成	0.12
		产蛋	0.10			产蛋	0.12
	肉鸡	商品肉鸡	0.18		肉鸡	商品肉鸡	0.06

续表

地区	动物种类	饲养阶段	粪便产生量	地区	动物种类	饲养阶段	粪便产生量
西南	生猪	保育	0.47	西北	生猪	保育	0.77
		育肥	1.34			育肥	1.56
		妊娠	1.41			妊娠	1.47
	奶牛	育成	15.09		奶牛	育成	10.50
		产奶	31.60			产奶	19.26
	肉牛	育肥	12.10		肉牛	育肥	12.10
	蛋鸡	育雏育成	0.12		蛋鸡	育雏育成	0.06
		产蛋	0.12			产蛋	0.10
	肉鸡	商品肉鸡	0.06		肉鸡	商品肉鸡	0.12

数据来源:《第一次全国污染源普查畜禽养殖业源产排污系数手册》。

3)结构和形式

畜禽固体粪便贮存设施（图 7-1）的形式建议采用地上"п"型槽式堆粪池，地面采用混凝土结构，设施地面向"п"型槽的开口方向倾斜，坡度为 1%，坡底设排污沟；污水排入污水贮存设施。设施地面应满足粪便运输车荷载的需要，同时地面防渗；墙采用砖混或混凝土结构、水泥抹面；墙体厚度不少于 240mm，墙体防渗；顶部设置雨棚，顶棚下玄与设施地面净高不低于 3.5m，方便运输车间进入。

图 7-1　畜禽固体粪便贮存设施

4)其他注意事项

畜禽固体粪便贮存设施周围应设置排水沟，防止径流和雨水进入固体粪便贮存设施内，排水沟不得与排污沟并流。畜禽固体粪便贮存设施周围应设置明显的标志及围栏等防护设施，设专门通道直接与外界相通，避免粪便运输经过生活区和生产区。对粪便存放过程中排放的臭气应采取措施进行处理，防止污染空气，畜禽粪便贮存过程中恶臭及污染物排放应符合《畜禽养殖业污染物排放标准》（GB 18596—2001）。

应定期对畜禽固体粪便贮存设施进行安全检查，发现问题及时解决，防止突发事件的发生。同时由于粪便污水贮存过程可能会排放可燃气体，因此应制定必要的防火措施。

2. 养殖污水贮存设施

1）选址

养殖污水贮存设施应根据远期规划合理选择建造地址，应远离各类功能地表水体，并设在养殖场生产区、生活区和管理区的常年主导风向的下风向或侧风向处，同时应充分考虑养殖场整体布局，根据污水所采用的处理工艺及后续的污水利用方式，尽量减少污水运输环节。应充分利用当地的地形条件，以方便施工和维护，减少占地面积，与养殖场生产区相隔离，满足防疫要求。

2）容积计算

养殖污水贮存设施容积 V 按式（7-8）计算：

$$V = L_w + R_O + P \qquad (7\text{-}8)$$

式中，V 为养殖污水贮存设施容积（m^3）；R_O 为降雨体积（m^3），以 25 年一遇的 24h 最大降雨量来计算；P 为预留体积（m^3），按照预留 0.5m 高的空间体积计算预留降雨的体积；L_w 为污水体积（m^3）。污水体积（L_w）按式（7-9）计算：

$$L_w = N \times Q \times D / 1000 \qquad (7\text{-}9)$$

式中，N 为存栏动物的数量（头）；Q 为单位时间单位动物污水产生量[L/（头·d）]，如果没有实测数据，可按照表 7-6 数据进行计算；D 为污水贮存时间（d），其值依据后续污水处理工艺的要求确定。

表 7-6　畜禽养殖场单位时间单位动物污水的最高允许排放量

动物种类	猪/［m³/（百头·d）］		鸡/［m³/（千只·d）］		牛/［m³/（百头·d）］	
季节	冬季	夏季	冬季	夏季	冬季	夏季
最高允许排放量	1.2	1.8	0.5	0.7	17	20

数据来源：《畜禽养殖业污染物排放标准》（GB 18596—2001）。

3）结构和形式

养殖污水贮存设施有地下式和地上式两种。土质条件好、地下水位低的场地宜建造地下式养殖污水贮存设施；地下水位较高的场地宜建造地上式养殖污水贮存设施。根据场地大小、位置和土质条件，可选择方形、长方形和圆形等建造形式。对养殖污水贮存设施的内壁和底面进行防渗处理，贮存设施底部应高于地下水位 0.6m 以上，贮存设施的高度或深度不超过 6m。

4）其他注意事项

地下式养殖污水贮存设施周围应设置导流渠,防止雨水径流进入贮存设施内,进水管道直径最小为 300mm,进水口和出水口设计应尽量避免在设施内产生短流、沟流、返混和死区,同时进口至出口方向应避开当地常年主导风向。地上式养殖污水贮存设施应设有自动溢流管道,设施周围应设置明显的标志或者高 0.8m 的防护栏（图 7-2）。

图 7-2 地上式养殖污水贮存设施

7.2.3 粪污农田利用

1. 粪污农田利用模式

种养循环农业模式与区域自然条件、产业类型及资源禀赋紧密相关。我国各地根据区域特点及实际情况,选择不同的农业废弃物资源化利用方式,形成了不同类型的种养循环农业模式。随着我国农业循环经济的不断壮大和循环农业技术的不断增强,发展种养循环农业十分必要且迫切。以沼气工程为纽带的种养循环农业模式是循环经济在农业领域的具体应用形式之一,将养殖业产生的畜禽粪便经过厌氧发酵产生的沼气作为新型优质燃料用于生产生活,或将沼气提纯得到的生物天然气直接作为石化天然气的替代燃料。排出的沼渣、沼液含有多种养分和微量元素,可经过好氧发酵生产优质有机肥,形成以规模化生物天然气工程和大型沼气工程为纽带的种养循环农业模式和以中小型沼气工程和户用沼气为纽带的种养小循环模式（赵立欣 等,2017）。尽管沼气工程已广泛应用于畜禽粪污资源化利用,但沼气工程的运行需要一定的环境和管理条件,一些畜禽养殖场根据自身规模和粪污特点探索出了以好氧发酵为纽带的种养循环农业模式和种养结合型家庭农场模式等不同种养循环农业模式。

1）中小型沼气工程和户用沼气为纽带的种养小循环模式

在农户有散养习惯和中小型养殖场密布的地区,适宜发展户用沼气和中小型沼气工程,产生的沼气用于农户家庭和养殖场清洁燃气需求,沼渣、沼液可直接还田，尤其可推进特色产业绿色生产模式，提高农产品品质，促进种养平衡循环农业的发展。

（1）"三位一体"生态农业模式。20世纪80年代以来，中国各地以沼气为纽带的生态农业得到了较大的发展，其中南方地区出现了以广西壮族自治区恭城县、江西省赣州市和广东省梅州市为代表的猪-沼-果模式，该模式是以沼气为纽带、以养殖为龙头和以种植为重点的"三位一体"的生态模式（图7-3），该模式结合南方特点，除果业外，还与粮食和蔬菜等其他作物相结合，形成了牧-沼-果、猪-沼-菜、猪-沼-鱼和猪-沼-稻等衍生模式（李克敌 等，2008；王齐奖 等，2016）。其中，猪-沼-菜（稻、果、林、茶、草）生态型养猪模式的主要做法是将养猪产生的粪尿作为沼气发酵原料，沼气池产生的沼渣、沼液运送至菜园、水稻田、果（茶）园、草地或林（竹）地等用作基肥、追肥，产生的沼气通过专用管道输送至农户，作家庭燃料。这些适合南方地区的养殖+沼气+种植"三位一体"生态农业模式正在不断完善和推广。

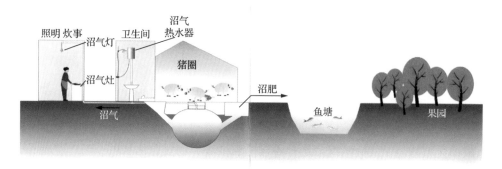

图7-3　养殖+沼气+种植"三位一体"生态农业模式示意图（农业部科技教育司和中国农学会，2003）

陕西省洋县超过一半的农户采用畜-沼-菜循环农业模式，26.4%的农户采用畜-沼-粮循环农业模式，超过74%的沼气农户使用沼肥（赵立欣 等，2017）。

（2）"四位一体"生态农业模式。我国北方地区"四位一体"农村能源生态模式以庭院为基础，以太阳能为动力，将沼气技术、种植技术与养殖技术有机结合起来，沼气池、猪舍、厕所和日光温室相辅相成，从而形成一个高效、节能的农业生态生产系统（图7-4）。"四位一体"生态农业模式是生态家园富民计划中能源生态模式的一种，是有别于南方猪-沼-果、西北"五配套"（每户建1个沼气池、1个果园、1个暖圈、1个蓄水窖和1个看营房）模式的一种适合北方地区的能源生态模式工程，它依据生态良性循环的原理，把沼气池、畜禽舍和厕所以结构优化的形式建在塑料薄膜日光温室内，组成"四位一体"综合利用生产体系。日光温室是"四位一体"生态模式的主体，沼气池、猪舍、厕所和栽培室都建在温室中，整个系统呈全封闭状态。日光温室由一内山墙隔成两部分。在山墙一侧建有

1 个 20m^2 的猪舍和 1 个 1m^2 的卫生厕所，山墙另一侧为作物栽培室。内山墙上有两个换气孔，从而在室内形成 CO_2-O_2 互补体系，猪舍可以为作物提供 CO_2，作物的光合作用又可为猪的生长提供 O_2。在辽宁省平均每栋"四位一体"生态模式每年可生产沼气 300~350m^3，节约薪柴 1200~1500kg，提供优质沼肥 16m^3，出栏生猪 5~15 头，冬季生产蔬菜、水果 15kg/m^2 以上，户均纯收入 5000 元左右，收入多的可达几万元，投资回收期一般为 1~4 年。经过近 20 年的推广应用，我国北方地区"四位一体"生态农业模式已由 1990 年的 0.17 万户增加到 2007 年的 60 余万户，农村生态环境、农业综合生产力得到了有效的改善和提高（李轶 等，2009）。

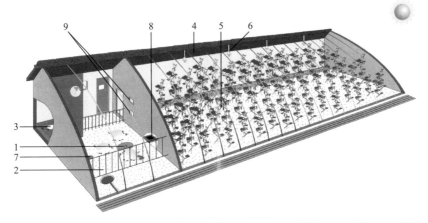

1. 沼气池；2. 猪圈；3. 厕所；4. 日光温室；5. 菜地；6. 沼气灯；7. 进料口；8. 出料口；9. 通气口。

图 7-4　北方"四位一体"生态农业模式（农业部科技教育司和中国农学会，2003）

北方"三位一体"的沼气生态模式由沼气池、太阳能畜禽舍和厕所 3 部分组成。此模式适用的区域为北纬 32° 以北的地区，包括江苏省南京市、安徽省合肥市、湖北省襄阳市、四川省巴中市和马尔康市、西藏自治区那曲市和昌都市，以及这些地区以北的各省及自治区。北方"三位一体"沼气生态模式利用日光温室塑料薄膜的透光性和阻散性，并配套复合保温墙体结构，将太阳能转化为热能，同时防止热量及水分的散失，达到增温、保温的目的，使沼气池在冬季寒冷条件下也能够正常运转。沼气的经济效益与其综合利用程度密切相关。沼气与种植相结合（即"四位一体"生态模式）的经济效益非常显著，其初始投资为 5000~6000 元，年效益依据饲养畜禽数量和种植果、菜品种不同可以达到 5000 元到几万元，一般投资回收期为 1~5 年（王勇民 等，2005）。

（3）"五位一体"生态农业模式。"五位一体"庭院生态农业模式是以节能日光温室为依托，以沼气为纽带，集生活、日光温室棚菜生产、沼气池、猪舍、厕所和燃池为一体的综合利用模式。日光温室棚菜生产、养猪和沼气池充分利用太阳能和生物质能进行物质生产，在生产实践中被广泛应用。但是，在广大北方地区，冬季温度低，使日光温室棚菜生产、猪舍养猪和沼气池的应用受到很大的限制。为解决沼气池因冬季气温低而不能利用或利用率不高，弥补日光温室冬季光照时间短、温度低和 CO_2 气体的不足，经营管理人员的生活和管理条件差等问题，依据日光温室、养猪和沼气池三者各自的特点及相互之间的关系，将日光温室棚菜生产、沼气池、猪舍、厕所与燃池有机地结合起来，形成了"五位一体"的综合利用模式。"五位一体"庭院生态农业模式具有明显的经济效益、生态效益和社会效益（白义奎 等，2002）。

西北"五配套"生态果园模式是从西北黄土高原地区的实际出发，依据生态学、经济学和系统工程学原理，从有利于农业生态系统物质和能量的转换与平衡出发，充分发挥系统内的动植物与光、热、气、水和土等环境因素的作用，建立生物种群互惠共生、相互促进和协调发展的能源-生态-经济良性循环发展系统，高效率利用农民所拥有的土地资源和劳动力资源，引导农民增收，创造良好的生态环境，带动农村经济持续发展。该模式以农户土地资源为基础，以太阳能为动力，以新型高效沼气池为纽带，形成以农带牧、以牧促沼、以沼促果、果牧结合、配套发展的良性循环体系。其系统要素是以 5 亩左右的成龄果园为基本生产单元，在果园或农户住宅前后配套 1 口 $8m^3$ 的新型高效沼气池、1 座 $12m^2$ 的太阳能猪圈、1 眼 $60m^3$ 的水窖及配套的集雨场和 1 套果园节水滴灌系统，形成能源-生态-经济良性循环发展系统（图 7-5）。

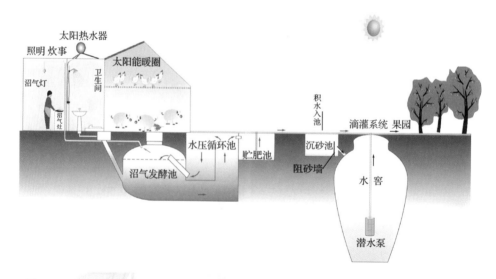

图 7-5 西北"五配套"生态果园模式示意图（农业部科技教育司和中国农学会，2003）

2）种养结合型家庭农场模式

种养结合型家庭农场模式是一种将种植业与生猪养殖业充分结合的生态循环农业模式，即以农户家庭为单位开展适度种、养一体化生产，生猪养殖为种植业提供优质的有机肥，农作物又可作为生猪养殖的饲料来源，形成农业生态的良性循环链。2004 年起，上海市松江区开展了种养结合型家庭农场建设试点，2008年探索发展种养结合型家庭农场模式。该模式以上海松林畜禽养殖专业合作社为纽带，采用公司+农户经营模式运营。该模式下，农场生猪养殖产生的粪肥通过氧化发酵处理后还到所配套的农田里，为农田提供优质绿肥，生猪养殖环节产生的粪肥可做到 100%收集和 100%资源化利用。

养猪场+农田的种养结合型家庭农场是松江农业的一大创举，首先通过土地流转将土地集中，每户种植面积为 100～200 亩，在农田边建有统一规划、设计、建造的标准化猪舍 1 栋，猪舍一般占地 3 亩；上海松林畜禽养殖专业合作社通过公司+农户经营模式与农户签订代养协议，合作社向农户提供 60 日龄的仔猪（约30kg），饲料由公司提供，种养结合型家庭农场采用全进全出饲养方式，年出栏商品肉猪 1200～1800 头，养猪所需的饲料、疫苗和药物等投入品由公司统一配送，并派专业人员对饲养管理、疫病防控等进行技术指导。农户将生猪养到 115kg 左右出栏，由松林公司收购，向农户支付代养费，确保农户养殖零风险。该模式粪污处理流程为：粪尿通过漏缝地板长孔流入排粪沟和暂存池；在一个批次生猪饲养结束后（约 5 个月），与清洗圈舍的水一起形成的水泡粪，通过排污泵经管道打入田间储存池发酵；储粪池内猪粪尿在田间发酵池内贮存发酵 6～9 个月，发酵后的猪粪尿作为粮食作物的基肥或分蘖肥，通过淌灌、喷灌的形式就近还田，每年根据耕种季节，还田 2～3 次。据测定分析，通过这种模式年均可减少化肥用量30%，每亩每年节约种粮成本 35 元，并且可有效改善土壤团粒结构，提高土壤蓄水蓄肥能力（沈富林 等，2017）。

3）大规模养殖场（集中处理中心）种养结合模式

（1）以规模化生物天然气工程和大型沼气工程为纽带的种养循环农业模式。该模式以畜禽粪污、农作物秸秆等废弃物为原料，通过规模化生物天然气工程、规模化大型沼气工程，上联养殖业、下联种植业，实现种养结合，以及物质和能量的循环利用。该模式的主要工艺流程是畜禽粪便等废弃物收集—规模化生物天然气/大型沼气工程—沼肥直接还田/沼肥高值化还田，主要适用于大型养殖场和粮食主产区等农业废弃物生产量大的区域。随着我国对规模化生物天然气工程和大型沼气工程支持力度的不断加大，该种养循环农业模式的应用越来越广泛（赵立欣 等，2017）。

华北和东北地区是中国粮食主产区，养殖业规模化程度高，畜禽粪污、秸秆和尾菜等农业废弃物产生量大，多采用规模化养殖场畜禽粪便—生物天然气/规模化沼气工程—沼肥还田/高值利用模式（图 7-6）。例如，北京市某大型养殖场沼气工程以鸡粪为原料进行厌氧发酵，生产的沼气用于发电和沼气池保温，沼渣沼液通过订单农业的模式出售给当地的农民还田使用，形成了热-电-肥联供模式。山东省某沼气发电工程年可处理鸡粪 18 万 t，生产沼气 1095 万 m^3，生产有机肥 25 万 t，形成了鸡—肥—沼—电—生物肥的循环产业链，达到沼气热电联供、沼渣沼液无害化利用的目的。

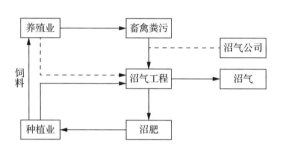

图 7-6　以沼气工程为纽带的种养循环农业模式流程示意图

西北地区农田消纳沼液能力强，多采用养殖场粪污分散收集—生物天然气/规模化沼气工程—沼肥直接还田模式。例如，宁夏回族自治区青铜峡市大型沼气工程和甘肃省某集团现代循环农业示范园都形成了分散养殖沼气集中发酵—发电—沼肥—种植的良性循环系统，畜禽粪污经粪污车收集运输至沼气工程处理点，生产的沼气用于农户生产生活，沼渣、沼液生产有机肥施用于蔬菜、果林等作物种植，有力推进了当地生态农业的发展。

这类种养循环农业模式的核心是规模化生物天然气工程和大型沼气工程，但目前部分地区尚存在原料收集困难，沼渣、沼液利用率低和接口技术装备水平不高等问题，尤其是沼渣、沼液利用途径比较单一，产品附加值低，沼液难以处理，长期储存可能产生面源污染。例如，在北京市大中型沼气工程中，有近 50% 的沼气工程并未进行沼渣、沼液分离，大部分采用自然沉淀的方式进行分离，只有约 30% 的沼气工程出售沼液，10% 的沼气工程将沼液用于浇灌农场或林场生态园；大部分沼气工程将沼液废弃在储液塘或排放到沟渠中晒成干粪。

（2）以好氧堆肥为纽带的种养循环农业模式。规模化养鸡场和养羊场的废弃物多为固体废弃物，好氧堆肥是当前规模化养鸡和养羊场使用最为广泛的废弃物处理方式之一，以养殖场清理出的固体粪便废弃物为原料，通过自然堆沤/好氧发酵后生产出的堆肥产品可直接施用于农田，或者经过深度加工处理后生产有机肥用于农业生产，形成以好氧堆肥为纽带的种养循环农业模式（图 7-7），实现了畜禽废弃物的资源化利用和农业生产的良性循环。畜禽养殖固体粪便经过高温好氧堆肥处理后生产的有机肥可直接用于农业生产，这种处理畜禽粪便废弃物的模式是规模化养殖场中国北方平原地区最常见的种养循环农业模式，有利于解决有机肥短缺的问题。该模式主要包括堆肥自然堆沤直接还田和商品化有机肥还田两种。

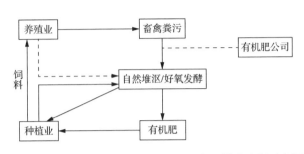

图 7-7　以好氧堆肥为纽带的种养循环农业模式流程示意图

该模式的核心技术是好氧堆肥，通过高温堆肥发酵处理可以杀灭废弃物中含有的寄生虫卵、病原菌和杂草种子等对农作物有害的物质，生成腐熟的有机肥。但在大部分农村地区，堆肥技术较为落后，对固体粪便目前仍然只进行简单的自然堆沤后就直接施用于农田，未经腐熟的粪便施入农田后容易二次发酵造成农作物烧根烧苗，并且存在臭气严重、无害化程度低和病菌传播风险大等问题。建议因地制宜地采取条垛式堆肥、静态通气堆肥和槽式堆肥等方式对畜禽粪便进行好氧发酵处理，生成腐熟的堆肥产品。

好氧堆肥生产的堆肥产品中含有有机物和氮、磷等成分，可以作为有机肥料用于农作物种植，也可作为土壤改良剂进行使用。堆肥产品也可以进一步通过筛分、干燥、配方、造粒和包装等过程生产专用商品有机肥，专用商品有机肥便于长距离运输和机械化施肥，解决了施肥面积大、重量沉和靠人力施用不方便的问题。河南省某食品股份有限公司各养殖场利用振动筛网式分离机及螺旋挤压式分离机对猪粪进行两级固液分离，将固液分离后的猪粪和沼渣定期运往有机肥厂，生产商品有机肥外售，实现了养猪场商品化有机肥还田模式，益于绿色和有机食品的发展，具有显著的经济效益、环境效益和社会效益（赵立欣 等，2017）。

2.　粪肥农田利用

畜禽养殖粪肥包括液体粪肥和固体粪肥。液体粪肥主要是规模化养猪场和奶牛养殖场的粪尿水混合物经过一段时间贮存后作为液体肥料进行农业利用，或者养殖场的粪水混合物经过沼气工程厌氧发酵处理后的剩余残留物（由沼渣和沼液两部分组成）作为液体肥料进行农田利用；固体粪便经过好氧堆肥后生产的堆肥产品或商品有机肥进行农田利用。

1）液体粪肥农田施用量及施用方法

（1）液体粪肥农田施用量。自 20 世纪 80 年代以来，在中央财政的支持下，规模化养殖场粪污处理大中型沼气工程的快速发展帮助解决了农村能源短缺问题，为避免沼肥造成二次污染，也探索出了多种不同的沼肥农田利用方法（白义奎 等，2002）。现阶段，国内液体粪肥农田利用主要是沼肥利用。由于我国尚缺乏专用的沼肥施用设备，实际生产中通常将沼肥进行固液分离处理后对沼渣和沼液分别进行农田利用。沼渣中固体物含量较高，其中有机肥和氮、磷等养分含量较高，通常作为基肥用于农作物种植，可单独施用或与化肥配合施用。沼液中的固体物含量较低，其中有机肥和氮、磷等养分含量也较低，不能满足农作物生长的养分需求，因此通常用作追肥，或者与化肥配合施用。

肥料并不是施得越多越好，盲目过量施肥不仅浪费肥料、增加生产成本，还可能导致环境污染和农作物产量减少。前面已经提到，农作物所需养分由土壤养分和施肥供给两部分组成，农田土壤质量不同，由施肥创造的产量占总产量的比例不同，所需肥料施用量也不同。

当单独施用沼渣时，施用量要根据土壤养分状况和作物对养分的需求量进行计算，如果缺乏基础数据，则可参照表 7-7 主要作物沼渣施用参考量进行施用。

表 7-7　主要作物沼渣施用参考量　　　　　单位：kg/hm^2

作物种类	沼渣施用量
水稻	22 500～37 500
小麦	27 000
玉米	27 000
棉花	15 000～45 000
油菜	30 000～45 000
苹果	30 000～45 000
番茄	48 000
黄瓜	33 000

数据来源：《沼肥施用技术规范》（NY/T 2065—2011）。

当沼渣与化肥配合施用时，通常沼渣与化肥各为作物提供氮素量比例为 1∶1，同时根据沼渣提供的养分含量和不同作物养分的需求量确定化肥的施用量，主要作物沼渣与化肥配合施用的参考量如表 7-8 所示。沼肥与化肥配合施用时，沼渣常用做基肥一次性集中施用，化肥则作为追肥，在作物营养的最大效率期施用，并根据作物生长的磷、钾需求量，配合施用适量的磷肥和钾肥。

表 7-8　主要作物沼渣与化肥配合施用的参考量　　　　单位：kg/hm²

作物种类	沼渣施用量	尿素施用量	碳铵施用量
水稻	11 250～18 750	120～210	345～585
小麦	13 500	150	420
玉米	13 500	150	420
棉花	7 500～22 500	75～240	240～705
油菜	15 000～22 500	165～240	465～705
苹果	15 000～22 500	165～330	465～945
番茄	24 000	255	750
黄瓜	16 500	180	510

数据来源：《沼肥施用技术规范》（NY/T 2065—2011）。

注：尿素和碳铵选用其中 1 种。

当沼液与化肥配合施用时，通常根据沼气池提供沼液的量确定化肥的施用量，从沼气池取用沼液的量每次不宜超过 250～350kg（施继红，2002）。沼液中的养分含量较低，如果沼液为作物提供氮素量比例高时，施入农田的沼液将通过地表径流和下渗对地表和地下水造成污染。因此，沼液的合理施用非常重要，主要蔬菜沼液与化肥配合施用的参考量如表 7-9 所示。

表 7-9　主要蔬菜沼液与化肥配合施用的参考量　　　　单位：kg/hm²

蔬菜种类	沼液施用量	尿素施用量	过磷酸钙施用量	氯化钾施用量
番茄	30 000	450	315	645
黄瓜	30 000	300	495	360

数据来源：《沼肥施用技术规范》（NY/T 2065—2011）。

（2）液体粪肥农田施用方法。施肥是提高作物产量和产品质量的一项极为重要的措施。作物种类和所处生长阶段不同，其养分需求也不同，不同的栽培措施对施肥技术也提出不同的要求，因此合理的施肥技术对于农作物的优质高产非常重要。

粮油作物沼肥施用：当只施用沼渣时，沼渣用作基肥，施用量根据土壤质量和作物不同养分需求确定或参照表 7-7 参考量，通常水稻每年 1～2 季，其他作物每年 1 季；可采用穴施、条施或撒施，沼渣施用后应与土壤充分混合，并立即覆土，陈化 1 周后便可播种、栽插作物。当沼渣与沼液配合施用时，沼渣年施用量为 13 500～27 000kg/hm²，沼液年施用量为 45 000～100 000kg/hm²；沼渣用作基肥一次施用，沼液在粮油作物孕穗期和抽穗期采用开沟施用，覆盖 10cm 左右厚的土层；有条件的地方可采用先将沼液与泥土混匀密封在土坑里，保持 7～10d

后再施用。当沼渣与化肥配合施用时，沼渣用作基肥，化肥用作追肥，在拔节期、孕穗期施用；对于缺磷和缺钾的旱地，还可以适当补充磷肥和钾肥。

果树沼肥施用：当只施用沼渣时，一般是在春季 2～3 月和采果结束后，以每棵树冠滴水圈为界限扩展挖长 60～80cm、宽 20～30cm、深 30～40cm 的施肥沟进行施肥，并覆土。当只施用沼液时，沼液一般用作果树叶面追肥，采果前 1 个月停止施用。

蔬菜沼肥施用：当只施用沼渣时，按每年两季计算年施用量，栽植前 1 周开沟一次性施入；当只施用沼液时，沼液宜用作追肥，按每年两季计算年施用量，不足的养分由其他肥料补充。具体施用方法是定植 7～10d 后，每隔 7～10d 施用 1 次，连续 2～3 次，蔬菜采摘前 1 周停止施用。

2）固体粪肥农田施用量及施用方法

（1）固体粪肥农田施用量。畜禽粪便须经过充分发酵和腐熟，待其卫生指标和重金属含量达到标准要求后，方可作为肥料应用于农业生产。畜禽粪便肥料单独或与其他肥料配合施用均应适量，施肥量不足会导致作物减产，施肥量过多不仅会造成肥料浪费，还会存在很大的环境污染风险。正如前文所述，以满足作物对养分需要为基础，以地定产、以产定肥，根据土壤肥力和作物预期产量计算作物单位产量的养分需求量，结合畜禽粪便肥料中的养分含量、作物当年或当季的养分利用率，科学确定畜禽粪便肥料的施用量。

如果缺乏畜禽粪便肥料施用量计算的基础数据，且在不施化肥只施用猪粪肥料的情况下，对于不同土壤肥力条件下的大田作物种植每茬所需猪粪肥料的施用限量如表 7-10 所示。如果施用其他畜禽粪便肥料，其施用量可以通过系数进行换算，牛粪、鸡粪和羊粪的换算系数分别为 0.8、1.6 和 1.0，即 1t 牛粪肥料相当于 0.8t 猪粪肥料，1t 鸡粪肥料相当于 1.6t 猪粪肥料，以此类推。

表 7-10　不同土壤肥力条件下的大田作物种植每茬所需猪粪肥料的施用限量　单位：t/hm²

项目	土壤肥力等级不同的农田		
	I	II	III
小麦	19	16	14
玉米	19	16	14
稻田	22	18	16

数据来源：《畜禽粪便还田技术规范》（GB/T 25246—2010）。

同样，如果缺乏畜禽粪便肥料施用量计算的基础数据，且不施化肥只施用猪粪肥料时，不同土壤肥力的果园和菜地作物种植所需猪粪肥料的施用限量如表 7-11 所示。施用的其他畜禽粪便肥料，其换算方法同上。

表 7-11　不同土壤肥力条件下的果园和菜地作物种植所需猪粪肥料的施用限量　单位：t/hm²

项目	每年果树			每茬蔬菜				
	苹果	梨	柑橘	黄瓜	番茄	茄子	青椒	大白菜
施用限量	20	23	29	23	35	30	30	16

数据来源：《畜禽粪便还田技术规范》（GB/T 25246—2010）。

（2）固体粪肥农田施用方法。固体粪肥养分齐全，但每种养分含量却很少，处理和撒施需要大量人力和物力，劳动强度大。欧美等国家在实现农业机械化的早期，就有了简易的畜拉式堆肥撒布机。在日本，早期以牵引式堆肥撒布机为主，近年来研制出适用于水田等松软小地块的自走式撒肥机、条施腐熟堆肥的条施机，从草地和大面积旱田到水田、蔬菜和烟草等小经济作业田都使用堆肥撒布机。我国有机肥施用机械化作业发展较晚，当前仅在北方的平原等优势产区具备较高的机械化作业水平，且仍以大中型撒施机为主，作业方式较为粗犷，综合肥效利用率处于较低水平；在一些非优势产区，如在浅山丘陵地区仍采用人工作业或人工辅助机械作业的方式进行有机肥的施用。总体来说，我国有机肥施用机械化水平较低，可用机具较少，尤其是缺乏高效、优质的有机肥专用施肥机具。不论是机械化作业，还是人工作业，目前固体粪肥主要用作基肥，也可以用作追肥，用作基肥时秋季施肥比春季施肥效果好。具体的施肥方式如下。

① 固体粪肥用作基肥的施用方法。固体粪肥可直接用作基肥使用。施入田间后，应及时翻耕耙平土地，使土、肥充分混合，便于作物根系直接吸收利用。用量一般为每亩 2000～3000kg，对需肥多、吸收能力强的作物可增加到 4000～5000kg。固体粪肥用作基肥（基施）的施用方法包括撒施、条施（沟施）、穴施、环施（轮施）、拌种法和盖种肥法等。

撒施：在耕地前将肥料均匀撒于根系集中分布的区域和经常保持湿润状态的地表，结合耕地把肥料翻入土中，使肥、土相融，此方法适用于水田作物、大田作物和蔬菜作物。

条施（沟施）：结合犁地开沟，将肥料按条状集中施于作物播种行内，对于条播作物或葡萄、猕猴桃等果树，开沟后施肥播种或在距离果树 5cm 处开沟施肥，条施适用于大田作物、蔬菜作物和果树。

穴施：在作物播种或种植穴内施肥，适用于点播或移栽作物（玉米、棉花和西红柿等），先将肥料施入播种穴，然后播种或移栽。

环施（轮施）：在初冬或春季，以作物主茎为圆心，沿柱冠垂直投影边缘外侧开沟，将肥料施入沟中并覆土，适用于多年生果树施肥。对于苹果、桃和柑橘等幼年果树，在距树干直径 20～30cm 外绕树干开环状沟，施肥后覆土，或距树干 30cm 处按果树根系伸展情况向四周开 4～5 个 50cm 长的沟，施肥后覆土。

拌种法：对于玉米、小麦等大粒种子作物，用 4kg 有机肥与亩用种子量拌匀后一起播入土壤；对于油菜、烟草、蔬菜和花卉等小粒种子植物，用 1kg 有机肥与亩用种子量拌匀后一起播入土壤。

盖种肥法：开沟播种后，将有机肥作为种肥均匀覆盖在种子上面。作种肥时，一定要选用已充分腐熟的优质粪肥，并且种子要与肥隔开以免影响种子发芽出苗。

② 固体粪肥用作追肥的施用方法。固体粪肥用作追肥的施用方法主要有条施、穴施和环施。追肥条施方法与基肥的条施方法相同，适用于大田作物、蔬菜作物。追肥穴施在苗期按株或在两株间开穴施肥，适用于大田作物、蔬菜作物。追肥环施方法与基肥环施方法相同，适用于多年生果树。条施、穴施和环施的沟深、沟宽应按不同作物、不同生长期的相应生产技术规程的要求进行。

③ 固体粪肥施用注意问题。对于生育期较长的作物（如玉米、马铃薯、油菜、萝卜和甘薯等），可施用半腐熟的堆肥；对于生长期较短的作物须用腐熟的堆肥（如水稻），必须施用腐熟的堆肥，蔬菜类因生长期短宜用腐熟的堆肥。对生育期长且旺盛生长期处于高温季节的作物，可以施用半腐熟的堆肥。

不同土壤类型的施肥要求也不同。对于土质松散、粗粒多、肥分易流失的砂性土壤宜施用半腐熟的堆肥；对于具有较强的保肥保水能力但通透性能差、肥效较慢的黏性土壤施用腐熟或半腐熟的堆肥均可。

在饮用水源保护区不应施用未腐熟的畜禽粪肥，在农区施用时应避开雨季，施入裸露农田后应在 24h 内翻耕入土。在任何条件下施用堆肥都应合理配施化肥，切忌在作物的全生育期只单独施用堆肥（施继红，2002）。

7.2.4 粪污林地利用

1. 粪污林地利用模式

将畜禽在山林中放养，畜禽粪便可直接或经过发酵处理后用于经济作物种植，形成牧-肥-林（油茶、果树、牧草、药材）等种养循环模式。林木种植与畜禽放养相结合，既可保熵优果，又可满足放养牧草需要。林下养殖是将舍内养殖与林下放牧相结合的养殖方式，林下养殖以山林资源为依托，充分利用自然条件，选择适合生长的经济作物与畜禽进行合理种养。

（1）种养对象。林下养殖应结合地方地形特点与种质特色，一般可选择山地等进行种养活动，林地须先种植经济树种，根据林木生长周期，确定饲养畜禽的数量及密度。同时，考虑地形特点和畜禽习性。例如，林下养猪要选择无污染的天然林地，且通风好、向阳，林中的植被无毒，放养场地用铁丝网、栅栏等围起来。

（2）畜禽养殖模式。对畜禽进行林下养殖时，通常将舍内养殖与林下放牧相结合。例如，湘乡市绿生宝生态农业发展有限公司利用基地所处的九仙女山的自然资源进行林下养殖壶天石羊。山羊的养殖采用生态化放牧与养殖模式相结合的新路径，公司利用拥有的 10 000 多亩林地进行生态养殖，采用自由放牧的模式，根据不同季节气候调整放牧时间。公司建有多个羊舍，供山羊栖息和繁殖等。新晃侗族自治县晃源农业有限公司将舍内养殖与林下放牧相结合，依托当地山区特点进行放牧，养殖的藏香猪和新晃香猪以山林中的野果和牧草等为食物，回到猪舍后再进行补饲。

（3）产品特点。林下养殖模式中，种养过程绿色健康、无药物残留，产出的蔬果与畜禽肉产品品质上乘、营养丰富。现阶段，有不少饲养大户或企业开始采用农作物种植和畜禽养殖相结合的饲养模式，利用山地和农田增加家畜的活动空间，提供丰富的营养物质来源。例如，上面提到的湘乡市绿生宝生态农业发展有限公司采用山羊—堆肥—油茶/山林—山羊养殖模式，在油茶树下放养壶天石羊，使用发酵的羊粪种植茶树，既节约成本又生态环保。对于羊粪，一部分是在山林中放牧时产生的羊粪被山林自然消纳，成为山林灌木和油茶树的农家肥；另一大部分是羊舍里收集的羊粪经堆积好氧发酵，成为茶树种植的有机肥，优质的有机肥用于 500 多亩油茶林的种植与牧草种植，油茶林下的天然牧草又成为山羊的营养美餐，实现污染的零排放，既提高了种植土地有机质的含量，又能免施除草剂、化肥与农药等，种植的茶油品质明显增效提质。养殖的壶天石羊肉蛋白质含量高，富含锌、钙、铁等微量元素，膻味小，肉质细腻鲜美，深受消费者青睐。新晃侗族自治县相源农业有限公司利用林下养殖模式产出的猪肉相比于圈养模式下产出的猪肉，其皮薄肉细、瘦肉率高、肌肉纤维细嫩、富含氨基酸和微量元素，具有很高的经济价值和生态价值。

2. 粪污林地利用模式的主要做法

1）畜禽种类的选择

粪污林地利用模式的关键在于自然环境要适合畜禽生长。在山林资源十分丰富的区域，充分利用山林资源，放牧饲养生猪、山羊、鸡、鸭等，既能节约土地资源，也能产生巨大的经济效益。一方面，林下养殖要注重选择优质畜禽种。以林下养殖生猪为例，饲养的猪种应优选耐粗饲、抗逆性强、生长快和适宜野外放养的生猪品种，如地域特色明显的藏香猪、太湖猪、东北民猪、八眉猪等，也可选择山林集中地区已经驯化的杂交野猪及其改良猪种作为一元母猪，通过二元及三元杂交选育出优质种猪资源。林地饲养生猪放牧阶段的食物主要从自然环境中获得，让猪自由觅食，补充投喂少量粮食饲料。另一方面，林下养殖要完善配套设施。以林下养殖生猪为例，可在山林建造四面通风、透气良好的圈舍进行舍饲，在圈舍下坡及常年主导风向的下风口建设粪污处理配套设施，猪粪便和尿液可以被果树和经济作物利用，防止环境污染，给黑猪生长创造一个良好的生活环境。畜禽生活在山林中，与山林形成生态循环，可消除传统舍饲的肮脏潮湿和细菌丛生的环境污染，动物抗病力增强。饲养模式可通过龙头企业示范，引导中小规模养殖户由传统舍饲向山林开放式生态化养殖转变。

2）林地及作物的选择。

应充分依托山林优势发展生态养殖，结合山地丘陵地区林草资源丰富的优势，按照农牧结合、畜禽排泄与周边田地对有机肥消纳相适应的原则，推进畜禽上山、养殖进山，挖掘山区、半山区林场畜禽养殖潜力。畜禽生态养殖应充分利用广阔的山林空间及野生牧草、中草药等自然资源，并给予少量无添加剂的粮食饲料作为营养补充，建设天然健康的食草绿色家庭牧场。

3）配套设施的完善

林下养殖依托山林优势，重点是对粪污进行无害化处理，难点是实行污水就地消纳利用。为变废为宝地实现生态循环，家庭牧场可在山林与农场的结合部建造四面通风、透气良好的圈舍，在圈舍下坡及常年主导风向的下风口集中建设粪污处理配套设施。在畜禽放归山林后，收集其舍内粪便与污水进行发酵处理，并将其作为肥料，用于林木种植或农作物生产。山林与养殖的合理配置，可以实现种养生态化良性循环，生产的经济作物营养价值高、效益突出，养殖的生态畜禽产品绿色健康，质优价高，可助力开发无公害农畜产品（由建勋，2013）。

4）林下养殖模式注意问题

山林中进行生态放牧养殖畜禽，在养殖和基地建设过程中应注意以下问题：①应有为妊娠畜禽和幼畜防风挡雨、保温等的防护措施，做好放养畜禽的疾病防控工作；②规模化养殖易生疫病，与舍饲相比，放养模式下疾病防控难度增大，其中影响最为严重的就是寄生虫病，因此对于寄生虫病要及时预防和控制，同时也要防范放牧畜禽对植被的破坏，这对养殖户的知识与技术储备要求较高；③生态养殖过程中不可避免地存在粪污污染、动物对植被的损坏等环境问题，如鸡刨地挖根、羊吃草时连根拔起，所以要注意养殖数量与山林的承载能力和消化能力的平衡（唐丹萍，2015）。

7.3　典型案例

我国种养循环模式多样，既有不同畜种的种养结合模式，也有粪便不同处理利用的循环模式，本书选择主要畜禽与粪便能源化、肥料化、就地就近利用等不同案例进行介绍，包括规模化猪场以沼气工程和好氧堆肥为纽带的种养循环案例、规模化蛋鸡场以沼气工程为纽带的种养循环案例、规模化奶牛场以沼气工程为纽带的种养循环案例、规模化奶牛场牛粪再生垫料回用与污水农田利用案例、规模化羊场以好氧堆肥为纽带的种养循环案例、规模化肉鸭场以好氧堆肥为纽带的种养循环案例、规模化猪场以物理改造和益生菌发酵为纽带的生态养殖案例、林甸县寒地粪污-秸秆-气-肥联产的种养循环案例、北京市油鸡林下生态放养案例、重庆市荣昌构树-肉羊规模化种养循环典型案例。

7.3.1　规模化猪场以沼气工程和好氧堆肥为纽带的种养循环案例

河南省诸美种猪育种集团有限公司成立于 2005 年,由河南省正阳种猪场进行股份制改造而成立,位于河南省正阳县吕河乡南 4 公里,是全国首批认定的国家核心育种场之一、全国猪联合育种协作组副组长单位和河南省高新技术企业,诸美种猪及产地均获无公害农产品和无公害农产品产地认证。公司占地 6350 亩,固定资产 2 亿多,员工 200 多人,公司下属 5 个种猪公司、3 个生态农业公司和 1 个饲料公司(图 7-8)。场内建有人工授精站、饲料加工厂、饲料自动输送系统、高床网上培训系统、立体防疫系统、闭路监控系统、猪粪资源化处理系统和污水处理系统等。公司现有基础母猪 7500 头,生猪存栏量为 79 000 头,年出栏生猪 16 万头。公司采用水泡粪和机械干清粪两种清粪方式,公司日产猪粪总量约为 160t、污水约为 800m³。固体粪便好氧发酵可生产有机肥,液体粪便经过沼气工程处理后沼渣、沼液可作为肥料用于农田和蔬菜大棚的农作物生产。

图 7-8　河南省诸美种猪育种集团有限公司全景

1. 猪场粪污处理技术工艺

河南省诸美种猪育种集团有限公司为减轻污水后处理压力,将原来的鸭嘴式饮水器改造成节水饮水器,以减少生产过程中的饮用漏水,除原来的老场采用水泡粪清粪方式外,新建猪场均采用机械干清粪工艺,生产过程无须冲洗,大幅减少了猪场污水产生量。猪舍采用漏缝地板与刮粪板相结合的机械干清粪系统,将固体粪便与液体粪便分别收集,收集的固体粪便与液体粪便分别进行固液分离,分离出来的固体部分进入堆肥车间进行好氧堆肥处理,液体部分进入沼气罐进行厌氧发酵处理;好氧堆肥处理的初级堆肥产品进一步粉碎、烘干和造粒,生产商品有机肥，应用于周边农作物种植或对外出售；厌氧发酵产生的沼气用于冬季猪舍供暖或发电后场区自用，产生的沼渣、沼液进行固体分离后，固体沼渣部分进入堆肥车间生产有机肥，液体沼液部分进入氧化塘贮存，最后通过管道输送至周边农田和蔬菜大棚用于农作物和蔬菜种植，实现种养循环。该公司粪污处理工艺流程图如图 7-9 所示。

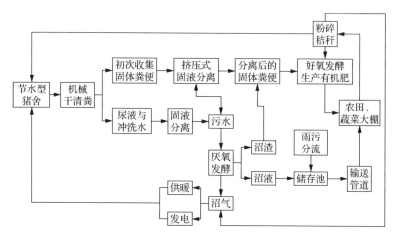

图 7-9　河南省诸美种猪育种集团有限公司粪污处理技术工艺流程图

2. 猪场粪便有机肥和沼液利用

该公司建有 15 000m³ 的厌氧发酵罐和 30 000m³ 的沼液储存池（图 7-10），液体粪便进行厌氧发酵后，可年生产沼气 240 万 m³，年发电 480 万 kW·h，沼液储存后作为液体肥料就近应用于周边 20 000 亩农田和蔬菜大棚的农作物生产；对于固体粪便处理，公司建有 5000m² 的好氧堆肥车间和 1000m² 的有机肥深加工车间（图 7-11），年生产有机肥 5 万 t，年利润达 800 万元。

图 7-10　河南省诸美种猪育种集团有限公司的沼液储存池

图 7-11　河南省诸美种猪育种集团有限公司的猪粪堆肥车间

河南省诸美种猪育种集团有限公司按照"三位一体"（废弃物+清洁能源+有机肥料）的技术路线，以猪场粪污高效厌氧发酵制备沼气，利用沼渣、沼液生产有机肥，将养殖、沼气、有机肥及种植进行优化组合，做到资源多级利用，物质良性循环，形成"气-电-肥"联产的可持续发展循环模式。该模式的特点在于将固体粪便与污水分别进行无害化处理后，对猪粪有机肥与沼液分别进行农业利用。

7.3.2　规模化蛋鸡场以沼气工程为纽带的种养循环案例

德青源北京生态园（图 7-12）坐落于京郊延庆，2000 年正式投产，存栏海兰褐后备鸡 60 多万只，产蛋鸡 200 多万只，是我国最先使用高密度层叠笼养技术的规模化蛋鸡养殖公司，也是我国最大的蛋鸡养殖场之一，年产鸡蛋 5 亿枚、母鸡 200 万只、液蛋 1 万 t。

图 7-12　德青源北京生态园全景

德青源北京生态园建立了可持续发展的生态农业模式，即生态养殖—食品加工—清洁能源—有机肥料—订单农业—有机种植—生态养殖闭环的经济模式，拥有绿色玉米种植基地、蛋鸡养殖场、饲料加工厂、壳蛋加工厂、液蛋加工厂、卤蛋加工厂、沼气发电厂和有机种植园，为消费者提供高品质的绿色食品和清洁能源。

1. 蛋鸡粪污处理技术工艺

德青源北京生态园的蛋鸡粪污处理采用以沼气为纽带的种养循环模式，鸡舍内全部安装了全自动机械清粪系统，实现了鸡粪日产日清，每天清理出鸡舍的鸡粪达 220t，通过纵贯全场的地下密闭中央清粪带，将鸡粪直接输送到沼气发电厂，主要利用完全厌氧混合反应器对鸡粪和生产、生活污水等高浓度粪污进行处理，经过水解除砂、倒料、中温厌氧发酵和二次发酵处理后生产沼气和有机肥。德青源北京生态园蛋鸡粪污处理技术工艺流程图如图 7-13 所示。

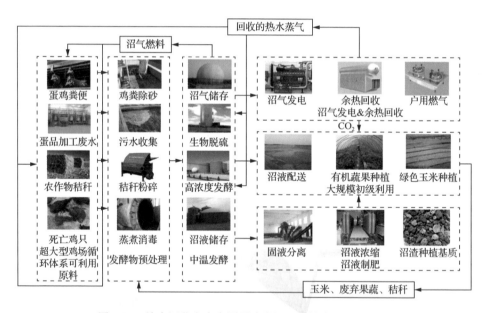

图 7-13　德青源北京生态园蛋鸡粪污处理技术工艺流程图

德青源北京生态园建有 $3000m^3$ 的沼气发酵罐 4 座、二次发酵罐 $5000m^3$ 和沼气储气柜 $2150m^3$，沼气发电机总功率 2MW，沼气膜提纯设备 1 套（时产沼气 $500m^3$）。日处理粪便量 220t，生产生活污水 400t，年产沼气 700 万 m^3（发电 1400 万 kW·h），沼渣、沼液有机肥 18 万 t，沼渣、沼液通过订单农业的模式出售给当地的农民还田使用，实现了气-电-肥联产和对养殖废弃物的综合利用。

2. 蛋鸡场粪污厌氧发酵产物利用

1）沼气利用

目前德青源北京生态园的沼气通过直接用作生活燃气和内燃机发电两种方式进行利用。沼气发电机房如图 7-14 所示。目前生态园员工家属区和附近的新村铺设沼气输送管道 1500 多 m，通过沼气输送管道为附近村庄提供生活燃气，同时生态园部分生产、生活及冬季取暖均采用沼气。沼气发电厂与华北电网联网，沼气通过内燃机发的电直接输入华北电网，沼气发电厂年发电量约为 1400 万 kW·h，发电机尾气经余热锅炉回收大部分热能后，导入有机肥车间用于沼渣烘干，回收的余热经二次热交换转化为 90℃热水，用于发酵罐系统保温、温室大棚保暖及部分办公室的冬季供热，回收相当于标煤 4500t 的余热。

图 7-14　沼气发电机房

在此基础上德青源北京生态园还开发了沼气纯化供气模式，将生产的沼气经膜提纯后生产高纯度沼气，将提纯后的沼气加压到 4MPa，使用压缩天然气（compressed natural gas，CNG）运输车定期加注到村庄气柜中，再从村庄气柜通过村级管网输送到当地张山营镇、康庄镇的 10 100 多户农村家庭中，使农户足不出户用上热值优于化石天然气的生物天然气。

2）沼液、沼渣利用

由于沼气发电厂区域地势比附近的农田高，沼液可以利用地势差直接流到农田附近的沼液池供农户使用，距离较远的农田可使用车辆运输，利用沼液喷洒施肥系统（图 7-15）将沼液施用于农田，为农作物生产提供养分。鸡粪厌氧发酵后的部分沼渣通过发电机组尾气余热烘干后，生产有机肥料，其余的沼液和沼渣则用于当地万亩有机水果基地和绿色玉米基地，德青源北京生态园每年生产有机肥料 6000t，为周边有机绿色种植提供沼液有机肥 18 万 t，实现了万亩有机葡萄、有机苹果种植，亩均增收 2000 元以上。同时，通过订单农业模式，每年可以消纳当地绿色玉米 6 万 t，使当地农户获得收入 1 亿元。

图 7-15　沼液喷洒施肥系统

7.3.3　规模化奶牛场以沼气工程为纽带的种养循环案例

该案例位于四川省眉山市洪雅县，该县地处四川盆地西南边缘，面积为 1896km²，地貌以山地丘陵为主，素有"七山二水一分田"之称，森林覆盖率超过 71%，素有"绿海明珠""天府花园"之称，是国家级生态县。洪雅县也是农业大县，拥有牛奶、茶叶和林竹三大特色农产品。作为"全国牛奶生产强县"，洪雅县存栏奶牛有 1.7 万多头，洪雅现代牧场是洪雅县最大的奶牛养殖场，目前存栏奶牛 6650 头。

为了解决粪污问题，洪雅现代牧场建设有 8 个沼气池，年处理奶牛粪污 18 万 t。该牧场在当地政府主导下铺设沼液输送管网，采取管道输送的方式将沼液直接输送到田间地头，免费供农民使用，用于种植牧草、蔬菜、水果和粮食作物，并将周边其他养殖场的沼气工程纳入沼液输送管网，形成以沼气工程为纽带的种养循环农业片区。

1. 工艺流程

洪雅县以沼气为纽带的种养循环农业分为养殖场、公共区域和农田 3 个部分。养殖场内奶牛产生的粪污经刮粪机收集后通过管道进入调节池，然后泵入沼气发酵池进行发酵，产生的沼气经过脱硫净化后用于烧蒸汽锅炉，供养殖场用，沼气池产生的发酵残余物（沼渣、沼液）经过固液分离机进行固液分离，沼渣经过烘干后作为垫料重新进入牛舍，沼液进入储存池，泵送至场外的高位储存池。公共区域部分由高位沼液储存池和输送管网构成，高位沼液储存池位于地势较高的山上，平坝地区则铺设管网，利用地势差产生的压力进行输送。农田部分管网的末端有快速接口，农民在需要沼液时直接用软管连接就可以进行农田浇灌（图 7-16）。

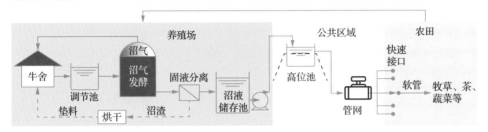

图 7-16　洪雅县以沼气为中心的种养循环农业工艺流程图

2. 技术单元

1）养殖场粪污处理

养殖场奶牛粪污处理包括粪污收集、沼气发酵、沼渣作垫料和沼液储存与泵送。

粪污收集：洪雅现代牧场以刮板工艺进行粪污收集。牛舍内建有粪尿沟，粪便、尿液和废水经刮粪板刮至牛舍中间的集粪渠，经地下管渠将粪污集中输送到调节池［图 7-17（a）］。该工艺可以做到每天 24h 清粪，能时刻保证牛舍里面的清洁和卫生，并对牛群的行走、饲喂和休息不造成任何影响，且运行、维护成本低。

（a）

（b）

（c）

（d）

图 7-17　洪雅现代牧业的粪污收集、沼气发酵和沼液泵送前处理

沼气发酵：洪雅现代牧场沼气工程设有 8 座 2500m³ 的沼气池［图 7-17（b）］，总容积 20 000m³，年处理牛粪污 18 万 t，年产沼气 511 万 m³。该工程采用活塞流反应器（plug flow reactor，PFR）厌氧发酵工艺，并配套自动水冲式粪污输送系统、浓度自动调节系统、一体化储气系统和发电机余热增温系统等。

沼气发酵技术在种植业与养殖业之间起着重要的纽带作用，沼气发酵一方面可以将粪污进行封闭发酵，减少臭气排放，改善养殖场的环境；另一方面可以对粪污进行无害化处理，削减有机物，改善氮、磷等营养物质的形式，更有利于植物吸收，厌氧发酵过程中还会生成生长素、维生素 B_{12} 等生物活性物质，促进植物生长。

沼渣作垫料：奶牛场粪便经沼气发酵处理后的沼渣中病原菌和寄生虫卵被杀灭，可用于制作奶牛的卧床垫料，避免潮湿环境，提高牛床舒适度。奶牛趴卧在沼渣垫料的时间和次数显著提高，既提升了奶牛的生产性能和乳品质量，也实现了废弃物的循环利用。

沼液储存与泵送：牧场的沼液前处理主要是存储和泵送前的搅拌［图 7-17（c）］，利用潜污泵将沼液在沼液储存池中搅拌均匀后，利用 6 台输出泵将沼液输出养殖场［图 7-17（d）］。输送泵功率为 11～15kW，输送距离可达 12km 左右。

2）公共区域输送管网

洪雅县的沼液利用输送管网进行输送，目前全县管网有 600 多 km，覆盖 10 万多亩农田。输送管网主要由 3 个部分组成：管道、高位池和管道检修口（图 7-18）。沼液被泵出养殖场后进入位于地势较高位置的高位沼液储存池进行储存，目前该牧场有 3 座 3000m³ 以上的高位沼液储存池，分别位于中保镇、槽渔滩镇和东岳镇。沼液输送主管管径为 150～200mm，逐级缩小，支管最小管径为 50mm。

图 7-18　洪雅县沼液输送管网

洪雅县沼液输送管网（图 7-19）建设以位于东岳镇的现代牧场为中心，并将位于 3 条输送主干道上的规模相对较小的 10 个养牛场、两个养猪场纳入管网输送范围，形成区域粪污治理并进的局面，在成功解决区域粪污资源化利用的同时，促进了种养循环农业的发展。

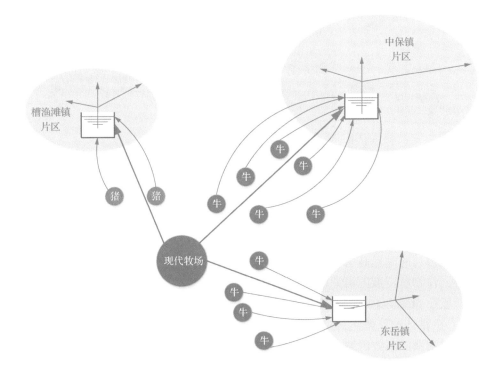

图 7-19　洪雅县沼液输送管网模式图

公共区域的管网维护由第三方洪雅县瑞志种植专业合作社负责，运行维护费用由养殖业主承担（8 元/t），对于一些小型养殖场政府给予一定的补贴（3 元/t）。沼液输送电费的场外部分由合作社负责，场内部分由养殖场支付。该合作社在管网管理维护过程中总结开发了管道防堵、防腐和防渗等 10 余项技术，极大提高了农业循环经济设施的实用性和可靠性。

3）农田末端利用

沼液经管道运输至种植园区，园区内每隔 50m 设有 1 个沼液输送管道快速接口，农民自备软管，与快速接口连接后可以自行对农田进行浇灌施肥。管道压强为 0.5MPa，牧草用软管管径为 40mm，蔬菜用软管管径为 25mm（图 7-20）。沼液以全密闭、全运行的方式从牧场直接送到田间地头，农民可以随时取用。负责管网管理维护的第三方合作社对沼液的施用量等进行技术指导，管道埋设的地面有标识桩，并标有维修电话，农民可以根据需求进行维修申请或者技术咨询。

图 7-20　沼液的田间利用

洪雅县大力发展种养循环现代农业园区，支撑发展茶叶、粮油、牧草、蔬菜，园区内化肥施用量减少了 80%以上，降低了劳动力成本，节约了化肥开支，增加了土壤肥力，同时提高了农作物品质，实现了每亩节本增收 300 元以上。

不同作物对沼液的消纳能力有所不同，粮食作物、茶叶和水果等的消纳能力一季一般在 5t/亩以内，消纳能力较低；蔬菜作物消纳能力较强，一季可以达到 10～20t/亩。洪雅县种养循环农业案例中面积最大的中保镇片区就是以蔬菜种植为主，确保了对沼液的高效消纳。

另外，负责管网维护的洪雅县瑞志种植专业合作社构建了一套更高效的消纳沼液的牧草种植模式，即黑麦草-青贮玉米-高丹草轮作，每年可以收获 5 季草料，每年对沼液的消纳可以达到 50～60t/亩，牧草收益可以达到 6000 元/亩。这一模式提高了单位土地面积的经济效益和沼液消纳能力，目前推广已近 4000 亩。

3. 效益分析

1）建设成本

洪雅县沼液输送管网建设包括管道、储存池在内的总投资约为 7000 万元，其中政府投资约为 5000 万元。目前铺设管道超过 600km，覆盖农田 5 万多亩，折合建设成本为 11.67 万元/km，每亩 1400 元。

2）运行管理成本

洪雅县沼液输送管网每年可实现资源化利用沼液约 25 万 t，负责运行管理的第三方合作社收取运行管理费 8 元/t，洪雅现代牧场对输出的沼液全额支付 8 元/t 的管理费，其他小规模的养殖场支付 3～5 元/t 的管理费用，政府补贴 3 元/t。

3）经济效益

节省粪污处理费用：洪雅县沼液输送管网建设完成后，养殖企业的粪污处理成本显著降低，以前洪雅现代牧场运 1t 沼液需要支付 15 元的运输与处理费，现在只须支付合作社 8 元的管理服务费，每年节约粪污处理成本 100 多万元。

节省化肥费用：沼液作为肥料对牧草、茶叶等作物进行施肥，可以节省一定的化肥。据估算，沼液的使用可以减少 80% 以上的化肥使用量，降低劳动力成本，增加土壤肥力，提高农作物品质，每亩节本增收 300 元以上，整个管网辐射区域每年可以节本增收 3000 多万元。

洪雅县瑞志种植专业合作社构建的高效牧草轮作模式：种植黑麦草、高丹草和青贮玉米，土地流转费 1000 元/亩。黑麦草 1 年 3 季，10 月播种，12 月收割 1 次，次年 2 月收割 1 次，4 月左右收割 1 次，亩产 8～10t，价格为 270 元/t，收入可高达 2700 元/亩。高丹草 8、9 月播种，10 月收割，亩产 4t，价格为 280 元/t，收入可达 1120 元/亩。青贮玉米 4 月播种，7、8 月收割，亩产约 4t，价格为 500 元/t 左右，每亩的收入可以达到 2000 元。该模式的 1 个周期中只有青贮玉米提苗时施尿素 15kg/亩，其余不施化肥，流转土地每亩收益可达 6000 元（其中每亩节约化肥费用 200 多元）。

4）环境效益与社会效益

管网的修建使沼液从养殖场直接输送到农田进行利用，解决了粪污污染环境的问题：①促进了养殖业的可持续发展，让养殖企业摆脱了污染困扰，解决了后顾之忧，走上了集约化、规模化和可持续的现代畜牧业发展之路；②促进了农民增收，使用沼液、有机肥，改善了耕地肥力，提高了农产品的产量和质量；③种养循环从根本上解决了畜禽养殖污染的问题，直接改善了农村的生产、生活环境，减少了养殖企业与周边民众因粪污问题引起的纠纷，有力推进了生态文明建设，社会效益十分明显。

4. 模式特点与经验

四川省洪雅县以沼气工程为纽带的种养循环模式的案例主要以大型养殖企业为中心，建设沼液输送管网，串联区域内的其他养殖企业，利用牛粪—沼液—管网—种植基地链条连接种植业与养殖业，打通用户利用的最后 1 公里，实现种养循环。

洪雅县沼液管网建设针对沼液的特点，以政府为主导修建管网，在管网的维护上分工明确，养殖业主负责场内部分，种植户负责农田利用端（主要是软管的购买），第三方的合作社负责公共区域部分，产生的费用主要由养殖业主和政府补贴支付，构建形成了"有偿清污，无偿供肥"的以沼气工程为纽带的种养循环农业模式。

7.3.4 规模化奶牛场牛粪再生垫料回用与污水农田利用案例

天津市神驰农牧发展有限公司位于天津市滨海新区大港中塘镇甜水井村大赵路东,占地 370 亩,建筑面积为 59 800m²。存栏泌乳奶牛 967 头、干奶牛 249 头、犊牛 241 头、青年牛和育成牛共计 934 头,全群共计 2391 头牛,年产原料奶达 1 万 t。公司引进澳大利亚纯种荷斯坦奶牛和美国集中挤奶散栏饲养工艺,同时采用并列式挤奶自动脱杯挤奶机、全混合日粮(total mixed ration,TMR)饲喂技术、全程数字化智能电脑管理监控技术和污物生态无公害处理技术等国内外先进的生产设备和生产技术。

公司的废弃物包括生活用水、场内奶牛粪尿及挤奶厅清洁用水等。场区每天生活废水产生量为 7.41m³,奶牛场每天粪尿产生量约为 91.6t,挤奶厅每天清洁产生的废水量约为 61m³。

1. 奶牛场粪污处理技术工艺

天津神驰农牧发展有限公司的泌乳牛舍采用机械干清-水冲管道的清粪方式,粪污进入场区的集污池后,通过牛床垫料再生系统处理后,固体大部分成为牛床垫料回用牛舍,少量用于有机肥生产。液体部分进入污水储存池经储存后用于自有农田的灌溉,具体的粪污处理技术工艺流程图如图 7-21 所示。采用这种工艺每天可处理牛粪 71t、污水约 150m³。

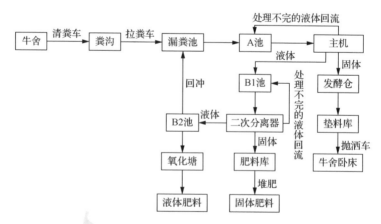

图 7-21 天津神驰农牧发展有限公司粪污处理工艺流程图

奶牛场采用由传统拖拉机改造而成的清粪车进行机械干清粪,清粪时须将奶牛赶入运动场,牛舍内的粪便通过清粪车推到粪沟中进行收集,粪沟设置在牛舍一端,牛舍每日清粪 3 次。粪沟中收集的粪便在短时间内由拉粪车转运至漏粪池,粪便经漏粪池的漏网表面自动流入漏粪池内,漏网可将粪便中较为粗大的秸秆、塑料等物质滤出，进入漏粪池的粪便通过暗管内的循环水回冲，流向污物收集车间 A 池（长 6m、宽 6m、深 4m），污物收集车间另有大小相同的 B1 池和 B2 池（长 6m、宽 3m、深 4m），A 池通过地下管道与漏粪池相连，漏粪池中的粪便经 B2 池的粪水回冲，流向 A 池；A 池与主机之间有两条管道，其中 1 条管道向主机输送粪便，另 1 条管道对未及时处理的粪便进行回流。

　　主机是牛床垫料再生系统（图 7-22）的重要组成部分，可对来自 A 池的粪便进行固液分离，从主机中输出的固体干粪进入发酵仓，对固体物料进行烘干和杀菌处理，微生物发酵使仓内的温度逐渐上升，最高可达 70℃，一般温度在 65℃左右，输料设备用于将发酵仓内已完成杀菌及烘干过程的物料输送到垫料库，可通过抛洒车运至牛舍卧床重新利用。因主机对粪便进行第 1 次固液分离后分离出的液体输送至 B1 池，其含固率仍然较高，为进一步降低液体部分的含固率，对 B1 池中的液体进行二次固液分离。经二次固液分离后的固体物料含水率仍较高，进入肥料库经过堆肥发酵处理后，可作为农田或果林种植的固体肥料。经二次固液分离后的液体输送至 B2 池，一部分用来回冲漏粪池，另一部分通过管道输送到氧化塘，形成液体肥料。

图 7-22　天津神驰农牧发展有限公司牛床垫料再生系统

2. 奶牛场废弃物综合利用

天津神驰农牧发展有限公司采用牛粪回用垫料+污水农田利用模式，通过牛床再生垫料场内回用及固体肥料与液体肥料种养结合对奶牛养殖粪污进行循环利用。

该公司建有牛床垫料再生系统 1 套，该系统垫料输出量为 45m³/d，发酵时间为 12～18h，垫料干物质含量为 40%～42%。该奶牛场在使用再生垫料之前，采用小麦秸秆和玉米秸秆作垫料，小麦秸秆的费用为 300 元/t（包括运输费用），玉米秸秆的费用为 150 元/t（包括运输费用），每年使用秸秆作垫料总费用约 1027 万元，使用该系统生产的牛粪再生垫料产量足以供应该牛场牛舍卧床使用。

　　该公司粪沟冲洗系统利用二次分离后的液体（B2 池），通过埋设在地下的细管道回流至漏粪池，与收集到的牛粪充分混合后流入集污池，B2 池中的其余液体则通过地下管道流入氧化塘，形成液体肥料。该公司建有 240 000m³ 氧化塘，粪水在氧化塘中贮存 6 个月，其中的有机物质在氧化塘中充分降解后，最终作为液体肥料，采用进口的液体肥料专用施肥设备施肥（图 7-23），用于牧场周边 1.7 万亩的枣林和农田种植，每年为周边农田提供肥料约 600t，每年节约灌溉用水 5 万 t 以上，粪水全部通过种养结合就地消纳。

图 7-23　天津神驰农牧发展有限公司粪水农田施肥系统

7.3.5　规模化羊场以好氧堆肥为纽带的种养循环案例

　　福建省福之羊生态农业科技有限公司（图 7-24）成立于 2012 年，是集种羊育种、销售、推广和服务于一体的现代种羊育种科技企业，公司总部位于福建省福州市晋安区南平西路 189 号，养殖基地位于福建省尤溪县汤川乡溪坪村东洋里，远离村庄和工厂，公司采用国际先进的育种技术和生产设备养殖肉羊，实行分段饲养，是全国"肉羊标准化示范场"。养殖基地占地面积为 5200 亩，其中设施建设用地 138 亩、林地 3000 亩和农田 2000 亩，现存努比亚种羊 3050 只，以努比亚黑山羊（福之羊）种羊和肉羊养殖为依托，打造生态养殖、生态加工、电商销售和餐饮连锁等一体化全产业链运营模式，目前年产商品肉羊近 3000 只。带动周边农户养殖肉羊 12 000 多只，年销售 15 000 多只，年销售额达 3000 多万元，种羊销售市场包括福建省三明市周边地区的规模养殖场和农户养殖户，肉羊市场主要在福州、厦门、泉州、广州和深圳等地区。基地年产粪便 9143.28t、尿液和污水 2.34 万 m³，粪便和尿液中的总氮和总磷分别为 362.56t 和 92.57t。

图 7-24　福建省福之羊生态农业科技有限公司全景

1. 羊场粪污处理技术工艺

福建省福之羊生态农业科技有限公司建立了畜牧互动的生态养殖模式，羊粪加工成有机肥，污水储存后作为液体肥料，用于公司牧草和周边大田作物、蔬菜和果树种植，不仅减少了养殖废弃物对环境的污染，还实现了资源的循环、有效利用。

养殖基地采用干清粪生产工艺，清理出的固体粪便经过自然堆沤发酵 3～4 个月后作为有机肥还田利用。羊舍下粪沟中残留的粪便通过水冲方式清理，产生的污水（尿液和污水）进入污水收集池，之后进入氧化塘储存后作为液体肥料进行农田利用。具体的羊舍粪污处理技术工艺流程如图 7-25 所示。

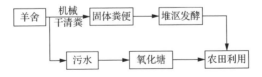

图 7-25　福建省福之羊生态农业科技有限公司粪污处理工艺流程

2. 羊场有机肥利用

羊场采用机械干清粪系统（图 7-26），将位于羊舍下粪沟中的羊粪刮出舍外，清出羊舍的固体羊粪进一步转运至粪棚，通过堆积发酵（图 7-27）后作为承包地的有机肥料直接肥田。

图 7-26　福建省福之羊生态农业科技有限公司羊场机械干清粪系统

图 7-27　福建省福之羊生态农业科技有限公司羊粪堆沤发酵设施

　　该公司于 2016 年承包农业用地面积 5500 亩，加上养殖基地 5000 亩农田和林地。种植玉米 3600 亩、杂交狼尾草和黑麦草各 1000 亩、莴笋 1000 亩、卷心菜 900 亩、油茶 2000 亩和杨梅 1000 亩。该公司所在地区具有典型的山区农业特点，其出产的蔬菜及"汤川"大米畅销省内外，拥有反季节蔬菜种植基地、优质大米种植基地、各类竹林用地、食用菌、有机茶和无公害茶等多种有机农业生产基地，为养殖基地种养结合提供了便利条件，养殖基地产生的羊粪有机肥和液体肥料全部用于周边玉米、牧草和菜果种植，实现了种养循环。

7.3.6　规模化肉鸭场以好氧堆肥为纽带的种养循环案例

山东省益客集团菏泽大埝肉鸭养殖基地位于山东鄄城县，以大埝镇养殖基地为核心，辐射镇域建设 150 多栋鸭舍，年出栏肉鸭 2800 万只，是国内规模最大的肉鸭养殖基地。基地肉鸭的粪水处理采用阳光房异位生物发酵床处理法和水肥一体化处理法，针对鸭粪水含水率高、黏度大等特点，采用黑膜氧化塘、好氧发酵和异位生物发酵床等多种方法联合处理，生产液体和固体鸭粪有机肥，用于有机苹果、桃、蔬菜、玉米、花生和小麦等农作物种植，实现了种养结合、农牧循环的生态体系（图 7-28）。

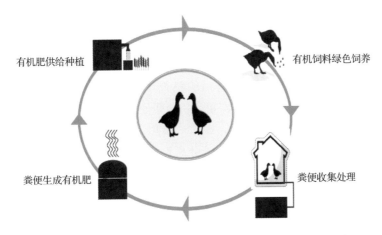

图 7-28　以肉鸭养殖为核心的种养结合、农牧循环生态体系

1. 工艺流程及技术要点

1）工艺流程

养殖区产生的鸭粪水通过粪带输送系统传送至棚舍末端，通过绞龙将粪水输送至养殖区棚尾的暂存池，利用压力泵将暂存池内的粪水通过管道输送至粪水集中处理区的集污池内，到达集污池内的鸭粪水分别采用水肥一体化法和阳光房异位生物发酵床法两种方法同时处理（图 7-29），其中采用阳光房异位生物发酵床法处理 60% 的鸭粪水，采用水肥一体化法处理 40% 的鸭粪水。处理好的鸭粪还田肥地，用于黄瓜、苹果、桃、玉米、花生和小麦等高品质作物种植。

阳光房异位生物发酵床法通过抽提系统将集污池内的粪水定量输送至阳光房内部的上料罐内，通过翻抛布料系统将上料罐内的粪水均匀加入至异位生物发酵床上，床体及时加入生物发酵菌剂，翻抛供氧，粪水加入周期为每天均匀加入，异位生物发酵床内的菌体通过连续不断地利用鸭粪有机物提供的养分进行快速扩

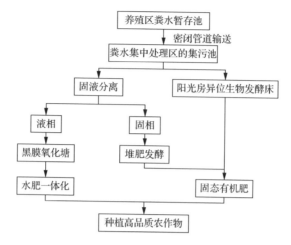

图 7-29　益客集团菏泽大埝肉鸭养殖基地粪水处理工艺流程

繁，发酵产热，高温控制在 45～65℃，通过机械翻抛使床体内部的水分快速蒸发、干化，实现水分快速去除，同时发酵后的鸭粪有机物转化为优质的堆肥物料。床体可使用两年，其间少量补充垫料即可，经长期处理的鸭粪可形成优质有机肥料，作为农作物底肥或追肥进一步利用，或进一步加工作为商品有机肥使用。

集污池内的粪水通过卧式螺旋固液分离设备进行固液分离，固液分离后的固体物料加入阳光房发酵槽内，按 1%的床体比例加入发酵菌种，即每立方米床体加入 1kg 发酵菌种后，生产固态有机肥料。分离后的液体输送至黑膜氧化塘内，厌氧发酵不少于 3 个月，用于果园、农田和水生植物种植（图 7-30～图 7-32）。

图 7-30　棚舍鸭粪便的收集和密闭式贮存

图 7-31　冲棚水存储采用的密闭式防渗黑膜氧化塘

图 7-32　粪水固液分离采用的卧式螺旋卸料沉降离心设备

2）技术要点

发酵床垫料主要为锯末和稻壳，发酵床制作时要将垫料均匀加到发酵槽中，加入厚度为 1.5m，加入过程要确保床体表面均匀平坦。异位生物发酵床前期养床阶段要补加床体发酵菌种，提高发酵效果，可按照 1%的床体比例加入床体发酵菌种，即每立方米床体加入 1kg 发酵床专用菌种，后续稳定运行后，根据床体运行状态，定期适量补加即可（图 7-33）。

发酵床垫料处理粪水的能力受温度和季节影响。季节不同，处理相同体积的粪水所需的垫料体积也不同。冬季温度较低，按 $50m^3$ 垫料日处理 $1m^3$ 的粪水量加入，春夏秋 3 季气温较高，按 $40\sim45m^3$ 垫料日处理 $1m^3$ 的粪水量加入，加入过程要严格控制含水率不得高于 65%。

供氧、物料混合、开启翻抛设备过程中，要及时打开侧通风窗或风机，使水分快速挥发。待异位生物发酵床多次翻抛后，会出现床体下沉现象，当床体高度低于 1.2m 时，可适当补充垫料，确保床体的处理效率。

图 7-33　阳光房异位生物发酵床粪水处理系统

2. 鸭粪有机肥利用

　　鸭粪发酵处理后，可有效杀灭病原微生物，使有机质腐殖化，其中养分变成易被农作物吸收的形式，成为优质的有机肥料。通过发酵处理后的鸭粪没有臭味，物料颜色均匀，松散度好。处理后的鸭粪有机肥经检测符合甚至高于农业农村部颁发的有机肥国家标准——《有机肥料》（NY/T 525—2021）。

　　发酵好的鸭粪肥经过检测，可按照不同农作物营养需求量计算后进行施肥，尽可能实现精准施肥，一般按照叶菜每亩种植 1 茬抛洒固态有机肥 1.0～1.5m³；果菜每亩种植 1 茬抛洒固态有机肥 1.5～2.0m³；果树每亩每年埋施固态有机肥 2.0～2.5m³；玉米、花生和小麦每亩种植 1 茬抛洒固态有机肥 1.5～2.0m³。除此之外，不施用任何其他化学肥料，施肥方法除果树种植外均采用一次性底肥均匀抛洒后翻地种植，果树则采用条状深施或环状深施。鸭粪肥还田利用后可显著改良土壤，提升农产品品质，小麦经过加工后的麦麸、花生加工后的花生粕、玉米均可作为肉鸭饲料原料。

7.3.7　规模化猪场以物理改造和益生菌发酵为纽带的生态养殖案例

广西容县奇昌生物科技有限公司成立于 2015 年 7 月。公司践行绿色发展理念，实现经济效益与生态效益共享。公司自主创新的低架网床+益生菌+异位发酵养殖模式完全颠覆了传统的养殖模式，有效解决了猪场粪污治理和资源化利用问题，实现了养殖粪尿"零排放"。公司开展的《一种节能环保的猪舍》（自动化全封闭高架网床节能环保猪舍），获国家知识产权局受理，专利号为 2014205375521。按照这种现代生态养殖模式，通过物理改造猪舍可以从常规人均养殖 800 头提升到网床模式的 2000～3000 头。每头猪每天可以节约用水 8kg，每栋 3500 头的猪舍每天平均可以节约用水 28t。通过生物发酵饲料的使用、饮水中定期添加益生菌和环境中定期喷雾益生菌等生物方法，猪的粪尿经过集中，就近用阳光棚堆积发酵，可作为有机肥出售，变废为宝，既减少了污染，又解决了周边农业种植肥料供应短缺的问题。猪粪尿资源化利用的方式除了堆粪发酵生产有机肥之外，最重要的还有从源头控制，即主动环保。图 7-34 显示的是以生物发酵饲料、生态养殖车间和生物有机肥料为核心的现代生态养殖模式。

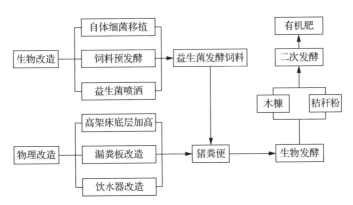

图 7-34　广西奇昌现代生态养殖模式

1. 生物发酵饲料

公司筛选移植的生猪自体细菌可经过培育制成微生态制剂，添加在饲料中制成益生菌发酵饲料，克服了传统外源菌种经过消化系统后定植效果差等问题。检测结果显示，饲喂传统外源性菌的生猪肠道活菌数量只有 10 万左右，而内源性益生菌通过饲料预处理发酵后饲喂生猪，经猪消化系统后在肠道种存活数量高达 1 亿多，这种内源性益生菌在肠道中定植成为优势菌群后，可以改变生猪肠道微生物区系，随粪便排出后益生菌仍旧活跃繁殖，粪便在益生菌作用下继续发酵，其发酵温度达到 60℃以上，可以自动蒸发水分，得到有机肥料。

2. 养殖车间

广西容县奇昌生物科技有限公司的现代生态养殖模式采取生物改造+物理改造相结合的方法。通过物理改造将传统的高架床猪舍底层高度从 1.5m 提升至 2.5m；将传统的水泥漏粪板替换为内凹圆形钢筋漏粪板，通过合理的间距调整使粪便掉落率达到98%～99%，内凹型钢筋在猪运动中可以发生弹性形变，使粪便全部掉落至底层；将传统饮水器改造为新型饮水器，在猪舍墙壁开直径 25cm 的圆孔，内置饮水器，下方设置引流装置，通过这种方式每头生猪每天可以节约用水 5kg。通过以上措施加前期猪群调教，可以做到全程不冲水。圆孔内置饮水器改造示意图见图 7-35。

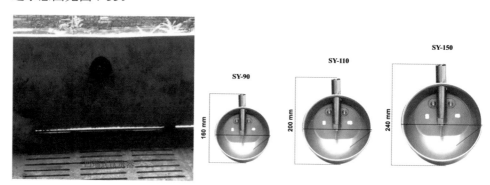

图 7-35　圆孔内置饮水器改造示意图

3. 生物有机肥料

粪便经过益生菌发酵后加入木糠、秸秆粉继续堆叠发酵得到成品有机肥。周边果园、林地使用有机肥进一步产生经济效益，全程无污染、零排放。发酵产生的沼气用于发电，沼液用于灌溉果林。

4. 现代生态养殖"广西模式"效果

该模式可使养殖的经济效益得到提升，保证了猪群健康，提高了饲料转化率，降低了人工饲养成本，减少了用药成本，使每头育肥猪比传统饲喂增加经济效益 100～200 元。该模式构建了环境、有益微生物菌和猪群和谐、协调的生态空间，粪尿等废弃物经发酵后制成优质有机肥用于农业生产，实现了粪污零排放，明显改善了养殖环境。在养殖端实现无抗（无抗生素使用）养殖及全场无消毒剂使用，保证了鲜肉产品安全，经广西壮族自治区畜牧产品质量检测中心检测均符合无公害产品要求。生猪鲜肉风味的肌苷酸浓度较传统养殖高 16% 左右，18 种必需氨基酸总量较传统养殖高 11% 左右，胆固醇浓度较传统养殖低 5% 左右。在废弃物处理端有机粪污转化为有机肥料，实现了全程无污染、零排放。

7.3.8　林甸县寒地粪污-秸秆-气-肥联产的种养循环案例

1.　林甸县种养循环案例简介

黑龙江省林甸县是省内主要的种植和养殖基地，每年产生大量秸秆废弃物且时间非常集中。林甸县秸秆资源化利用主要以作物秸秆、畜禽粪污等有机废弃物为原料，充分考虑北方寒区低温条件下厌氧系统运行稳定性、产气、节能等因素，采用高浓度干式厌氧发酵工艺，以沼气为纽带，生产高质量的生物有机肥与生物天然气，形成农业废弃物—有机肥/生物天然气—养殖场/种植区的循环模式。林甸县以种养一体化协调发展为导向，有机肥还田用于改善土壤肥力状况，增加土壤有机质，生物天然气作为绿色能源参与养殖或温室大棚种植，减少种养环节的碳排放量，该模式实现了有机废弃物的无害化、资源化利用，减轻了环境污染，而且对所产生的沼气进行净化提纯后可作为天然气的替代物，对于解决能源短缺问题具有重要意义。

2.　工艺流程及技术要点

1）工艺流程

林甸县农业有机废弃物循环利用项目（图 7-36）基于中温干式厌氧发酵工艺，以有机生活垃圾、餐厨垃圾、玉米秸秆、畜禽粪污、病死畜禽为主要原料，通过混合物料保障罐内发酵底物的碳氮比为 20～30，厌氧消化管温度维持在 37℃，使消化液系统稳定在中性并使有机物充分降解，沼气 CH_4 含量升高。多物料混合发酵提高了厌氧沼渣的营养成分，秸秆等纤维类物料与粪污混合发酵增大了发酵底物与酶接触的比表面积，提高了水解酸化的速率，加速了产气率。干式厌氧发酵的工艺流程如图 7-37 所示。

图 7-36　林甸县农业有机废弃物循环利用项目实景图

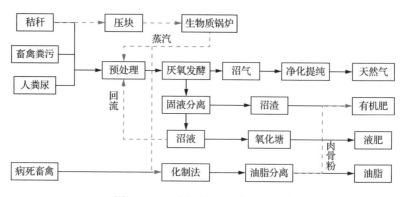

图 7-37　干式厌氧发酵的工艺流程

干式厌氧发酵工艺采用了特殊设计的搅拌机，能搅拌含固率在 20%以上的物料，容积搅拌能耗低。干式厌氧发酵罐的进料系统采用固体输送设备（皮带和螺旋输送机），对原料的适应性好，长秸秆、砂石等杂质均不会造成进料系统堵塞。

废弃物处理工艺流程包括以下几部分。

（1）预处理。生活垃圾有机质、餐厨垃圾、畜禽粪污物料经破碎、除杂、调质后，由螺旋进料系统送入厌氧发酵罐。

（2）厌氧发酵。干式厌氧发酵温度为 37~42℃，水力停留时间为 25~30d；干式厌氧发酵罐内不产生浮渣、沉淀，运行安全稳定。同时，干式厌氧发酵进料浓度高，产气率高，能降低发酵罐建设成本。

（3）固液分离。厌氧发酵后沼液经固液分离，沼渣通过皮带送至有机肥单元。沼液部分回流到原料预处理单元调质，剩余沼液送至氧化塘，用于农业还田。

（4）气体净化提纯。厌氧单元产生的沼气通过干法脱硫及变压吸附工艺进行净化提纯，制取生物质天然气，气体净化提纯采用变压系统使运行更稳定，提纯效率更高，已在国内大中型气体提纯行业稳定运行多年，如图 7-38 所示。

（5）固态有机肥制备。固液分离后的沼渣通过好氧发酵、粉碎、筛分、造粒、烘干等工艺可以制取商品有机肥。

（6）液态有机肥制备。沼液通过还田专业机械进行还田利用，该项目共计还田面积为 2500~3000 亩，两年的种植实践表明，沼液还田效果较好，有效改善了农产品品质，提高了售价。

图 7-38　干式厌氧发酵法产生的提纯浓缩天然气

2）技术要点

（1）干式厌氧发酵物料浓度高，可达 20%～30%，发酵原料无须加水稀释，沼液量少，沼液产量是湿法发酵的一半，更适合在北方寒冷地区推广应用，尤其适用于黄贮干秸秆的资源化应用。

（2）干式厌氧发酵系统容积产气率高，发酵罐的总体积小，系统占地面积小。该系统采用高效保温技术，使其即使在冬季超低温条件下也能够高效运行。

（3）干式厌氧发酵物料无须复杂的预处理，工艺流程简单，粪污物料中允许含有较多的杂质，不会对发酵罐及设备产生危害。

（4）秸秆等有机废弃物通过厌氧微生物作用将有机质分解为小分子氨基酸，并释放了微量元素，通过干式厌氧发酵制取有机肥提高了肥料的有机质含量，如图 7-39 所示。

图 7-39　干式厌氧发酵法产生的固态沼渣造肥

3. 生产效果

基于该技术模式下建成的每个农林废弃物处置中心年处理有机废弃物可达到 10 万 t、病死畜禽 3 万 t，可实现养殖废弃物（包含病死畜禽）的全量收集，防止养殖粪污直排造成的面源污染，可以产生经济效益、生态效益与社会效益等多重效益。

通过统一的秸秆回收利用避免了秸秆直燃利用率低、空气污染严重的问题，进一步稳定了该地区秸秆还田利用率，确保最大限度地完成秸秆还田离田的任务，并在次年春天达到净地待耕的标准。每个处置中心年产 2.5 万 t 固态有机肥理论上可提升约两万亩土地的有机质含量，实现绿色有机食品种植和培肥地力的目的，发挥自身优势，推进有机肥替代化肥的任务进程，缓解黑土地资源退化，并依托改良后的土地发展有机蔬菜、中草药等生态农业，拓宽生态产品的价值途径。采用该技术模式生产的生物天然气符合商品天然气的质量标准，铺设天然气管道后，每年生产的生物天然气理论上可满足周边 3 万余户居民的炊事用气，可替代散煤利用，实现低碳减排目的。

7.3.9　北京市油鸡林下生态放养案例

北京绿多乐农业有限公司位于北京市顺义区张镇雁户庄村，所辖生产基地——绿嘟嘟农庄建于 2011 年，是一家以从事林间草地低密度放养北京油鸡及销售业务为主的现代农业产业化公司，主要产品为"绿嘟嘟"牌散养冰鲜鸡和鸡蛋系列。

该公司研发并推广应用了林间草地低密度生态放养北京油鸡的健康养殖方式，结合应用别墅式鸡舍、益生菌发酵床等技术，实现林-草-鸡生态种养结合，发展生态循环型农业。该模式适宜林地建植生产性能高、鸡适口性好的优质人工草地，按照适宜放养密度实施草地划区轮换低密度放养北京油鸡，并适量补饲精料的养殖方式，辅以益生菌发酵床工艺消纳鸡粪，消减粪便臭味，改善养殖环境，最终达到林-草-鸡生态种养结合的高效生产模式。

1. 工艺流程及技术要点

林下草地低密度生态放养鸡是一种重要的林下经济发展模式，配套的别墅式鸡舍中铺设一定厚度的稻壳并喷洒益生菌剂作为垫料，发酵后的垫料及其他固体有机废弃物通过好氧堆肥方式生产优质有机肥并还田利用，实现生态种养结合。林-草-鸡生态种养模式工艺流程见图 7-40。

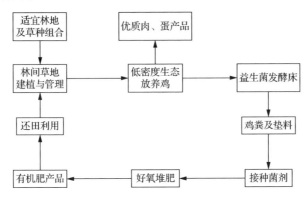

图 7-40　林-草-鸡生态种养模式工艺流程

1）林间种草

林-草-鸡生态种养模式的林地一般选择郁闭度小于 0.6、树行间距 4m 以上的平地或坡度小于 15° 的坡地。当地自然条件下，选择适合林地果园种植的耐阴性强、覆盖性能好、再生性能好、鸡喜食或乐食的草种——菊苣，并参照北京市地方标准《果园生草技术规程》（DB11/T 991—2013）实施林下优质菊苣草地的建植与管理（包括林间土地整理、牧草播种、杂草防除、水肥管理、越冬保护等）技术措施。

2）林下优质草地低密度放养鸡

当实时气温高于 15℃时，雏鸡 8 周龄以后，林间草地群落平均自然高度达20cm 及以上时，即可实施草地划区轮换放养北京油鸡（图 7-41），林下菊苣草地适宜放养北京油鸡的密度为 135 只/亩。以 1 亩林间草地为例，可分隔成 3 个轮换小区，每亩放养 135 只鸡，每个小区放养 10d，30d 为 1 个轮牧周期，依次轮换。每天早晨和下午鸡空腹时在草地上放养，早晨和下午各放养 2h。其余时间回舍饲喂精饲料或在鸡舍旁的固定活动场所自由活动。按照不同周龄鸡的正常生长所需精料日采食量的 85%补饲，早晚各 1 次，早晨添加日补饲量的 30%～40%，晚上添加日补饲量的 60%～70%。

图 7-41   林间菊苣草地低密度生态放养北京油鸡

2. 林下鸡粪肥料化利用

林下菊苣草地低密度生态放养北京油鸡，约有 55%的鸡粪在放养期间排放在林下菊苣草地上被草地消纳，约 40%的鸡粪在非放养期间排泄在鸡舍内，鸡舍地面铺设稻壳作为垫料，厚度约为 30cm，以 0.1%的比例接种复合益生菌发酵菌剂，降解舍内鸡粪污生产有机肥。另外，约 5%的鸡粪散落在鸡舍周边空地上，收集后采用传统的条垛式堆肥或大型堆肥反应器，发酵生成有机肥还田利用。

该基地通过建立林间菊苣草地消纳、发酵床消解和好氧堆肥 3 种方式相结合的鸡粪无害化处理与还田利用技术体系，全部实现了林-草-鸡生态种养循环模式下鸡粪的无害化处理与资源化利用。

3. 林下养鸡种养循环效益

以年饲养 20 000 只北京油鸡为例，按每亩林下菊苣草地放养北京油鸡 135 只计算，采用林地整理、机械播种、草地杂草防除、水肥管理及越冬保护等草地高效建植与管理技术，成功建植林间优质菊苣草地约 150 亩并实施草地划区轮换放养北京油鸡。草地建植中土地翻耕，以及种子、地膜、水电、人工等支出约为 407.2 元/亩，平均每年草地放养 7～8 个月，放养期间节约精饲料 15%，肉、蛋品质显著改善，屠体鸡肉和鸡蛋市场销售价格明显提高，与裸露林地散养方式相比，年可增收节支约为 405 元/只蛋鸡和 93 元/只肉鸡。林间草地建植可有效改善土壤肥力和土壤结构，林下草地群落覆盖度达 85% 以上，显著提高了园区土地的抗风蚀和抗水蚀能力。

该基地多年实施林-草-鸡生态种养模式，北京油鸡养殖福利得以显著提高，2017 年获得世界农场动物福利协会（Compassion in World Farming，CIWF）颁发的国际五星级"2017 福利养殖金鸡奖"和"2017 福利养殖金蛋奖"（图 7-42），符合动物健康养殖和肉、蛋产品绿色安全生产的要求。

图 7-42　五星级"2017 福利养殖金鸡奖"和"2017 福利养殖金蛋奖"

7.3.10　重庆市荣昌构树-肉羊规模化种养循环案例

荣城构羊现代农业（重庆）有限公司位于重庆市荣昌区仁义镇，注册资本 1200 万元，流转土地 1500 余亩，建有高标准羊舍 7000 多 m^2，拥有核心群羊湖羊 5000 余只。公司现已投资 3000 余万元，已种植杂交构树 500 余亩。拥有构树收割机、大型粉碎机、揉丝机和自动给料车等机械设备，同时已建成年产 10 000 余 t 的构树青贮饲料加工车间。公司以合作共赢为根本，深化合作组织，实行利益共享，推进标准化养殖，走公司+专业合作社+农户的新型产业化模式，实行五个"统一"的服务，即统一品种、统一标准、统一防疫、统一饲料、统一销售。通过多年的努力，已初步形成西南丘陵地区特色的种养循环模式。公司主要产品以构树苗、构树羊、构树青贮饲料等农产品为主。

　　该公司以构树青贮为主要粗饲料来源，合理搭配全株玉米青贮、优质牧草和玉米秸秆等资源，推进以草养畜的健康模式。结合全自动粪便输送系统、粪污发酵池和圈舍气体检测等技术设备完成粪便腐熟，以益生菌发酵消纳羊粪、消减养殖区粪便臭味，改善养殖环境，同时为粪污还田和化肥减施打好基础。通过减施化肥和粪污还田促进构树生长，真正实现构树-肉羊种养循环模式，成为我国西南丘陵区生态循环的范例。

　　重庆丘陵区山地坡度较大，构树组培苗必须先经过大棚炼苗后再进行移栽。栽培时根据机械收获宽度选择合适的株行距。配套中小型木本饲料收获机械，以及适合丘陵地区道路的中小型卡车运输收获后的原料。参考《构树青贮技术规程》（T/HXCY 001—2019），使用构树饲料加工生产线加工构树青贮。湖羊不同育肥阶段实际日粮添加量一般为 10%～30%。羊粪通过自动传输带定时输送并进行粪污集中发酵处理，处理后的羊粪再通过施肥车完成羊粪还田。荣城构羊现代农业（重庆）有限公司的构树-肉羊生态种养循环模式场景图和生态种养循环模式工艺流程分别见图 7-43 和图 7-44。

图 7-43　荣城构羊现代农业（重庆）有限公司构树-肉羊生态种养循环模式场景图

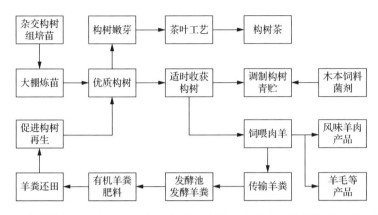

图 7-44　荣城构羊现代农业（重庆）有限公司构树-肉羊生态种养循环模式工艺流程

2021 年公司完成了二期羊舍和杂交构树饲料加工厂建设，标准化羊舍达到 7000 余 m²，种羊扩大到 7000 只，年出栏商品羊可达 15 000 只。同年，公司推出了公司+合作社+农户的生产经营模式，扩大了湖羊养殖辐射面，带动周边乡镇农民增收，推动乡村振兴，进一步提高了公司的社会效益。

第8章

畜产品安全与人类健康

8.1　畜产品食用安全概述

8.1.1　我国畜产品安全概况

"民以食为天，食以安为先"，畜产品作为食品的重要组成部分，与人们的日常生活密切相关，其安全性事关人们身体健康和社会稳定，也直接关系到人民群众对美好生活向往的获得感、幸福感和安全感，因此受到社会各界的广泛关注。畜产品特别是食用畜产品是我国人民群众食物结构中蛋白质的重要来源，但是近年来，我国畜产品安全形势依然严峻，2008 年的"三聚氰胺奶粉"风波，以及多次曝出的"瘦肉精"风波、"速成鸡"事件，还有饲料环节的抗生素、违禁添加剂、违禁兽药的滥用等食品安全问题，同时加之各种畜禽疫病时有发生，如近年来人感染 H7N9 禽流感的事件，特别是 2018 年下半年以来的非洲猪瘟疫情，使畜产品质量安全遭到严峻的挑战和考验，畜产品质量安全的风险仍较为突出，常规安全风险依然存在，未知风险因子和新型添加剂安全等隐患凸显，给人类健康也带来了严重威胁。随着国家经济社会发展进入"加快推进绿色低碳转型、建设中国特色生态文明"的新时代，发展生态畜牧业已成为时不我待的必然选择。保障畜产品安全是发展生态畜牧业的重要组成部分，也是不断保障和满足人们对食品安全需求的重要举措和"必修课"。习近平关于"三农"工作论述中明确指出，加强农业面源污染防治，开展农业绿色发展行动，实现投入品减量化、生产清洁化、废弃物资源化、产业模式生态化，为畜牧业产品安全生产提出了明确的方向和目标，为不断促进人类与动物的自然和谐共生发展保驾护航。

8.1.2　保障畜产品安全的意义和理论体系

我国是世界上最大的畜产品生产和消费国，畜产品是人们赖以生存的重要食物，也是人们增强体质所需营养的重要来源。畜产品质量安全问题已成为我国畜牧业发展的主要问题之一，全面加强畜产品质量安全管理是当今及今后一段时期畜牧业健康可持续发展的重要任务。首先，提高畜产品质量安全水平可以降低消费者的支出成本和购买风险，提高消费水平，保障畜产品消费安全是构建和谐社会的必要条件。其次，畜产品质量安全问题不仅影响人民群众的消费需求，还影响农业产业结构的战略性调整、农民增收，以及农村经济发展和乡村振兴。实现畜牧业和农村经济的可持续发展，保障畜产品安全，必须从根本上解决畜牧业生态环境的污染问题。最后，畜产品质量安全是我国畜牧业与国际接轨及增强国际竞争力的必然要求。随着世界贸易一体化的发展，畜产品安全性在各国畜牧业经济中起着举足轻重的作用。我国畜产品出口受阻事件屡屡出现，技术性贸易措施成为目前畜产品出口面临的最大非关税壁垒。因此，发展现代生态畜牧业、保障畜产品安全，必须统筹考量产品数量、质量与效益的关系，把畜产品质量安全摆到与数量安全并重的位置，采取更加有力的措施，加强畜禽养殖业环境监管力度，提升养殖场（户）治污水平，做到畜旺人安。

8.1.3　畜产品质量安全管理保障体系

1.　法规体系

为了保障从养殖到餐桌的食品和畜产品安全，国家及地方先后出台了系列法律，制定了一些规范条例和管理办法等，相关法规体系也在不断建立、健全和完善中。目前，我国相继颁布了以下一些法规：《中华人民共和国农业法》《中华人民共和国农业技术推广法》《北京市实施〈中华人民共和国农业技术推广法〉办法》《中华人民共和国农产品质量安全法》《中华人民共和国食品安全法》《中华人民共和国食品安全法实施条例》《北京市食品安全条例》《国务院关于加强食品等产品安全监督管理的特别规定》《无公害农产品管理办法》《农产品产地安全管理办法》《农产品地理标志管理办法》《绿色食品标志管理办法》《农产品包装和标识管理办法》《农产品质量安全检测机构考核办法》《农产品质量安全监测管理办法》《中华人民共和国畜牧法》《畜禽标识和养殖档案管理办法》《饲料和饲料添加剂管理条例》《饲料和饲料添加剂生产许可管理办法》《饲料质量安全管理规范》《进口饲料和饲料添加剂登记管理办法》《新饲料和新饲料添加剂管理办法》《药物饲料添加剂品种目录及使用规范》《饲料添加剂和添加剂预混合饲料产品批准文号管理办法》《乳品质量安全监督管理条例》《生鲜乳生产收购管理办法》《畜禽规模养殖污染防治条例》《生猪屠宰管理条例》《兽药管理条例》《兽用处方药和非处方药管理办法》《新兽药研制管理办法》《兽药注册办法》《兽药产品批准文号管理办法》《兽药标签和说明书管理办法》《兽药生产质量管理规范》《兽药经营质量管理规范》《兽用生物制品经营管理办法》《兽药进口管理办法》《兽药质量监督抽样规定》《执业兽医和乡村兽医管理办法》《中华人民共和国动物防疫法》《北京市动物防疫条例》《重大动物疫情应急条例》《无规定动物疫病区评估管理办法》《动物防疫条件审查办法》《动物检疫管理办法》《中华人民共和国水污染防治法》《中华人民共和国环境保护法》等。

2. 技术标准体系

国家也发布了许多关于畜产品相关技术的标准体系，如《无公害农产品 产地环境评价准则》（NY/T 5295—2015）、《无公害食品 产地环境质量调查规范》（NY/T 5335—2006）、《无公害食品 产地认证规范》（NY/T 5343—2006）、《畜禽场场地设计技术规范》（NY/T 682—2003）、《畜禽场环境质量标准》（NY/T 388—1999）、《畜禽场环境质量及卫生控制规范》（NY/T 1167—2006）、《无公害食品 畜禽饮用水水质》（NY/T 5027—2008）、《无公害食品 畜禽产品加工用水水质》（NY 5028—2008）、《无公害食品 畜禽饲料和饲料添加剂使用准则》（NY 5032—2006）、《无公害农产品 兽药使用准则》（NY 5030—2016）、《兽用处方药品种目录（第一批）》、《乡村兽医基本用药目录》、《食品动物禁用的兽药及其它化合物清单》、《无公害农产品 生产质量安全控制技术规范 第 1 部分：通则》（NY/T 2798.1—2015）、《无公害农产品 生产质量安全控制技术规范 第 7 部分：家畜》（NY/T 2798.7—2015）、《无公害农产品 生产质量安全控制技术规范 第 8 部分：肉禽》（NY/T 2798.8—2015）、《无公害农产品 生产质量安全控制技术规范 第 9 部分：生鲜乳》（NY/T 2798.9—2015）、《无公害农产品 生产质量安全控制技术规范 第 10 部分：蜂产品》（NY/T 2798.10—2015）、《无公害农产品 生产质量安全控制技术规范 第 11 部分：鲜禽蛋》（NY/T 2798.11—2015）、《无公害农产品 生产质量安全控制技术规范 第 12 部分：畜禽屠宰》（NY/T 2798.12—2015）、《无公害农产品 家禽养殖生产管理规范》（NY/T 5038—2006）、《无公害农产品 家禽屠宰加工生产管理规范》（NY/T 5338—2006）、《无公害食品 畜禽饲养兽医防疫准则》（NY/T 5339—2006）、《畜禽场环境污染控制技术规范》（NY/T 1169—2006）、《畜禽粪便无害化处理技术规范》（NY/T 1168—2006）、《病害动物和病害动物产品生物安全处理规程》（GB 16548—2006）、《病死及病害动物无害化处理技术规范》、《无公害食品认定认证现场检查规范》（NY/T 5341—2006）、《无公害食品 产品认证准则》（NY/T 5342—2006）、《无公害食品 产品检验规范》（NY/T 5340—2006）、《无公害食品 产品抽样规范 第 1 部分：通则》（NY/T 5344.1—2006）、《无公害食品 产品抽样规范 第 6 部分：畜禽产品》（NY/T 5344.6—2006）、《实施无公害农产品认证的产品目录》、《无公害农产品认证检测依据表》、《食品安全国家标准 生乳》（GB/T 19301—2010）、《畜禽场环境质量评价准则》（GB/T 19525.2—2004）、《生活饮用水卫生标准》（GB 5749—2006）、《畜禽养殖业污染物排放标准》

（GB 18596—2001）、《畜禽养殖业污染防治技术规范》（HJ/T 81—2001）、《饲料卫生标准》（GB 13078—2017）、《食品安全国家标准　食品中 41 种兽药最大残留限量》（GB 31650.1—2022）等。

8.1.4　畜产品质量安全的监督保障体系

畜产品质量安全既要规范生产环节，也要规范管理环节。因此，必须建立系统规范的监督保障体系。例如，建立电子信息监管体系、生产监管监测体系、生产视频监控体系、病死畜禽无害化处理体系、生产及监管诚信体系和生产风险评估体系。另外，组织保障体系是最关键的一环，也是其他体系建立实施的基础保障。畜产品质量安全管理工作涉及诸多部门，需要各有关部门通力协作，共同努力。各级畜牧部门应积极会同药监、质监、卫生、市场监管、商务流通等工作人员，按照职责分工，各司其职，齐抓共管。

8.2　养殖环节畜产品安全控制

8.2.1　饲料安全控制

饲料安全是指饲料产品（饲料和饲料添加剂）在加工、运输及饲养畜禽转化为养殖畜禽源产品的过程中，对畜禽健康和生产性能、人类健康和生活，以及生态环境的可持续发展等不会产生负面影响的特性。负面影响主要包括 3 方面内容：①对畜禽本身的安全性，就是指饲料本身含有的有毒有害物质或饲料在加工、储存和运输过程中通过物理反应或化学反应生成的有毒有害物质对畜禽健康的影响；②对人类健康的安全性，就是指畜禽采食饲料后生产出的畜产品对人类健康的影响；③对环境的安全性，就是指被畜禽采食后，未被消化吸收利用的物质排入环境后对环境质量的影响。

1. 饲料安全的风险点

1）饲料原料

（1）饲料自身风险因素。很多饲料（尤其是非常规饲料原料）本身含有毒有害物质，如植物性饲料中含有生物碱、棉酚、有毒蛋白质、硝基化合物、氰化物、抗生物素等；矿物饲料中含有铅、砷、氟等；动物性饲料中含有铬、肌胃糜烂素（劣质鱼粉所致）、沙门氏菌、霉菌及其毒素等。如果利用不合理或未经适当处理，饲料中的有毒有害物质常常超标，危害畜禽健康，一些致癌物质还会通过畜产品进入人体，对人类健康造成威胁。例如，棉籽饼（粕）中含有棉酚色素及其衍生物，其中游离棉酚毒性最大，是一种嗜细胞性、血管性和神经性毒物，在猪、鸡体内蓄积，损害肝脏、心脏和输卵管等器官。当日粮中游离棉酚含量达 0.01%～0.03%时，动物就会出现食欲减退、生长不良等中毒症状甚至死亡。棉酚还可以通过肉、乳、蛋等畜产品转移给人，危害人类健康（邹金和王玮锌，2014）。

（2）微生物及其毒素污染。污染饲料原料的微生物主要有两种。一是霉菌及其毒素污染。目前已发现可产生霉菌毒素的霉菌有 100 多种，其中能使人畜中毒的主要有曲霉菌属、青霉菌属和镰刀菌属等。较常见的霉菌毒素有黄曲霉毒素、玉米赤霉烯酮和单端孢霉烯族毒素，其中黄曲霉毒素毒性最强。二是病原细菌污染。存在于饲料中的病原细菌以沙门氏菌危害最大，且为人畜共患病病原。易受沙门氏菌污染的饲料有鱼粉、肉骨粉、羽毛粉等。在我国对畜禽威胁较大的沙门氏菌病有猪霍乱、牛肠炎、鸡白痢等。

（3）有毒有害化学物质。饲料中的有毒有害化学物质主要有 4 种。一是二噁英污染。二是农药污染。其中农药主要是有机氯、有机磷农药造成饲料污染，危害畜禽健康和人类健康。这些物质中，除有机磷在田间分解较快外，其余大多在自然界稳定性较高，不易分解。如六六六（六氯环己烷）、滴滴涕（双对氯苯基三氯乙烷）等很容易造成污染。三是工业"三废"（废气、废水、废渣）污染。工业"三废"能从很多渠道渗透到饲料中，长期饲用工业"三废"污染的饲料，畜禽体内将蓄积大量的有害物质，并通过肉、蛋、奶等畜产品转移到人体，对人类健康造成危害。四是营养性矿物质添加剂造成的污染。矿物质之间既相互协同又相互制约，矿物质不足、过量或比例不平衡，都会造成畜禽生长发育不良或中毒。

2）饲料添加剂

饲料添加剂是指在饲料生产加工、使用过程中添加的少量或微量物质，在饲料中用量很少但作用显著。饲料添加剂是现代饲料工业必然使用的原料，对强化基础饲料营养价值，提高动物生产性能，保证动物健康，节省饲料成本，改善畜产品品质等有明显的效果。但是在实际生产上也存在一些因饲料添加剂使用不当造成的饲料安全问题。

（1）不合理使用饲料添加剂。在饲料中添加过量微量元素（如铜、锌等），导致重金属元素在动物体内大量积累，不易排出。例如，铜过量就会累积在畜禽肝脏，人类食用后会危害其身体健康。同时，动物的高含铜粪尿向环境排出对环境构成威胁，同样也威胁人类健康。铜、锌、铁等元素添加量过高不仅造成很大浪费，成本也会上升。砷化物在肠道内具有抗生素作用，能提高动物日增重和改进饲料利用率，同时，砷也是一种必需元素，在生产中本身就要使用砷制剂饲料，但由于砷制剂吸收率低，被动物通过粪尿排出体外后会在土壤中大量富集，威胁人类健康。

（2）不按规定使用饲料药物添加剂。饲料药物添加剂是指为预防、治疗畜禽疾病而掺入载体或稀释剂的兽药预混物，常用的药物添加剂主要有抗生素和驱虫剂等。2001 年农业部发布了《饲料药物添加剂使用规范》，规定了 57 种饲料药物添加剂的使用畜禽、依法用量、停药期、注意事项和配伍禁忌等。这些药物添加剂分为两类：一类是具有预防畜禽疾病、促进畜禽生长作用，可在饲料中长时间添加使用的饲料药物添加剂；另一类是用于治疗畜禽疾病，并规定了疗程，通过混饲给药的饲料药物添加剂。按照该规范用药能保证控制畜禽产品中的药物残留量，如果不严格按照规范执行，随意超量添加，会引起畜禽产品的安全性问题。例如，有的饲料和养殖企业在禽料或猪料中添加喹乙醇的量超过推荐量数倍，或是将治疗剂量当作长期的预防添加量，从而导致喹乙醇中毒事件屡见不鲜。还有的是不落实停药期和某些药物在产蛋期禁用的规定，或将不同品牌的饲料混合使用，导致属于配伍禁忌的几种药物同时使用。畜禽养殖中过分依赖抗生素等药物，产生药物残留，引起耐药菌株扩散，也会对畜禽、人和生态环境造成严重危害，引起畜禽菌群失调，降低畜禽的免疫力，继发二次感染。此外，在动物养殖过程中使用的大量药物通过食物链被人体吸收，增加人体致癌、致畸、致突变的风险。当前，在我国，磺胺类、四环类抗生素，青霉素、氯霉素等药物在畜禽体内已大量产生耐药性，临床治疗效果越来越差，使用的剂量也越来越大。

（3）在饲料中添加违禁药品。由于种种原因，在现代养殖生产中给饲料添加违禁药品的现象为数不少。这些非营养性添加剂同样会造成其在畜禽及其产品和排泄物中残留并对环境造成污染。常用的违禁药品包括激素类、类激素类和安眠镇定类。农业部先后发布了一些严禁使用的兽药的通知，强调在饲料产品中禁止添加未经农业部批准使用的兽药品种，严禁非法使用兽药。2002 年 2 月，农业部、卫生部、国家药品监督管理局联合发布了《禁止在饲料和动物饮用水中使用的药物品种目录》。2002 年 3 月，农业部又发布了《食品动物禁用的兽药及其它化合物清单》。这些法规对饲料中的各种禁用药物做了明确的规定。

（4）盲目使用微生态制剂。微生态制剂对人类和养殖对象无致病危害，且能提高畜禽的生长性能和抵抗力，近年来我国微生态制剂虽在畜禽养殖中取得了不错的效果，但同时也存在一些问题。例如，存在一些影响菌种的安全性问题（发酵菌种、杂菌污染、培养基原料、酶的化学性质、杂质的种类和含量等因素都有可能影响有益微生态制剂的安全性），选择的菌种与所饲畜禽种类不匹配，以及施用技术不明确等。因此，在微生态制剂使用之前首先需要对菌种进行筛选，对于动物用微生态制剂的菌种及使用标准国家也先后出台了一些相关的法规条文，生产上要严格按照相关法规执行，未经国家批准和未经充分论证其安全性的微生态制剂不允许使用。

2. 保障饲料安全的措施

1）完善饲料法律法规和政策标准

我国与饲料工业有关的法律法规主要有 3 类。一是法律类，包括《中华人民共和国食品安全法》《中华人民共和国农产品质量安全法》《中华人民共和国畜牧法》等几部核心法规，为饲料安全管理的基本法规。二是条例及管理类，包括《饲料和饲料添加剂管理条例》《饲料和饲料添加剂生产许可管理办法》《新饲料和新饲料添加剂管理条例》《进出口饲料和饲料添加剂检验检疫监督管理办法》等，用以指导生产、规范经营行为，为饲料生产提供管理框架。三是行政许可及规范性文件，包括《单一饲料产品目录（2008）》《饲料添加剂安全使用规范》《饲料药物添加剂使用规范》《禁止在饲料和动物饮用水中使用的药物品种目录》等，用以指导具体生产行为。从构成来看，基本覆盖了饲料原料、生产、运输、销售、使用等全部环节，对实际生产具有直接指导作用。

此外，相关部门也结合生产实际对已有的饲料法规不断地进行修订、完善，并同时颁布一些新的法律法规和政策标准。例如，2017 年 3 月和 11 月，农业部分别修订了《饲料和饲料添加剂管理条例》和《饲料质量安全管理规范》；2019 年 7 月，农业农村部修订了《饲料标签》（GB 10648—2013）；2023 年 7 月，农业农村部修订了《饲料原料目录》。这些饲料相关法律法规的实施和不断完善有效保证了饲料及饲料添加剂的安全生产，进而保障动物健康及畜产品安全。

2）加强饲料安全监管

我国饲料安全监管实行分块管理，还需要进一步改革完善。首先，成立专门权威性饲料安全管理机构，不受部门和区域限制；其次，建设饲料和饲料添加剂生产企业管理信息共享平台，对饲料和饲料添加剂注册登记、生产企业行政许可等信息进行集成整合，实现数字化集中管理，并适时更新和供公开查询；再次，为基层饲料安全监管人员配备便携式查询终端，提高饲料产品行政许可、生产企业合法性终端现场核实信息化程度；最后，建设饲料和饲料添加剂质量安全检测信息管理平台，通过数据库大数据助推质量安全监测及查处信息的实时传递。

3）完善饲料检验标准体系

我国饲料工业已基本形成了以国家标准和行业标准为主体、地方标准为辅助、企业标准为基础的饲料工业标准体系。目前现行有效的标准有 500 多项，包括基础性的检测方法、评价方法，检验对象涉及单一饲料和饲料原料、饲料添加剂、饲料产品等。检验标准虽然数量不少，但与畜牧业发展形势需要和现代饲料工业管理与生产需要相比，饲料质量安全标准还严重滞后，远不能满足饲料工业安全生产、政府监督检查、保证养殖产品安全和环境保护的需求。

此外，目前的饲料标准制定工作还主要侧重于产品标准和检测方法标准，缺少对饲料产品及生产企业的综合评价标准。在标准制定方面，对饲料产品的储运和追溯管理及环境保护的标准立项制定不够，特别是在监管方面的检测评价标准亟待研究制定，安全评价类标准尤其少，饲料安全生产的环境评价体系更是不健全。为了保障饲料生产过程中的环境保护，应借鉴畜禽养殖场环境评价体系，加强安全饲料的环境评价体系建设，可以考虑从如下几方面参照执行。

（1）环境质量标准。安全饲料生产必须符合《环境空气质量标准》（GB 3095—2012）、《声环境质量标准》（GB 3096—2008）、《地表水环境质量标准》（GB 3838—2002）和《城市污水再生利用　城市杂用水水质》（GB 18920—2002）等。

（2）污染物排放标准。安全饲料在生产过程中的污染物排放必须符合《大气污染物综合排放标准》（GB 16297—1996）、《锅炉大气污染物排放标准》（GB 13271—2014）和《恶臭污染物排放标准》（GB 14554—93）。

（3）技术导则及规范。安全饲料生产必须遵循的技术规范主要有《环境影响评价技术导则　大气环境》（HJ 2.2—2018）、《环境影响评价技术导则　地表水环境》（HJ 2.3—2018）、《环境影响评价技术导则　声环境》（HJ 2.2—2021）和噪声标准《声环境质量标准》（GB 3096—2008）。

4）加强高效实用检测技术的开发与应用

饲料是保证动物健康和生产安全的一个重要源头，其安全性至关重要。未来对饲料检测技术的要求越来越高。但目前灵敏度高、检测准确、价格昂贵的饲料检测仪器设备还难以普遍应用，大部分中小企业对饲料的安全检测手段仍处于初级水平，还有的企业依然在凭感官检测，存在着很大的饲料安全风险隐患。国家有关部门及单位应尽快加大人力物力，研发出快捷、简便、高效和经济实用的饲料检测设备和技术手段。

5）加快完善全国饲料检测体系

建立全国饲料安全信息网络，完善饲料行业的信息采集和发布程序，逐步把饲料检测机构建设成畜产品质量检测评价中心、市场信息发布中心、技术咨询服务中心和专业技术人才培训中心。同时严格规范饲料安全组成，改善饲料检测机构的基础设施条件，提高饲料监测体系的监测水平。要整合畜牧业生产资料和畜产品质量检测机构，加大投入力度，建设并形成统一的畜产品质量安全检测体系，强化畜产品安全检测。

6）加强管理系统的推广

为保障饲料的安全生产，国际上已采用危害分析及关键控制点（hazard analysis and critical control point，HACCP）管理系统，这是国际上通行的食品和饲料生产加工安全管理体系，它是从原料到成品的质量保证系统，是从成品检验和大量抽样调查中调整出来，专为控制生产环节中潜在危害的预防体系。HACCP管理系统具有预防性、系统性、事前性和强制性，是企业建立在良好操作规范和卫生标准基础上的食品安全自我控制的最有效手段之一。使用该管理系统可最大可能地预防不合格畜产品的出现，从而有效解决我国饲料卫生指标超标、滥用违禁药物和药物残留等问题。

7) 利用生态营养学理论配制饲料

生态营养学是建立在现代动物营养理论基础上，利用生态学观点，按照理想蛋白质模式，采用可消化氨基酸及有效磷等指标，来设计不同品种、性别、年龄畜禽的饲粮模型，使养分供需达到平衡，可在保证最大生产效率的同时减少氮、磷排泄的学科。随着对蛋白质、氨基酸研究的不断深入，畜禽饲粮配制逐步由粗蛋白质向总氨基酸-可消化氨基酸-理想蛋白质模式过渡，在不影响畜禽生产性能的前提下，使用合成氨基酸（赖氨酸、蛋氨酸、色氨酸和苏氨酸等）调节低蛋白质条件下的氨基酸平衡，避免因日粮蛋白质的安全边际量过大而造成浪费，既节约了蛋白质资源，又降低了氮的排放。按理想蛋白质模式配制日粮，在保持畜禽正常生产性能的情况下，饲料粗蛋白质水平可降低 2%～3%，氨排放量可减少20%～50%。据统计，通过理想蛋白质模式配制的日粮，其粗蛋白质水平每下降1%，粪尿氨的排放量就下降 10%～12.5%。

8.2.2　动物疫病安全控制

1. 常见人畜共患病的种类

人畜共患病是关系畜产品安全的重要风险环节，直接威胁畜禽及人类健康。人畜共患病主要有病毒性、细菌性、寄生虫性及真菌性 4 类。病毒性人畜共患病如流感病毒病、狂犬病、伪狂犬病、日本乙型脑炎、口蹄疫等；细菌性人畜共患病如炭疽、布鲁氏杆菌病、钩端螺旋体病、结核病、沙门氏菌病、大肠杆菌病、链球菌病、巴氏杆菌病、鼻疽等；寄生虫性人畜共患病如弓形虫病、绦虫病、线虫病、旋毛虫病、棘球蚴病、蜱虫病等；真菌性人畜共患病如曲霉菌病、真菌性皮肤病等。

2. 家畜养殖过程中疫病防控关键点

人畜共患病发生和流行需要 3 个基本条件：传染源、传播途径和易感动物。这 3 个基本条件构成传染病在人畜中传播的生物学基础，缺少任何一个都不会发生传染。人畜共患病防控要坚持以预防为主，采取综合防控措施，着重控制与传染病发生基本条件相关的疫病防控关键点，防止人畜共患病的发生。

1) 传染源防控关键点

引种、精液管理：引种单位必须具备"三证"（种畜禽场出具的种畜禽合格证、动物卫生监督机构出具的检疫证明、种畜禽场出具的家畜禽系谱），必须有动物检疫证明。种畜引入前要对所引的畜禽及其精液进行重要病原核酸检测且结果必须为阴性，引入后要先在隔离舍观察 40～45d，并再次进行重要病原核酸检测，结果为阴性后再混群。

病死畜禽的管理：患病畜禽要及时隔离、消毒、治疗、紧急免疫接种、封锁疫区、扑杀传染源等，防止疫病在易感畜禽及人群中蔓延；对病死畜禽要开展病原学诊断，确定发病、死亡原因；死亡畜禽按照国家病死畜禽无害化相关管理规定处理。

规模化养殖场选址：养殖场周边 5km 内无屠宰场、加工厂和病死畜禽无害化处理点；养殖场周边 10km 以内无活畜禽交易市场。

2）传播途径防控关键点

养殖场人员的管控：养殖场门卫严格执行相关规定，禁止未授权的外来人员、车辆靠近；做好进场人员、车辆的消毒登记工作；禁止养殖场人员私自在场外与畜禽接触；禁止养殖场人员在休假期间前往高风险区域（疫点、疫区、其他养殖场/户、农贸市场的肉铺、屠宰场、无害化处理厂等）；返场人员入场有严格的隔离检测程序（隔离检测、洗澡更衣、专车从隔离点返场、再次洗澡更衣后入场）；工作服在消毒水浸泡半小时以上再清洗，50℃左右烘干；工作鞋刷净污物后用消毒水浸泡，清洗晾干。

物料的管控：养殖场在市场购买生肉（牛羊肉、禽肉、鱼肉、猪肉等）；养殖场大门设立物资消毒区，配备紫外线灯、臭氧机、风扇等消毒设备；入场人员随身物品消毒；养殖场设立场外集中物资消毒点，除去物品外包装后利用紫外线照射、臭氧熏蒸、超声雾化、消毒液表面喷洒或浸泡等方式进行消毒；使用臭氧熏蒸、超声雾化消毒时，可以配合风扇使臭氧/雾化气体与空气迅速混合；相关人员不得携带私人物品进入生产区。

饲料和饮用水的管控：养殖场设立点对点场外自动输送饲料，避免饲料车进场；或者进场饲料车经过三级或四级消毒，司机沐浴更衣后驾车进场但不下车，由养殖场专人卸料；进行定期水质监测，确保人畜饮水符合卫生标准；对储水池密封、防渗漏、加盖；利用含氯制剂、紫外线照射、过滤、臭氧处理等方法，科学地、定期地对畜禽饮用水进行消毒。

养殖场环境的管控：养殖场须定期开展杀虫灭鼠工作，及时对粪便等污物进行无害化处理；对养殖舍定期消毒，消毒剂经检测有效后使用。

养殖场免疫程序管控：养殖场免疫程序制订要合理；疫苗来源要正规，并严格按照规定进行运输、存储；所用疫苗毒株要与流行毒株相匹配；畜禽免疫接种后要及时进行抗体水平检测，确保畜禽群体抗体水平达到 70%以上。

3. 用药规范与食品动物允许使用的化合物清单

兽药是用于预防、治疗和诊断畜禽疾病，或者有目的地调节畜禽生理机能的物质，包括血清制品、疫苗、诊断制品、微生态制剂、中药材、中成药、化学药品、抗生素、生化药品、放射性药品及外用杀虫剂、消毒剂等。为保证畜禽及其产品安全，必须通过多种途径和方式严格控制，确保兽药的绝对安全。制订合理的用药规范是保障家畜健康和产品安全的重要措施，主要包括以下几个方面。

（1）科学选购兽药。购买正规厂家生产的兽药，所购兽药应符合《食品动物禁用的兽药及其它化合物清单》。

（2）规范合理用药。以预防为主、治疗为辅。坚持对症下药，使用合理剂量和合理疗程。正确给药，科学配伍。

（3）制订治疗方案。规模化养殖场兽药的使用应制定治疗计划，预期药物的疗效和可能的不良反应。应根据畜禽疾病情况和药物特性做好治疗计划，制订给药方案，包括药物的剂量、剂型、给药间隔、给药途径和疗程。治疗药物须凭兽医处方购买，并在兽医指导下使用。规模化养殖场抗菌药的治疗用药使用可根据病原分离和药敏试验结果进行选择。

（4）规范用药记录。实施兽药安全使用规范的全部过程均要求建立详细记录。所有记录资料应在清群后保存两年以上。建立并保存患病畜禽的预防和治疗记录，包括畜禽编号、发病时间及症状、预防或治疗用药的经过、药物种类、使用方法和剂量，治疗时间、疗程、药物名称（商品名称及主要成分）、生产单位及批号、治疗效果等。

（5）关注用药反应。临床兽医应对兽药的治疗效果、不良反应做观察记录；发生动物死亡时，应请专业兽医进行解剖，分析是药物原因或疾病原因。发现可能与兽药使用有关的严重不良反应时，应当立即向所在地兽医行政管理部门报告。

（6）遵守相关规定。休药期应按农业部发布的《兽药停药期规定》严格执行。畜产品药物残留应符合最新《动物性食品中兽药最高残留限量》的规定。

最新《食品安全国家标准 食品中 41 种兽药最大残留限量》（GB 31650.1—2022）把药品分为 3 类（表 8-1）。它们分别是已批准动物性食品中最大残留限量规定的兽药，允许用于食用动物、但不需要制定残留限量的兽药和允许作治疗用、但不得在动物性食品中检出的兽药。

表 8-1　《食品安全国家标准 食品中兽药最大残留限量》分类

类别	药品数量	猪涉及药品数量
已批准动物性食品中最大残留限量规定的兽药	1029	68
允许用于食用动物、但不需要制定残留限量的兽药	255	135
允许作治疗用、但不得在动物性食品中检出的兽药	11	8

4. 畜禽疫病精准防控措施

畜禽疫病复杂多样,规模化养殖场应在畜禽生产环节的各个关键防控点重点布防。有条件的养殖场可利用先进的微生物学、免疫学、分子生物学等技术,开展养殖场的"精准检测、精准免疫、精准消毒、精准用药",实现畜禽疫病的精准防控,保障畜禽养殖健康和畜产品安全。

(1)精准检测。实现疫病的精准检测需要利用畜禽病原快速诊断技术,定期对养殖场重要病原(非洲猪瘟病毒、猪瘟病毒、猪蓝耳病病毒、伪狂犬病毒等)开展病原学监测,掌握养殖场畜禽病原携带情况及毒株变异情况;对发病畜禽进行病原学诊断,明确病原,以便科学处置。

(2)精准免疫。实现养殖场疫苗的精准免疫需要根据规模化养殖场病原精准检测结果,选择与流行毒株匹配的疫苗免疫畜禽;利用抗体检测技术,持续开展疫苗免疫效果评价;对于免疫效果不达标的种群,应及时查找原因,优化免疫程序。

(3)精准消毒。实现养殖场的精准消毒需要定期开展消毒剂的消毒效果监测,依据实际的消毒效果来选择消毒药物。养殖场消毒后,可通过细菌的分离培养,评价消毒剂在养殖各个环节的消毒效果,优化消毒程序。

(4)精准用药。利用细菌分离技术和耐药性检测技术,在规模化养殖场定期开展细菌病的病原学及细菌药敏试验,掌握本养殖场病原的流行特点和细菌耐药谱,根据药敏试验结果选择敏感药物,指导养殖场精准安全用药。

8.3　屠宰加工环节畜产品安全控制

畜产品是指猪、牛、羊、鸡、鸭等食用动物屠宰后未经加工的肉、脂、脏器、血液、骨、头、蹄(爪)、皮等。我国目前实行畜禽定点屠宰制度。未经定点,任何单位和个人不得从事畜禽屠宰、售卖活动(自宰自食的除外)。

8.3.1　屠宰环节影响畜产品安全的风险点

肉品质量安全涉及从养殖到餐桌的多个环节,包括养殖、屠宰加工、市场流通等各个领域。屠宰加工这一个环节中影响肉品质量安全的因素有以下几个方面。

1. 宰前检疫和管理方面的安全风险

（1）畜禽宰前检疫。畜禽宰前检疫是保证肉品质量安全的重要环节之一。通过宰前检查，可初步确定畜禽的健康状况，从而尽早发现宰后检疫中不易被发现的人畜共患病，减少损失，防止重大公共卫生事件的发生。例如，破伤风、脑炎、胃肠炎、布氏杆菌病，以及某些中毒性疾病，宰后如果没有特殊病变，无法检出，但如果延长屠宰时间，加强宰前检疫对这些疫病就可以做出判断。如果由于忽视宰前检疫而错过检出疫病的机会，就会导致肉品污染和疫病传播。

（2）屠宰加工场所的卫生条件。经全自动机械化屠宰企业屠宰的肉品，由于检疫检验严格，水质条件、卫生条件能够符合卫生要求，肉品安全就有保障。小作坊或者是私屠滥宰的肉品，由于加工车间不清洁易造成大量细菌和霉菌的滋生，再加上水质卫生条件达不到保障，屠宰用具、设备不卫生等因素均会造成肉品的严重污染。

（3）屠宰前应激综合征。畜禽应激的发生主要是由于管理不当等人为因素引起的，如运输、拥挤、捆绑，以及过度惊吓等。如果应激发生于接近屠宰或屠宰时，由于肾上腺素分泌增加，促使磷酸化酶的活性升高，宰后肌肉糖酵解过程加快，可以产生大量乳酸，使肉的 pH 急剧下降。再加上屠宰前后胴体高温和肌肉痉挛引起肌纤维发生收缩，肌浆蛋白凝固，肌肉保水能力降低，游离水增多并从肌细胞中渗出，从而导致出现 PSE 肉。如果屠宰前部分动作比较粗暴，致使畜禽皮肤、肢体或内脏受伤，引起皮下脂肪淤血，体表伤痕增多，甚至整个肉尸放血不良，这些因素都会影响肉品的外观质量和内在质量。

2. 屠宰加工过程中操作方面的安全风险

（1）淋浴时间短。在大多数定点屠宰场内没有给宰前畜禽淋浴的条件，有的仅走一下过场，根本起不到宰前清洁的目的，畜禽得不到充分的清洁，势必在放血和脱毛过程中对肉品造成污染。

（2）屠宰放血不全，影响肉品质量安全。例如，电击过程中电压大小和电击时间掌握不当，电压过高或麻电时间过长，引起呼吸中枢和运动中枢麻痹，致心力衰竭，心脏收缩无力而导致放血不全。放血刺杀方式不当或刺杀部位不正确，如未完全切断颈动脉、颈静脉，血液不能充分排出或在放血时刺破心脏，使屠宰畜禽心脏的完整性受到破坏，收缩无力致全身血液不能充分排出而发生放血不全，这些不当的放血方式均会影响肉品质量。

（3）动物宰杀时，内容物外逸也会污染血液和局部胴体。例如，开膛时割破或拉断肠管，浸烫过久或开膛时间过长，都可能引起肠道细菌的逸出而造成污染。

（4）屠宰工作人员的身体健康。患有人畜共患病的人员从事畜禽屠宰工作，会造成肉品的污染，也会危害人类健康。

3. 宰后卫生检验方面的安全风险

（1）宰后检疫、检验不完善。宰后检疫、检验是肉类出场前的最后一关，也是关系肉品质量安全的最主要的一环。但目前由于各地方经济条件和检疫员业务水平的限制，定点屠宰场的宰后检疫、检验不够规范，存在漏检、错检及操作不当等问题，使肉类受不同程度污染的现象时有发生。

（2）内脏检疫检验很少或没有开展。内脏检疫、检验是畜产品卫生质量检验中很重要的环节。内脏的某些病理变化是鉴定肉类染疫的重要依据，需要有专门的卫生检疫人员进行重点检疫，但目前有的定点屠宰场的内脏检疫不到位，会造成某些疫病的漏检，以及病害肉品和脏器进入市场销售。

（3）检疫工具消毒不及时。定点屠宰场的检疫人员多数仅配备一套检疫工具，在检出疫病后往往不能及时更换、消毒，继续使用时就很可能污染其他健康肉品，甚至导致疫病的传播。

8.3.2　屠宰加工环节畜产品安全措施

（1）畜禽定点屠宰场应按照国家规定的操作规程和技术要求进行畜禽屠宰。畜禽定点屠宰场应建立严格的畜禽屠宰检验管理制度，并在屠宰车间显著位置明示畜禽屠宰操作工艺流程图和检疫检验工序位置图。任何畜禽定点屠宰场不得为未经定点从事畜禽屠宰活动的单位或者个人提供畜禽屠宰场所或者畜禽产品储存设施，不得为对畜禽或者畜禽产品注水或者注入其他物质的单位或者个人提供场所。

（2）畜禽定点屠宰场应使用符合国家标准的食品级消毒剂、包装材料和专用运载工具，并制定相应的使用管理制度。场区冷库不得存放非本企业屠宰的畜禽产品。畜禽产品应使用封闭、冷藏或者设有吊挂设施的专用车辆，不得敞运，运输畜禽和畜禽产品的运载工具不得运输有碍食品安全的物品。

（3）畜禽定点屠宰场应建立完善的安全生产管理制度，定期对相关人员进行培训，对涉氨冷库进行检修、维护。畜禽定点屠宰场应建立本企业畜禽定点屠宰证、章、标志牌的保管和使用管理制度。畜禽定点屠宰场应建立不合格产品召回制度。对召回的产品依据国家有关规定采取相关处理措施进行处理，并向有关兽医行政主管部门报告。畜禽定点屠宰场应建立产品质量追溯制度。如实记录畜禽进场时间、数量、产地、供货者、屠宰与检验信息及出场时间、品种、数量、流向、检疫证明编号等信息。

屠宰场应制定规范的宰前管理制度，避免随到随宰。待宰畜禽应在屠宰场的待宰圈内至少休息 12h，宰前 12h 应施行断食管理，这样有利于肠道内积粪排尽，便于开膛摘除胃肠操作，减少污染。断食期间至宰前 3h 必须供给足够的饮水，这有利于畜禽放血及代谢产物的排除。在断食期间，还可使体内的硬脂肪酸和高级脂肪酸分解成可溶性脂肪酸，分布在肌肉各部，使肉质肥嫩，肉味增加，同时能促进肝糖原分解生成葡萄糖和乳酸，分布全身，使运输中的糖原消耗得到补充，有利于肉的成熟，改善肉品质。充分休息也可使宰前的各种应激反应症状得到疏解，从而大幅降低白肌肉的发生。另外，工作人员在饲喂和驱赶畜禽时应文明人道，有耐心，禁止殴打动物，尽可能避免人为伤害。

（4）屠宰过程中应经常检查和定期更换麻电设备，严格控制电压及麻电时间。电麻的部位应放在畜禽的头部太阳穴与枕骨之间，放血应在致昏后立即采用倒挂垂直方式进行，刀应于颈与躯体分离处的中线偏右刺入，时间不超过 30s，以免引起肌肉出血，抽刀向外侧切断血管时不可刺伤心脏，放血时间不少于 5min，放血工作应由熟练的工作人员操作。

（5）按畜禽来源进行分群管理，严格按照操作程序进行宰前检疫，将患病畜禽及时剔除，并按照规定进行无害化处理。

（6）建立规范完善的宰后检疫制度和监督检验机制，减少漏检、错检现象的发生，确保肉品质量安全。

8.4　运输环节畜产品安全控制

畜禽在屠宰前的运输环节中，会涉及很多人畜禽的互动。在此期间，影响畜禽生理和健康的处理和操作都会使其以最大的应变能力来应对环境的变化。畜禽屠宰前的应激反应，以及产生的肌肉酸度变化，是运输环节畜产品安全控制的主要关键点。

8.4.1　运输环节影响畜产品安全的风险点

在经过长途运输过程中，畜禽如果应激反应很大，其最后结果将导致畜禽死亡及行动迟缓"倦乏"，丧失体重。在过去的几十年间，市场竞争和国家管理逐步规范化科学化，导致小规模屠宰场不断倒闭，留存下来的大规模屠宰场数量较少，从而使每一个屠宰场所覆盖的畜禽养殖场范围加大，也使活畜禽的运输距离变得更远。在猪的运输和屠宰前，处理方式不当及屠宰设施落后等因素也会给畜禽造成强烈的应激反应，从而使肉品质量下降，出现 PSE 肉和 DFD 肉。

8.4.2　运输环节畜产品安全的措施

在装载过程中要最大限度地减少畜禽应激反应的产生。畜禽在出售当天要被移动很多次,从畜禽舍到运输卡车之间的路线不应有任何障碍物。同时,转移畜禽要尽量减少各种人为刺激。在整个转运过程中,饲养员的行为对于减少畜禽的应激反应尤为重要。尽量避免大声喊叫和过度的噪声,特别是生猪等较大型动物应平静平稳地驱赶上运输车。此外,运输畜禽的通道和环境要宽敞明亮和适宜。

当畜禽运输到屠宰场后,特别是生猪要在待宰栏里饲养一段时间,使其在运输应激之后有一个恢复期。待宰的时间长短会影响畜禽产品的品质。待宰时间太短,则屠宰后畜禽产品的皮质醇水平和乳酸水平等升高,从而形成 PSE 肉。一般活猪待屠宰最佳时间为运输后 1~3h。另外,在待宰期间还要尽量采取措施减少畜禽间的拥挤和争斗,以降低与应激反应相关的两个生理指标(皮质醇和乳酸的水平)。

8.5　畜产品溯源与畜产品安全控制

对畜产品进行跟踪溯源是保障畜产品安全的重要措施,特别是近年来,我国在畜产品质量追溯领域做了大量工作,尤其对猪肉产品,建立了比较成熟的追溯技术措施,并取得了一定成效,为保证人民群众肉食品安全发挥了较好的作用。

8.5.1　产品可追溯体系基本概述

产品可追溯体系的概念和建立来自《质量管理体系 基础和术语》(GB/T 19000—2016)、《标准体系构建原则和要求》(GB/T 13016—2018)等多个标准。可追溯体系也称可追溯系统,目前没有标准的定义,一般都是结合行业或产品特点,对可追溯体系的功能进行界定。业内普遍接受的定义为:可追溯体系应能够识别直接供方的进料和最终产品初次分销的途径,组织应建立且实施可追溯体系,以确保能够识别产品批次及其与原料批次、生产和交付记录的关系。

可追溯的产品(畜产品)需要有其标识标准,以便准确获取其“前世今生”的所有相关数据与作业系统信息。产品可追溯体系的基本特征为既要具有唯一标识产品的可追溯码,又能实现其在供应链中两个及各环节(生产、加工、批发、销售、消费等环节)的可追溯性,还要符合国家对可追溯体系和编码等标准化建设的要求。

产品（畜产品）标识标准的构成包括标识标准、标志标准、识别标准。以下以比较成熟和推广使用较多的猪肉可追溯体系的建设和使用为例进行介绍。

8.5.2 猪肉产品的可追溯体系

1. 猪肉产品标识系统的构建

猪肉产品标识系统的核心体系由5个环节组成：给猪肉产品编码以形成代码、制作标识、信息传输、信息解析和信息应用。

以上5个环节还需要支撑体系来支持运行。支撑体系主要包括电子商务、现代物流、物联网及传统商业。核心体系通过管理-技术-标准-法规构成的支撑体系为相关领域提供支持与服务。

2. 生鲜猪肉产品质量安全可追溯体系的建立

猪肉可追溯体系是在猪肉生产过程中，从猪养殖过程及其饲料兽药管理、屠宰、包装、冷藏、运输、销售的各个环节的记录及回溯能力，大致包括养殖生产、屠宰冷藏和物流运输3个环节。消费者在购买猪肉时，只须对猪肉追溯条形码进行扫描，就可以查询猪肉从生产（生产地区、品种、养殖情况）到屠宰及冷藏的信息，追溯条形码相当于猪肉的"身份证"。

养殖生产环节的信息系统主要包括数据追溯、饲养管理、安全预警和疾病预防4个部分。生猪养殖是整个产业链中周期最长、安全风险最高、监管最难的环节，应重点做好以下几个方面的工作。①建立全程质量管理体系。养殖环节全程质量管理包括人员管理、技术管理、及时监控、纠偏方案等。为保证质量管理体系的有效实施，要对关键环节进行有效监控，并制定纠偏方案。监控方案包括监控内容、指标、方式等，一旦监控出现数据异常，没有达到养殖环节管理体系要求的指标，就应立即进行纠偏，确保产品质量安全。②在质量管理体系中，生产记录是信息采集的基础，是实施产品质量安全追溯的依据。生产记录主要包括两个方面：一是养殖信息，包括生猪的品种、数量、来源和进出场日期，养殖过程记录，饲料添加剂等投入品记录；二是防疫及疾病防治信息，如免疫日期、疫苗名称，兽药使用记录至少应包括使用日期、使用原因、使用兽药名称、生产企业、生产批号、使用剂量和途径、用药效果及不良反应、休药期、兽医签字等，对没有检疫证明，违规使用兽药及其他有毒、有害物质的猪肉应及时进行追溯。③饲料及饲料添加剂的采购与使用管理。要控制好饲料和饲料添加剂的来源，控制好饲料卫生，要做到科学配方及科学使用，控制过量使用饲料添加剂，重金属、微量元素等要控制在国家允许使用量的范围之内。设置育肥猪品质检验指标关键阈值，设置关键指标超标的预警系统，它是控制饲料添加违规成分的主要手段，是提供肉食品安全及保障消费者健康的主要措施。④做好生猪疫病控制。一是做好免疫接种，结合本地生猪疫病流行情况和生产实际，制定免疫程序，抓好畜禽免疫接种；二是疫病控制，严格防止药物残留。设置育肥猪未按休药期规定兽药残留的违规预警系统，它是控制兽药残留超标、提高猪肉产品品质和质量的一个重要措施。

屠宰冷藏过程中，每一环节的产品质量管理都会影响猪肉的核心产品和形式产品质量；每一环节都是形成诚信指标和服务指标不可缺少的部分，是追溯系统重要的信息源。工厂化屠宰包括宰前要求、电致昏、刺杀放血、浸烫、脱毛开膛、净腔带皮开膛、净腔去皮开膛、净腔劈半（锯半）、修整、复检整理副产品等工艺，通过屠宰加工全过程质量控制及追溯信息系统建设，把安全、卫生、高质量的猪肉及猪肉制品送上消费者的餐桌。影响猪肉质量的主要因素是肉品本身的品质、微生物污染情况、屠宰加工环境，在猪肉产业链中屠宰过程的肉品质变化较小，微生物数量及种类成为猪肉品质的决定因素，控制微生物污染是屠宰加工环节监控的重点。在屠宰各个工序中，通过监测微生物数量及种类、分析肉品理化指标，确定各工序的肉品品质和卫生指标的关键控制点，确定各个关键点的关键阈值，加强关键点的卫生管理，减少肉品污染，提高肉品品质，通过采集关键点的数据进行信息的输入，导入后方中心控制系统的生产控制模块，为猪肉流通信息化提供准确的信息，从生产源头上保障消费者的合法权益。猪胴体经全程冷链加工、配送和销售，保证了猪肉产品的新鲜度，改善了猪肉感官指标。工业化冷藏的主要方法是：猪胴体经检疫合格后，在 0~4℃低温状态放置 24h 进行冷却排酸，排酸肉经过较为充分的僵硬过程，肉质柔软有弹性、好熟宜烂、口感细腻、味道鲜美，且营养价值高；排酸后的猪胴体送入分割和包装车间，在 10~12℃环境下进行分割和包装；分割肉迅速移入冷却间和冷藏间进行冷却。目前冷却方法主要有一段冷却法和两段冷却法。一段冷却法一次性实现猪肉冷却。两段冷却法特点是采用较低的温度和较高的风速分阶段对热鲜肉进行快速冷却，达到进一步提高生产效率和内在品质的目的。

超市作为猪肉供应链的销售商，除发挥最基本的销售功能外，还肩负着猪肉质量的把关、保持和宣传，以及对问题猪肉进行召回、追溯和索赔的重任，其购物环境、保鲜设施、人员素质、验货程序、操作工艺和市场信息的搜集传递等状况，对维护和改善猪肉质量水平具有重要作用。随着企业、消费者对猪肉安全风险意识的不断提高，目前猪肉质量安全可追溯系统的建设工作已顺利开展并实施。通过生产、供应链环节与 HACCP 危害关键控制点的有机结合，使猪肉物流、产品信息流、危害识别和控制标准流三位一体，全面实现猪肉质量安全的全程控制与可溯源（崔越栋和徐进，2014）。

参 考 文 献

BIGGS P，刘宁，2009. 有机酸对肉鸡生长性能，养分消化率和盲肠菌群的影响[J]. 中国畜牧兽医（7）：193-193.

白建勇，2015. 不同生物制剂对发酵床饲养仔猪消化、免疫和垫料性质的影响[D]. 南京：南京农业大学.

白水莉，2009. 饲养密度和环境富集材料对肉鸡福利状况、生产性能和肉品质的影响[D]. 扬州：扬州大学.

白燕，王维新，迟进坤，2012. 蚯蚓干粉对幼刺参生长、消化和免疫力的影响[J]. 中国农学通报（29）：120-124.

白义奎，王铁良，呼应，等，2002. 北方农村"五位一体"庭院生态模式[J]. 可再生能源（3）：15-17.

白子金，宋良敏，高林，2013. 复合微生态制剂对产蛋鸡生产性能和蛋品质的影响[J]. 安徽农业科学，41（8）：
    3424-3425，3518.

柏华，2020. 畜禽生态营养饲料调控技术的应用与展望[J]. 养殖与饲料（4）：61-62.

包淋斌，刘明珠，瞿明仁，等，2013. 不同水平复合益生菌对锦江黄牛瘤胃体外发酵的影响[J]. 饲料研究（9）：
    11-14.

鲍宏云，许甲平，邓志刚，等，2012. 甘氨酸亚铁对断奶仔猪生长性能及皮毛指标的影响[J]. 饲料工业，33（12）：
    34-35.

鲍元兴，孙蔚榕，杨维亚，2001. 低聚异麦芽糖的纳滤分离技术和色谱分离技术[J]. 无锡轻工大学学报（4）：351-355.

比嘉照夫，1996. EM技术研究与应用[M]. 北京：中国农业科学出版社.

蔡娟，卢建，施寿荣，等，2013. 大豆、大豆异黄酮研究历程[J]. 饲料工业，34（3）：17-20.

蔡兴，王巧红，陆媛玥，等，2022. 饲料中添加抗菌肽对肉鸡生长性能和抗氧化能力的影响[J]. 饲料博览（5）：
    42-46.

曹建国，潘正伟，陈正华，等，2004. "牛至油"在仔猪饲料中的抗菌促生长效果[J]. 上海畜牧兽医通讯（1）：24-25.

曹克涛，宫平，魏佩玲，等，2022. 抗菌肽粗提物对肉羊生长性能的影响[J]. 中国畜牧业（20）：44-45.

柴志强，王付彬，郭明昉，等，2012. 水虻科昆虫及其资源化利用研究[J]. 广东农业科学，39（10）：182-185，
    195.

车彦卓，黄振吾，武书庚，等，2020. 不同饲粮粗蛋白质水平下黑水虻蛋白替代豆粕对蛋鸡生产性能、蛋清品质
    及血清蛋白质代谢指标的影响[J]. 动物营养学报，32（4）：1632-1640.

陈憧，2018. 复合抗菌肽对高精料饲喂山羊血清免疫指标及抗氧化能力的影响[D]. 雅安：四川农业大学.

陈冬华，李剑虹，包军，2010. 富集型鸡笼的发展和应用[J]. 中国畜牧兽医，37（11）：209-212.

陈功义，郝振芳，2015. 乳酸菌微生态制剂对白羽王鸽生产性能及免疫机能的影响[J]. 动物营养学报，27（8）：
    2450-2455.

陈光吉，彭忠利，宋善丹，等，2015. 发酵酒糟对舍饲牦牛生产性能、养分表观消化率、瘤胃发酵和血清生化指
    标的影响[J]. 动物营养学报，27（9）：2920-2927.

陈浩瀚，王锦湘，王敏奇，2022. 大豆异黄酮对生长猪生长性能、血清生化、免疫和抗氧化能力的影响[J]. 中国
    畜牧杂志，58（5）：229-233，238.

陈嘉序，陈如扬，连媛，等，2021. 大豆异黄酮的生物转化及功能活性研究进展[J]. 食品研究与开发，42（9）：
    176-182.

陈杰，杨国宇，韩正康，1999. 大豆黄酮对反刍动物血清睾酮和瘤胃消化代谢的影响[J]. 江苏农业研究（2）：17-19.

陈静，朴钟云，刘显军，等，2012. 黄芪多糖-枯草芽孢杆菌合生元制备参数的优选方法、制备工艺及应用：
    CN102696879A[P]. 2012-10-03.

陈柯，陈华，刘大军，2018. 微生物发酵秸秆对山羊生产性能的影响及其机理研究[J]. 中国饲料（2）：25-29.

陈琳，唐皖江，1988. 在饲料中添加蚯蚓对虹鳟稚鱼生长的影响试验[J]. 淡水渔业（4）：16-17.

陈强，梁军生，2013. 银杏叶提取物对肉鸡生产性能及血清生化指标的影响[J]. 饲料研究（1）：47-49.

陈世和，张所明，1990. 城市垃圾堆肥原理与工艺[M]. 上海：复旦大学出版社.

陈帅，2017. 膨化秸秆生物发酵饲料对辽育白牛血液生化指标、免疫指标及胃肠道菌群影响[D]. 沈阳：沈阳农业大学.

陈廷贵，赵梓程，2018. 规模养猪场沼气工程清洁发展机制的温室气体减排效益[J]. 农业工程学报，34（10）：210-215.

陈巍，朱剑锋，周海泳，等，2017. 黑水虻幼虫虫粉替代仔猪饲料中血浆蛋白粉或鱼粉对仔猪生长性能的影响[J]. 饲料工业，38（24）：36-39.

陈禧，朱能武，李小虎，2011. 串联微生物燃料电池的电压反转行为[J]. 环境科学与技术，34（8）：139-142.

陈祥，王可可，肖立新，等，2014. 谷氨酰胺对肉鸭生长性能和免疫器官指数的影响[J]. 长江大学学报（自然科学版），11（23）：27-29.

陈晓春，陈代文，2005. 纤维素酶对肉鸡生产性能和营养物质消化利用率的影响[J]. 饲料研究（11）：11-13.

陈秀敏，方桂丽，陈敏儿，等，2017. 植物精油的抑菌作用及检测技术研究进展[J]. 山东化工，46（10）：67-69.

陈旭伟，2009. 不同皂苷对山羊瘤胃原虫和细菌种属变化以及纤维降解的影响[D]. 扬州：扬州大学.

陈勇，甄莉，2004. 有机酸在饲料中的应用[J]. 中国饲料（9）：30-31，33.

陈幼春，马月辉，何晓红，等，2008. 地方、培育、引入品种资源的保存与发展的研究进展[J]. 中国畜牧兽医，35（1）：5-11.

陈志辉，任皓威，徐良梅，2013. 女贞子对AA肉鸡肌肉抗氧化能力及 *GPx4* 基因表达的影响[J]. 中国畜牧杂志，49（5）：53-56.

程旭艳，2012. 堆肥中高温降解菌的筛选及其堆肥应用效果研究[D]. 北京：中国农业大学.

程旭艳，霍培书，尚晓瑛，等，2012. 堆肥中高温降解菌的筛选、鉴定及堆肥效果[J]. 中国农业大学学报，17（5）：105-111.

程远之，周洪彬，虞财华，等，2021. 不同类型酸化剂对断奶仔猪生长性能和免疫功能的影响[J]. 动物营养学报，33（5）：2575-2584.

郄晶晶，2014. 耐低温复合菌筛选、组合及对堆肥前期升温效果研究[D]. 北京：中国农业大学.

褚晓红，胡锦平，王志刚，等，2011. 添加紫苏籽提取物的饲料对生长肥育猪的饲喂效果[J]. 浙江农业学报，23（3）：514-516.

崔卫国，包军，2004. 动物的行为规癖与动物福利[J]. 中国畜牧兽医，31（6）：3-5.

崔卫国，宋艳芬，2002. 猪的采食行为[J]. 饲料博览（5）：34-36.

崔瑞红，韩庆功，崔艺佳，等，2018. 益生菌复合发酵料对断奶仔猪血清生化指标和生长性能的影响[C]//中国畜牧兽医学会动物微生态学分会. 中国畜牧兽医学会动物微生态学分会第五届第十三次全国学术研讨会论文集，225.

崔莹，李薛强，于春微，等，2019. 复合菌培养物对肉羊生长性能、免疫与抗氧化功能的影响[J]. 动物营养学报，31（11）：5065-5073.

崔越栋，徐进，2014. 建设可追溯体系强化猪肉质量控制[J]. 广西质量监督导报（5）：52-54.

代晓曼，郭小虎，安秀峰，等，2012. 大豆异黄酮对不同时期子代雄性大鼠生殖性状及 ER-β 受体表达的影响[J]. 中华男科学杂志，18（10）：915-919.

但启雄，袁威，李刚，等，2015. 复合抗菌肽对断奶仔猪血清抗氧化功能的影响[J]. 中国兽医学报，35（5）：804-808.

邓红雨，2013．公路运输条件下牛的运输应激反应研究[D]．郑州：河南农业大学．

邓继辉，周大薇，2014．发酵饲料对矮小型鸡生产性能及抗氧化酶活性的影响[J]．饲料研究（17）：46-49．

邓丽娜，袁斐，2018．一种乳酸杆菌-玉竹多糖合生元的制备工艺研究[J]．中西医结合心血管病电子杂志，6（21）：29-31．

邓良伟，等，2017．沼气工程[M]．北京：科学出版社．

邓雨英，柳序，曲湘勇，等，2020．黑水虻的生物学特征及其在动物生产中的应用研究进展[J]．湖南饲料（5）：14-16，29．

刁蓝宇，刘文涛，冯栋梁，等，2020．酸化剂与益生菌混合制剂对广西三黄鸡生长性能、屠宰性能及肉品质的影响[J]．饲料研究（3）：29-32．

丁关娥，徐玲霞，2012．微生态制剂在养殖场环境修复中的应用[J]．中国家禽，34（12）：56．

丁洪涛，吕荣创，2011．肥育牛日粮中添加瘤胃保护氨基酸的研究[J]．饲料研究（1）：54-55．

丁松林，易洪斌，2008．改善动物福利 减少应激 探讨优质肉的生产途径[J]．黑龙江畜牧兽医（5）：101-102．

董立婷，朱昌雄，马金奉，等，2017．微生物异位发酵床养猪废弃填料的安全性评价[J]．中国农业科技导报，19（1）：118-124．

董秀梅，张超范，魏萍，2004．复合微生态制剂对肉仔鸡肠道菌群及抗氧化机能的影响[J]．中国家禽，26（14）：1-3．

董滢，董军涛，2014．麦类饲料中 NSP 的抗营养性及 NSP 酶作用机理[J]．当代畜禽养殖业（11）：6-7．

董永军，王丽荣，齐永华，等，2012．甘草多糖对肉仔鸡肠道微生物调控的研究[J]．粮食与饲料工业（4）：47-49．

董正林，2021．铁缺乏对猪肠细胞增殖和凋亡的影响及补铁对哺乳仔猪肠道功能的研究[D]．长沙：湖南师范大学．

杜冰，陈赞谋，张延涛，2008．复合型液体酸化剂对断奶仔猪的保健和促生长作用[J]．广东饲料，17（7）：31-32．

杜红，孙弟芬，易鑫，等，2022．抗菌肽对鹌鹑生长性能、免疫功能、血清抗氧化功能和肠道发育的影响[J]．四川农业大学学报，40（2）：260-268，285．

杜家华，2022．抗菌肽 CC34 工程菌粉对羔羊生长、免疫、抗氧化能力及胃肠道菌群的影响[D]．大庆：黑龙江八一农垦大学．

杜密英，苏琦，杜进民，2011．绿色木霉发酵产木聚糖酶的培养条件研究[J]．食品工程（4）：38-42．

段格艳，宋博，陈晓安，等，2022．低蛋白质饲粮中添加构树全株发酵饲料对育肥猪脂肪沉积和肠道微生物组成的影响[J]．动物营养学报，34（4）：2186-2195．

段俊红，王之盛，2009．微量元素对预混料中维生素稳定性的影响[J]．饲料工业，30（21）：27-30．

段俊辉，2019．复合酶制剂对肉鸡生产性能、养分代谢率的影响[D]．太原：山西农业大学．

段淇斌，冯强，姬永莲，等，2011．生物发酵床对育肥猪舍氨气和硫化氢浓度季节动态的影响[J]．甘肃农业大学学报，46（3）：13-15．

段苏虎，2019．日粮添加紫苏籽和亚麻油对芦花鸡蛋黄中不饱和脂肪酸含量及蛋品质的影响[D]．天津：天津农学院．

樊爱芳，李亚妮，魏清宇，2019．酸化剂对蛋鸡产蛋性能、蛋品质的影响[J]．山西农业科学，47（7）：1261-1263．

樊耀亭，侯红卫，任保增，2004a．天然混合厌氧产氢微生物的筛选方法：CN1488758[P]．2004-04-14．

樊耀亭，侯红卫，张高生，2004b．用农业固体废弃物生产氢气的方法：CN1522805[P]．2004-08-25．

范春国，杨春兴，李建新，等，2018．菌草发酵饲料饲喂中大猪效果观测[J]．今日畜牧兽医，34（10）：1-3．

范振港，肖定福，2019．微量元素在畜禽养殖业的应用及对环境的影响[J]．饲料博览（6）：19-23．

方桂友，董志岩，丘华玲，等，2012．低蛋白低磷饲粮添加氨基酸和植酸酶对肥育猪粪氮磷排泄量的影响[J]．福建畜牧兽医，34（5）：8-10．

方洛云，赵燕飞，金凯，等，2015．大豆异黄酮对奶牛泌乳性能、血液免疫及抗氧化指标的影响[J]．中国农学通报，31（11）：9-15．

方泉明，孔智伟，金恒，等，2019．饲喂蚯蚓液对番鸭屠宰性能的影响[J]．江西畜牧兽医杂志（3）：19-21．

方热军，汤少勋，2003．生态营养学理论在环保型饲料生产的应用[J]．中国生态农业学报，11（1）：162-164．

冯江鑫，陈代文，余兵，等，2020．菌酶协同发酵饲粮对仔猪生长性能、养分消化率、血清生化指标和肠道屏障功能的影响[J]．动物营养学报，32（3）：1099-1108．

符运勤，2012．地衣芽孢杆菌及其复合菌对后备牛生长性能和瘤胃内环境的影响[D]．北京：中国农业科学院．

付晓政，史彬林，李倜宇，等，2015．饲喂复合益生菌对奶牛粪便中氨气产生及微生物含量的影响[J]．家畜生态学报，36（1）：46-49．

付瑶，王雅晶，曹志军，等，2015．影响奶牛采食行为因素的研究进展[J]．中国畜牧杂志，51（20）：71-75．

傅规玉，2006．蚯蚓粉代替鱼粉饲喂育肥猪的试验[J]．湖南畜牧兽医（3）：11-12．

傅晓娜，姚刚，2011．微藻污水处理与生物质能耦合技术综述[J]．绿色科技（11）：100-104．

甘玲，2022．病死畜禽无害化处理方式利弊研究[J]．中国畜牧业（17）：79-80．

高飞，2011．微生态制剂饲料饲喂肉羊效果研究[J]．河南农业科学，40（10）：131-133．

高杰，2012．芽孢杆菌对肉鸡生长性能、肠黏膜免疫及鸡舍环境微生物影响的研究[D]．南宁：广西大学．

高俊，2008．酵母培养物对肉仔鸡的作用及其机理[D]．北京：中国农业科学院．

高爽，2017．复合抗菌肽"态康利保"对山羊瘤胃消化代谢及血清生长相关激素含量的影响[D]．雅安：四川农业大学．

高岩，吴健豪，曲永利，等，2016．饲粮中添加过瘤胃蛋氨酸、过瘤胃赖氨酸对荷斯坦奶公牛肉用生产性能和肉品质的影响[J]．动物营养学报，28（9）：2936-2942．

高云航，勾长龙，王雨琼，等，2014．低温复合菌剂对牛粪堆肥发酵影响的研究[J]．环境科学学报，34（12）：3166．

高增兵，余冰，郑萍，等，2014．苯甲酸对仔猪肠道微生物及代谢产物的影响[J]．动物营养学报，26（4）：1044-1054．

葛金山，朱元招，戴四发，等，2011．β-胡萝卜素对母猪繁殖性能的影响[J]．山东畜牧兽医，32（7）：12-14．

葛玲瑞，安建国，刘科均，等，2021．酵母菌和芽孢杆菌发酵饲料对草金鱼体色、消化及肠道菌群组成的影响[J]．饲料研究（9）：66-70．

耿爽，耿春银，王震，等，2020．富硒酵母培养物对育肥猪肠道以及肉中氨基酸和脂肪酸含量的影响[J]．饲料研究（1）：34-38．

龚改林，2015．貂粪堆肥微生物复合菌剂的制备及效果评价[D]．大连：大连理工大学．

龚建刚，邵丽玮，冯志华，等，2016．一种枯草芽孢杆菌-刺五加多糖合生元的制备[J]．中国饲料（17）：23-26，37．

龚剑明，赵向辉，周珊，等，2015．不同真菌发酵对油菜秸秆养分含量，酶活性及体外发酵有机物降解率的影响[J]．动物营养学报，27（7）：2309-2316．

顾金，2010．复合微生态制剂对青脚麻鸡饲养效果的研究[D]．扬州：扬州大学．

关轩承，张爱武，吴旻，等，2020．饲用酶制剂在毛皮动物生产中应用研究进展[J]．野生动物学报，41（1）：244-247．

官丽辉，马旭平，刘海斌，等，2021．大豆异黄酮对坝上长尾鸡卵巢功能、生殖激素和肌肉品质的影响[J]．中国兽医学报，41（2）：338-344．

郭洁平，2020. 羟基蛋氨酸锌对仔猪氧化应激的影响及相关机制[D]. 长沙：湖南农业大学.

郭俊清，孙海洲，桑丹，等，2010. 过瘤胃包被亮氨酸及 β-羟基-β-甲基丁酸钙对内蒙古白绒山羊免疫机能的影响[J].
    动物营养学报，22（6）：1762-1767.

郭坤，方刘，孙柯，等，2020. 生物发酵饲料对池塘养殖克氏原螯虾生长性能，肌肉品质及免疫机能的影响[J]. 饲
    料研究（1）：18-21.

郭鎏，刘栓，印遇龙，2022. 畜禽饲料源微量元素营养代谢和排放规律研究进展[J]. 科学通报，67（6）：481-496.

郭晓红，赵恒寿，2004. 大豆黄酮对肉仔鸡产生性能的影响[J]. 当代畜牧，33（2）：29-31.

郭忠欣，王天奇，2021. 抗菌肽对肉鸡生长性能、屠宰性能、肉品质和免疫功能的影响[J]. 饲料研究（8）：37-40.

国辉，2014. 异位发酵床技术在奶牛养殖废水污染控制中的研究及应用[D]. 北京：中国农业大学.

韩素芹，2004. 蚯蚓在饲料业养殖业上的应用[J]. 饲料世界，116（2）：34-35.

韩晓云，安玉玺，何丽蓉，2003. 低温菌及其在环境工程中的应用[J]. 东北林业大学学报，31（2）：33-35.

韩彦彬，黄超培，覃辉艳，等，2010. 大豆异黄酮对小鼠免疫功能影响的研究[J]. 中国卫生检验杂志，42（5）：
    1046-1048.

韩正康，王国杰，1999. 异黄酮植物雌激素：反刍动物营养生物学发展与应用前景[J]. 动物营养学报，11（增）：
    65-68.

何博，王勤，郑淑容，等，2020. 有机微量元素和蛋氨酸对后备母猪胴体组成和骨特性的影响[J]. 中国饲料（4）：
    77-82.

何流琴，金顺顺，周锡红，等，2020. 丝氨酸对动物机体健康的影响研究进展[J]. 动物营养学报，32（10）：4480-4490.

何明清，1994. 动物微生态学[M]. 北京：中国农业出版社.

何明清，程安春，2004. 动物微生态学[M]. 成都：四川科学技术出版社.

何荣香，吴媛媛，韩延明，等，2020. 复合有机酸对断奶仔猪生长性能、血清生化指标、营养物质表观消化率的
    影响[J]. 动物营养学报，32（7）：3118-3126.

何小丽，李冲，张妮娅，等，2016. 生物发酵法改善菜粕品质的研究[J]. 中国粮油学报，31（11）：85-91.

洪奇华，陈安国，2003. 猪采食行为与饲喂设备的研究进展[J]. 养猪（2）：36-38.

侯超，李永彬，徐鹏翔，等，2017. 筒仓式堆肥反应器不同通风量对堆肥效果的影响[J]. 环境工程学报，11（8）：
    4737-4744.

胡海涛，孙先枝，黄峰，等，2021. 柴胡皂苷对热诱导的奶牛乳腺上皮细胞抗氧化能力和热休克蛋白基因表达的
    影响[J]. 动物营养学报，33（11）：6420-6430.

胡菊，肖湘政，吕振宇，等，2005. 接种 VT 菌剂堆肥过程中物理化学变化特征分析[J]. 农业环境科学学报，24
    （5）：970-974.

胡明，2006. 苜蓿皂甙对绵羊瘤胃发酵及其它生理功能影响的研究[D]. 呼和浩特：内蒙古农业大学.

胡楠，郭书贤，王冬梅，等，2007. 微生态制剂在断奶仔猪日粮中的应用研究[J]. 安徽农业科学，35（17）：5187，
    5231.

胡芮绮，马世腾，李天琪，等，2017. 武汉亮斑扁角水虻幼虫肠道微生物对其成虫产卵行为的影响[J]. 生物资源，
    39（4）：283-292.

胡锐，邹兴淮，张志明，等，2000. 日粮中添加复合酶制剂 818A 对蓝狐生长发育的影响[J]. 经济动物学报（2）：
    1-4.

胡胜兰，肖昊，王丽，等，2021. 大豆异黄酮对体外氧化应激仔猪肠上皮细胞的影响及机制研究[J]. 动物营养学
    报，33（12）：6699-6708.

胡文举, 孙玲利, 2023. 抗菌肽对固始鸡生长性能、血清抗氧化、免疫功能及肠道微生物的影响[J]. 饲料研究（10）：40-43.

胡文平, 郭志有, 张永翠, 等, 2022. 微生物发酵饲料对生长育肥期莱芜黑猪屠宰性能、血液生化指标、抗氧化性能和肉品质的影响[J]. 中国饲料（5）：43-48.

胡向东, 焦乐飞, 李旭彬, 等, 2014. 小麦替代玉米饲粮添加木聚糖酶对生长猪生长性能、结肠菌群和氮排放的影响[J]. 动物营养学报, 26（9）：2805-2813.

胡烨, 马吉飞, 赵瑞利, 2013. 抗菌肽作为饲料添加剂的研究进展[J]. 天津农学院学报, 20（4）：48-51.

胡迎利, 郭建来, 2007. 植酸酶对仔猪生产性能、养分表观消化率及粪、骨、血中钙、磷影响的研究[J]. 郑州牧业工程高等专科学校学报, 27（1）：6-8.

胡志峰, 魏臻武, 2018. 茶树油制剂对金黄色葡萄球菌和沙门氏菌的体外抑菌试验[J]. 草学（1）：39-43.

华卫东, 徐子伟, 刘建新, 等, 2006. 不同铁源对母猪乳铁含量和仔猪血液学参数的影响[J]. 浙江农业学报, 18（3）：137-140.

黄海玲, 2020. 微生物发酵花生秸秆对肉山羊肠道微生物群落结构的影响及初步应用[D]. 南昌：江西农业大学.

黄丽琴, 王志斌, 黄小娟, 2022. 复合有机酸对蛋鸡生产性能、免疫功能及肠道组织形态的影响[J]. 中国饲料（12）：58-61.

黄其春, 陈彤, 郑新添, 等, 2017. 银杏叶提取物对断奶仔猪养分消化率、消化酶活性及肠道吸收能力的影响[J]. 中国畜牧杂志, 53（3）：125-128.

黄其春, 郑新添, 黄翠琴, 等, 2018. 银杏叶超微粉对断奶仔猪生长性能、肠道菌群及其形态的影响[J]. 中国畜牧杂志, 54（11）：105-109.

黄庆生, 2002. 酵母培养物对瘤胃发酵影响及 16S rRNA 定量分析技术的应用研究[D]. 北京：中国农业科学院.

黄少文, 魏金涛, 赵娜, 等, 2015. 绿原酸和维生素 E 对母猪繁殖和抗氧化性能的影响[J]. 中国畜牧杂志, 51（24）：79-83.

黄世金, 俸祥仁, 周勇, 2011. 复合微生物发酵饲料在罗非鱼养殖中的应用研究[J]. 南方农业学报, 42（8）：1003-1006.

黄笑筠, 冯开容, 邹永新, 等, 2016. 活性微生物发酵饲料对肉鸽生产性能的影响观察[J]. 中国家禽, 38（12）：59-60.

黄新苹, 王武朝, 2016. 女贞子在畜禽健康养殖业中的研究进展[J]. 黑龙江畜牧兽医（23）：54-56.

黄兴国, 戚咸理, 贺建华, 2003. 控制畜禽生产对生态环境污染的营养策略[J]. 当代畜牧（9）：35-36.

黄杏秀, 黄丽萍, 郭勇军, 等, 2020. 微生物发酵饲料对断奶仔猪生长性能、血液生化指标及免疫力的影响[J]. 饲料研究（12）：34-37.

黄志坚, 2006. 氨基酸的构型和性质研究[D]. 合肥：中国科学技术大学.

黄竹, 姜丹, 王丽娟, 等, 2019. 发酵饲料对海兰褐蛋鸡生产性能及蛋品质的影响[J]. 畜牧与饲料科学, 40（10）：14-18.

霍培书, 陈雅娟, 程旭艳, 等, 2013. 添加 VT 菌剂和有机物料腐熟剂对堆肥的影响[J]. 环境工程学报, 7（6）：2339-2343.

姬越, 任德珠, 叶明强, 等, 2017. 亮斑扁角水虻人工饲养条件下适宜温度的研究[J]. 环境昆虫学报, 39（2）：390-395.

嵇少泽, 勾长龙, 张喜庆, 等, 2019. 我国病死畜禽无害化处理简述[J]. 家畜生态学报, 40（7）：87-90.

纪峰, 魏东, 赵永刚, 等, 2023. 光合细菌在水产养殖等领域的应用[J]. 中国微生态学杂志, 35（1）：121-124.

贾会因，王孝宗，周永利，等，2023. 抗菌肽的生物学功能及在家禽养殖中的应用研究进展[J]. 饲料研究（10）：170-174.

贾久满，曹丽君，李成会，等，2010. 蚯蚓蛋白饲料饲喂蛋鸡的试验[J]. 饲料研究（6）：34-36.

贾伟，臧建军，张强，等，2017. 畜禽养殖废弃物还田利用模式发展战略[J]. 中国工程科学，19（4）：130-137.

姜鑫，崔梓琪，刘鑫，等，2019. 发酵玉米蛋白粉对犊牛生长、血液指标、瘤胃菌群和营养物质消化的影响[J]. 东北农业大学学报，50（2）：46-55.

蒋微，李军，董佳强，等，2021. 发酵饲料对肉牛血液生化指标的影响[J]. 吉林畜牧兽医，42（1）：1，3.

金成龙，翟振亚，王丹，等，2015. 甘氨酸铜替代硫酸铜对断奶仔猪生长性能、血清生化参数和粪铜排放的影响[J]. 广东农业科学，42（1）：100-104.

金尔光，陈洁，邵志勇，等，2018. 微生态制剂在畜禽生产中的应用研究进展[J]. 畜牧与饲料科学，39（8）：68-72.

金福源，陶艳华，刘美华，等，2021. 大豆异黄酮对母羊繁殖性能的影响试验[J]. 中国畜禽种业，17（11）：45-47.

金海涛，但启雄，袁威，等，2016. 复合抗菌肽"态康利保"对断奶仔猪组织抗氧化功能的影响[J]. 中国兽医学报，36（7）：1212-1217，1258.

孔祥书，王国强，宋智娟，等，2012. 天蚕素抗菌肽对保育猪生长性能的影响[J]. 养猪（6）：45-46.

孔雪旺，周敏，肖杰，等，2020. 含发酵饲料的全混合日粮对肉牛瘤胃离体发酵、生长性能和血液特性的影响[J]. 中国饲料（10）：56-60.

孔义川，2018. 酿酒酵母培养物对犊牛生长性能、血液生化和瘤胃发酵特性的影响[J]. 中国饲料（14）：42-46.

拉加，2018. 多酶益生素处理青稞秸秆饲喂育肥羊增重效果试验[J]. 山东畜牧兽医，39（3）：7-8.

劳雪芬，曹铮，汤里平，等，2016. 富硒女贞子对山羊生产性能、血液学和血清生化指标的影响[J]. 江苏农业科学，44（3）：256-259.

雷春龙，王巧娜，刘开武，等，2021. 菌酶协同发酵生物饲料工艺研究与应用进展[J]. 饲料研究（21）：115-118.

雷小文，颜语，吴丽娟，等，2023. 饲粮添加蚯蚓液对高温环境下肉鸡生长性能、小肠抗氧化能力和屏障功能的影响[J]. 江苏农业科学，51（10）：163-167.

冷向军，王康宁，杨凤，等，2002. 酸化剂对早期断奶仔猪胃酸分泌、消化酶活性和肠道微生物的影响[J]. 动物营养学报，14（4）：44-48.

李常营，郑玉倩，曾兵，等，2021. 生猪智能化精准饲喂系统发展现状及展望[J]. 猪业科学，38（9）：48-51.

李超，边连全，刘显军，等，2012. 几种微生态制剂对生长猪生产性能和血清生化指标影响的比较研究[J]. 黑龙江畜牧兽医（9）：66-68.

李登云，李灵娟，韩露，等，2017. 蛙皮素抗菌肽 Dermaseptin-M 对育肥猪生长性能和免疫功能的影响[J]. 现代牧业，1（1）：23-25.

李方来，1988. 温岭高峰牛繁殖行为观察[J]. 中国黄牛（1）：45-48.

李峰，张可，金鑫，等，2016. 武汉亮斑水虻对猪粪的除臭功能研究[J]. 化学与生物工程，33（7）：28-33.

李国鹏，陈耀强，2017. 反刍动物用微生态制剂对西杂肉牛育肥效果的影响[J]. 中国牛业科学，43（5）：25-27.

李国学，黄懿梅，姜华，1999. 不同堆肥材料及引入外源微生物对高温堆肥腐熟度影响的研[J]. 应用与环境生物学报，5（S1）：139-142.

李洪龙，孙明梅，文玉兰，2006. 金属蛋白酶制剂对育肥猪生产性能的影响[J]. 现代畜牧兽医（2）：6-8.

李建平，单安山，陈志辉，等，2011. 女贞子对断奶仔猪生长性能和血液生化指标的影响[J]. 东北农业大学学报，42（9）：26-30.

李锦，朱凤华，陈甫，等，2019. 乳酸菌发酵饲料对 SPF 鸡免疫功能的影响[J]. 中国畜牧杂志，55（7）：101-105.

李克敌，黎华寿，林学军，等，2008. 广西"猪+沼+果+灯+鱼"生态农业模式关键技术及其效益分析[J]. 中国农学通报，24（3）：328-332.

李克明，1997. 增菌素对肉用仔鸡的饲喂效果[J]. 饲料研究（12）：9-10.

李龙，仇薪鑫，闫红军，2019. 肉鸡全价饲料发酵条件优化及其应用效果研究[J]. 饲料研究（4）：12-15.

李鸣雷，谷洁，清军，等，2011. 微生物菌剂对麦草、鸡粪高温堆肥进程及质量的影响[J]. 水土保持研究，18（5）：183-186.

李娜，艾磊，沈晓昆，等，2008. 发酵床猪舍的环境管理[J]. 畜牧与兽医，40（6）：49-52.

李宁，冷云伟，2021. 发酵饲料对肉鸭肠道菌群影响的研究[J]. 畜禽业，32（12）：16-18.

李宁，岳双明，李梦雅，等，2023. β-胡萝卜素对母犏牛营养物质表观消化率、瘤胃发酵特征及微生物区系的影响[J]. 动物营养学报，35（1）：350-359.

李鹏，齐广海，2006. 饲料酸化剂的作用机理及其应用前景[J]. 饲料工业，27（10）：6-9.

李强，路加社，朱大年，等，2003. 微生态制剂对断奶仔猪的应用效果[J]. 家畜生态，24（1）：44-45.

李琴，陈三凤，2016. 适于猪场污水中快速生长富油微藻的筛选[J]. 农业生物技术学报，24（7）：1083-1091.

李如治，颜培实，2011. 家畜环境卫生学[M]. 4版. 北京：高等教育出版社.

李瑞容，朱德文，杜静，等，2015. 南北方沼气工程中增保温技术利用现状和分析[J]. 江苏农业科学，43（6）：390-393.

李胜利，刘金，夏亚真，等，2014. 沼液施用方式对两种叶菜品质及栽培环境的影响[J]. 中国土壤与肥料（2）：61-66.

李世霞，王洪荣，王梦芝，等，2008. 体外法研究银杏叶提取物对山羊瘤胃纤维降解的影响[J]. 中国饲料（12）：7-9.

李世易，2019. 蜜蜂肽对湖羊生产性能及瘤胃微生物区系的影响[D]. 兰州：兰州大学.

李爽，王海燕，刘琼，等，2020. 菌酶协同发酵饲料的特点及其在畜牧养殖上的应用[J]. 中国饲料（21）：21-28.

李万军，田玉民，张志刚，2019. 益生菌及有机酸复合制剂对大骨鸡生产性能、免疫及肉品质的影响[J]. 饲料研究（7）：43-46.

李维，张勇，朱宇旌，2010. 蚯蚓粉在畜牧业中的应用研究进展[J]. 饲料工业，31（5）：53-55.

李伟，纪鹍，陈晓红，等，2013. 海藻酸钠/壳聚糖双层合生元微胶囊制备及储藏稳定性和控制性释放[J]. 乳业科学与技术，36（1）：8-12.

李卫华，张凡建，于丽萍，等，2005. 重视动物福利 提高肉品质量[J]. 中国兽医杂志，41（7）：62-63.

李文，王聪，董群，2011. 日粮补充苹果酸对肉牛生产性能和血液指标的影响[J]. 当代畜牧（3）：30-32.

李武，郑龙玉，李庆，等，2014. 亮斑扁角水虻转化餐厨剩余物工艺及资源化利用[J]. 化学与生物工程，31（11）：12-17.

李晰亮，李晓薇，赵竟男，等，2015. 植酸酶研究进展[J]. 黑龙江农业科学（8）：149-152.

李晓东，韩新茹，王成章，等，2010. 植物精油对肉仔鸡生产性能、消化率和肠道酶活性的影响[J]. 江苏农业科学（6）：321-324.

李秀丽，2022. 菌酶混合型饲料添加剂对肉牛生长性能和经济效益的影响[J]. 饲料研究（4）：7-10.

李旋亮，2017. 发酵饲料对断奶仔猪肠道菌群的影响[J]. 现代畜牧兽医（4）：13-17.

李焰，杨小燕，何玉琴，等，2009. 银杏叶提取物对肉鸡肠道微生物区系及肠组织形态的影响[J]. 中国兽医杂志，45（11）：39-41.

李以翠，李保明，施正香，2008. 圈栏面积、形状和隔栏方式对猪排泄行为的影响[J]. 农业工程学报，24（11）：206-211.

李轶，吕绪凤，易维明，等，2009. 北方"四位一体"农村能源生态模式的能流分析及其系统评价[J]. 可再生能源，27（3）：70-73.

李泳宁，朱宏阳，吴焜，等，2015. 一种富含红曲色素微生物发酵饲料在蛋鸡养殖中的应用[J]. 粮食与饲料工业（2）：52-54.

李有志，石灵南，刘少宁，等，2018. 微生物巢技术在养殖粪污资源化利用中的研究与应用[J]. 家畜生态学报，39（12）：74-79.

李运虎，李美君，彭兰丽，等，2019. 不同酸化剂对断奶仔猪胃肠道 pH 和消化酶活性的影响[J]. 饲料博览（2）：20-23.

李泽青，刘正群，于海霞，等，2021. 复合有机酸对断奶仔猪生长性能、营养物质表观消化率、抗氧化能力及肠道健康的影响[J]. 饲料研究（23）：26-29.

李柱，2011. 音乐和玩具对断奶仔猪福利水平的影响[D]. 北京：中国农业科学院.

李倬，2006. 生物质（牛粪、海带）厌氧发酵产氢的研究[D]. 郑州：郑州大学.

李自鹏，2019. 紫苏籽提取物对断奶仔猪生长性能、抗氧化指标及粪便微生物的影响[D]. 雅安：四川农业大学.

廖云琼，吕颜枝，陈永亮，等，2022. 复合微生物发酵饲料对白羽肉鸡生长性能、免疫性能及肉品质的影响[J]. 中国饲料（7）：23-28.

林标声，罗建，戴爱玲，等，2010. 无抗微生物发酵饲料对断奶仔猪生长性能和免疫功能影响的研究[C]. 中国畜牧兽医学会动物微生态学分会. 第四届第十次全国学术研讨会暨动物微生态企业发展战略论坛论文集. 中国畜牧兽医学会动物微生态学分会：中国畜牧兽医学会，284-289.

林启训，林静，吴珍泉，2000. 饲料中水蚯幼虫含量对泥鳅摄食率的影响[J]. 饲料工业，21（8）：23-24.

林厦菁，陈芳，蒋守群，等，2020. 大豆异黄酮对早期断奶仔猪生长性能、抗氧化功能及肠粘膜形态结构的影响[J]. 中国农业科学，53（10）：2101-2111.

林云琴，周少奇，2007. 城市污泥反应器堆肥实验[J]. 环境卫生工程，15（6）：8-11.

林芝，2016. 巨菌草青贮和花生秸秆玉米秸秆混合青贮的调制[D]. 福州：福建农林大学.

咨常华，王冰，蔡辉益，2017. 肉鸡发酵饲料生产技术的研究进展[J]. 中国畜牧杂志，53（5）：4-10.

刘波，戴文霄，余文权，等，2017. 养猪污染治理异位微生物发酵床的设计与应用[J]. 福建农业学报，32（7）：697-702.

刘波，谢骏，单昌海，等，2006. 蚯蚓粪营养组成及其对异育银鲫增重率的影响[J]. 中国饲料（17）：30-31，39.

刘彩虹，2014. 益生菌 Lactobacillus plantarum P-8 对肉仔鸡屠宰性能、肉品质及营养物质代谢的影响[D]. 呼和浩特：内蒙古农业大学.

刘德义，周玉传，陆天水，等，2004. 大豆黄酮对奶牛产奶量和乳脂率及饲料转化率的影响[J]. 中国畜牧杂志，40（4）：31-32.

刘定发，林勇，廖玲，等，1999. 微生态制剂的开发及其在畜禽饲料中的应用[J]. 饲料博览，11（9）：28-29.

刘粉粉，倪姮佳，黄攀，等，2018. 羟基蛋氨酸锌对断奶仔猪镉损伤的修复作用[J]. 畜牧兽医学报，49（2）：318-326.

刘根桃，陈杰，韩正康，1997. 异黄酮植物雌激素对哺乳母猪作用研究[J]. 畜牧与兽医，29（1）：5-7.

刘环宇,姜洋,张龙舟,等,2021.过瘤胃氨基酸加工技术及其在动物生产中的应用进展[J].饲料研究(10):115-118.

刘辉,季海峰,王四新,等,2022.复合乳酸菌发酵饲料对生长猪生长性能、粪便菌群、血清免疫和抗氧化指标的影响[J].动物营养学报,34(2):783-794.

刘辉,佘锐萍,刘天龙,等,2020.鸡血抗菌肽对保育猪生长及其免疫调节的研究[J].中国兽医杂志,56(11):1-5.

刘佳,单安山,徐良梅,等,2009.饲料中添加女贞子原粉对AA肉鸡生产性能和免疫功能的影响[J].东北农业大学学报,40(12):71-75.

刘娇,李杰,于艳,等,2014.代谢有机酸对AA肉鸡生长和抗氧化性能的影响[J].饲料工业,35(11):39-42.

刘金海,2012.黑曲霉菌在生物发酵饲料上的应用及其产品对动物抗病力的影响[D].长春:吉林大学.

刘晶晶,刘小平,师建芳,等,2014.高温分解与乳酸菌分步发酵提高秸秆饲料消化率及适口性[J].农业工程学报,30(22):290-299.

刘军,仲召鑫,彭众,等,2020.哺乳期补饲精氨酸对断奶仔猪肝脏脂代谢功能的影响[J].动物营养学报,32(2):674-681.

刘丽丽,耿忠诚,潘振亮,等,2007.过瘤胃氨基酸(RPAA)对绒山羊生产性能的影响[J].黑龙江畜牧兽医(6):42-43.

刘陇生,郭斌,负建民,等,2011.马铃薯薯渣熟料发酵生产SCP饲料关键工艺技术的研究[J].饲料工业,32(17):56-60.

刘梦雪,刘优优,何云凤,等,2022.抗菌肽对产蛋后期蛋鸡生产性能、蛋品质、营养物质代谢及血清生化指标的影响[J].中国饲料(9):52-56.

刘敏雄,王柱三,1984.家畜行为学[M].北京:农业出版社.

刘庆雨,李娜,于永生,等,2018.复合微生态制剂对断奶仔猪生长性能和血清免疫指标的影响[J].养猪(6):11-13.

刘石林,2006.蚯蚓作为饲料成分对对虾生长及其免疫指标的影响[D].青岛:中国科学院海洋研究所.

刘霞,郭春玲,2021.日粮添加富含β-胡萝卜素果渣对肉鸡生长性能,肠道形态及免疫功能的影响[J].中国饲料(18):109-112.

刘显琦,2020.菌酶协同发酵制备低抗原性豆粕工艺的研究[D].沈阳:沈阳农业大学.

刘想,2018.微生物燃料电池的研究现状及其应用前景[J].镇江高专学报,31(1):44-48.

刘肖挺,王安,杨小然,等,2012.色氨酸对蛋雏鸭生长性能、抗氧化功能及免疫器官发育的影响[J].饲料工业,33(10):5-8.

刘小龙,乔家运,范寰,等,2017.抗菌肽、合生素对AA肉鸡血清生化指标和肠道菌群的影响[J].黑龙江畜牧兽医(3):11-114.

刘兴琳,杨在宾,刘婕,等,2022.菌酶协同对荷斯坦犊牛生长性能、粪便微生物和养分含量的影响[J].饲料工业,43(5):9-13.

刘学林,2011.利用亮斑扁角水虻转化餐厨剩余物条件及产物应用[D].武汉:华中农业大学.

刘艳利,辛洪亮,黄铁军,等,2015.酸化剂对蛋鸡生产性能、蛋品质及肠道相关指标的影响[J].动物营养学报,27(2):526-534.

刘燕娜,2017.澳洲茶油树精油抑菌活性分析和对肉鸡免疫功能及生产性能的影响研究[D].南昌:江西农业大学.

刘燕强,韩正康,1998.异黄酮植物雌激素——大豆黄酮对产蛋鸡生产性能及其血液中几种激素水平的影响[J].中国畜牧杂志,34(4):9-10.

刘永杰, 赵艳兵, 何梦辉, 等, 1999. 饲喂乳杆菌对雏鸡盲肠 8 种正常菌群定植的影响[J]. 中国微生态学杂志, 11 (1): 32-33.

刘又铭, 宋倩倩, 陈璐, 等, 2020. 抗菌肽 CJH 缓解脂多糖对仔猪消化性能的影响[J]. 现代畜牧兽医 (6): 23-26.

刘雨田, 郭小权, 2000. 微量元素锰的营养学研究进展[J]. 兽药与饲料添加剂, 5 (1): 27-29.

刘玉兰, 田原, 鲍丹青, 2010. 大豆糖蜜发酵制备功能性大豆低聚糖的研究[J]. 河南工业大学学报 (自然科学版), 31 (2): 1-5.

刘玉庆, 张玉忠, 钟鲁, 2002. 生态营养理论与无公害养殖[J]. 饲料工业, 23 (12): 1-4.

刘云波, 李长胜, 江舒, 2002. 复合酶制剂对奶牛产奶性能的影响[J]. 饲料研究 (11): 33-34.

刘长忠, 刘兴友, 胡建和, 等, 2015. 发酵棉仁粕对生长鹅生长性能和消化酶活性的影响[J]. 中国家禽, 37 (11): 27-31.

刘正群, 李泽青, 李宁, 等, 2022. 复合有机酸对生长猪生长性能、养分消化率、抗氧化机能及粪便微生物组成的影响[J]. 饲料工业, 43 (7): 35-41.

刘正旭, 唐彩琰, SOARES N, 2019. 非淀粉多糖消化酶改善猪的生产性能[J]. 国外畜牧学 (猪与禽), 39 (5): 64-65.

卢慧, 2017. 微生物发酵饲料对奶牛生产性能和饲粮养分表观消化率的影响[J]. 工程技术研究 (9): 254, 256.

卢俊鑫, 杨金波, 邝哲师, 等, 2014. 猪源性 PR39 抗菌肽对断奶仔猪生产性能、血清免疫指标和肠道菌群的影响[J]. 动物营养学报, 26 (6): 1587-1592.

卢怡, 尹德升, 张无敌, 等, 2004. 牛粪、鸡粪发酵产氢潜力的研究[J]. 可再生能源 (2): 37-39.

卢志勇, 梁代华, 杨运玲, 等, 2013. 大豆异黄酮对奶牛乳腺上皮细胞泌乳性能及抗氧化能力的影响[J]. 饲料与畜牧 (2): 25-28.

芦春莲, 解佑志, 曹洪战, 等, 2020. 多菌种发酵稻壳粉对母猪采食量、生产性能和血清激素的影响[J]. 中国兽医学报, 40 (5): 1000-1004.

罗宏明, 2022. 浅谈畜禽规模养殖场生物安全体系建设[J]. 中国动物保健, 24 (12): 68-69.

罗利龙, 2020. 发酵饲料对育肥期文昌鸡生长性能及肠道菌群的影响[D]. 海口: 海南大学.

罗泉达, 2005. 猪粪堆肥腐熟度指标及影响堆肥腐熟因素的研究[D]. 福州: 福建农林大学.

罗燕红, 张鑫, 覃春富, 2017. 饲粮异亮氨酸水平对肥育猪生长性能、胴体性状和肉品质的影响[J]. 动物营养学报, 29 (6): 1884-1894.

罗志楠, 2020. 规模养猪场提升生物安全水平体会[J]. 中国畜禽种业 (12): 110-111.

吕勇, 刘学福, 沈兆艳, 等, 2019. 不同剂量天然植物精油替代高剂量硫酸粘杆菌素对断奶仔猪生产性能的影响[J]. 广东饲料, 27 (1): 23-25.

吕月琴, 孙汝江, 肖发沂, 等, 2012. 微生物发酵饲料对蛋鸡肠道菌群和氮磷排泄率的影响[J]. 家禽科学 (6): 9-11.

麻觉文, 洪晓文, 吴朝芳, 等, 2014. 我国病死动物无害化处理技术现状与发展趋势[J]. 猪业科学, 31 (10): 90-91.

麻延峰, 王宏艳, 周文仙, 2010. 抗菌肽制剂对提高金华猪生长性能的效果[J]. 浙江农业科学 (4): 890-892.

马得莹, 单安山, 刘玉芹, 等, 2005. 中草药对正常和高温下蛋鸡生产性能和免疫功能的影响[J]. 畜牧兽医学报, 36 (3): 235-239.

马红芳, 庄黎宁, 2018. 含油微藻净化废水耦合生产生物柴油原料的关键技术研究进展[J]. 科学技术与工程, 18 (9): 170-177.

马加康，郭浩然，王立新，2016. 新鲜鸭粪对黑水虻幼虫生长发育及粪便转化率的影响[J]. 安徽科技学院学报，30（1）：12-18.

马嘉瑜，朴香淑，2021. 酸化剂改善畜禽生长和肠道健康的研究进展[J]. 中国畜牧杂志，57（8）：1-10.

马剑青，2017. 米曲霉固态发酵条件优化及其发酵产物对肉仔鸡日粮养分利用的影响[D]. 兰州：甘肃农业大学.

马学会，武现军，倪耀娣，等，2004. 大豆黄酮对产蛋鸡蛋壳品质和骨骼代谢的影响[J]. 饲料工业，25（7）：32-34.

马雪云，2003. 蚯蚓粉对肉兔生产性能的影响[J]. 当代畜牧（6）：30.

马雪云，张仰民，2002. 蚯蚓粉对蛋鸡产蛋性能及鸡蛋品质的影响[J]. 中国家禽，24（6）：26.

马志琪，孙继鹏，谢家乐，等，2020. 蚯蚓处理禽畜粪便的效果初探[J]. 天津农林科技（6）：1-2.

马志远，2021. 牦牛舍饲育肥的氨基酸和矿物质营养调控效应研究[D]. 兰州：兰州大学.

毛婷，2022. 不同水平的植物精油对仔猪生长性能及免疫功能的影响[J]. 现代畜牧兽医（6）：32-35.

梅宁安，刘维平，刘自新，等，2023. 抗菌肽对荷斯坦奶牛生产性能和牛奶成分的影响[J]. 当代畜牧（3）：26-27.

孟宇，姬红波，吕鑫，等，2022. 发酵饲料及其在家禽生产中的应用[J]. 饲料研究（8）：139-142.

明雷，王松，明宏璋，2019. 玉米皮发酵饲料对猪生长性能、肉品质的影响及经济效益分析[J]. 饲料工业，40（19）：20-23.

穆洋，张爱忠，姜宁，等，2016. 日粮中添加不同抗菌肽制剂对肉仔鸡生长和屠宰性能的影响[J]. 黑龙江八一农垦大学学报，28（2）：28-33.

倪敬轩，孙晓磊，杨英，2012. 苦豆籽粕-两歧双歧杆菌-唾液乳杆菌合生元微胶囊的研制[J]. 动物医学进展，33（6）：64-68.

倪姆娣，陈志银，程绍明，2005. 不同填充料对猪粪好氧堆肥效果的影响[J]. 农业环境科学学报，24（增刊）：204-208.

聂伟，杨鹰，王忠，等，2011. 日粮苏氨酸水平对蛋鸡免疫机能的影响[J]. 中国畜牧杂志，47（19）：31-35.

牛小杰，孙鲁阳，2021. 植物精油化学成分的研究进展[J]. 生物化工，7（5）：160-162.

牛玉，程康，王超，等，2016. 银杏叶发酵物对肉鸡生产性能，肉品质和肌肉抗氧化功能的影响[C]. 中国畜牧兽医学会动物营养学分会第十二次动物营养学术研讨会论文集，北京：中国农业大学出版社.

农业部科技教育司，中国农学会，2003. 农村沼气技术挂图[M]. 2版. 北京：中国农业科学技术出版社.

欧四海，何开兵，李运科，等，2021. 混合型饲料添加剂酶制剂乌旺 GX 奶牛饲喂 DHI 数据对比分析[J]. 养殖与饲料，20（9）：42-44.

欧长波，王秋霞，裴亚琼，等，2016. 有机酸在动物生产中应用的研究进展[J]. 中国畜牧杂志，52（20）：72-75.

潘存霞，2012. 紫苏籽提取物对育肥猪生长性能的影响[J]. 中国饲料添加剂（1）：27-29.

潘行正，黄正明，李永新，2010. 抗菌肽制剂对母猪死产率和仔猪成活率的影响[J]. 现代农业科技（12）：285-286.

潘禹，王华生，刘祖文，等，2019. 微藻废水生物处理技术研究进展[J]. 应用生态学报，30（7）：2490-2500.

庞业惠，字向东，2020. 饲用酶制剂的功能及其在畜牧业中的应用[J]. 现代畜牧兽医（9）：61-64.

裴跃明，邵强，吴桂龙，等，2016. 枯草芽孢杆菌制剂对产蛋后期蛋鸡生产性能、蛋品质、免疫及肠道菌群的影响[J]. 中国畜牧杂志，52（7）：61-65，70.

彭忠利，郭春华，柏雪，等，2013. 微生物发酵饲料对山羊生产性能的影响[J]. 贵州农业科学，41（6）：134-137.

皮灿辉，彭永鹤，李永新，等，2008. 抗菌肽制剂对母猪死胎率和仔猪成活率的影响[J]. 中国畜牧兽医，35（6）：90-91.

浦华，白裕兵，2014. 我国病死动物无害化处理与发展对策[J]. 生态经济，30（5）：135-137.

蒲小东，邓良伟，尹勇，等，2010. 大中型沼气工程不同加热方式的经济效益分析[J]. 农业工程学报，26（7）：281-284.

乔国华，索朗达，吴玉江，2020. 代乳粉添加女贞子对羔羊生长性能，免疫和抗氧化功能的影响[J]. 中国畜牧杂志，56（1）：147-152.

乔红晨，王秋晨，武传良，等，2022. 营养条件对水虻油脂积累的影响[J]. 化学与生物工程，39（10）：20-26.

秦恒飞，周建斌，张齐生，2012. 畜禽粪便气化可行性研究[J]. 中国畜牧兽医，39（1）：218-221.

秦艳，2008. 枯草芽孢杆菌对肉鸡生产性能的影响及其机理研究[D]. 杭州：浙江大学.

秦颖超，宋志文，朱敏，等，2020. 谷氨酸通过保护回肠结构完整性增强猪回肠屏障功能[J]. 动物营养学报，32（5）：2101-2107.

邱凌，曾东，倪学勤，等，2011. 微生态制剂对奶牛产奶量和乳品质与肠道菌群的影响[J]. 中国畜牧杂志，47（3）：64-67.

邱玉朗，李林，纪传来，等，2019. 秸秆玉米浆混合发酵对肉羊生长及血液指标的影响[J]. 饲料研究（1）：12-14.

屈健，2002. 异黄酮类化合物的生物学功能及其在养殖业中的应用[J]. 兽药与饲料添加剂，7（4）：18-20.

曲强，2018. 平菇菌糠饲料发酵研究及绒山羊饲喂试验[J]. 辽宁农业职业技术学院学报，20（1）：16-18.

饶辉，2008. 影响断奶仔猪胃肠道 pH 值及胃蛋白酶活性的因素[J]. 江西饲料（3）：1-4.

任向蕾，吴菊清，谭建庄，等，2022. 日粮中添加湿发酵饲料对育肥猪肉品质及抗氧化性能的影响[J]. 食品工业科技，43（18）：97-104.

任小杰，2018. 银杏叶及其提取物对肉鸡生产性能、抗氧化指标和免疫性能的影响[D]. 泰安：山东农业大学.

任远志，2013. 饲料酶制剂在畜禽生产中的应用[J]. 中国猪业（4）：63-65.

任跃昌，江珂欣，陈正平，等，2022. 发酵饲料对蛋鸡生产性能、蛋品质及血清生化指标的影响[J]. 饲料研究（6）：38-42.

桑军亮，田科雄，2010. 精氨酸的生理作用及其在动物生产中的应用[J]. 养殖与饲料（7）：70-74.

单达聪，王雅民，魏元斌，2008. 用益生菌与酶制剂饲喂育肥羔羊效果的研究[J]. 当代畜牧（11）：33-35.

尚晓瑛，2012. 堆肥耐低温降解微生物的筛选研究[D]. 北京：中国农业大学.

邵伟，赵艳坤，张晓雪，等，2015. 微生态制剂对新疆荷斯坦奶牛生产性能和血清生化水平的影响[J]. 饲料工业，36（17）：47-50.

邵小达，薛继荣，2015. 沼液喷滴灌技术在设施蔬菜生产上的应用[J]. 农业装备技术，41（6）：40-41.

佘宁，何伟先，2018. 发酵饲料对育肥猪屠宰后肉品质的影响[J]. 畜牧兽医科技信息（12）：48-49.

申书婷，陈征义，王恩典，等，2015. 肉桂醛制剂替代生长前期猪饲粮中抗生素的作用效果[J]. 中国兽医学报，35（12）：2054-2060.

沈富林，孙伟强，许栋，等，2017. 种养结合型家庭农场猪粪资源化利用模式[J]. 上海畜牧兽医通讯（6）：38-40.

沈根祥，袁大伟，凌霞芬，等，1999. Hsp 菌剂在牛粪堆肥中的试验应用[J]. 农业环境保护（2）：15-17.

沈学怀，张丹俊，赵瑞宏，等，2021. 复方中药发酵饲料对母猪繁殖性能、血清生化指标和肠道菌群的影响[J]. 中国畜牧杂志，57（10）：229-236.

沈燕飞，胡岚，张咏，2013. 有机废水生物制氢资源化技术进展[J]. 北方环境，25（8）：135-139.

盛宇飞，2022. 日粮中添加小麦低聚肽对肉羊生长性能、营养物质表观消化率、瘤胃微生物区系和小肠免疫的影响[D]. 呼和浩特：内蒙古农业大学.

施继红，2002. 农家肥撒施机工作部件的试验研究[D]. 长春：吉林农业大学.

石宁，贾淼，李艳玲，2019. 体外产气法研究植物精油对肉羊体外瘤胃发酵参数及甲烷产量的影响[J]. 动物营养学报，31（1）：274-284.

石秋锋，2013．低蛋白日粮添加精氨酸和精氨酸生产素对断奶仔猪生产性能、肠道形态及菌群的影响[D]．郑州：河南农业大学．

石现瑞，王恬，2003．家禽体内精氨酸功能研究进展[J]．中国饲料（4）：12-14．

时发亿，张巧娥，吴仙花，等，2019．复合酶对犊牛免疫和生长性能影响的研究[J]．饲料研究（4）：1-5．

司建河，杨文财，冯德萍，等，2014．百里香精油对麻花鸡肠道乳酸杆菌和大肠杆菌影响的研究[J]．当代畜牧（6）：60-62．

宋春阳，单虎，王述柏，等，1997．复合蚯蚓营养液应用于仔猪补料的研究[J]．畜牧与兽医，29（6）：253-256．

宋代军，谢君，杨游，等，2014．紫苏籽提取物对肉鸡免疫机能的影响[J]．中国兽医学报，34（5）：793-797，803．

宋文静，韦启鹏，赵品，等，2020．包被肉桂醛对夏季高温条件下肉鸭生长性能、屠宰性能、血清抗氧化指标及空肠形态结构的影响[J]．动物营养学报，32（3）：1188-1195．

宋幸辉，2022．人参皂苷Rb1对鸡传染性法氏囊弱毒疫苗免疫增强作用及其机制研究[D]．武汉：华中农业大学．

宋玉梦，周红艳，黄鑫，等，2020．茶树精油对变异链球菌抑菌浓度及效力的探究[J]．实用口腔医学杂志，36（5）：701-705．

苏华锋，雷战，郭中坤，等，2016．哺乳动物抗菌肽的研究进展[J]．山东畜牧兽医，37（2）：56-58．

苏军，汪莉，曾子建，等，1999．益生素与有机酸结合对肉鸡生产性能影响的研究[J]．饲料工业，20（11）：19-21．

苏效双，2017．绿原酸对奶牛乳腺上皮细胞的保护作用及对中性粒细胞功能的影响[D]．扬州：扬州大学．

苏莹莹，王腾飞，刘旭乐，等，2022．饲粮中添加发酵苜蓿对母猪繁殖性能和母猪、仔猪抗氧化能力的影响[J]．动物营养学报，34（2）：805-817．

隋仲敏，周慧慧，王旋，等，2017．不同玉米脱水酒精糟及其可溶物含量饲料中添加非淀粉多糖酶对大菱鲆幼鱼生长性能，营养物质消化率及抗氧化能力的影响[J]．动物营养学报，29（9）：3138-3145．

孙焕林，2015．枯草芽孢杆菌发酵棉粕对黄羽肉鸡生产性能、免疫性能和肉品质的影响研究[D]．石河子：石河子大学．

孙建祥，李泽民，范凯利，等，2022．抗菌肽对荷斯坦奶公牛产肉性能的影响[J]．动物营养学报，34（6）：3686-3698．

孙钦平，李吉进，刘本生，等，2011．沼液滴灌技术的工艺探索与研究[J]．中国沼气，29（3）：24-27．

孙秋娟，安然，呙于明，2019．复合酶制剂及植物精油对感染产气荚膜梭菌肉鸡抗氧化及免疫指标的影响[J]．山西农业大学学报（自然科学版），39（6）：95-99．

孙秋娟，呙于明，张天国，等，2011．羟基蛋氨酸螯合铜/锰/锌对产蛋鸡蛋壳品质、酶活及微量元素沉积的影响[J]．中国农业大学学报，16（4）：127-133．

孙婷婷，徐建雄，2007．紫苏-月见草复合提取物对肉种鸡生产性能的影响[J]．饲料工业，28（5）：46-47．

孙文娟，2018．发酵饲料对母猪繁殖性能的影响[J]．中国畜牧兽医文摘，34（6）：430．

孙振军，刘清，尹辉，等，1994．鲜蚯蚓代替鱼粉、蚓粪替代部分饲粮饲喂蛋鸡试验研究[J]．莱阳农学院学报，11（2）：146-150．

孙智媛，梅力文，黄兴国，等，2021．菌酶协同发酵饲料及其在动物生产中应用的研究进展[J]．中国畜牧杂志，57（8）：42-47．

谭会泽，冯定远，沈思军，等，2005．复合蛋氨酸螯合微量元素对经产母猪血清相关生化指标及繁殖性能的影响[J]．华南农业大学学报，26（1）：98-101．

谭玲芳，王安，李越，等，2013．精氨酸对笼养生长期蛋鸭生长性能及免疫功能的影响[J]．中国饲料（7）：15-18．

谭权，孙得发，2018．外源蛋白酶对蛋鸡生产性能及经济效益的影响[J]．中国畜牧杂志，54（3）：83-86．

唐丹萍，2015．山林果园放养鸡的养殖技术及疾病防治[J]．中国畜禽种业，11（7）：143．

唐德富，陈亮，汝应俊，等，2020. 非淀粉多糖酶对体外养分消化和肉鸡生长性能的影响[J]. 饲料工业，41（3）：45-48.

唐茂妍，陈旭东，2010. 木聚糖酶对饲喂小麦型日粮蛋鸡生产性能的影响[J]. 饲料博览（11）：26-28.

唐伟，2012. 蚯蚓粉对仔鸭增重效果试验[J]. 中国畜牧兽医文摘（7）：203.

唐伊，谭金龙，罗启慧，等，2018. 大豆异黄酮对大鼠骨骼肌纤维组织形态及肌收缩蛋白表达的影响[J]. 中国细胞生物学学报，40（8）：1319-1325.

滕乐帮，2022. 微生态发酵饲料对奶牛生产性能、乳品质和血液生化指标的影响[J]. 特种经济动植物，25（5）：4-6.

田丹，桑力维，于夕，等，2014. 利用城市粪便污水培养产油微藻的条件研究[J]. 环境卫生工程，22（1）：29-32.

田冬冬，刘志强，张颖，等，2015. 酸化剂在仔猪生产中的应用[J]. 饲料博览（2）：32-36.

田何芳，金永燕，庄智威，等，2021. 大豆异黄酮对产蛋后期京粉1号蛋鸡产蛋性能、蛋品质、血浆生化指标和抗氧化能力的影响[J]. 中国家禽，43（12）：38-43.

田琦，2014. 丁香酚和茶多酚对空肠弯曲菌抑菌机理研究[D]. 天津：天津科技大学.

田文静，宋洋洋，李旺，等，2020. 富铜饲料产品的应用现状研究[J]. 饲料研究（11）：138-140.

田晓晓，王湧，曹冬梅，等，2018. 饲料中微量元素减排研究现状及进展[J]. 中国饲料（3）：10-14.

涂德浴，董红敏，丁为民，等，2007a. 畜禽粪便的热解特性和动力学研究[J]. 农业环境科学学报，26（4）：1538-1542.

涂德浴，董红敏，丁为民，等，2007b. 畜禽粪便热化学转换特性和可行性分析研究[J]. 中国农业科技导报，9（1）：59-63.

VISCONI L，罗宝京，2006. 奶牛的饮水行为和饮水需要[J]. 中国乳业（7）：25-28.

汪善锋，陈明，2006. 猪的母性行为研究进展[J]. 家畜生态学，27（6）：27-28.

汪银锋，李素平，张莹蕾，等，2008. 饲用酶制剂在饲料中的应用[J]. 饲料博览（技术版）（5）：31-34.

王爱丽，2012. 两栖类动物抗菌肽活性研究[J]. 生物技术世界，10（7）：15-16.

王波，柴建民，王海超，等，2015. 蛋白质水平对湖羊双胞胎公羔生长发育及肉品质的影响[J]. 动物营养学报，27（9）：2724-2735.

王春雨，邓雪娟，李婷婷，等，2015. 饲用木聚糖酶研究进展、开发及产业化[J]. 饲料与畜牧：新饲料（7）：46-50.

王聪，刘强，黄应祥，等，2008. 苹果酸对泌乳早期奶牛体况和能量平衡的影响[J]. 当代畜牧（4）：31-34.

王道坤，侯天燕，2017. 饲料酶制剂的作用与应用[J]. 科学种养（6）：51-52.

王德凤，吴仙，李莉娜，等，2014. 蚯蚓蛋白饲料饲养生长肥育猪的饲用价值评定研究[J]. 饲料工业，35（11）：31-35.

王定美，2011. 高温纤维素分解菌的筛选、酶学性质与堆肥应用初探[D]. 北京：中国农业大学.

王菲，刘艳，李双喜，等，2015. 利用固相酶解法在体外预消化饲料原料的技术研究[J]. 粮食与饲料工业（10）：55-58.

王芬，贾丙玉，李昕，等，2014. 牛至油对东北白鹅血清抗氧化功能的影响[J]. 饲料研究（21）：71-73.

王丰，2002. 用蚯蚓喂牛 牛粪喂蚯蚓[J]. 天津农林科技（4）：22.

王改芳，王彦林，2022. 不同青贮剂青贮全株玉米对肉羊生长性能、养分表观消化率、血液生化指标及肉品质的影响[J]. 中国畜牧杂志，58（3）：142-146，152.

王改琴，邬本成，承宇飞，等，2014. 植物精油对生长猪生产性能和健康水平的影响[J]. 家畜生态学报，35（8）：18-21.

王贵平，周正宇，2023．关于我国实验动物福利伦理的思考及建议[J]．中国实验动物学报，31（5）：683-689．

王海堂，李孟孟，王桂英，2021．黑水虻幼虫粉对蛋鸡育成期生长性能和养分消化率的影响[J]．中国畜牧杂志，57（8）：206-209．

王红梅，刘国华，陈玉林，等，2005．日粮苏氨酸水平对0～3周龄肉仔鸡生长性能、血清生化指标及免疫机能的影响[J]．中国家禽，27（20）：12-15．

王红梅，屠焰，司丙文，等，2016．不同配伍酶制剂处理玉米秸秆对肉用绵羊生长性能和营养物质消化率的影响[J]．中国农业科学，49（24）：4806-4813．

王红琴，李鸿俊，杨旭，等，2019．大豆异黄酮对产蛋后期蛋鸡产蛋性能及品质影响[J]．中国畜禽种业，15（11）：174-175．

王虹玲，刘丹丹，姜诗文，等，2014．复合微生态制剂与黄芪多糖对肉鸡生长性能、肠道菌群和免疫功能的影响[J]．饲料工业，35（6）：10-14．

王慧，王悦尚，李富宽，等，2019．绵羊母性行为及其神经、内分泌、分子机制研究进展[J]．中国农业大学学报，24（5）：73-78．

王纪亭，万文菊，李松建，2003．保护性蛋氨酸对奶牛生产的试验[J]．中国畜牧杂志（4）：26-27．

王继萍，宿海娟，王文楠，2021．不同铁源对断奶仔猪生长性能、皮毛指数及血清指标的影响[J]．现代畜牧兽医（7）：47-51．

王佳丽，单安山，刘天阳，等，2014．日粮中添加女贞子CO_2超临界萃取物对于猪免疫性能的影响[J]．中国兽医学报，34（4）：653-657，684．

王建，2019．饲粮添加抗菌肽Api-PR19对肉鸡生长性能及肠道健康的影响[D]．杨陵：西北农林科技大学．

王静静，2020．不同铁源对哺乳仔猪铁代谢、肠黏膜免疫及回肠菌群结构的影响[D]．武汉：华中农业大学．

王娟娟，王顺喜，陆文清，等，2011．无抗生素微生物发酵饲料对仔猪免疫及抗氧化功能的影响[J]．中国饲料（16）：25-27，30．

王军，孙瑞健，2015．一种复合微生物发酵饲料在凡纳滨对虾养殖中的应用研究[J]．湖南饲料（2）：32-34．

王君荣，刘敬盛，李燕舞，等，2010．紫苏籽提取物对蛋种鸡生产性能的影响[J]．畜牧与兽医，42（11）：28-31．

王兰萍，耿荣庆，洪健，等，2012．绵羊的母性行为及其研究进展[J]．家畜生态学报，33（3）：116-120．

王利华，王光，2006．大豆异黄酮对肉鸡生产性能和胴体品质的影响[J]．饲料工业，27（3）：30-31．

王莉梅，李长青，郭天龙，等，2019．土豆渣发酵饲料对小尾寒羊生长性能和肉品质的影响[J]．饲料研究（1）：8-11．

王林，刘贵莲，朱九堡，等，2021．植物精油在动物机体应用的研究进展[J]．农学学报，11（8）：85-89．

王略宇，徐红伟，周瑞，等，2021．发酵饲料及菌粉对羔羊生长性能、脏器系数、胃肠道系数及血清生化指标的影响[J]．现代畜牧兽医（12）：36-40．

王曼，何元庆，李敏，等，2022．玉屏风和甘草提取物对白羽肉鸡生长性能和免疫功能的影响[J]．饲料工业，43（9）：1-5．

王平，2007．浅谈氨基酸的分类[J]．内蒙古科技与经济（3）：93-93．

王齐奖，何勃，何爱双，等，2016．"猪-沼-菜"生态型养猪模式的工艺特点及技术要素[J]．畜禽业（5）：30-31．

王清，都基峻，石应杰，等，2009．培养藻类制取生物能源的研究[J]．四川环境，28（5）：57-61．

王仁杰，赵金标，赖金花，等，2021．复合植物精油对断奶仔猪生长性能、血清生化指标以及粪便中微生物数量和挥发性脂肪酸含量的影响[J]．动物营养学报，29（12）：6730-6739．

王淑琴, 2010. 柠檬酸对肉仔鸡生长, 免疫, 消化道及血液相关指标的影响[D]. 呼和浩特: 内蒙古农业大学.

王蜀金, 陈惠娜, 方思敏, 等, 2014. 功能性氨基酸在动物机体内的代谢利用与生理功能[J]. 家畜生态学报, 35 (8): 6-12.

王树杰, 王学进, 稽道仿, 2009. 微生物发酵饲料饲喂泌乳牛增奶试验[J]. 新疆畜牧业 (1): 27-29.

王卫正, 2016. 酵母培养物对奶牛生产性能、表观消化率、抗氧化功能及免疫能力的影响[D]. 南京: 南京农业大学.

王文祥, 蔡淑凤, 张文昌, 2015. 大豆异黄酮持续暴露对小鼠卵巢发育影响[J]. 中国公共卫生, 31 (5): 597-599.

王文轩, 2009. 微藻: 绿色生物能源[J]. 资源与人居环境 (11): 43-44.

王宵燕, 杨明君, 经荣斌, 2002. 有机酸在畜禽生产中的应用[J]. 饲料研究 (7): 22-24.

王小明, 杨在宾, 李洪涛, 2017. 蚯蚓肽对肉鸡生长性能的影响及效益分析[J]. 家禽科学 (9): 9-12.

王晓琴, 吴华, 张辉, 2016. 紫锥菊提取物菊苣酸对高寒放牧牦牛抗氧化能力的影响[J]. 畜牧与兽医 (7): 51-54.

王晓霞, 易中华, 计成, 等, 2006. 果寡糖和枯草芽孢杆菌对肉鸡肠道菌群数量、发酵粪中氨气和硫化氢散发量及营养素利用率的影响[J]. 畜牧兽医学报, 37 (3): 337-341.

王雅敏, 刘莹露, 李景河, 等, 2021. 益生菌发酵饲料对蛋鸡生产性能、蛋品质及脂质代谢的影响[J]. 家畜生态学报, 42 (10): 27-33.

王彦华, 程宁宁, 郑爱荣, 等, 2013. 苜蓿草粉和苜蓿皂苷对肥育猪生长性能和抗氧化性能的影响[J]. 动物营养学报, 25 (12): 2981-2988.

王艳锦, 2004. 畜禽粪便污水光合细菌制氢技术研究[D]. 郑州: 河南农业大学.

王银官, 姜如存, 苏生平, 等, 2015. 户用沼气沼液、曝气过滤与滴灌技术[J]. 长江蔬菜 (5): 9-10.

王勇民, 刘荣厚, 边志敏, 2005. 北方"三位一体"沼气生态模式经济评价[J]. 可再生能源 (2): 39-42.

王长文, 贾镭, 肖莉, 等, 1999. 接续产酸型活菌制剂对犊牛小肠微绒毛结构的影响[J]. 吉林农业大学学报, 21 (S1): 83-85, 88.

王振来, 2005. 高次粉饲粮中添加复合酶制剂对仔猪生长和消化的影响[J]. 河北畜牧兽医, 21 (6): 3-4.

王志昌, 邱献义, 2012. 母畜母性行为异常的防制[J]. 养殖技术顾问 (5): 6.

王志祥, 乔家运, 王自恒, 等, 2006. 乳酸杆菌对断奶仔猪生长性能、养分表观消化率和消化酶活性的影响[J]. 西北农林科技大学学报 (自然科学版), 34 (4): 23-27.

王重一, 1993. 科宝——500肉鸡性能简介[J]. 山东家禽 (4): 42-43.

韦习会, 夏东, 陈杰, 等, 2004. 饲喂大豆异黄酮对母猪繁殖性能及哺乳仔猪生长的影响[J]. 江苏农业学报, 20 (1): 51-54.

魏爱彬, 2012. 益生乳酸菌 *L. casei* Zhang 和 *L. plantarum* 1MAU10120 在豆粕中发酵特性的研究[D]. 呼和浩特: 内蒙古农业大学.

魏莲清, 牛俊丽, 张文举, 等, 2019. 发酵棉粕的营养特性及其在肉鸡生产中的应用[J]. 现代畜牧兽医 (12): 22-28.

魏自民, 王佰洁, 赵越, 等, 2015. 堆肥低温起爆微生物筛选及其初步应用[J]. 环境科学研究, 28 (6): 981-986.

魏宗友, 王洪荣, 潘晓花, 等, 2012. 饲喂方式和饲粮色氨酸水平对扬州鹅免疫功能及抗氧化指标的影响[J]. 动物营养学报, 24 (12): 2356-2365.

魏尊, 张谦, 2017. 棉粕源复合发酵饲料对产蛋鸡消化率和蛋品质的影响[J]. 饲料研究 (9): 26-30.

巫梦佳, 陈鲜鑫, 李世易, 等, 2022. 茶叶渣菌酶协同发酵饲料对青脚麻鸡生长性能、屠宰性能及肌肉风味的影响[J]. 中国家禽, 44 (1): 43-50.

吴宝顺，2018．肉鸡腹水综合征病因学分析[J]．新农业（1）：42-43.

吴东，计徐，周芬，等，2021．益生菌发酵饲料对仔猪生长性能、血清免疫指标及肠道菌群的影响[J]．养猪（5）：6-9.

吴红翔，藩东福，谌南辉，等，2013．苹果渣发酵饲料及中草药对鹌鹑蛋品质的影响[J]．饲料工业，34（1）：56-59.

吴小燕，郭春华，王之盛，等，2014．微生物发酵饲料对泌乳奶牛生产性能和饲粮养分表观消化率的影响[J]．动物营养学报，26（8）：2296-2302.

吴兴利，边连全，计成，等，2005．论动物营养学与生态学的基本关系[J]．动物营养学报，17（4）：6-9.

吴逸飞，孙宏，李园成，等，2016．微生物固态发酵对饲料营养特性的影响．浙江农业学报，28（12）：2014-2020.

吴正松，唐世田，凌建军，等，2012．一体化反应器协同处理生活垃圾与污泥启动试验研究[J]．中南大学学报（自然科学版），43（12）：4968-4973.

武京伟，王干，王腾，等，2019．病死动物无害化处理方法的应用分析[J]．农业与技术，39（3）：113-115.

武静龙，2006．复合酶制剂对獭兔生产性能和血清生理生化指标的影响[D]．长沙：湖南农业大学．

武俊达，徐龙鑫，周文章，等，2020．刺梨渣发酵饲料对贵州水牛生长性能及血液生化指标的影响试验[J]．贵州畜牧兽医，44（6）：4-6.

夏嵩，2013．微藻生物质暗发酵和光发酵耦合产氢气以及联产甲烷的机理研究[D]．杭州：浙江大学．

夏彩锋，瞿继跃，张有为，等，2006．益生素对促进保育仔猪生长性能的影响[J]．中国畜牧兽医，33（8）：30-31.

夏溪，2015．猪抗菌肽 PR39 抗细菌感染和保护肠道屏障功能的作用及其机制研究[D]．杭州：浙江大学．

夏先林，江萍，陈眷华，等，2003．复合微生物处理鸡粪饲料喂猪试验[J]．贵州畜牧兽医，27（1）：5-6.

夏英姿，刘建华，2023．日粮添加复合有机酸对断奶仔猪生长性能，养分消化率及粪中微生物含量的影响[J]．中国饲料，1（8）：54-57.

先世雄，2006．生猪宰前福利对肉品质量影响的研究初探[D]．长沙：湖南农业大学．

肖曼，2013．酵母培养物对肉仔鸡生产性能、营养物质利用率及肠道相关指标的影响[D]．湛江：广东海洋大学．

肖小朋，靳鹏，蔡珉敏，等，2018．非水虻源微生物与武汉亮斑水虻幼虫联合转化鸡粪的研究[J]．微生物学报，58（6）：1116-1125.

解慧梅，程汉，魏冬霞，等，2020．黑水虻处理规模化猪场粪便效果及工艺研究[J]．中国畜牧杂志，56（4）：165-168.

解佑志，2018．发酵稻壳粉对经产母猪生产性能的影响及机理研究[D]．保定：河北农业大学．

谢爱娣，王金华，向安静，等，2006．红酵母固态发酵产物饲喂蛋鸡的饲养试验[J]．粮食与饲料工业（12）：30-31，46.

谢为天，钟日聪，徐春厚，2010．复合微生态制剂对肉仔鸡血清生化指标和十二指肠组织形态的影响[J]．中国畜牧兽医，37（8）：13-17.

谢云怡，司敬方，武轩宇，等，2016．不同剩余采食量水平的奶牛采食行为及体尺指标差异分析[J]．畜牧与兽医，48（8）：58-61.

邢蕾，熊忙利，杜飞，2020．氨基酸锌和复合酶制剂对贵宾幼犬被毛品质，免疫功能及血液生化指标的影响[J]．黑龙江畜牧兽医（17）：141-144.

熊钢，张建国，王宇，等，2010．EM 菌发酵渔饲料在养殖中的应用研究[J]．湖南饲料（6）：21-22.

熊国平，王淑云，王小颜，等，2000．植酸酶替代无机磷饲喂肉猪试验报告[J]．江西畜牧兽医杂志（3）：8-9.

熊江，2017．动物双歧杆菌乳亚种 BZ11、BZ25 的性能评价及合生元制备[D]．贵阳：贵州大学．

熊罗英，蔡仁贤，刘艳芬，2016．发酵构树叶对 AA 肉鸡屠宰性能及肉品质的影响[J]．广东农业科学（3）：157-161.

徐博成，路则庆，邓近平，等，2018．发酵饲料对断奶仔猪和生长肥猪生长性能影响的 Meta 分析[J]．饲料工业，39（24）：40-48．

徐娥，夏先林，2009．添加混合植物油对育肥牛肉质和血液生理的影响[J]．黑龙江畜牧兽医（1）：34-35．

徐洁泉，胡伟，汤玉珍，等，1997．低温和近中温猪粪液厌氧处理的装置比较研究[J]．中国沼气（2）：7-13．

徐柳，郑龙玉，胡芮绮，等，2015．影响亮斑扁角水虻产卵行为的化学物质研究[J]．化学与生物工程，32（9）：46-49．

徐美芹，2023．病死畜禽的无害化处理措施探析[J]．中国动物保健，25（3）：77-78．

徐鹏翔，2019．反应器堆肥过程中氮素的转化特征及工艺优化研究[D]．北京：中国农业大学．

徐鹏翔，沈玉君，周海宾，等，2021．原料含水率对筒仓式反应器堆肥氮素转化的影响[J]．中国农业大学学报，26（11）：180-188．

徐青青，张少涛，杨海涛，等，2020．乳酸型复合酸化剂对白羽肉鸡生长性能、养分利用率、肠道指标和鸡舍空气质量的影响[J]．动物营养学报，32（11）：5209-5220．

徐亚飞，钱希逸，2022．复合丁酸梭菌发酵饲料及其在水产养殖中的应用前景[J]．当代水产（2）：70-71．

许甲平，鲍宏云，邓志刚，等，2013．蛋氨酸铬与稀土（镧、铈）壳糖胺螯合盐协同作用对肥育猪生长性能和肉品质的影响[J]．饲料工业，34（4）：55-57．

许丽惠，祁瑞雪，王长康，等，2013．发酵豆粕对黄羽肉鸡生长性能、血清生化指标、肠道黏膜免疫功能及微生物菌群的影响[J]．动物营养学报，25（4）：840-848．

许璐，喻毅，曹宇，等，2020．牛至油及其主要成分的体外抑菌实验[J]．世界中医药，15（14）：2072-2075．

许庆庆，2017．低蛋白日粮平衡谷氨酸对育肥猪蛋白质利用及生长性能的影响研究[D]．重庆：西南大学．

许晓英，李季，2006．复合微生物菌剂在污泥高温好氧堆肥中的应用[J]．中国生态农业学报，14（3）：64-66．

许梓荣，王振来，王敏奇，1999．饲粮中添加复合酶制剂（GXC）对仔猪消化机能的影响[J]．中国兽医学报，19（1）：84-88．

许梓荣，吴新民，1999．不同化学形式的铜对仔猪生长、消化和胴体组成的影响[J]．动物营养学报，11（3）：29-35．

宣立峰，张睿，于占国，2011．复合酶制剂对育成期水貂生长发育的影响[J]．养殖技术顾问（6）：246．

薛晨，2021．复合菌培养物和微生物发酵饲料对肉牛生长性能、非特异性免疫和抗氧化功能的影响[D]．呼和浩特：内蒙古农业大学．

薛惠琴，梁应国，陆杨，等，2012．不同养殖模式对保育猪生产性能和饲养环境的影响[J]．上海畜牧兽医通讯（5）：30-31．

闫红军，张选民，2022．猪的生活习性与行为特点在生产中的利用[J]．畜牧兽医杂志，41（4）：63-65．

严霞，陈狄冰，纪嘉升，等，2018．复合植物精油与微生态制剂组合对竹丝鸡生长性能、血清生化指标及肠道绒毛的影响[J]．广东饲料，27（11）：25-28．

严祝东，2023．畜禽养殖中病死动物无害化处理措施[J]．今日畜牧兽医，39（4）：17-19．

颜瑞，王恬，2010．大豆异黄酮抗氧化作用研究进展[J]．家畜生态学报（4）：96-100．

燕磊，朱正鹏，吕尊周，等，2017．饲粮中添加不同植物精油对肉仔鸡生长性能、肠道发育、免疫器官指数及屠宰性能的影响[J]．动物营养学报，29（4）：1367-1375．

阳巧梅，尹秀娟，廖婵娟，2018．日粮添加酸化剂替代抗生素对断奶仔猪生长性能、血清生化指标及肠道形态的影响[J]．中国饲料（10）：37-41．

杨定，张婷婷，李竹，2014．中国水虻总科志[M]．北京：中国农业大学出版社．

杨帆，李荣，崔勇，等，2010．我国有机肥料资源利用现状与发展建议[J]．中国土壤与肥料（4）：77-82．

杨光兴, 李刚, 2021. 不同青贮添加剂的青贮玉米对肉牛生长性能、营养物质表观消化率、屠宰性能及肉品质的影响[J]. 饲料研究 (23): 16-19.

杨桂芹, 王芬, 韩国宝, 等, 2005. 纤维素酶制剂对雏鹅饲粮营养物质表观利用率的影响[J]. 畜牧与兽医, 37 (3): 21-23.

杨汉博, 潘康成, 2003. 不同剂量益生芽孢杆菌对肉鸡免疫功能的影响[J]. 兽药与饲料添加剂, 8 (4): 8-10.

杨红男, 2016. 猪场粪污沼气发酵产气动力学研究[D]. 北京: 中国农业科学院.

杨红男, 邓良伟, 2016. 不同温度和有机负荷下猪场粪污沼气发酵产气性能[J]. 中国沼气, 34 (3): 36-43.

杨洪飞, 闵清, 2023. 三萜类化合物的药理作用研究进展[J]. 湖北科技学院学报 (医学版), 37 (1): 67-69.

杨华, 张韩杰, 吴信明, 等, 2015. 微生态制剂对肉羊生长性能和免疫功能的影响[J]. 家畜生态学报, 36 (10): 27-32.

杨建英, 张勇法, 王艳玲, 等, 2005. 大豆黄酮对奶牛产奶量和乳中常规成分的影响[J]. 饲料研究 (6): 30-31.

杨丽东, 霍贵成, 1998. 含大豆抗营养因子的日粮添加细菌来源蛋白酶对仔猪生长和器官重的影响[J]. 黑龙江畜牧兽医 (9): 16-17.

杨乾, 2021. 谷氨酰胺对免疫应激肉仔鸡肝脏及肌肉蛋白质合成与降解的影响[D]. 长春: 吉林农业大学.

杨清旺, 2011. 抗菌肽对肉仔鸡促生长机理和应用效果的研究[D]. 泰安: 山东农业大学.

杨淑华, 陈帅, 李鹏, 等, 2018. 高通量测序研究膨化秸秆生物发酵饲料对辽育白牛肠道菌群的影响[J]. 饲料工业, 39 (7): 29-34.

杨卫兵, 章竹岩, 祝溢锴, 等, 2012. 发酵豆粕对肉鸭生产性能、肌肉成分、肉品质及血清指标的影响[J]. 中国粮油学报, 27 (2): 71-75.

杨文卿, 邓旋, 许兢, 等, 2010. 一种新型可控堆肥反应器系统的快速好氧堆肥实验[J]. 环境工程学报, 4 (12): 2883-2887.

杨小军, 高泽, 刘凯, 等, 2011. 谷氨酰胺对肉仔鸡肠道黏膜淋巴细胞增殖活性、氧化应激和免疫应激的调控作用[J]. 动物营养学报, 23 (2): 274-279.

杨颜铱, 邓俊良, 陈芸, 等, 2017. 精料水平和复合抗菌肽对川中黑山羊生长性能及血清中免疫球蛋白、补体、细胞因子和激素水平的影响[J]. 浙江农业学报, 29 (8): 1243-1252.

杨玉凤, 李小玲, 刘剑霞, 2005. 饲料添加剂中的抗生素替代品[J]. 当代畜禽养殖业 (1): 38-39.

杨彧渊, 马永喜, 2015. 添加酶制剂对小麦饲用价值的影响[J]. 饲料工业 (20): 28-33.

姚春雨, 2007. 动物福利与肉品质量[J]. 中国动物检疫, 24 (12): 17-18.

姚丽贤, 黄连喜, 蒋宗勇, 等, 2013. 动物饲料中砷、铜和锌调查及分析[J]. 环境科学, 34 (2): 732-739.

姚远, 匡伟, 黄忠阳, 等, 2014. 抗菌肽天蚕素对鸡生长性能、肠道黏膜形态、盲肠菌群及免疫功能的影响[J]. 江苏农业学报, 30 (2): 331-338.

叶成智, 2020. 生物发酵饲料对肉鸡生长、肠道健康及肉品质的影响[D]. 南京: 南京农业大学.

易宏波, 2016. 抗菌肽 CWA 对断奶仔猪肠道炎症和肠道屏障功能的作用及其机制[D]. 杭州: 浙江大学.

尹国安, 2010. 不同畜舍环境对猪的生产性能、行为表达及生理状况的影响[D]. 哈尔滨: 东北农业大学.

尹红轩, 李伟, 张光辉, 等, 2009. 屠宰动物福利与肉品质量的关系[J]. 中国动物检疫, 26 (7): 5-6.

尤明珍, 张力, 田青, 等, 2006. 大豆黄酮的生理功能及其在水禽生产中的应用[J]. 中国家禽, 28 (24): 44-46.

尤婷, 2020. 甘草提取物对断奶仔猪生长性能、免疫功能及肠道健康的影响[D]. 雅安: 四川农业大学.

由建勋, 2013. 生态化放牧与养殖结合养猪路径研究[J]. 广东畜牧兽医科技, 38 (2): 30-34.

于海霞，李宁，李泽青，等，2022. 复合有机酸对仔猪生长性能、血液指标和饲料表观消化率的影响[J]. 黑龙江畜牧兽医（15）：104-108.

于梦楠，陈玉珂，张宇柔，等，2021. 微生物发酵饲料在水产养殖中的应用[J]. 水产养殖（2）：70-73.

于昱，王福俤，2010. 锌转运蛋白家族 SLC39A/ZIP 和 SLC30A/ZnT 的研究进展[J]. 中国细胞生物学学报，32（2）：176-188.

余苗，李贞明，陈卫东，等，2019. 黑水虻幼虫粉对育肥猪营养物质消化率、血清生化指标和氨基酸组成的影响[J]. 动物营养学报，31（7）：3330-3337.

余淼，严锦绣，彭忠利，等，2013. 微生物发酵饲料对肉牛免疫机能的影响[J]. 中国畜牧兽医，40（4）：114-117.

袁博，卢金河，赵晓静，等，2022. β-胡萝卜素对奶牛生产性能及血液指标的影响[J]. 中国饲料（23）：81-86.

袁汝喜，沈水宝，吴克宁，等，2022. 添加湿态发酵饲料对三黄鸡育雏期生长性能、免疫功能、血清抗氧化的影响[J]. 饲料工业，43（8）：48-53.

袁肖笑，蔡兆伟，尹兆正，2011. 抗菌肽对蛋鸡血清免疫指标及脾脏白细胞介素 2 mRNA 表达量的影响[J]. 动物营养学报，23（12）：2183-2189.

原玉丰，2006. 利用畜禽粪便产氢的高效光合菌群筛选及其产氢过程初步研究[D]. 郑州：河南农业大学.

岳寿松，尤升波，王世荣，等，2003. 益生菌对奶牛泌乳性能影响的试验研究[J]. 山东农业科学（4）：40-41.

云伏雨，高民，李满全，等，2011. 过瘤胃赖氨酸对奶牛产乳量及乳成分的影响[J]. 畜牧与饲料科学，32（Z1）：72-74.

曾浩南，江青艳，2020. 植物精油及其在畜禽养殖业的应用[J]. 广东饲料（10）：35-38.

曾正清，孙振钧，KEMPEN T V，等，2004. 猪日粮中添加乳酸链球菌和蚯蚓粉对其生产性能及粪便中臭气化合物的影响[J]. 动物营养学报，16（1）：36-41.

曾值虎，2013. 仔猪日粮中添加蚯蚓粉的增重试验[J]. 山东畜牧兽医，34（6）：15-15.

翟海华，李昂，孙利凯，等，2020. 美国生猪养殖场生物安全措施介绍及启示[J]. 中国动物检疫，37（9）：60-64.

张彬，陶恒勋，赵自力，等，2013. 抗菌肽制剂对育肥猪生长性能的影响[J]. 养殖与饲料（9）：21-23.

张伯文，孙龙生，姜亮，2011. 蚯蚓粉替代鱼粉对罗氏沼虾生长性能的影响[J]. 中国饲料（15）：38-40.

张超，单安山，2011. 枯草芽孢杆菌在畜禽生产中的应用[J]. 饲料研究（9）：19-20.

张晨，张桂国，2016. 包被维生素和氨基酸过瘤胃效果及其对奶牛生产性能的影响[C]. 中国畜牧兽医学会动物营养学分会第十二次动物营养学术研讨会论文集，472.

张存昊，2022. 活性肽 CC34 酵母培养物对断奶羔羊抗氧化能力及小肠屏障功能的影响[D]. 大庆：黑龙江八一农垦大学.

张德贵，2005. 蚯蚓可治多种牛病[J]. 农村新技术（4）：24.

张迪，2019. 女贞子对断奶仔猪小肠黏膜形态及免疫功能的影响[D]. 保定：河北农业大学.

张方，熊绍专，何加龙，等，2018. 用于生物柴油生产的微藻培养技术研究进展[J]. 化学与生物工程，35（1）：5-11.

张放，杨伟丽，杨树义，等，2018. 黑水虻虫粉对生长猪生长性能和血清生化指标的影响[J]. 动物营养学报，30（6）：2346-2351.

张放，朱建平，张政，等，2017. 黑水虻虫粉对育肥猪生长性能、血清指标和养分消化率的影响[J]. 河南农业科学，46（6）：130-133，136.

张桂英，1995. 蚯蚓粉替代鱼粉对蛋鸡产蛋性能的影响[J]. 甘肃农业大学学报，30（1）：34-38.

张海波，2019．紫苏籽提取物对育肥牛肌内脂肪沉积的影响[J]．动物营养学报，31（4）：1897-1903．

张海文，施平伟，洪枫，等，2017．抗菌肽对脂多糖导致的仔猪肝脏氧化应激的影响[J]．饲料工业，38（10）：5-8．

张宏刚，张绚，李莉，2015．水产动物抗菌肽的研究进展[J]．北京农业（14）：216-217．

张洪饮，董延涛，2003．液体蚯蚓对蛋鸡的增产效果[J]．畜牧与兽医，35（11）：7．

张鸿雁，李敏，孙冬梅，2010．微生态学[M]．哈尔滨：哈尔滨工程大学出版社．

张家琛，肖小朋，蔡珉敏，等，2018．亮斑扁角水虻幼虫部分替代人工饲料对黑斑蛙生长影响研究[J]．畜牧与饲料科学，39（2）：8-13．

张嘉琦，张会艳，赵青余，等，2021．植物精油对畜禽肠道健康、免疫调节和肉品质的研究进展[J]．动物营养学报，33（5）：2439-2451．

张景琰，张日俊，张亚雄，2006．高产类胡萝卜素红酵母在"无抗"肉鸡生产上的应用和对肉品质的改善[C]//第三届第八次全国学术研讨会暨动物微生态企业发展战略论坛论文集，252-257．

张俊玲，包军，2013．运输影响猪福利和宰后肉质的要素分析[J]．家畜生态学报，34（6）：85-88．

张凯瑛，2021．抗菌肽对肉鸡生长性能、养分利用率和肠道发育的影响[D]．泰安：山东农业大学．

张磊正，李嘉辉，刘焕良，等，2023．抗菌肽、寡糖和有机酸复合制剂对肉鸡养分利用率、屠宰性能和免疫功能的影响[J]．黑龙江畜牧兽医（2）：104-109．

张陇利，刘青，徐智，等，2008．复合微生物菌剂对污泥堆肥的作用效果研究[J]．环境工程学报，2（2）：266-269．

张明，2009．环境富集和饲养密度以及夏季饮水温度和圈舍通风对绵羊福利的影响[D]．扬州：扬州大学．

张平，王珍喜，2006．大豆黄酮的动物营养作用研究概述[J]．贵州畜牧兽医，30（6）：7-9．

张迁，2018．传统低蛋白日粮添加精氨酸对生长育肥猪蛋白质利用及生长性能的影响[D]．杨陵：西北农林科技大学．

张全国，原玉丰，李鹏鹏，等，2005．猪粪污水浓度对球形红假单胞菌光合制氢的影响[J]．太阳能学报，26（6）：806-810．

张荣庆，程丽仁，张崇理，1995a．植物异黄酮Daidzein对雌性大鼠性周期及血浆中LH、FSH水平的影响[J]．生理通讯，14（增刊）：49．

张荣庆，韩正康，1993．异黄酮植物雌激素对小鼠免疫功能的影响[J]．南京农业大学学报，16（2）：64-68．

张荣庆，韩正康，陈杰，等，1995b．大豆黄酮促进妊娠大鼠乳腺发育和泌乳的实验研究[J]．动物学报，41（4）：414-418．

张荣庆，韩正康，陈杰，等，1995c．大豆黄酮对母猪免疫功能和血清及初乳中GH、PRL、SS水平的影响[J]．动物学报，41（2）：201-206．

张蕊，2012．大豆异黄酮对蛋鸡免疫功能、抗氧化反应及肠道组织结构的影响[D]．郑州：河南农业大学．

张蕊，姜义宝，杨玉荣，等，2011．大豆异黄酮的特性及其应用研究进展[J]．动物营养学报，23（11）：1884-1890．

张瑞霜，徐良梅，单安山，2011．女贞子粉对产蛋后期蛋鸡生产性能、免疫功能和血清生化指标的影响[J]．东北农业大学学报，42（3）：8-13．

张慎忠，张克英，丁雪梅，等，2007．蛋白质饲料木聚糖含量及其体外酶解效果研究[J]．动物营养学报，19（6）：719-724．

张恕，施建强，1994．添加蚯蚓粉石膏粉提高兔毛产量质量的试验[J]．浙江畜牧兽医，19（1）：12-13．

张炜，王敏，2021．新形势下加大生物安全体系建设的要点[J]．北方牧业（20）：24

张文火，董国忠，吴永霞，等，2011. 紫苏籽提取物对育肥牛生产性能和免疫功能的影响[J]. 动物营养学报，23（3）：473-479.

张文静，雷连成，魏静元，2016. 植物精油对肉仔鸡脏器指数、血清中激素含量和抗氧化指标的影响[J]. 饲料工业，37（24）：9-12.

张文学，2015. 白酒酿造微生态学[M]. 成都：四川大学出版社.

张相伦，杨在宾，2013. 酸化剂改善动物胃肠道内环境机理的研究[J]. 饲料博览（11）：22-24.

张晓羊，王永强，张文举，等，2016. 嗜酸乳杆菌发酵棉籽粕对黄羽肉鸡生长性能、屠宰性能和血清生化指标的影响[J]. 动物营养学报，28（12）：3885-3893.

张旭，2017. 河南省规模猪场养殖环境生物安全监测模型的研究[D]. 郑州：河南农业大学.

张杨，2017. 紫苏籽和杜仲提取物对宁乡猪生长性能及肉品质的影响[D]. 长沙：湖南农业大学.

张耀文，马文峰，张志丹，等，2019. 女贞子粉对蛋鸡产蛋后期生产性能、蛋品质及肠道组织形态的影响[J]. 家畜生态学报，40（7）：38-43，74.

张一鸣，2021. 不同生长阶段猪日粮铜需求规律及甘氨酸铜替代效果研究[D]. 长沙：湖南师范大学.

张毅民，杨静，吕学斌，等，2007. 木质纤维素类生物质酸水解研究进展[J]. 世界科技研究与发展，29（1）：48-54.

张勇，张莹莹，宁志利，等，2011. 不同水平的蚯蚓产品对蛋鸡生产性能、血清生化指标、舍内氨气、硫化氢含量的影响[J]. 饲料工业，32（14）：8-13.

张煜，2017. 新型枯草芽孢杆菌的研究及其发酵饲料在仔猪上的应用研究[D]. 杭州：浙江大学.

张煜，石常友，王成，等，2018. 菌酶协同发酵改善玉米-豆粕型饲料营养价值的研究[J]. 中国粮油学报，33（3）：70-77.

张铮，石青松，朱伟云，等，2018. 乳酸菌发酵饲料对断奶仔猪生长性能和肠道健康的影响[J]. 江苏农业科学，46（19）：170-173.

张铮，朱坤，朱伟云，等，2019. 发酵饲料对生长育肥猪结肠微生物发酵及菌群组成的影响[J]. 微生物学报，59（1）：93-102.

张政，2017. 活性酵母及其发酵饲料对瘤胃及营养物质消化率的影响[D]. 呼和浩特：内蒙古农业大学.

张志剑，李鸿毅，朱军，2014. 废弃物生物质液化制取生物油的研究进展[J]. 环境污染与防治，36（3）：87-93.

张治家，2011. 微生态制剂对生长肥育猪生产性能的影响[J]. 猪业科学，28（12）：78-80.

张智安，李世易，武刚，等，2020. 蜜蜂肽对育肥湖羊生长性能和瘤胃微生物区系的影响[J]. 动物营养学报，32（2）：756-764.

张转弟，张巧娥，王庆，等，2022. 微生物发酵饲料在反刍动物生产中的研究进展[J]. 中国饲料（9）：1-5.

赵必迁，李学海，2015. 蛋白酶对蛋鸡生产性能的影响[J]. 饲料广角（17）：54-55.

赵春全，2014. 无抗微生物发酵饲料对蛋鸡生产性能和蛋品质的影响[J]. 中国畜牧兽医文摘（2）：172.

赵芙蓉，李保明，耿爱莲，等，2006. 笼底材料、密度和性别组群对肉鸡胸囊肿发生及胸肌成分的影响[J]. 农业工程学报，22（12）：168-171.

赵慧颖，余诗强，蒋林树，等，2022. 大豆异黄酮的代谢及其对动物肠道保护机制的研究进展[J]. 动物营养学报，34（7）：4132-4142.

赵立欣，孟海波，沈玉君，等，2017. 中国北方平原地区种养循环农业现状调研与发展分析[J]. 农业工程学报，33（18）：1-10.

赵莉，秦亮，吴仙花，等，2021. 日粮中添加酶联微生态制剂、酸化剂对肉鸡生长性能及免疫功能的影响[J]. 饲料研究（9）：63-65.

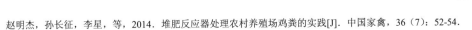

赵明杰, 孙长征, 李星, 等, 2014. 堆肥反应器处理农村养殖场鸡粪的实践[J]. 中国家禽, 36（7）: 52-54.

赵茹茜, 周玉传, 徐银学, 等, 2002. 大豆黄酮对高邮鸭增重及血清某些激素水平和垂体 GH-mRNA 表达的影响[J]. 农业生物技术学报, 10（2）: 176-179.

赵香菊, 王留, 2018. 女贞子超微粉对肉仔鸡抗氧化和免疫功能的影响[J]. 山东畜牧兽医, 39（3）: 14-15.

赵小伟, 杨永新, 黄冬维, 等, 2015. 补饲女贞子对泌乳奶牛生产性能及血液生化指标的影响[J]. 中国畜牧兽医, 42（7）: 1732-1737.

赵悦, 童津津, 熊本海, 等, 2019. 大豆异黄酮在奶牛生产中的研究进展[J]. 动物营养学报, 31（7）: 2999-3003.

赵梓含, 张爱忠, 潘春媛, 等, 2021. 昆虫抗菌肽及其活性机制[J]. 动物营养学报, 33（12）: 6641-6647.

甄吉福, 许庆庆, 李貌, 等, 2018. 低蛋白质饲粮添加谷氨酸对育肥猪蛋白质利用和生产性能的影响[J]. 动物营养学报, 30（2）: 507-514.

郑海英, 萨日娜, 杨帅, 等, 2018. 过瘤胃赖氨酸和过瘤胃蛋氨酸对育肥牛饲喂效果试验[J]. 今日畜牧兽医, 34（11）: 15-16.

郑昆, 杨红, 2019. 淀粉酶的研究现状与进展[J]. 食品安全导刊（18）: 53.

郑丽卿, 崔锦良, 王月晖, 等, 2019. 黑水虻幼体营养成分分析研究[J]. 甘肃畜牧兽医（2）: 55-56.

郑龙玉, 2012. 卵携带的微生物对亮斑扁角水虻产卵行为和生长发育的影响[D]. 武汉: 华中农业大学.

郑宇, 李天宏, 周顺桂, 等, 2010. pH 值对猪粪废水微生物燃料电池产电性能的影响[J]. 应用基础与工程科学学报, 18（S1）: 1-9.

钟小群, 李向飞, 蔡万存, 等, 2018. 发酵饲料对鲤鱼幼鱼生长性能、消化酶活性、肌肉品质和免疫机能的影响[J]. 南京农业大学学报, 41（1）: 154-162.

钟振声, 樊丽妃, 黄继兵, 2011. 引种互叶白千层茶树油的化学成分及抑菌活性[J]. 华南理工大学学报（自然科学版）, 39（1）: 53-57.

钟志勇, 管业坤, 夏宗群, 等, 2019. 黑水虻对添加辅料的鸭粪处理效果研究[J]. 江西畜牧兽医杂志（4）: 20-23.

周财源, 2020. 复合酶制剂在畜牧生产中的应用[J]. 现代畜牧科技（5）: 1-3.

周道雷, 李保明, 施正香, 2007. 断奶仔猪运输前后的体重变化[J]. 中国畜牧杂志, 43（23）: 56-58.

周定中, 曹露, 王茂淋, 等, 2012. 黑水虻肠道细菌抗菌筛选及其活性物质分子鉴定[J]. 微生物学通报, 39（11）: 1614-1621.

周华杰, 2010. 复合酶制剂对断奶仔猪养分利用率和生长发育影响的研究[D]. 泰安: 山东农业大学.

周俊华, 李雅青, 2018. 有机和无机微量元素对预混料中维生素稳定性的影响[J]. 中国饲料（22）: 28-31.

周丽华, 2009. 蛋白螯合铜、锌对生长肥育猪免疫性能的影响[D]. 南京: 南京农业大学.

周美玲, 赵国琦, 夏晨, 等, 2014. 紫苏精油对小鼠血清免疫指标的影响[J]. 中国畜牧杂志, 50（11）: 62-65.

周爽, 张青, 齐晓芬, 等, 2016. 枯草芽孢杆菌和中性蛋白酶协同发酵豆粕方法的研究[J]. 食品工业, 37（9）: 163-168.

周相超, 陈文斌, 王冰, 2020. 抑菌型菌酶协同生物饲料在生长肥育猪中的替抗应用研究[J]. 湖南饲料（3）: 21-24.

周毅, 祝辉, 倪学勤, 等, 2012. 乳酸杆菌与黄芪合生元对大鼠生长性能及部分免疫指标的影响[J]. 中国饲料（15）: 15-17.

周元武, 2010. 黑水虻对畜禽粪便的转化作用及其对蛋鸡的饲料应用价值[D]. 武汉: 华中农业大学.

周振雷, 侯加法, 陶庆树, 等, 2007. 大豆黄酮对产蛋后期蛋鸡内分泌及骨代谢的影响[J]. 中国兽医学报, 27（3）: 363-365.

周芷若，郝东东，管宏伟，等，2016. 生物制氢的原理及研究进展[J]. 山东化工，45（10）：40-41，47.

朱爱发，2023. 病死畜禽无害化处理措施[J]. 今日畜牧兽医，39（4）：19-21.

朱才箭，金恒，雷小文，等，2017. 饲粮中添加蚯蚓液对樱桃谷鸭肌肉品质的影响[J]. 江西科学，35（4）：504-508.

朱春刚，蒋莹，聂丹，等，2021. 甘蔗尾叶秸秆发酵饲料对肉羊生长性能、产肉性能及肉品质的影响[J]. 饲料研究（10）：9-12.

朱芬，2019. 黑水虻[M]. 北京：中国农业科学技术出版社.

朱风华，陈甫，徐进栋，等，2015. 乳酸菌发酵饲料对蛋鸡生产性能及蛋品质的影响[J]. 饲料研究（6）：48-52.

朱建平，戴林坤，伯绍军，等，2002. 大豆黄酮对樱桃谷肉种鸭生产性能的影响研究[J]. 饲料工业，23（1）：34-35.

朱年华，肖俊武，2014. 有机微量元素应用现状与趋势[J]. 饲料广角（13）：20-23.

朱曲波，秦泽荣，席振强，等，2004. 在奶牛日粮中添加微生态制剂降低牛奶中体细胞的比较试验[J]. 贵州畜牧兽医（2）：1-2.

朱万宝，常志州，叶小梅，等，1999. 复合益生菌饲喂断奶仔猪的效果[J]. 饲料研究（4）：9-10.

朱晓磊，陈宏，2013. 百里香精油对麻花鸡生长性能、养分利用率、血清生化指标和肠道菌群的影响[J]. 中国家禽，35（21）：21-26.

朱晓萍，崔英杰，陈东滂，等，2022. 抗菌肽对鹌鹑产蛋高峰期生产性能及蛋品质的影响[J]. 佛山科学技术学院学报（自然科学版），40（2）：51-55.

朱永毅，李潇蒙，石强，2018. 日粮添加发酵银杏叶对 1～42d 黄羽肉仔鸡生长性能、血清生化指标和抗氧化性能的影响[J]. 中国饲料（2）：13-18.

朱宇旌，李维，张勇，等，2010. 蚯蚓粉对肉鸡生长性能、营养物质代谢及免疫功能的影响[J]. 沈阳农业大学学报，41（6）：695-700.

朱政奇，2021. 酶解多糖和复合有机微量元素对育肥猪生产性能、肉品质和免疫性能影响的研究[D]. 泰安：山东农业大学.

庄颖，赵红，张玉媛，等，2004. 大豆异黄酮对大鼠血脂和抗脂质过氧化作用的探讨[J]. 蚌埠医学院学报，29（2）：113-115.

邹金，王玲铧，2014. 影响我国饲料安全的因素[J]. 湖南饲料（1）：29-31.

邹盼盼，王春江，曹省艳，等，2023. 植物精油对断奶仔猪生长性能和肠道结构及菌群的影响[J]. 动物医学进展，44（6）：77-83.

ABDANAN S, NEVES D P, TSCHARKE M, et al., 2015. Image analysis method to evaluate beak and head motion of broiler chickens during feeding[J]. Computers and Electronics in Agriculture, 114: 88-95.

ABOUELENIEN F, NAKASHIMADA Y, NISHIO N, 2009. Dry mesophilic fermentation of chicken manure for production of methane by repeated batch culture[J]. Journal of Bioscience and Bioengineering, 107(3): 293-295.

AHMED S T, MUN H S, ISLAM M M, et al., 2016. Effects of dietary natural and fermented herb combination on growth performance, carcass traits and meat quality in grower-finisher pigs[J]. Meat Science, 122: 7-15.

AKIBA Y K, SATO K, TAKAHASHI K, 2001. Meat color modification in broiler chickens by feeding yeast *Phaffia rhodozyma* containing high concentration of astaxanthin[J]. Journal of Applied Poultry Research, 10: 154-161.

AL-DABBAS F M, HAMRA A H, AWAWDEH F T, 2008. The effect of arginine supplementation on some blood parameters, ovulation rate and concentrations of estrogen and progesterone in female Awassi sheep[J]. Pakistan Journal of Biological Sciences: PJBS, 11(20): 2389-2394.

AL-QAZZAZ M F A, ISMAIL D, AKIT H, et al., 2016. Effect of using insect larvae meal as a complete protein source on quality and productivity characteristics of laying hens[J]. Revista Brasileira de Zootecnia, 45(9): 518-523.

AMATYA P, 2009. Economics of black soldier fly (*Hermetia illucens*) in dairy waste management[M]. Stephenville: Tarleton State University.

AMERAH A M, MATHIS G, HOFACRE C L, 2012. Effect of xylanase and a blend of essential oils on performance and *Salmonella* colonization of broiler chickens challenged with *Salmonella* Heidelberg[J]. Poultry Science, 91(4): 943-947.

ANNAMALAI K, THIEN B, SWEETEN J, 2003. Co-firing of coal and cattle feedlot biomass (FB) fuels. Part II. Performance results from 30 kW_t (100, 000) BTU/h laboratory scale boiler burner[J]. Fuel, 82(10): 1183-1193.

ATUHAIRE A M, KABI F, OKELLO S, et al., 2016. Optimizing bio-physical conditions and pre-treatment options for breaking lignin barrier of maize stover feed using white rot fungi[J]. Animal Nutrition, 2(4): 361-369.

AZIZ N, 2004. Manipulating pork quality through production and pre-slaughter handling[J]. Advances in Pork Production, 15: 245-251.

AZZAM M M M, DONG X Y, XIE P, et al., 2011. The effect of supplemental L-threonine on laying performance, serum free amino acids, and immune function of laying hens under high-temperature and high-humidity environmental climates[J]. Journal of Applied Poultry Research, 20(3): 361-370.

BARI Q H, KOENIG A, GUIHE T, 2000. Kinetic analysis of forced aeration composting-I. Reaction rates and temperature[J]. Waste Management and Research, 18(4): 303-312.

BARRINGTON S, CHOINIERE D, TRIGUI M, et al., 2003. Compost convective airflow under passive aeration[J]. Bioresource Technology, 86(3): 259-266.

BARRY T, 2004. Evaluation of the economic, social, and biological feasibility of bioconverting food wastes with the black soldier fly (*Hermetia illucens*)[D]. Denton: University of North Texas.

BAUER A, MAYR H, HOPFNER-SIXT K, et al., 2009. Detailed monitoring of two biogas plants and mechanical solid-liquid separation of fermentation residues[J]. Journal of Biotechnology, 142(1): 56-63.

BEATTIE V E, O'CONNELL N E, MOSS B W, 2000. Influence of environmental enrichment on the behaviour, performance and meat quality of domestic pigs[J]. Livestock Production Science, 65(1-2): 71-79.

BEAUDIN N, CARON R F, LEGROS R, et al., 1996. Co-composting of weathered hydrocarbon contaminated soil[J]. Compost Science & Utilization, 4(2): 37-45.

BERNARD J K, CHANDLER P T, SNIFFEN C J, et al., 2014. Response of cows to rumen-protected lysine after peak lactation[J]. The Professional Animal Scientist, 30(4): 407-412.

BHAVE P P, JOSHI Y S, 2017. Accelerated in-vessel composting for household waste[J]. Journal of the Institution of Engineers (India): Series A, 98: 367-376.

BLIGH E G, DYER W J, 1959. A rapid method of total lipid extraction and purification[J]. Canadian Journal of Biochemistry and Physiology, 37(8): 911-917.

BOLING S D, WEBEL D M, MAVROMICHALIS I, et al., 2000. The effects of citric acid on phytate-phosphorus utilization in young chicks and pigs[J]. Journal of Animal Science, 78(3): 682-689.

BOLTA S V, MIHELIC R, LOBNIK F, et al., 2003. Microbial community structure during composting with and without mass inocula[J]. Compost Science & Utilization, 11(1): 6-15.

BONA D, VECCHIET A, PIN M, et al., 2018. The biorefinery concept applied to bioethanol and biomethane production from manure[J]. Waste and Biomass Valorization, 9: 2133-2143.

BONDARI K, SHEPPARD D C, 1987. Soldier fly, *Hermetia illucens* L., larvae as feed for channel catfish, *Ictalurus punctatus* (Rafinesque), and blue tilapia, *Oreochromis aureus* (Steindachner)[J]. Aquaculture and Fisheries Management, 18(3): 209-220.

BONO J J, CHALAUX N, CHABBERT B, 1992. Bench-scale composting of two agricultural wastes[J]. Bioresource Technology, 40(2): 119-124.

BRADFORD M M, 1976. A rapid and sensitive method for the quantitation of microgram quantities of protein utilizing the principle of protein dye binding[J]. Analytical Biochemistry, 72(1-2): 248-254.

BRAVO D, UTTERBACK P, PARSONS C M, 2011. Evaluation of a mixture of carvacrol, cinnamaldehyde, and capsicum oleoresin for improving growth performance and metabolizable energy in broiler chicks fed corn and soybean meal[J]. Journal of Applied Poultry Research, 20(2): 115-120.

BREINHOLT V, LAURIDSEN S T, DRAGSTED L O, 1999. Differential effects of dietary flavonoids on drug metabolizing and antioxidant enzymes in female rat[J]. Xenobiotica, 29(12): 1227-1240.

BRENNAN L, OWENDE P, 2010. Biofuels from microalgae-a review of technologies for production, processing, and extractions of biofuels and co-products[J]. Renewable and Sustainable Energy Reviews, 14(2): 557-577.

BROOM D M, 2005. Animal welfare education: Development and prospects[J]. Journal of Veterinary Medical Education, 32(4): 438-441.

BROOM D M, 1991. Animal welfare: Concepts and measurement[J]. Journal of Animal Science, 69(10): 4167-4175.

BURK R F, HILL K E, 2015. Regulation of selenium metabolism and transport[J]. Annual Review of Nutrition, 35(1): 109-134.

CAMASCHELLA C, NAI A, SILVESTRI L, 2020. Iron metabolism and iron disorders revisited in the hepcidin era[J]. Haematologica, 105(2): 260-272.

CANIBE N, JENSEN B B, 2003. Fermented and nonfermented liquid feed to growing pigs: Effect on aspects of gastrointestinal ecology and growth performance[J]. Journal of Animal Science, 81(8): 2019-2031.

CAO P H, LI F D, LI Y F, et al., 2010. Effect of essential oils and feed enzymes on performance and nutrient utilization in broilers fed a corn/soy-based diet[J]. International Journal of Poultry Science, 9(8): 749-755.

CAPRA A, SCICOLONE B, 2004. Emitter and filter tests for wastewater reuse by drip irrigation[J]. Agricultural Water Management, 68(2): 135-149.

CHADWICK D, WEI J, YAN'AN T, et al., 2015. Improving manure nutrient management towards sustainable agricultural intensification in China[J]. Agriculture, Ecosystems & Environment, 209(1): 34-46.

CHALUPA W, 1975. Rumen bypass and protection of proteins and amino acids[J]. Journal of Dairy Science, 58(8): 1198-1218.

CHAUCHEYRAS-DURAND F, FONTY G, 2002. Influence of a probiotic yeast (*Saccharomyces cerevisiae* CNCM I-1077) on microbial colonization and fermentations in the rumen of newborn lambs[J]. Microbial Ecology in Health and Disease, 14(1): 30-36.

CHEN C, ZHENG D, LIU G J, et al., 2015. Continuous dry fermentation of swine manure for biogas production[J]. Waste Management, 38: 436-442.

CHEN J, CHEN J M, ZHANG Y Z, et al., 2021. Effects of maternal supplementation with fully oxidised β-carotene on the reproductive performance and immune response of sows, as well as the growth performance of nursing piglets[J]. British Journal of Nutrition, 125(1): 62-70.

CHEN J, WANG H K, MA Y X, et al., 2022. Effects of the methionine hydroxyl analog chelated microminerals on growth performance, antioxidant status, and immune response of growing-finishing pigs[J]. Animal Science Journal, 93(1): 1-12.

CHEN X C, ZHAN Y W, MA W F, et al., 2020. Effects of Antimicrobial peptides on egg production, egg quality and caecal microbiota of hens during the late laying period[J]. Animal Science Journal, 91(1): 1-7.

CHEN X Y, ZHANG X F, ZHAO J, et al., 2019. Split iron supplementation is beneficial for newborn piglets[J]. Biomedicine & Pharmacotherapy, 120: 1-7.

CHENG S A, LIU W F, GUO J, et al., 2014. Effects of hydraulic pressure on the performance of single chamber air-cathode microbial fuel cells[J]. Biosensors and Bioelectronics, 56: 264-270.

CHISTI Y, 2007. Biodiesel from microalgae[J]. Biotechnology Advances, 25(3): 294-306.

CHOTECHUANG N, AZZOUT-MARNICHE D, BOS C, et al., 2009. mTOR, AMPK, and GCN2 coordinate the adaptation of hepatic energy metabolic pathways in response to protein intake in the rat[J]. American Journal of Physiology-Endocrinology and Metabolism, 297(6): E1313-E1323.

CONVERTI A, CASAZZA A A, ORTIZ E Y, et al., 2009. Effect of temperature and nitrogen concentration on the growth and lipid content of *Nannochloropsis oculata* and *Chlorella vulgaris* for biodiesel production[J]. Chemical Engineering and Processing: Process Intensification, 48(6): 1146-1151.

CORREA J A, TORREY S, DEVILLERS N, et al., 2010. Effects of different moving devices at loading on stress response and meat quality in pigs[J]. Journal of Animal Science, 88(12): 4086-4093.

CRONJE A, TURNER C, WILLIAMS A, et al., 2003. Composting under controlled conditions[J]. Environmental Technology, 24(10): 1221-1234.

DA SILVA L C A, HONORATO T L, FRANCO T T, et al., 2012. Optimization of chitosanase production by *Trichoderma koningii* sp. under solid-state fermentation[J]. Food and Bioprocess Technology, 5: 1564-1572.

DABBOU S, GAI F, BIASATO I, et al., 2018. Black soldier fly defatted meal as a dietary protein source for broiler chickens: Effects on growth performance, blood traits, gut morphology and histological features[J]. Journal of Animal Science and Biotechnology, 9(1): 1-10.

DAS K, TOLLNER E, TORNABENE T, 2001. Composting by-products from a bleached kraft pulping process: Effect of type and amount of nitrogen amendment[J]. Compost Science & Utilization, 9(3): 256-265.

DAVENPORT G M, BOLING J A, SCHILLO K K, et al., 1990. Nitrogen metabolism and somatotropin secretion in lambs receiving arginine and ornithine via abomasal infusion[J]. Journal of Animal Science, 68(1): 222-232.

D'EATH R B, LAWRENCEA B, 2004. Early life predictors of the development of aggressive behaviour in the domestic pig[J]. Animal Behaviour, 67(3): 501-509.

DEDEKE G A, OWA S O, OLURIN K B, et al., 2013. Partial replacement of fish meal by earthworm meal (*Libyodrilus violaceus*) in diets for African catfish, *Clarias gariepinus*[J]. International Journal of Fisheries and Aquaculture, 5(9): 229-233.

DENG L W, CHEN C, ZHENG D, et al., 2016. Effect of temperature on continuous dry fermentation of swine manure[J]. Journal of Environmental Management, 177: 247-252.

DEVAL C, TALVAS J, CHAVEROUX C, et al., 2008. Amino-acid limitation induces the GCN2 signaling pathway in myoblasts but not in myotubes[J]. Biochimie, 90(11-12): 1716-1721.

DEWEY C E, FRIENDSHIP R M, WILSON M R, 1993. Clinical and postmortem examination of sows culled for lameness[J]. The Canadian Veterinary Journal, 34(9): 555-556

DIENER S, STUDT SOLANO N M, ROA GUTIÉRREZ F, et al., 2011. Biological treatment of municipal organic waste using black soldier fly larvae[J]. Waste and Biomass Valorization, 2: 357-363.

DIERICHS L, KLOUBERT V, RINK L, 2018. Cellular zinc homeostasis modulates polarization of THP-1-derived macrophages[J]. European Journal of Nutrition, 57: 2161-2169.

DING H, SUN H, SUN S, et al., 2017. Analysis and optimisation of a mixed fluid cascade (MFC) process[J]. Cryogenics, 83: 35-49.

DOBSON A, COTTER P D, ROSS R P, et al., 2012. Bacteriocin production: A probiotic trait?[J]. Applied and Environmental Microbiology, 78(1): 1-6.

DONG X Y, AZZAM M M M, RAO W, et al., 2012. Evaluating the impact of excess dietary tryptophan on laying performance and immune function of laying hens reared under hot and humid summer conditions[J]. British Poultry Science, 53(4): 491-496.

DONG Z L, ZHANG D M, WU X, et al., 2022. Ferrous bisglycinate supplementation modulates intestinal antioxidant capacity via the AMPK/FOXO pathway and reconstitutes gut microbiota and bile acid profiles in pigs[J]. Journal of Agricultural and Food Chemistry, 70(16): 4942-4951.

DWIVEDI R, AGGARWAL P, BHAVESH N S, et al., 2019. Design of therapeutically improved analogue of the antimicrobial peptide, indolicidin, using a glycosylation strategy[J]. Amino Acids, 51: 1443-1460.

EDWARDS S A, BROOM D M, 1982. Behavioural interactions of dairy cows with their newborn calves and the effects of parity[J]. Animal Behaviour, 30(2): 525-535.

ELHAG O, ZHOU D, SONG Q, et al., 2017. Screening, expression, purification and functional characterization of novel antimicrobial peptide genes from *Hermetia illucens* (L.)[J]. PLoS One, 12(1): 1-15.

ELWAKEEL E A, TITGEMEYER E C, FARIS B R, et al., 2012. Hydroxymethyl lysine is a source of bioavailable lysine for ruminants[J]. Journal of Animal Science, 90(11): 3898-3904.

FALAKI M, SHARGH M S, DASTAR B, et al., 2016. Growth performance, carcass characteristics and intestinal microflora of broiler chickens fed diets containing *Carum copticum* essential oil[J]. Poultry Science Journal, 4(1): 37-46.

FANG J, YAN F Y, KONG X F, et al., 2009. Dietary supplementation with *Acanthopanax senticosus* extract enhances gut health in weanling piglets[J]. Livestock Science, 123(2-3): 268-275.

FITZGERALD J R, 2012. Livestock-associated *Staphylococcus aureus*: Origin, evolution and public health threat[J]. Trends in Microbiology, 20(4): 192-198.

FOTIDIS I A, WANG H, FIEDEL N R, et al., 2014. Bioaugmentation as a solution to increase methane production from an ammonia-rich substrate[J]. Environmental Science & Technology, 48(13): 7669-7676.

FOUAD A M, EL-SENOUSEY H K, YANG X J, et al., 2013. Dietary L-arginine supplementation reduces abdominal fat content by modulating lipid metabolism in broiler chickens[J]. Animal, 7(8): 1239-1245.

FRANZ C, BASER K H C, WINDISCH W, 2010. Essential oils and aromatic plants in animal feeding-a European perspective: A review[J]. Flavour and Fragrance Journal, 25(5): 327-340.

FREEMAN T M, CAWTHON D L, 1999. Use of composted dairy cattle solid biomass, poultry litter and municipal biosolids as greenhouse growth media[J]. Compost Science & Utilization, 7(3): 66-71.

FUQUA B K, VULPE C D, ANDERSON G J, 2012. Intestinal iron absorption[J]. Journal of Trace Elements in Medicine and Biology, 26(2-3): 115-119.

GADE P B, CHRISTENSEN L, 1998. Effect of different stocking densities during transport on welfare and meat quality in Danish slaughter pigs[J]. Meat Science, 48(3-4): 237-247.

GADO H M, KHOLIF A E, SALEM A Z M, et al., 2016. Fertility, mortality, milk output, and body thermoregulation of growing Hy-Plus rabbits fed on diets supplemented with multi-enzymes preparation[J]. Tropical Animal Health and Production, 48: 1375-1380.

GAO T J, LI X M, 2011. Using thermophilic anaerobic digestate effluent to replace freshwater for bioethanol production[J]. Bioresource Technology, 102(2): 2126-2129.

GENOVESE K J, HARVEY R B, ANDERSON R C, et al., 2001. Protection of suckling neonatal pigs against infection with an enterotoxigenic *Escherichia coli* expressing 987P fimbriae by the administration of a bacterial competitive exclusion culture[J]. Microbial Ecology in Health and Disease, 13(4): 223-228.

GEVERINK N A, JONG I C, LAMBOOIJ E, et al., 1999. Influence of housing conditions on responses of pigs to preslaughter treatment and consequences for meat quality[J]. Canadian Journal of Animal Science, 79(3): 285-291.

GIBSON G R, ROBERFROID M B, 1995. Dietary modulation of the human colonic microbiota: Introducing the concept of prebiotics[J]. The Journal of Nutrition, 125(6): 1401-1412.

GOW C B, RANAWANA S S E, KELLAWAY R C, et al., 1979. Responses to post-ruminal infusions of casein and arginine, and to dietary protein supplements in lactating goats[J]. British Journal of Nutrition, 41(2): 371-382.

GRAHAM T L, 1991. Flavonoid and isoflavonoid distribution in developing soybean seedling tissues and in seed and root exudates[J]. Plant Physiology, 95(2): 594-603.

GRANDIN T, 1996. Animal welfare in slaughter plants[C]. American Association of Bovine Practitioners Conference Proceedings, 22-26.

GREEN T R, POPA R, 2012. Enhanced ammonia content in compost leachate processed by black soldier fly larvae[J]. Applied Biochemistry and Biotechnology, 166 (6): 1381-1387.

GRIMA E M, BELARBI E H, FERNÁNDEZ F G A, et al., 2003. Recovery of microalgal biomass and metabolites: Process options and economics[J]. Biotechnology Advances, 20(7-8): 491-515.

GUÀRDIA M D, ESTANY J, BALASCH S, et al., 2004. Risk assessment of PSE condition due to pre-slaughter conditions and RYR1 gene in pigs[J]. Meat Science, 67(3): 471-478.

HALE O M, 1973. Dried *Hermetia illucens* larvae (Diptera: Stratiomyidae) as a feed additive for poultry[J]. Georgia Entomol Soc, 16-20.

HAUSCHILD L, POMAR C, LOVATTO P A, 2010. Systematic comparison of the empirical and factorial methods used to estimate the nutrient requirements of growing pigs[J]. Animal, 4(5): 714-723.

HE B J, ZHANG Y, FUNK T L, et al., 2000. Thermochemical conversion of swine manure: An alternative process for waste treatment and renewable energy production[J]. Transactions of the ASAE, 43(6): 1827-1833.

HE B J, ZHANG Y, YIN Y, et al., 2000. Operating temperature and retention time effects on the thermochemical conversion process of swine manure[J]. Transactions of the ASAE, 43(6): 1821-1825.

HE B J, 2000. Thermochemical conversion of swine manure to produce oil and reduce waste[M]. Urbana-Champaign: University of Illinois at Urbana-Champaign.

HE L Q, LI H, HUANG N, et al., 2016. Effects of alpha-ketoglutarate on glutamine metabolism in piglet enterocytes in vivo and in vitro[J]. Journal of Agricultural and Food Chemistry, 64(13): 2668-2673.

HE L Q, LI H, HUANG N, et al., 2017. Alpha-ketoglutarate suppresses the NF-κB-mediated inflammatory pathway and enhances the PXR-regulated detoxification pathway[J]. Oncotarget, 8(61): 102974-102988.

HE L Q, LONG J, ZHOU X H, et al., 2020. Serine is required for the maintenance of redox balance and proliferation in the intestine under oxidative stress[J]. The FASEB Journal, 34(3): 4702-4717.

HE L Q, WU J, TANG W J, et al., 2018. Prevention of oxidative stress by α-ketoglutarate via activation of CAR signaling and modulation of the expression of key antioxidant-associated targets in vivo and in vitro[J]. Journal of Agricultural and Food Chemistry, 66(43): 11273-11283.

HE L Q, YANG H S, HOU Y Q, et al., 2013. Effects of dietary L-lysine intake on the intestinal mucosa and expression of CAT genes in weaned piglets[J]. Amino Acids, 45: 383-391.

HE L Q, ZHANG H W, ZHOU X H, 2018. Weanling offspring of dams maintained on serine-deficient diet are vulnerable to oxidative stress[J]. Oxidative Medicine and Cellular Longevity, 2018: 1-11.

HE L Q, ZHOU X H, HUANG N, et al., 2017. Administration of alpha-ketoglutarate improves epithelial restitution under stress injury in early-weaning piglets[J]. Oncotarget, 8(54): 91965-91978.

HE L Q, ZHOU X H, HUANG N, et al., 2017. AMPK regulation of glucose, lipid and protein metabolism: mechanisms and nutritional significance[J]. Current Protein and Peptide Science, 18(6): 562-570.

HE Y W, INAMORI Y H, MIZUOCHI M, et al., 2000. Measurements of N_2O and CH_4 from the aerated composting of food waste[J]. Science of the Total Environment, 254(1): 65-74.

HIMOTO T, MASAKI T, 2020. Current trends of essential trace elements in patients with chronic liver diseases[J]. Nutrients, 12(7): 1-22.

HOGAN J A, MILLER F C, FINSTEIN M S, 1989. Physical modeling of the composting ecosystem[J]. Applied and Environmental Microbiology, 55(5): 1082-1092.

HORNING K J, CAITO S W, TIPPS K G, et al., 2015. Manganese is essential for neuronal health[J]. Annual Review of Nutrition, 35: 71-108.

HOU Y Q, YIN Y L, WU G Y, 2015. Dietary essentiality of "nutritionally non-essential amino acids" for animals and humans[J]. Experimental Biology and Medicine, 240(8): 997-1007.

HU Y J, GAO K G, ZHENG C T, et al., 2015. Effect of dietary supplementation with glycitein during late pregnancy and lactation on antioxidative indices and performance of primiparous sows[J]. Journal of Animal Science, 93(5): 2246-2254.

HUAN Y C, KONG Q, MOU H J, et al., 2020. Antimicrobial peptides: classification, design, application and research progress in multiple fields[J]. Frontiers in Microbiology, 1-21.

HUANG D P, ZHUO Z, FANG S L, et al., 2016. Different zinc sources have diverse impacts on gene expression of zinc absorption related transporters in intestinal porcine epithelial cells[J]. Biological Trace Element Research, 173: 325-332.

HUANG W W, CHANG J, WANG P, et al., 2019. Effect of compound probiotics and mycotoxin degradation enzymes on alleviating cytotoxicity of swine jejunal epithelial cells induced by aflatoxin B1 and zearalenone[J]. Toxins, 11(1): 1-13.

HUSSAIN I, CHEEKE P, 1995. Effect of dietary *Yucca schidigera* extract on rumen and blood profiles of steers fed concentrate or roughage-based diets[J]. Animal Feed Science and Technology, 51, 231-242.

JANG K B, KIM J H, PURVIS J M, et al., 2020. Effects of mineral methionine hydroxy analog chelate in sow diets on epigenetic modification and growth of progeny[J]. Journal of Animal Science, 98(9): 1-12.

JAYARAMAN S, THANGAVEL G, KURIAN H, et al., 2013. Bacillus subtilis PB6 improves intestinal health of broiler chickens challenged with *Clostridium perfringens*-induced necrotic enteritis[J]. Poultry Science, 92(2): 370-374.

JOHNSON M B, WEN Z, 2010. Development of an attached microalgal growth system for biofuel production[J]. Applied Microbiology and Biotechnology, 85: 525-534.

KARIM K, HOFFMANN R, THOMAS K K, et al., 2005. Anaerobic digestion of animal waste: Effect of mode of mixing[J]. Water Research, 39(15): 3597-3606.

KARLEN G A M, HEMSWORTH P H, GONYOU H W, et al., 2007. The welfare of gestating sows in conventional stalls and large groups on deep litter[J]. Applied Animal Behaviour Science, 105(1-3): 87-101.

KE G R, LAI C M, LIU Y Y, et al., 2010. Inoculation of food waste with the thermo-tolerantlipolytic actinomycete *Thermoactinomyces vulgaris* A31 and maturity evaluation of the compost[J]. Bioresource Technology, 101(19): 7424-7431.

KEENER K M, SHOOK R, ANDERSON K, et al., 2002. Characterization of poultry manure for potential co-combustion with coal in an electricity generation plant[C]//2002 ASAE Annual Meeting. American Society of Agricultural and Biological Engineers.

KEPHART K B, HARPER M T, RAINES C R, 2010. Observations of market pigs following transport to a packing plant[J]. Journal of Animal Science, 88(6): 2199-2203.

KHAJALI F, WIDEMAN R F, 2010. Dietary arginine: Metabolic, environmental, immunological and physiological interrelationships[J]. World's Poultry Science Journal, 66(4): 751-766.

KHAJALI F, MOGHADDAM M H, HASSANPOUR H, 2014. An L-arginine supplement improves broiler hypertensive response and gut function in broiler chickens reared at high altitude[J]. International Journal of Biometeorology, 58: 1175-1179.

KHATTAK F, RONCHI A, CASTELLI P, et al., 2014. Effects of natural blend of essential oil on growth performance, blood biochemistry, cecal morphology, and carcass quality of broiler chickens[J]. Poultry Science, 93(1): 132-137.

KIM S W, MATEO R D, YIN Y L, et al., 2006. Functional amino acids and fatty acids for enhancing production performance of sows and piglets[J]. Asian-Australasian Journal of Animal Sciences, 20(2): 295-306.

KIM T I, MAYAKRISHNAN V, LIM D H, et al., 2018. Effect of fermented total mixed rations on the growth performance, carcass and meat quality characteristics of Hanwoo steers[J]. Animal Science Journal, 89(3): 606-615.

KIMBALL S R, JEFFERSON L S, 2006. New functions for amino acids: Effects on gene transcription and translation[J]. The American Journal of Clinical Nutrition, 83(2): 500-507.

KOMILIS D, HAMR A, 2000. Comparison of static pile and turned windrow methods for poultry litter compost production[J]. Compost Science & Utilization, 8(3): 254-265.

KOSSLAK R M, BOOKLAND R, BARKEI J, et al., 1987. Induction of *Bradyrhizobium japonicum* common nod genes by isoflavones isolated from *Glycine max*[J]. Proceedings of the National Academy of Sciences, 84(21): 7428-7432.

KURCHANIA A K, PANWAR N L, 2011. Experimental investigation of an applicator of liquid slurry, from biogas production, for crop production[j]. Environmental Technology, 32(8): 873-878.

LABROUE F, RONAN GUÉBLEZ, MARIECHRISTINE M S, et al., 1999. Feed intake behaviour of group-housed Piétrain and Large White growing pigs[J]. Annales De Zootechnie, 48(4): 247-261.

LACHOWICZ J, SZCZEPSKI K, SCANO A, et al., 2020. The best peptidomimetic strategies to undercover antibacterial peptides[J]. International Journal of Molecular Sciences, 21(19): 1-45.

LALANDER C H, FIDJELAND J, DIENER S, et al., 2015. High waste-to-biomass conversion and efficient *Salmonella* spp. reduction using black soldier fly for waste recycling[J]. Agronomy for Sustainable Development, 35: 261-271.

LAMBOOY E, 1988. Road transport of pigs over a long distance: Some aspects of behaviour, temperature and humidity during transport and some effects of the last two factors[J]. Animal Science, 46(2): 257-263.

LAN R, KIM I, 2018. Effects of organic acid and medium chain fatty acid blends on the performance of sows and their piglets[J]. Animal Science Journal, 89(12): 1673-1679.

LASSALA A, BAZER F W, CUDD T A, et al., 2011. Parenteral administration of L-arginine enhances fetal survival and growth in sheep carrying multiple fetuses[J]. The Journal of Nutrition, 141(5): 849-855.

LEE J Y, BOMAN A, SUN C X, et al., 1989. Antibacterial peptides from pig intestine: Isolation of a mammalian cecropin[J]. Proceedings of the National Academy of Sciences, 86(23): 9159-9162.

LEHMANN R, SMITH D, NARAYAN R, et al., 1999. Life cycle of silicone polymer, from pilot scale composting to soil amendment[J]. Compost Science & Utilization, 7(3): 72-82.

LETH M, JENSEN H, IVERSEN J, 2001. Influence of different nitrogen sources on composting of *Miscanthus* in open and closed systems[J]. Compost Science & Utilization, 9(3): 197-205.

LI D C, PAPAGEORGIOU A C, 2019. Cellulases from thermophilic fungi: Recent insights and biotechnological potential[J]. Fungi in Extreme Environments: Ecological Role and Biotechnological Significance, 273: 395-417.

LI P F, PIAO X S, RU Y J, et al., 2012. Effects of adding essential oil to the diet of weaned pigs on performance, nutrient utilization, immune response and intestinal health[J]. Asian-Australasian Journal of Animal Sciences, 25(11): 1617-1626.

LI S, YOON I, SCOTT M, et al., 2016. Impact of Saccharomyces cerevisiae fermentation product and subacute ruminal acidosis on production, inflammation, and fermentation in the rumen and hindgut of dairy cows[J]. Animal Feed Science and Technology, 211: 50-60.

LIU M, ZHANG Y, CAO K X, et al., 2022. Increased ingestion of hydroxy-methionine by both sows and piglets improves the ability of the progeny to counteract LPS-induced hepatic and splenic injury with potential regulation of TLR4 and NOD signaling[J]. Antioxidants, 11(2): 1-11.

LIU Q, TOMBERLIN J K, BRADY J A, et al., 2008. Black soldier fly (Diptera: Stratiomyidae) larvae reduce *Escherichia coli* in dairy manure[J]. Environmental Entomology, 37(6): 1525-1530.

LIU Q, YAO S H, CHEN Y, et al., 2017. Use of antimicrobial peptides as a feed additive for juvenile goats[J]. Scientific Reports, 7(1): 1-11

LOBLEY G E, WESTER T J, HOLTROP G, et al., 2006. Absorption and digestive tract metabolism of 2-hydroxy-4-methylthiobutanoic acid in lambs[J]. Journal of Dairy Science, 89(9): 3508-3521.

LOSER C, ULBRICHT H, HOFFMAN P, et al., 1999. Composting of wood containing polycyclic aromatic hydrocarbons (PAHs)[J]. Compost Science & Utilization, 7(3): 16-32.

LUNDH T, 1995. Metabolism of estrogenic isoflavones in domestic animals[J]. Proceedings of the Society for Experimental Biology and Medicine, 208(1): 33-39.

MA D, JIANG Z H, LAY C H, et al., 2016. Electricity generation from swine wastewater in microbial fuel cell: Hydraulic reaction time effect[J]. International Journal of Hydrogen Energy, 41(46): 21820-21826.

MACLELLAN J, CHEN R, KRAEMER R, et al., 2013. Anaerobic treatment of lignocellulosic material to co-produce methane and digested fiber for ethanol biorefining[J]. Bioresource Technology, 130: 418-423.

MADER T L, BRUMM M C, 1987. Effect of feeding sarsaponin in cattle and swine diets[J]. Journal of Animal Science, 65(1): 9-15.

MAGALHAES A M T, SHEA P J, JAWSON M D, et al., 1993. Practical simulation of composting in the laboratory[J]. Waste Management Research, 11: 143-154.

MAKKAR H, SEN S, BLÜMMEL M, et al., 1998. Effects of fractions containing saponins from *Yucca schidigera*, *Quillaja saponaria*, and *Acacia auriculiformis* on rumen fermentation[J]. Journal of Agricultural and Food Chemistry, 46(10): 4324-4328.

MARCHANT-FORDE J N, 2009. The Welfare of Pigs[M]. Berlin: Springer Netherlands.

MCCOARD S, SALES F, WARDS N, et al., 2013. Parenteral administration of twin-bearing ewes with L-arginine enhances the birth weight and brown fat stores in sheep[J]. SpringerPlus, 2: 1-12.

MENSE S M, HEI T K, GANJU R K, et al., 2008. Phytoestrogens and breast cancer prevention: Possible mechanisms of action[J]. Environmental Health Perspectives, 116(4): 426-433.

MOHAMMED A, CHALA A, OJIEWO C O, et al., 2018. Integrated management of *Aspergillus* species and aflatoxin production in groundnut (*Arachis hypogaea* L.) through application of farm yard manure and seed treatments with fungicides and *Trichoderma* species[J]. African Journal of Plant Science, 12(9): 196-207.

MOLAEY R, BAYRAKDAR A, SÜRMELI R Ö, et al., 2018. Anaerobic digestion of chicken manure: Mitigating process inhibition at high ammonia concentrations by selenium supplementation[J]. Biomass and Bioenergy, 108: 439-446.

MÖLLER K, MÜLLER T, 2012. Effects of anaerobic digestion on digestate nutrient availability and crop growth: A review[J]. Engineering in Life Sciences, 12(3): 242-257.

MONLAU F, SAMBUSITI C, ANTONIOU N, et al., 2015. A new concept for enhancing energy recovery from agricultural residues by coupling anaerobic digestion and pyrolysis process[J]. Applied Energy, 148: 32-38.

MORITA R Y, 1975. Psychrophilic bacteria[J]. Bacteriological Reviews, 39(2): 144-167.

MORRISON R S, JOHNSTON L J, HILBRANDS A M, 2007. The behaviour, welfare, growth performance and meat quality of pigs housed in a deep-litter, large group housing system compared to a conventional confinement system[J]. Applied Animal Behaviour Science, 103(1): 12-24.

MOTA-ROJAS D, BECERRIL M, LEMUS C, et al., 2006. Effects of mid-summer transport duration on pre-and post-slaughter performance and pork quality in Mexico[J]. Meat Science, 73(3): 404-412.

MOTE C R, GRIFFIS C L, 1979. A system for studying the composting process[J]. Agricultural Wastes, 1(3): 191-203.

MUKHERJEE R, CHAKRABORTY R, DUTTA A, 2016. Role of fermentation in improving nutritional quality of soybean meal-a review[J]. Asian-Australasian Journal of Animal Sciences, 29(11): 1523-1529.

NADAL M, PERELLÓ G, SCHUHMACHER M, et al., 2008. Concentrations of PCDD/PCDFs in plasma of subjects living in the vicinity of a hazardous waste incinerator: Follow-up and modeling validation[J]. Chemosphere, 73(6): 901-906.

NADEAU E M G, BUXTON D R, RUSSELL J R, et al., 2000. Enzyme, bacterial inoculant, and formic acid effects on silage composition of orchardgrass and alfalfa[J]. Journal of Dairy Science, 83(7): 1487-1502.

NAKAMURA Y, ISHII T, ABE N, et al., 2014. Thiol modification by bioactivated polyphenols and its potential role in skin inflammation[J]. Bioscience, Biotechnology, and Biochemistry, 78(6): 1067-1070.

NAMKOONG W, HWANG E Y, 1997. Operational parameters for composting night soil in Korea[J]. Compost Science & Utilization, 5(4): 46-51.

NEWBOLD C J, WALLACE R J, CHEN X B, et al., 1995. Different strains of Saccharomyces cerevisiae differ in their effects on ruminal bacterial numbers in vitro and in sheep[J]. Journal of Animal Science, 73(6): 1811-1818.

NEWTON G L, BOORAM C V, BARKER R W, et al., 1977. Dried *Hermetia illucens* larvae meal as a supplement for swine[J]. Journal of Animal Science, 44(3): 395-400.

NICOL C J, 1987. Behavioural responses of laying hens following a period of spatial restriction[J]. Animal Behaviour, 35(6): 1709-1719.

NOBLET J, QUINIOU N, 1999. Principaux facteurs de variation du besoin en acides aminés du porc en croissance[J]. Techni Porc, 22: 9-16.

NOBLET J, VAN MILGEN J, 2004. Energy value of pig feeds: Effect of pig body weight and energy evaluation system[J]. Journal of Animal Science, 82(Sl): E229-E238.

OCFEMIA K S, ZHANG Y, FUNK T, 2006. Hydrothermal processing of swine manure into oil using a continuous reactor system: Development and testing[J]. Transactions of the ASAE, 49(2): 533-541.

OLDHAM J D, HART I C, BINES J A, 1978. Effect of abomasal infusions of casein, arginine, methionine or phenylalanine on growth hormone, insulin, prolactin, thyroxine and some metabolites in blood from lactating goats[J]. The Proceedings of the Nutrition Society, 37(1): 9A-9A.

ORTHODOXOU D, PETTITT T R, FULLER M, et al., 2015. An investigation of some critical physico-chemical parameters influencing the operational rotary in-vessel composting of food waste by a small-to-medium sized enterprise[J]. Waste and Biomass Valorization, 6: 293-302.

PARRY-BILLINGS M, CALDER P C, NEWSHOLME E A, et al., 1990. Does glutamine contribute to immunosuppression after major burns?[J]. The Lancet, 336(8714): 523-525.

PATINVOH R J, MEHRJERDI A K, HORVÁTH I S, et al., 2017a. Dry fermentation of manure with straw in continuous plug flow reactor: Reactor development and process stability at different loading rates[J]. Bioresource Technology, 224: 197-205.

PATINVOH R J, OSADOLOR O A, HORVÁTH I S, et al., 2017b. Cost effective dry anaerobic digestion in textile bioreactors: Experimental and economic evaluation[J]. Bioresource Technology, 245: 549-559.

PEARCE S C, SANZ FERNANDEZ M V, TORRISON J, et al., 2015. Dietary organic zinc attenuates heat stress-induced changes in pig intestinal integrity and metabolism[J]. Journal of Animal Science, 93(10): 4702-4713.

PEETERS E, GEERS R, 2006. Influence of provision of toys during transport and lairage on stress responses and meat quality of pigs[J]. Animal Science, 82(5): 591-595.

PEI X, XIAO Z P, LIU L J, et al., 2019. Effects of dietary zinc oxide nanoparticles supplementation on growth performance, zinc status, intestinal morphology, microflora population, and immune response in weaned pigs[J]. Journal of the Science of Food and Agriculture, 99(3): 1366-1374.

PÉREZ M P, PALACIO J, SANTOLARIA M P, et al., 2002. Effect of transport time on welfare and meat quality in pigs[J]. Meat Science, 61(4): 425-433.

PILAJUN R, WANAPAT M, 2016. Growth performance and carcass characteristics of feedlot Thai native×Lowline Angus crossbred steer fed with fermented cassava starch residue[J]. Tropical Animal Health and Production, 48: 719-726.

PLACHA I, CHRASTINOVA L, LAUKOVA A, et al., 2013. Effect of thyme oil on small intestine integrity and antioxidant status, phagocytic activity and gastrointestinal microbiota in rabbits[J]. Acta Veterinaria Hungarica, 61(2): 197-208.

POHANKA M, 2019. Copper and copper nanoparticles toxicity and their impact on basic functions in the body[J]. Bratisl. Lek. Listy, 120(6): 397-409.

PRAJAPATI S K, CHOUDHARY P, MALIK A, et al., 2014. Algae mediated treatment and bioenergy generation process for handling liquid and solid waste from dairy cattle farm[J]. Bioresource Technology, 167: 260-268.

PRASAD A S, 2013. Discovery of human zinc deficiency: Its impact on human health and disease[J]. Advances in Nutrition, 4(2): 176-190.

QIAO G H, SHAO T, YANG X, et al., 2013. Effects of supplemental Chinese herbs on growth performance, blood antioxidant function and immunity status in Holstein dairy heifers fed high fibre diet[J]. Italian Journal of Animal Science, 12(1): 121-126.

RAHIMI S, TEYMORI ZADEH Z, TORSHIZI K, et al., 2011. Effect of the three herbal extracts on growth performance, immune system, blood factors and intestinal selected bacterial population in broiler chickens[J]. Journal of Agricultural Science and Technology1, 13(4): 527-539.

REEDS P J, 2000. Dispensable and indispensable amino acids for humans[J]. The Journal of Nutrition, 130(7): 1835S-1840S.

REIS P J, GILLESPIE J M, 1985. Effects of phenylalanine and analogues of methionine and phenylalanine on the composition of wool and mouse hair[J]. Australian Journal of Biological Sciences, 38(1): 151-164.

ROSHANZAMIR H, REZAEI J, FAZAELI H, 2020. Colostrum and milk performance, and blood immunity indices and minerals of Holstein cows receiving organic Mn, Zn and Cu sources[J]. Animal Nutrition, 6(1): 61-68.

RUIZ J A, JUÁREZ M C, MORALES M P, et al., 2013. Biomass gasification for electricity generation: Review of current technology barriers[J]. Renewable and Sustainable Energy Reviews, 18: 174-183.

RYNK R, VAN DE KAMP M, WILLSON G B, et al., 1992. On-farm composting handbook (NRAES 54)[M]. Ithaca: Northeast Regional Agricultural Engineering Service (NRAES).

SAADY N M C, MASSÉ D I, 2015. High rate psychrophilic anaerobic digestion of high solids (35%) dairy manure in sequence batch reactor[J]. Bioresource Technology, 186: 74-80.

SACRI A S, BOCQUET A, DE MONTALEMBERT M, et al., 2021. Young children formula consumption and iron deficiency at 24 months in the general population: A national-level study[J]. Clinical Nutrition, 40(1): 166-173.

SAKAI T, KOGISO M, 2008. Soy isoflavones and immunity[J]. The Journal of Medical Investigation, 55(3, 4): 167-173.

SALES F A, PACHECO D, BLAIR H T, et al., 2014. Identification of amino acids associated with skeletal muscle growth in late gestation and at weaning in lambs of well-nourished sheep[J]. Journal of Animal Science, 92(11): 5041-5052.

SAMARAKONE T S, GONYOUH W, 2009. Domestic pigs alter their social strategy in response to social group size[J]. Applied Animal Behaviour Science, 121(1): 8-15.

SCHEIBER I, DRINGEN R, MERCER J F B, 2013. Copper: Effects of deficiency and overload[J]. Interrelations between Essential Metal Ions and Human Diseases: 359-387.

SCHWAB B S, RITCHIE C J, KAIND J, et al., 1994. Characterization of compost from a pilot plant-scale composter utilizing simulated solid waste[J]. Waste Management & Research, 12(4): 289-303.

SECCI G, BOVERA F, NIZZA S, et al., 2018. Quality of eggs from Lohmann Brown Classic laying hens fed black soldier fly meal as substitute for soya bean[J]. Animal, 12(10): 2191-2197.

SEKI H, 2000. Stochastic modeling of composting processes with batch operation by the Fokker-Planck equation[J]. Transactions of the ASAE, 43(1): 169-179.

SHAI Y, OREN Z, 1996. Diastereomers of cytolysins, a novel class of potent antibacterial peptides[J]. Journal of Biological Chemistry, 271(13): 7305-7308.

SHARMA D, YADAV K D, 2018. Application of rotary in-vessel composting and analytical hierarchy process for the selection of a suitable combination of flower waste[J]. Geology, Ecology, and Landscapes, 2(2): 137-147.

SHEN X L, HUANG G Q, YANG Z L, et al., 2015. Compositional characteristics and energy potential of Chinese animal manure by type and as a whole[J]. Applied Energy, 160: 108-119.

SHEPPARD D C, NEWTON G L, THOMPSON S A, et al., 1994. A value added manure management system using the black soldier fly[J]. Bioresource Technology, 50(3): 275-279.

SHI H, CHAPMAN N M, WEN J, et al., 2019. Amino acids license kinase mTORC1 activity and treg cell function via small G proteins rag and rheb[J]. Immunity, 51(6): 1012-1027.

SHI S R, GU H, CHANG L L, et al., 2013. Safety evaluation of daidzein in laying hens: Part I. Effects on laying performance, clinical blood parameters, and organs development[J]. Food and Chemical Toxicology, 55: 684-688.

SHI Y L, GU X H, HUANG Y, et al., 2015. Effects of *Perilla frutescens* seed extracts on performance, reproductive hormone and immune function of laying hens during the late laying peak period[J]. Chinese Journal of Animal Nutrition, 27(5): 1519-1526.

SHIRALINEZHAD A, SHAKOURI M D, 2017. Improvement of growth performance and intestinal digestive function in broiler chickens by supplementation of soy isoflavone in corn-soy diet[J]. JAPS: Journal of Animal & Plant Sciences, 27(1): 28-33.

SIKORA L J, SOWERS M A, 1985. Effect of temperature control on the composting process[R]. American Society of Agronomy, Crop Science Society of America, and Soil Science Society of America, 14(3): 434-439.

SNIFFEN C J, BALLARD C S, CARTER M P, et al., 2006. Effects of malic acid on microbial efficiency and metabolism in continuous culture of rumen contents and on performance of mid-lactation dairy cows[J]. Animal Feed Science and Technology, 127(1-2): 13-31.

SUTHERLAND M A, MCDONALD A, MCGLONE J J, 2009. Effects of variations in the environment, length of journey and type of trailer on the mortality and morbidity of pigs being transported to slaughter[J]. Veterinary Record, 165(1): 13-18.

SWEETEN J M, ANNAMALAI K, THIEN B, et al., 2003. Co-firing of coal and cattle feedlot biomass (FB) fuels. Part I. Feedlot biomass (cattle manure) fuel quality and characteristics[J]. Fuel, 82(10): 1167-1182.

TADINI-BUONINSEGNI F, SMEAZZETTO S, 2017. Mechanisms of charge transfer in human copper ATPases ATP7A and ATP7B[J]. IUBMB Life, 69(4): 218-225.

TAMIR H, RATNER S, 1963. Enzymes of arginine metabolism in chicks[J]. Archives of Biochemistry and Biophysics, 102(2): 249-258.

TANG X, FATUFE A, YIN Y, et al., 2012. Dietary supplementation with recombinant lactoferrampin-lactoferricin improves growth performance and affects serum parameters in piglets[J]. Journal of Animal and Veterinary Advances, 11: 2548-2555.

TEEDE H J, DALAIS F S, KOTSOPOULOS D, et al., 2001. Dietary soy has both beneficial and potentially adverse cardiovascular effects: A placebo-controlled study in men and postmenopausal women[J]. The Journal of Clinical Endocrinology & Metabolism, 86(7): 3053-3060.

TOMBERLIN J K, ADLER P H, MYERS H M, 2009. Development of the black soldier fly (Diptera: Stratiomyidae) in relation to temperature[J]. Environmental Entomology, 38(3): 930-934.

TOMBERLIN J K, SHEPPARD D C, JOYCE J A, 2002. Selected life-history traits of black soldier fliers(Diptera: Stratiomydae) reared on three artificial diets[J]. Annals of the Entomological Society of America, 95(3): 379-386.

TOSSI A, SANDRI L, GIANGASPERO A, 2000. Amphipathic, α-helical antimicrobial peptides[J]. Peptide Science, 55(1): 4-30.

TROEGER K, NITSCH P, 1998. Technical developments concerning electrical stunning of slaughter pigs-Animal welfare aspects[J]. Fleischwirtschaft, 78(11): 1134-1139.

TROOIEN T P, LAMM F R, STONE L R, et al., 2000. Subsurface drip irrigation using livestock wastewater: Dripline flow rates[J]. Applied Engineering in Agriculture, 16(5): 505-508.

TUCKER H A, 1981. Physiological control of mammary growth, lactogenesis, and lactation[J]. Journal of Dairy Science, 64(6): 1403-1421.

TUOXUNJIANG H, LI X Q, YIMAMU A, 2017. Effects of dietary supplement of fermented tomato pomace on dry matter intake and nutrient apparent digestibility of dairy cows[J]. Asian Agricultural Research, 9(8): 88-94.

VANDERGHEYNST J S, GOSSETT J M, WALKER L P, 1997. High-solids aerobic decomposition: Pilot-scale reactor development and experimentation[J]. Process Biochemistry, 32(5): 361-375.

VANDERGHEYNST J S, LEI F, 2003. Microbial community structure dynamics during aerated and mixed composting[J]. Transactions of the ASAE, 46(2): 577-584.

VECEREK V, MALENA M, MALENA M, et al., 2006. The impact of the transport distance and season on losses of fattened pigs during transport to the slaughterhouse in the Czech Republic in the period from 1997 to 2004[J]. Veterinarni Medicina, 51(1): 21-28.

VICINI J L, CLARK J H, HURLEY W L, et al., 1988. Effects of abomasal or intravenous administration of arginine on milk production, milk composition, and concentrations of somatotropin and insulin in plasma of dairy cows[J]. Journal of Dairy Science, 71(3): 658-665.

VIEYRA-REYES P, MILLÁN-ALDACO D, PALOMERO-RIVERO M, et al., 2017. An iron-deficient diet during development induces oxidative stress in relation to age and gender in Wistar rats[J]. Journal of Physiology and Biochemistry, 73(1): 99-110.

WALL S B V, SMITH K G, 1987. Cache-protecting behavior of food-hoarding animals[J]. Foraging Behavior, 2: 98-106.

WAN D, ZHANG Y M, WU X, et al., 2018. Maternal dietary supplementation with ferrous N-carbamylglycinate chelate affects sow reproductive performance and iron status of neonatal piglets[J]. Animal, 12(7): 1372-1379.

WANG B, LI Y Q, WU N, et al., 2008b. CO_2 bio-mitigation using microalgae[J]. Applied microbiology and Biotechnology, 79: 707-718.

WANG C, WEI S Y, XU B C, et al., 2021. *Bacillus subtilis* and *Enterococcus faecium* co-fermented feed regulates lactating sow's performance, immune status and gut microbiota[J]. Microbial Biotechnology, 14(2): 614-627.

WANG L, ZHANG G, XU H, et al., 2019. Metagenomic analyses of microbial and carbohydrate-active enzymes in the rumen of Holstein cows fed different forage-to-concentrate ratios[J]. Frontiers in Microbiology, 10: 1-14.

WANG X, QIAO S Y, LIU M, et al., 2006. Effects of graded levels of true ileal digestible threonine on performance, serum parameters and immune function of 10-25 kg pigs[J]. Animal Feed Science and Technology, 129(3-4): 264-278.

WANG Y P, HONG J, LIU X H, et al., 2008a. Snake cathelicidin from *Bungarus fasciatus* is a potent peptide antibiotics[J]. PLoS One, 3(9): 1-9.

WANG Z Q, LI X X, ZHOU B, 2020. *Drosophila* ZnT1 is essential in the intestine for dietary zinc absorption[J]. Biochemical and Biophysical Research Communications, 533(4): 1004-1011.

WARRISS P D, BROWN S N, 1994. A survey of mortality in slaughter pigs during transport and lairage[J]. The Veterinary Record, 134(20): 513-515.

WATANABE S, UESUGI S, KIKUCHI Y, 2002. Isoflavones for prevention of cancer, cardiovascular diseases, gynecological problems and possible immune potentiation[J]. Biomedicine & Pharmacotherapy, 56(6): 302-312.

WEERD H A V D, DOCKING C M, DAYJ E L, et al., 2003. A systematic approach towards developing environmental enrichment for pigs[J]. Applied Animal Behaviour Science, 84(2): 101-118.

WELLINGER A, MURPHY J, BAXTER D, 2013. The biogas handbook: Science, production and applications[M]. Cambridge: Woodhead Publishing Limited Cambridge.

WILLOUGHBY J L, BOWEN C N, 2014. Zinc deficiency and toxicity in pediatric practice[J]. Current opinion in pediatrics, 26(5): 579-584.

WU G Y, BAZER F W, JOHNSON G A, et al., 2018. Board-invited review: arginine nutrition and metabolism in growing, gestating, and lactating swine[J]. Journal of Animal Science, 96(12): 5035-5051.

WU G, 2009. Amino acids: metabolism, functions, and nutrition[J]. Amino Acids, 37: 1-17.

WU L Y, FANG Y J, GUO X Y, 2011. Dietary L-arginine supplementation beneficially regulates body fat deposition of meat-type ducks[J]. British Poultry Science, 52(2): 221-226.

XIAO X P, JIN P, ZHENG L Y, et al., 2018. Effects of black soldier fly (*Hermetia illucens*) larvae meal protein as a fishmeal replacement on the growth and immune index of yellow catfish (*Pelteobagrus fulvidraco*)[J]. Aquaculture Research, 49(4): 1569-1577.

XIONG X, YANG H S, LI L, et al., 2014. Effects of antimicrobial peptides in nursery diets on growth performance of pigs reared on five different farms[J]. Livestock Science, 167, 206-210.

XU Z M, LI R H, WU S H, et al., 2022. Cattle manure compost humification process by inoculation ammonia-oxidizing bacteria[J]. Bioresource Technology, 344: 126314.

YADAV A, GARG V K, 2019. Biotransformation of bakery industry sludge into valuable product using vermicomposting[J]. Bioresource Technology, 274: 512-517.

YANG D, DENG L W, ZHENG D, et al., 2016. Separation of swine wastewater into different concentration fractions and its contribution to combined anaerobic-aerobic process[J]. Journal of Environmental Management, 168: 87-93.

YIN J, HAN H, LI Y Y, et al., 2017. Lysine restriction affects feed intake and amino acid metabolism via gut microbiome in piglets[J]. Cellular Physiology and Biochemistry, 44(5): 1749-1761.

YIN S, DOLAN R, HARRIS M, et al., 2010. Subcritical hydrothermal liquefaction of cattle manure to bio-oil: Effects of conversion parameters on bio-oil yield and characterization of bio-oil[J]. Bioresource Technology, 101(10): 3657-3664.

YOU Y, LIU S, WU B, et al., 2017. Bio-ethanol production by *Zymomonas mobilis* using pretreated dairy manure as a carbon and nitrogen source[J]. RSC Advances, 7(7): 3768-3779.

YU C H, DOLGOVA N V, DMITRIEV O Y, 2017. Dynamics of the metal binding domains and regulation of the human copper transporters ATP7B and ATP7A[J]. IUBMB life, 69(4): 226-235.

YU M, LI Z M, CHEN W D, et al., 2019. Use of *Hermetia illucens* larvae as a dietary protein source: Effects on growth performance, carcass traits, and meat quality in finishing pigs[J]. Meat Science, 158: 1-7.

ZAICHICK V, ZAICHICK S, 2018. Associations between age and 50 trace element contents and relationships in intact thyroid of males[J]. Aging Clinical and Experimental Research, 30: 1059-1070.

ZENG Z K, XU X, ZHANG Q, et al., 2015a. Effects of essential oil supplementation of a low-energy diet on performance, intestinal morphology and microflora, immune properties and antioxidant activities in weaned pigs[J]. Animal Science, 86(3): 279-285.

ZENG Z K, ZHANG S, WANG H L, et al., 2015b. Essential oil and aromatic plants as feed additives in non-ruminant nutrition: a review[J]. Journal of Animal Science and Biotechnology, 6(1): 1-10.

ZHANG E D, WANG B, WANG Q H, et al., 2008. Ammonia-nitrogen and orthophosphate removal by immobilized *Scenedesmus* sp. isolated from municipal wastewater for potential use in tertiary treatment[J]. Bioresource Technology, 99(9): 3787-3793.

ZHANG J B, HUANG L F, HE J, et al., 2010. An artificial light source influences mating and oviposition of black soldier flies, *Hermetia illucens*[J]. Journal of Insect Science, 10(1): 1-7.

ZHANG S H, CHU L C, QIAO S Y, et al., 2016. Effects of dietary leucine supplementation in low crude protein diets on performance, nitrogen balance, whole-body protein turnover, carcass characteristics and meat quality of finishing pigs[J]. Animal Science Journal, 87(7): 911-920.

ZHANG T, SUI D X, ZHANG C, et al., 2020. Asymmetric functions of a binuclear metal center within the transport pathway of a human zinc transporter ZIP4[J]. The FASEB Journal, 34(1): 1-11.

ZHANG Y, SHI C Y, WANG C, et al., 2018. Effect of soybean meal fermented with *Bacillus subtilis* BS12 on growth performance and small intestinal immune status of piglets[J]. Food and Agricultural Immunology, 29(1): 133-146.

ZHENG P, SONG Y, TIAN Y H, et al., 2018. Dietary arginine supplementation affects intestinal function by enhancing antioxidant capacity of a nitric oxide-independent pathway in low-birth-weight piglets[J]. The Journal of Nutrition, 148(11): 1751-1759.

ZHOU X H, HE L Q, ZUO S N, et al., 2018a. Serine prevented high-fat diet-induced oxidative stress by activating AMPK and epigenetically modulating the expression of glutathione synthesis-related genes[J]. Biochimica et Biophysica Acta (BBA)-Molecular Basis of Disease, 1864(2): 488-498.

ZHOU X H, ZHANG Y M, WU X, et al., 2018b. Effects of dietary serine supplementation on intestinal integrity, inflammation and oxidative status in early-weaned piglets[J]. Cellular Physiology and Biochemistry, 48(3): 993-1002.

ZHU F H, ZHANG B B, LI J, et al., 2020. Effects of fermented feed on growth performance, immune response, and antioxidant capacity in laying hen chicks and the underlying molecular mechanism involving nuclear factor-κB[J]. Poultry Science, 99(5): 2573-2580.

ZHU J J, GAO M X, ZHANG R L, et al., 2017. Effects of soybean meal fermented by *L. plantarum*, *B. subtilis* and *S. cerevisiae* on growth, immune function and intestinal morphology in weaned piglets[J]. Microbial Cell Factories, 16(1): 1-10.

ZHU J, MILLER C, YU F, et al., 2007. Biohydrogen production through fermentation using liquid swine manure as substrate[J]. Journal of Environmental Science and Health Part B, 42(4): 393-401.

索　引